Bosch Fachinformation Automobil

BOSCH Fachinformation Automobil enthält das Basiswissen des weltweit größten Automobilzulieferers aus erster Hand. Anwendungsbezogene Darstellungen sind das Kennzeichen dieser Buchreihe. Ganz auf den Bedarf an praxisnahem Hintergrundwissen zugeschnitten, findet der Auto-Fachmann ausführliche Angaben, die zum Verständnis moderner Fahrzeuge benötigt werden. Sie eignet sich damit hervorragend für den Alltag des Entwicklungsingenieurs, für die berufliche Weiterbildung, für Lehrgänge, zum Selbststudium oder zum Nachschlagen in der Werkstatt. Alle Informationen sind so gestaltet, dass sich auch ein Leser zurechtfindet, für den das Thema neu ist. Die bedarfsgerechte Angebotspalette beginnt beim Kraftfahrtechnischen Taschenbuch, das als handliches Nachschlagewerk den kompakten Einblick in die aktuelle Fahrzeugtechnik bietet. Einen umfassenden Einblick in größere, zusammenhängende Themengebiete bieten die ausführlichen Fachbücher im gebundenen Hardcover-Umschlag. Anschauliche Detailinformationen mit deutlich reduziertem Umfang werden, im flexiblen Einband, zu konkreten Aufgabenstellungen erklärt. Kleinere Lernhefte zu thematisch abgegrenzten Wissensgebieten stehen in den Lernordnern „Automobilelektronik lernen" und „Motorsteuerung lernen" bereit.

Konrad Reif
Herausgeber

Ottomotor-Management im Überblick

Springer Vieweg

Herausgeber

Prof. Dr.-Ing. Konrad Reif
Duale Hochschule Baden-Württemberg
Ravensburg, Campus Friedrichshafen
Friedrichshafen, Deutschland
reif@dhbw-ravensburg.de

ISBN 978-3-658-09523-9   ISBN 978-3-658-09524-6 (eBook)
DOI 10.1007/978-3-658-09524-6

Die Deutsche Nationalbibliothek verzeichnet diese Publikation in der Deutschen Nationalbibliografie;
detaillierte bibliografische Daten sind im Internet über http://dnb.d-nb.de abrufbar.

Springer Vieweg
© Springer Fachmedien Wiesbaden 2015

Gedruckt auf säurefreiem und chlorfrei gebleichtem Papier.

Springer Fachmedien Wiesbaden ist Teil der Fachverlagsgruppe Springer Science+Business Media
(www.springer.com)

Vorwort

Die Technik im Kraftfahrzeug hat sich in den letzten Jahrzehnten stetig weiterentwickelt. Der Einzelne, der beruflich mit dem Thema beschäftigt ist, muss immer mehr tun, um mit diesen Neuerungen Schritt zu halten. Mittlerweile spielen viele neue Themen der Wissenschaft und Technik in Kraftfahrzeugen eine große Rolle. Dies sind nicht nur neue Themen aus der klassischen Fahrzeug- und Motorentechnik, sondern auch aus der Elektronik und aus der Informationstechnik. Diese Themen sind zwar für sich in unterschiedlichen Publikationen gedruckt oder im Internet dokumentiert, also prinzipiell für jeden verfügbar; jedoch ist für jemanden, der sich neu in ein Thema einarbeiten will, die Fülle der Literatur häufig weder überblickbar noch in der dafür verfügbaren Zeit lesbar. Aufgrund der verschiedenen beruflichen Tätigkeiten in der Automobil- und Zulieferindustrie sind zudem unterschiedlich tiefe Ausführungen gefragt.

Gerade heute ist es so wichtig wie früher: Wer die Entwicklung mit gestalten will, muss sich mit den grundlegenden wichtigen Themen gut auskennen. Hierbei sind nicht nur die Hochschulen mit den Studienangeboten und die Arbeitgeber mit Weiterbildungsmaßnahmen in der Pflicht. Der rasche Technologiewechsel zwingt zum lebenslangen Lernen, auch in Form des Selbststudiums.

Hier setzt die Schriftenreihe „Bosch Fachinformation Automobil" an. Sie bietet eine umfassende und einheitliche Darstellung wichtiger Themen aus der Kraftfahrzeugtechnik in kompakter, verständlicher und praxisrelevanter Form. Dies ist dadurch möglich, dass die Inhalte von Fachleuten verfasst wurden, die in den Entwicklungsabteilungen von Bosch an genau den dargestellten Themen arbeiten. Die Schriftenreihe ist so gestaltet, dass sich auch ein Leser zurechtfindet, für den das Thema neu ist. Die Kapitel sind in einer Zeit lesbar, die auch ein sehr beschäftigter Arbeitnehmer dafür aufbringen kann.

„Ottomotor-Management im Überblick" enthält einen Überblick über die Steuerung und Regelung von Ottomotoren. Es werden die Grundlagen des Ottomotors und die für die Steuerung und Regelung zentralen Themen dargestellt. Dies sind zum einen die klassischen Themen Kraftstoffversorgung, Füllungssteuerung, Einspritzung, Zündung und Abgasnachbehandlung. Zum anderen sind aber auch die typischen Elektronik-Themen wie Sensoren, elektronische Steuerung und Regelung, Steuergerät und Diagnose entsprechend behandelt.

Das vorliegende Buch ist eine Auskopplung aus dem gebundenen Buch „Ottomotor-Management" der Reihe Bosch Fachinformation Automobil und wurde neu zusammengestellt. Für weiterführende Informationen zu diesem Thema wird auf dieses Buch verwiesen.

Friedrichshafen, im August 2015   Konrad Reif

Inhaltsverzeichnis

Herausgeber

Prof. Dr.-Ing. Konrad Reif

Autoren und Mitwirkende

Dr.-Ing. David Lejsek,
Dr.-Ing. Andreas Kufferath,
Dr.-Ing. André Kulzer,
  Dr. Ing. h.c.F. Porsche AG,
Prof. Dr.-Ing. Konrad Reif,
  Duale Hochschule Baden-Württemberg.
(Grundlagen des Ottomotors)

Dipl.-Ing. Andreas Posselt,
Dr.-Ing. Jens Wolber,
Ing.-grad. Peter Schelhas,
Dipl.-Ing. Manfred Franz,
Dipl.-Ing. (FH) Horst Kirschner,
Dipl.-Ing. Andreas Pape,
Dr. rer. nat. Winfried Langer,
Dipl.-Ing. Peter Kolb,
Dr. rer. nat. Jörg Ullmann,
Günther Straub,
Prof. Dr.-Ing. Konrad Reif,
  Duale Hochschule Baden-Württemberg.
(Kraftstoffversorgung)

Dr.-Ing. Martin Brandt,
Dr.-Ing. Alex Grossmann,
Dipl.-Ing. Markus Deissler,
Prof. Dr. Kurt Kirsten, IDK GmbH
Dipl.-Ing. Michael Bäuerle,
Dipl.-Ing. Martin Rauscher,
Dr.-Ing. Jochen Müller,
  Bosch Mahle Turbo
    Systems GmbH & Co. KG,
Dr.-Ing. Wolfgang Samenfink,
Prof. Dr.-Ing. Konrad Reif,
  Duale Hochschule Baden-Württemberg.
(Füllungssteuerung)

Dipl.-Ing. Andreas Posselt,
Dipl.-Ing. Markus Gesk,
Dipl.-Ing. Anja Melsheimer,
Dipl.-Ing. (BA) Ferdinand Reiter,
Dipl.-Ing. (FH) Klaus Joos,
Dipl.-Ing. Peter Schenk,
Dr.-Ing. Andreas Kufferath,
Dr.-Ing. Wolfgang Samenfink,
Dipl.-Ing. Andreas Glaser,
Dr.-Ing. Tilo Landenfeld,

Dipl.-Ing. Uwe Müller,
Prof. Dr.-Ing. Konrad Reif,
  Duale Hochschule Baden-Württemberg.
(Einspritzung)

Dipl.-Ing. Klaus Winkler,
Dr.-Ing. Wilfried Müller,
  Umicore AG & Co. KG,
Prof. Dr.-Ing. Konrad Reif,
  Duale Hochschule Baden-Württemberg.
(Abgasnachbehandlung)

Dr.-Ing. Manfred Strohrmann,
Dr.-Ing. Berndt Cramer,
Prof. Dr.-Ing. Konrad Reif,
  Duale Hochschule Baden-Württemberg.
(Sensoren)

Dipl.-Ing. Stefan Schneider,
Dipl.-Ing. Andreas Blumenstock,
Dipl.-Ing. Oliver Pertler,
Prof. Dr.-Ing. Konrad Reif,
  Duale Hochschule Baden-Württemberg.
(Elektronische Steuerung und Regelung)

Dipl.-Ing. Hans-Walter Schmitt,
Dipl.-Ing. Hans-Peter Ströbele,
Dipl.-Ing. Axel Aue,
Dipl.-Ing. Norbert Jeggle,
Dipl.-Ing. Andreas Müller,
Dipl.-Ing. Wolfgang Löwl,
Dipl.-Ing. Jochen Schneider,
Dipl.-Ing. Jörg Gebers,
Prof. Dr.-Ing. Konrad Reif,
  Duale Hochschule Baden-Württemberg.
(Steuergerät)

Dr.-Ing. Markus Willimowski,
Dipl.-Ing. Jens Leideck,
Prof. Dr.-Ing. Konrad Reif,
  Duale Hochschule Baden-Württemberg.
(Diagnose)

Soweit nicht anders angegeben, handelt es sich um
Mitarbeiter der Robert Bosch GmbH.

Grundlagen des Ottomotors

Der Ottomotor ist eine Verbrennungskraftmaschine mit Fremdzündung, die ein
Luft-Kraftstoff-Gemisch verbrennt und
damit die im Kraftstoff gebundene chemische Energie freisetzt und in mechanische
Arbeit umwandelt. Hierbei wurde in der
Vergangenheit das brennfähige Arbeitsge-
misch durch einen Vergaser im Saugrohr
gebildet. Die Emissionsgesetzgebung
bewirkte die Entwicklung der Saugrohreinspritzung (SRE), welche die Gemischbildung übernahm. Weitere Steigerungen
von Wirkungsgrad und Leistung erfolgten
durch die Einführung der Benzin-Direkteinspritzung (BDE). Bei dieser Technologie
wird der Kraftstoff zum richtigen Zeitpunkt
in den Zylinder eingespritzt, sodass die
Gemischbildung im Brennraum erfolgt.

Arbeitsweise

Im Arbeitszylinder eines Ottomotors wird
periodisch Luft oder Luft-Kraftstoff-Gemisch angesaugt und verdichtet. Anschließend wird die Entzündung und Verbrennung des Gemisches eingeleitet, um durch
die Expansion des Arbeitsmediums (bei einer Kolbenmaschine) den Kolben zu bewe-
gen. Aufgrund der periodischen, linearen
Kolbenbewegung stellt der Ottomotor einen
Hubkolbenmotor dar. Das Pleuel setzt dabei
die Hubbewegung des Kolbens in eine Rota-
tionsbewegung der Kurbelwelle um (Bild 1).

Viertakt-Verfahren
Die meisten in Kraftfahrzeugen eingesetzten
Verbrennungsmotoren arbeiten nach dem
Viertakt-Prinzip (Bild 1). Bei diesem Verfahren steuern Gaswechselventile den Ladungswechsel. Sie öffnen und schließen die
Ein- und Auslasskanäle des Zylinders und
steuern so die Zufuhr von Frischluft oder
-gemisch und das Ausstoßen der Abgase.
   Das verbrennungsmotorische Arbeitsspiel
stellt sich aus dem Ladungswechsel (Ausschiebetakt und Ansaugtakt), Verdichtung,

Bild 1
a Ansaugtakt
b Verdichtungstakt
c Arbeitstakt
d Ausstoßtakt

1   Auslassnockenwelle
2   Zündkerze
3   Einlassnockenwelle
4   Einspritzventil
5   Einlassventil
6   Auslassventil
7   Brennraum
8   Kolben
9   Zylinder
10 Pleuelstange
11 Kurbelwelle
12 Drehrichtung
M Drehmoment
α Kurbelwinkel
s Kolbenhub
V_h Hubvolumen
V_c Kompressions-
    volumen

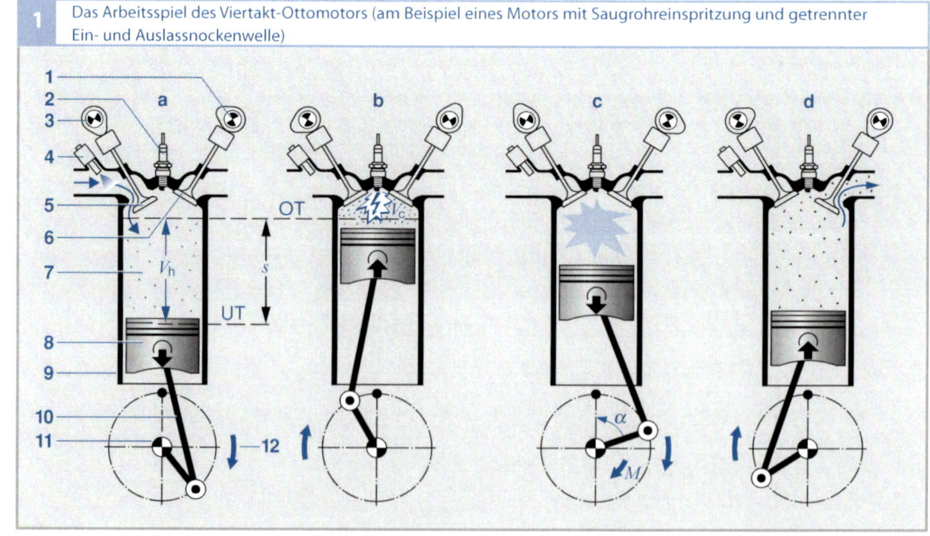

Verbrennung und Expansion zusammen. Nach der Expansion im Arbeitstakt öffnen die Auslassventile kurz vor Erreichen des unteren Totpunkts, um die unter Druck stehenden heißen Abgase aus dem Zylinder strömen zu lassen. Der sich nach dem Durchschreiten des unteren Totpunkts aufwärts zum oberen Totpunkt bewegende Kolben stößt die restlichen Abgase aus.

Danach bewegt sich der Kolben vom oberen Totpunkt (OT) abwärts in Richtung unteren Totpunkt (UT). Dadurch strömt Luft (bei der Benzin-Direkteinspritzung) bzw. Luft-Kraftstoffgemisch (bei Saugrohreinspritzung) über die geöffneten Einlassventile in den Brennraum. Über eine externe Abgasrückführung kann der im Saugrohr befindlichen Luft ein Anteil an Abgas zugemischt werden. Das Ansaugen der Frischladung wird maßgeblich von der Gestalt der Ventilhubkurven der Gaswechselventile, der Phasenstellung der Nockenwellen und dem Saugrohrdruck bestimmt.

Nach Schließen der Einlassventile wird die Verdichtung eingeleitet. Der Kolben bewegt sich in Richtung des oberen Totpunkts (OT) und reduziert somit das Brennraumvolumen. Bei homogener Betriebsart befindet sich das Luft-Kraftstoff-Gemisch bereits zum Ende des Ansaugtaktes im Brennraum und wird verdichtet. Bei der geschichteten Betriebsart, nur möglich bei Benzin-Direkteinspritzung, wird erst gegen Ende des Verdichtungstaktes der Kraftstoff eingespritzt und somit lediglich die Frischladung (Luft und Restgas) komprimiert. Bereits vor Erreichen des oberen Totpunkts leitet die Zündkerze zu einem gegebenen Zeitpunkt (durch Fremdzündung) die Verbrennung ein. Um den höchstmöglichen Wirkungsgrad zu erreichen, sollte die Verbrennung kurz nach dem oberen Totpunkt abgelaufen sein. Die im Kraftstoff chemisch gebundene Energie wird durch die Verbrennung freigesetzt und

erhöht den Druck und die Temperatur der Brennraumladung, was den Kolben abwärts treibt. Nach zwei Kurbelwellenumdrehungen beginnt ein neues Arbeitsspiel.

Arbeitsprozess: Ladungswechsel und Verbrennung

Der Ladungswechsel wird üblicherweise durch Nockenwellen gesteuert, welche die Ein- und Auslassventile öffnen und schließen. Dabei werden bei der Auslegung der Steuerzeiten (Bild 2) die Druckschwingungen in den Saugkanälen zum besseren Füllen und Entleeren des Brennraums berücksichtigt. Die Kurbelwelle treibt die Nockenwelle über einen Zahnriemen, eine Kette oder Zahnräder an. Da ein durch die Nockenwellen zu steuerndes Viertakt-Arbeitsspiel zwei Kurbelwellenumdrehungen andauert, dreht sich die Nockenwelle nur halb so schnell wie die Kurbelwelle.

Ein wichtiger Auslegungsparameter für den Hochdruckprozess und die Verbrennung beim Ottomotor ist das Verdichtungsverhältnis ε, welches durch das Hubvolumen V_h und Kompressionsvolumen V_c folgendermaßen definiert ist:

$$\varepsilon = \frac{V_\mathrm{h} + V_\mathrm{c}}{V_\mathrm{c}}. \tag{1}$$

Dieses hat einen entscheidenden Einfluss auf den idealen thermischen Wirkungsgrad η_th, da für diesen gilt:

$$\eta_\mathrm{th} = 1 - \frac{1}{\varepsilon^{\kappa-1}}, \tag{2}$$

wobei κ der Adiabatenexponent ist [4]. Des Weiteren hat das Verdichtungsverhältnis Einfluss auf das maximale Drehmoment, die maximale Leistung, die Klopfneigung und die Schadstoffemissionen. Typische Werte beim Ottomotor in Abhängigkeit der Füllungssteuerung (Saugmotor, aufgeladener Motor) und der Einspritzart (Saugrohreinspritzung, Direkteinspritzung) liegen bei ca. 8 bis 13. Beim Dieselmotor liegen die Werte zwischen 14 und 22. Das Hauptsteuerelement der Verbrennung ist das Zündsignal, welches elektronisch in Abhängigkeit vom Betriebspunkt gesteuert werden kann.

Unterschiedliche Brennverfahren können auf Basis des ottomotorischen Prinzips dargestellt werden. Bei der Fremdzündung sind homogene Brennverfahren mit oder ohne Variabilitäten im Ventiltrieb (von Phase und Hub) möglich. Mit variablem Ventiltrieb wird eine Reduktion von Ladungswechselverlusten und Vorteile im Verdichtungs- und Arbeitstakt erzielt. Dies erfolgt durch erhöhte Verdünnung der Zylinderladung mit Abgas, welches mittels interner (oder auch externer) Rückführung in die Brennkammer gelangt. Diese Vorteile werden noch weiter durch das geschichtete Brennverfahren ausgenutzt. Ähnliche Potentiale kann die so genannte homogene Selbstzündung beim Ottomotor erreichen, aber mit erhöhtem

Regelungsaufwand, da die Verbrennung durch reaktionskinetisch relevante Bedingungen (thermischer Zustand, Zusammensetzung) und nicht durch einen direkt steuerbaren Zündfunken initiiert wird. Hierfür werden Steuerelemente wie die Ventilsteuerung und die Benzin-Direkteinspritzung herangezogen.

Darüber hinaus werden Ottomotoren je nach Zufuhr der Frischladung in Saugmotoren- und aufgeladene Motoren unterschieden. Bei letzteren wird die maximale Luftdichte, welche zur Erreichung des maximalen Drehmomentes benötigt wird, z. B. durch eine Strömungsmaschine erhöht.

Luftverhältnis und Abgasemissionen

Setzt man die pro Arbeitsspiel angesaugte Luftmenge m_L ins Verhältnis zur pro Arbeitsspiel eingespritzten Kraftstoffmasse m_K, so erhält man mit $m_\mathrm{L}/m_\mathrm{K}$ eine Größe zur Unterscheidung von Luftüberschuss (großes $m_\mathrm{L}/m_\mathrm{K}$) und Luftmangel (kleines $m_\mathrm{L}/m_\mathrm{K}$). Der genau passende Wert von $m_\mathrm{L}/m_\mathrm{K}$ für eine stöchiometrische Verbrennung hängt jedoch vom verwendeten Kraftstoff ab. Um eine kraftstoffunabhängige Größe zu erhalten, berechnet man das Luftverhältnis λ als Quotient aus der aktuellen pro Arbeitsspiel angesaugten Luftmasse m_L und der für eine stöchiometrische Verbrennung des Kraftstoffs erforderliche Luftmasse m_Ls, also

$$\lambda = \frac{m_\mathrm{L}}{m_\mathrm{Ls}}. \qquad (3)$$

Für eine sichere Entflammung homogener Gemische muss das Luftverhältnis in engen Grenzen eingehalten werden. Des Weiteren nimmt die Flammengeschwindigkeit stark mit dem Luftverhältnis ab, so dass Ottomotoren mit homogener Gemischbildung nur in einem Bereich von $0{,}8 < \lambda < 1{,}4$ betrieben werden können, wobei der beste Wirkungs-

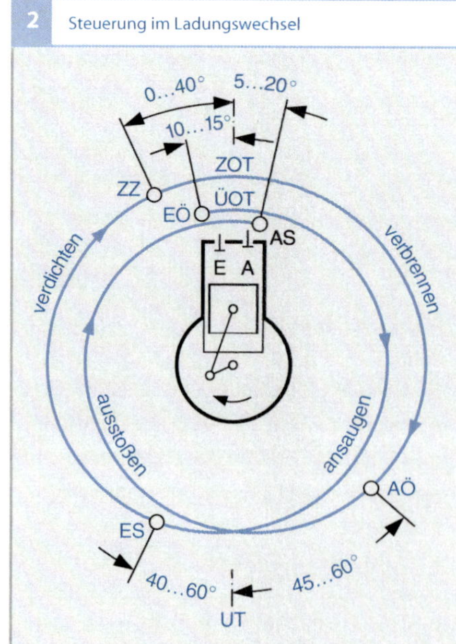

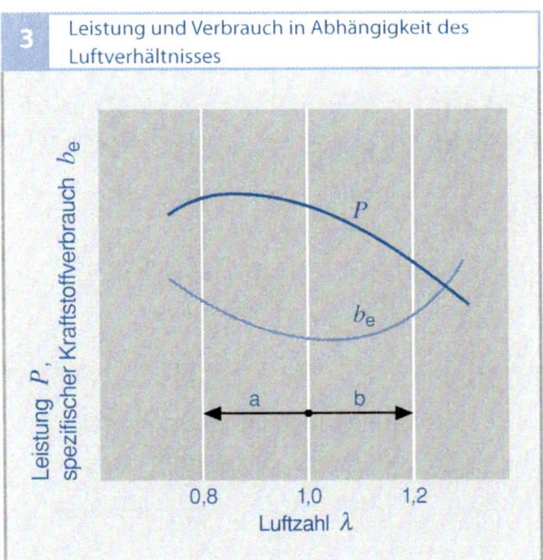

3 Leistung und Verbrauch in Abhängigkeit des Luftverhältnisses

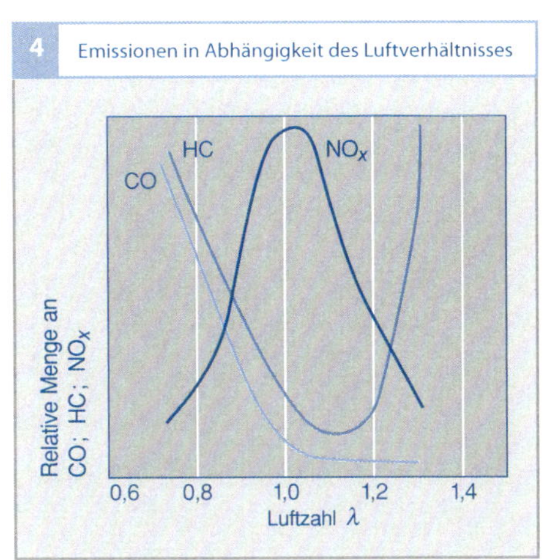

4 Emissionen in Abhängigkeit des Luftverhältnisses

Bild 3
a   fettes Gemisch (Luftmangel)
b   mageres Gemisch (Luftüberschuss)

grad im homogen mageren Bereich liegt ($1,3 < \lambda < 1,4$). Für das Erreichen der maximalen Last liegt andererseits das Luftverhältnis im fetten Bereich ($0,9 < \lambda < 0,95$), welches die beste Homogenisierung und Sauerstoffoxidation erlaubt, und dadurch die schnellste Verbrennung ermöglicht (Bild 3).

Wird der Emissionsausstoß in Abhängigkeit des Luft-Kraftstoff-Verhältnisses betrachtet (Bild 4), so ist erkennbar, dass im fetten Bereich hohe Rückstände an HC und CO verbleiben. Im mageren Bereich sind HC-Rückstände aus der langsameren Verbrennung und der erhöhten Verdünnung erkennbar, sowie ein hoher NO$_x$-Anteil, der sein Maximum bei $1 < \lambda < 1,05$ erreicht. Zur Erfüllung der Emissionsgesetzgebung beim Ottomotor wird ein Dreiwegekatalysator eingesetzt, welcher die HC- und CO-Emissionen oxidiert und die NO$_x$-Emissionen reduziert. Hierfür ist ein Luft-Kraftstoff-Verhältnis von $\lambda \approx 1$ notwendig, das durch eine entsprechende Gemischregelung eingestellt wird.

Weitere Vorteile können aus dem Hochdruckprozess im mageren Bereich ($\lambda > 1$) nur mit einem geschichteten Brennverfahren gewonnen werden. Hierbei werden weiterhin HC- und CO-Emissionen im Dreiwegekatalysator oxidiert. Die NO$_x$-Emissionen müssen über einen gesonderten NO$_x$-Speicherkatalysator gespeichert und nachträglich durch Fett-Phasen reduziert oder über einen kontinuierlich reduzierenden Katalysator mittels zusätzlichem Reduktionsmittel (durch selektive katalytische Reduktion) konvertiert werden.

Gemischbildung

Ein Ottomotor kann eine äußere (mit Saugrohreinspritzung) oder eine innere Gemischbildung (mit Direkteinspritzung) aufweisen (Bild 5). Bei Motoren mit Saugrohreinspritzung liegt das Luft-Kraftstoff-Gemisch im gesamten Brennraum homogen verteilt mit dem gleichen Luftverhältnis λ vor (Bild 5a). Dabei erfolgt üblicherweise die Einspritzung ins Saugrohr oder in den Einlasskanal schon vor dem Öffnen der Einlassventile.

Neben der Gemischhomogenisierung muss das Gemischbildungssystem geringe Abweichungen von Zylinder zu Zylinder sowie von Arbeitsspiel zu Arbeitsspiel garantieren. Bei Motoren mit Direkteinspritzung sind sowohl eine homogene als auch eine heterogene Betriebsart möglich. Beim homogenen Betrieb wird eine saughubsynchrone Einspritzung durchgeführt, um eine

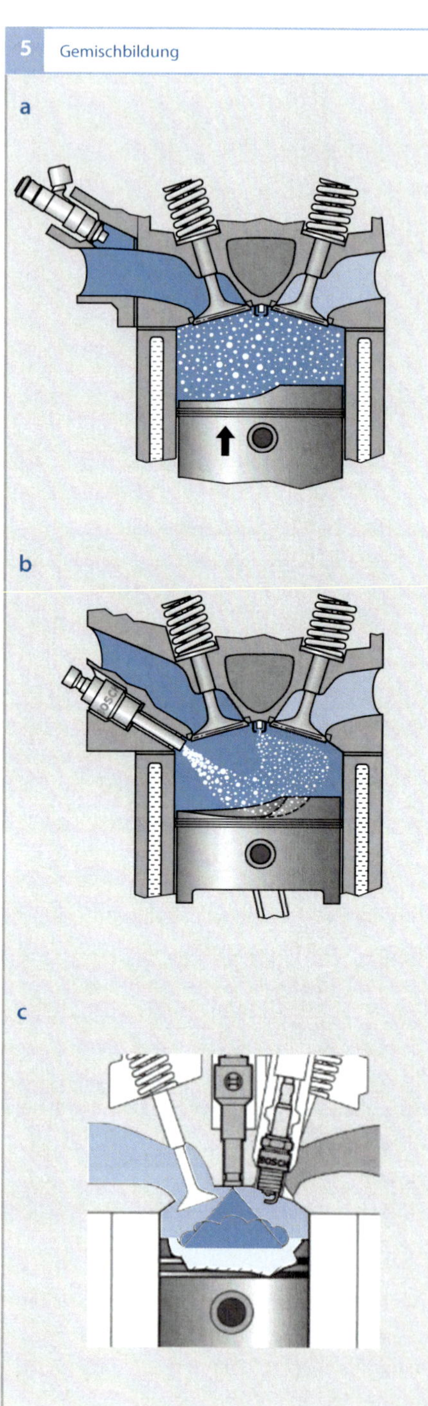

Bild 5

a   homogene Gemisch-
verteilung (mit
Saugrohreinsprit-
zung)
b   Schichtladung,
wand- und luftge-
führtes Brenn-
verfahren
c   Schichtladung,
strahlgeführtes
Brennverfahren

Die homogene
Gemischverteilung
kann sowohl mit der
Saugrohreinspritzung
(Bildteil a) als auch mit
der Direkteinspritzung
(Bildteil c) realisiert
werden.

möglichst schnelle Homogenisierung zu erreichen. Beim heterogenen Schichtbetrieb
befindet sich eine brennfähige Gemischwol-
ke mit $\lambda \approx 1$ als Schichtladung zum Zündzeitpunkt im Bereich der Zündkerze. Bild 5
zeigt die Schichtladung für wand- und luftgeführte (Bild 5b) sowie für das strahlgeführte Brennverfahren (Bild 5c). Der restli-
che Brennraum ist mit Luft oder einem sehr
mageren Luft-Kraftstoff-Gemisch gefüllt,
was über den gesamten Zylinder gemittelt
ein mageres Luftverhältnis ergibt. Der Ottomotor kann dann ungedrosselt betrieben
werden. Infolge der Innenkühlung durch die
direkte Einspritzung können solche Motoren
höher verdichten. Die Entdrosselung und
das höhere Verdichtungsverhältnis führen zu
höheren Wirkungsgraden.

Zündung und Entflammung

Das Zündsystem einschließlich der Zündkerze entzündet das Gemisch durch eine
Funkenentladung zu einem vorgegebenen
Zeitpunkt. Die Entflammung muss auch bei
instationären Betriebszuständen hinsichtlich
wechselnder Strömungseigenschaften und
lokaler Zusammensetzung gewährleistet
werden. Durch die Anordnung der Zündkerze kann die sichere Entflammung insbesondere bei geschichteter Ladung oder im
mageren Bereich optimiert werden.

Die notwendige Zündenergie ist grundsätzlich vom Luft-Kraftstoff-Verhältnis abhängig. Im stöchiometrischen Bereich wird
die geringste Zündenergie benötigt, dagegen
erfordern fette und magere Gemische eine
deutlich höhere Energie für eine sichere Entflammung. Der sich einstellende Zündspannungsbedarf ist hauptsächlich von der im
Brennraum herrschenden Gasdichte abhängig und steigt nahezu linear mit ihr an. Der
Energieeintrag des durch den Zündfunken
entflammten Gemisches muss ausreichend
groß sein, um die angrenzenden Bereiche
entflammen zu können und somit eine

Flammenausbreitung zu ermöglichen.

Der Zündwinkelbereich liegt in der Teillast bei einem Kurbelwinkel von ca. 50 bis 40 ° vor ZOT (vgl. Bild 2) und bei Saugmotoren in der Volllast bei ca. 20 bis 10 ° vor ZOT. Bei aufgeladenen Motoren im Volllastbetrieb liegt der Zündwinkel wegen erhöhter Klopfneigung bei ca. 10 ° vor ZOT bis 10 ° nach ZOT. Üblicherweise werden im Motorsteuergerät die positiven Zündwinkel als Winkel vor ZOT definiert.

Zylinderfüllung

Eine wichtige Phase des Arbeitspiels wird von der Verbrennung gebildet. Für den Verbrennungsvorgang im Zylinder ist ein Luft-Kraftstoff-Gemisch erforderlich. Das Gasgemisch, das sich nach dem Schließen der Einlassventile im Zylinder befindet, wird als Zylinderfüllung bezeichnet. Sie besteht aus der zugeführten Frischladung (Luft und gegebenenfalls Kraftstoff) und dem Restgas (Bild 6).

Bestandteile
Die Frischladung besteht aus Luft, und bei Ottomotoren mit Saugrohreinspritzung (SRE) dem dampfförmigen oder flüssigen Kraftstoff. Bei Ottomotoren mit Benzindirekteinspritzung (BDE) wird der für das Arbeitsspiel benötigte Kraftstoff direkt in den Zylinder eingespritzt, entweder während des Ansaugtaktes für das homogene Verfahren oder – bei einer Schichtladung – im Verlauf der Kompression.

Der wesentliche Anteil an Frischluft wird über die Drosselklappe angesaugt. Zusätzliches Frischgas kann über das Kraftstoffverdunstungs-Rückhaltesystem angesaugt werden. Die nach dem Schließen der Einlassventile im Zylinder befindliche Luftmasse ist eine entscheidende Größe für die während der Verbrennung am Kolben ver-

richtete Arbeit und damit für das vom Motor abgegebene Drehmoment. Maßnahmen zur Steigerung des maximalen Drehmomentes und der maximalen Leistung des Motors bedingen eine Erhöhung der maximal möglichen Füllung. Die theoretische Maximalfüllung ist durch den Hubraum, die Ladungswechselaggregate und ihre Variabilität begrenzt. Bei aufgeladenen Motoren markiert der erzielbare Ladedruck zusätzlich die Drehmomentausbeute.

Aufgrund des Totvolumens verbleibt stets zu einem kleinen Teil Restgas aus dem letzten Arbeitszyklus (internes Restgas) im Brennraum. Das Restgas besteht aus Inertgas und bei Verbrennung mit Luftüberschuss (Magerbetrieb) aus unverbrannter Luft. Wichtig für die Prozessführung ist der Anteil des Inertgases am Restgas, da dieses keinen Sauerstoff mehr enthält und an der Verbrennung des folgenden Arbeitspiels nicht teilnimmt.

Ladungswechsel
Der Austausch der verbrauchten Zylinderfüllung gegen Frischgas wird Ladungswechsel genannt. Er wird durch das Öffnen und das Schließen der Einlass- und Auslassventile im Zusammenspiel mit der Kolbenbewe-

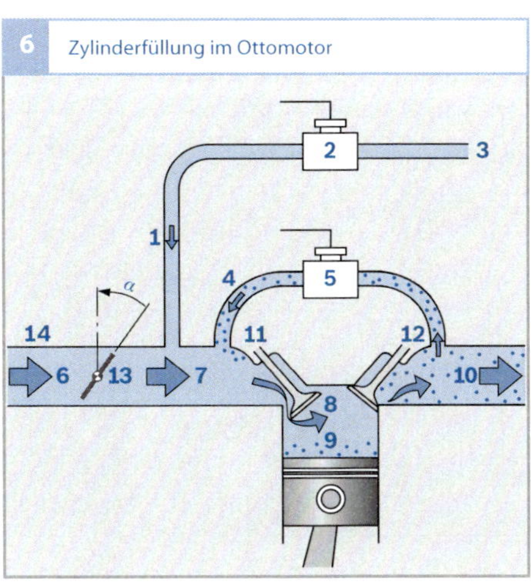

gung gesteuert. Die Form und die Lage der Nocken auf der Nockenwelle bestimmen den Verlauf der Ventilerhebung und beeinflussen dadurch die Zylinderfüllung. Die Zeitpunkte des Öffnens und des Schließens der Ventile werden Ventil-Steuerzeiten genannt. Die charakteristischen Größen des Ladungswechsels werden durch Auslass-Öffnen (AÖ), Einlass-Öffnen (EÖ), Auslass-Schließen (AS), Einlass-Schließen (ES) sowie durch den maximalen Ventilhub gekennzeichnet. Realisiert werden Ottomotoren sowohl mit festen als auch mit variablem Steuerzeiten und Ventilhüben.

Die Qualität des Ladungswechsels wird mit den Größen Luftaufwand, Liefergrad und Fanggrad beschrieben. Zur Definition dieser Kennzahlen wird die Frischladung herangezogen. Bei Systemen mit Saugrohreinspritzung entspricht diese dem frisch eintretenden Luft-Kraftstoff-Gemisch, bei Ottomotoren mit Benzindirekteinspritzung und Einspritzung in den Verdichtungstakt (nach ES) wird die Frischladung lediglich durch die angesaugte Luftmasse bestimmt. Der Luftaufwand beschreibt die gesamte während des Ladungswechsels durchgesetzte Frischladung bezogen auf die durch das Hubvolumen maximal mögliche Zylinderladung. Im Luftaufwand kann somit zusätzlich jene Masse an Frischladung enthalten sein, welche während einer Ventilüberschneidung direkt in den Abgastrakt überströmt. Der Liefergrad hingegen stellt das Verhältnis der im Zylinder tatsächlich verbliebenen Frischladung nach Einlass-Schließen zur theoretisch maximal möglichen Ladung dar. Der Fanggrad, definiert als das Verhältnis von Liefergrad zum Luftaufwand, gibt den Anteil der durchgesetzten Frischladung an, welcher nach Abschluss des Ladungswechsels im Zylinder eingeschlossen wird. Zusätzlich ist als weitere wichtige Größe für die Beschreibung der Zylinderladung

der Restgasanteil als das Verhältnis aus der sich zum Einlassschluss im Zylinder befindlichen Restgasmasse zur gesamt eingeschlossenen Masse an Zylinderladung definiert.

Um im Ladungswechsel das Abgas durch das Frischgas zu ersetzen, ist ein Arbeitsaufwand notwendig. Dieser wird als Ladungswechsel- oder auch Pumpverlust bezeichnet. Die Ladungswechselverluste verbrauchen einen Teil der umgewandelten mechanischen Energie und senken daher den effektiven Wirkungsgrad des Motors. In der Ansaugphase, also während der Abwärtsbewegung des Kolbens, ist im gedrosselten Betrieb der Saugrohrdruck kleiner als der Umgebungsdruck und insbesondere kleiner als der Druck im Kurbelgehäuse (Kolbenrückraum). Zum Ausgleich dieser Druckdifferenz wird Energie benötigt (Drosselverluste). Insbesondere bei hohen Drehzahlen und Lasten (im entdrosselten Betrieb) tritt beim Ausstoßen des verbrannten Gases während der Aufwärtsbewegung des Kolbens ein Staudruck im Brennraum auf, was wiederum zu zusätzlichen Energieverlusten führt, welche Ausschiebeverluste genannt werden.

Steuerung der Luftfüllung
Der Motor saugt die Luft über den Luftfilter und den Ansaugtrakt an (Bilder 7 und 8), wobei die Drosselklappe aufgrund ihrer Verstellbarkeit für eine dosierte Luftzufuhr sorgt und somit das wichtigste Stellglied für den Betrieb des Ottomotors darstellt. Im weiteren Verlauf des Ansaugtraktes erfährt der angesaugte Luftstrom die Beimischung von Kraftstoffdampf aus dem Kraftstoffverdunstungs-Rückhaltesystem sowie von rückgeführtem Abgas (AGR). Mit diesem kann zur Entdrosselung des Arbeitsprozesses – und damit einer Wirkungsgradsteigerung im Teillastbereich – der Anteil des Restgases an der Zylinderfüllung erhöht werden. Die äußere Abgasrückführung führt das ausgesto-

ßene Restgas vom Abgassystem zurück in den Saugkanal. Dabei kann ein zusätzlich installierter AGR-Kühler das rückgeführte Abgas vor dem Eintritt in das Saugrohr auf ein niedrigeres Temperaturniveau kühlen und damit die Dichte der Frischladung erhöhen. Zur Dosierung der äußeren Abgasrückführung wird ein Stellventil verwendet.

Der Restgasanteil der Zylinderladung kann jedoch im großen Maße ebenfalls durch die Menge der im Zylinder verbleibenden Restgasmasse geändert werden. Zu deren Steuerung können Variabilitäten im Ventiltrieb eingesetzt werden. Zu nennen sind hier insbesondere Phasensteller der Nockenwellen, durch deren Anwendung die Steuerzeiten im breiten Bereich beeinflusst werden können und dadurch das Einbehalten einer gewünschten Restgasmasse ermöglichen. Durch eine Ventilüberschneidung kann beispielsweise der Restgasanteil für das folgende Arbeitsspiel wesentlich beeinflusst werden. Während der Ventilüberschneidung sind Ein- und Auslassventil gleichzeitig geöffnet, d. h., das Einlassventil öffnet, bevor das Auslassventil schließt. Ist in der Überschneidungsphase der Druck im Saugrohr niedriger als im Abgastrakt, so tritt eine Rückströmung des Restgases in das Saugrohr auf. Da das so ins Saugrohr gelangte Restgas nach dem Auslass-Schließen wieder angesaugt wird, führt dies zu einer Erhöhung des Restgasgehalts.

Der Einsatz von variablen Ventiltrieben ermöglicht darüber hinaus eine Vielzahl an Verfahren, mit welchen sich die spezifische Leistung und der Wirkungsgrad des Ottomotors weiter steigern lassen. So ermöglicht eine verstellbare Einlassnockenwelle beispielsweise die Anpassung der Steuerzeit für die Einlassventile an die sich mit der Drehzahl veränderliche Gasdynamik des Saugtraktes, um in Volllastbetrieb die optimale Füllung der Zylinder zu ermöglichen. Zur

Wirkungsgradsteigerung im gedrosselten Betrieb bei Teillast ist zudem die Anwendung vom späten oder frühen Schließen der Einlassventile möglich. Beim Atkinson-Verfahren wird durch spätes Schließen der Einlassventile ein Teil der angesaugten Ladung wieder aus dem Zylinder in das Saugrohr verdrängt. Um die Ladungsmasse der Standardsteuerzeit im Zylinder einzuschließen, wird der Motor weiter entdrosselt und damit der Wirkungsgrad erhöht. Aufgrund der langen Öffnungsdauer der Einlassventile beim Atkinson-Verfahren können insbesondere bei Saugmotoren zudem gasdynamische Effekte ausgenutzt werden.

Das Miller-Verfahren hingegen beschreibt ein frühes Schließen der Einlassventile. Dadurch wird die im Zylinder eingeschlossene Ladung im Fortgang der Abwärtsbewegung des Kolbens (Saugtakt) expandiert. Verglichen mit der Standard-Steuerzeit erfolgt die darauf folgende Kompression auf einem niedrigeren Druck- und Temperaturniveau. Um das gleiche Moment zu erzeugen und hierfür die gleiche Masse an Frischladung im Zylinder einzuschließen, muss der Arbeitsprozess (wie auch beim Atkinson-Verfahren) entdrosselt werden, was den Wirkungsgrad erhöht. Aufgrund der weitgehenden Bremsung der Ladungsbewegung während der Expansion vor dem Verdichtungstakt wird allerdings die Verbrennung verlangsamt und das theoretische Wirkungsgradpotential daher zum großen Teil wieder kompensiert. Da beide Verfahren die Temperatur der Zylinderladung während der Kompression senken, können sie insbesondere bei aufgeladenen Ottomotoren an der Volllast ebenfalls zur Senkung der Klopfneigung und damit zur Steigerung der spezifischen Leistung verwendet werden.

Die Anwendung variabler Ventilhubverfahren ermöglicht durch die Darstellung von Teilhüben der Einlassventile ebenfalls eine

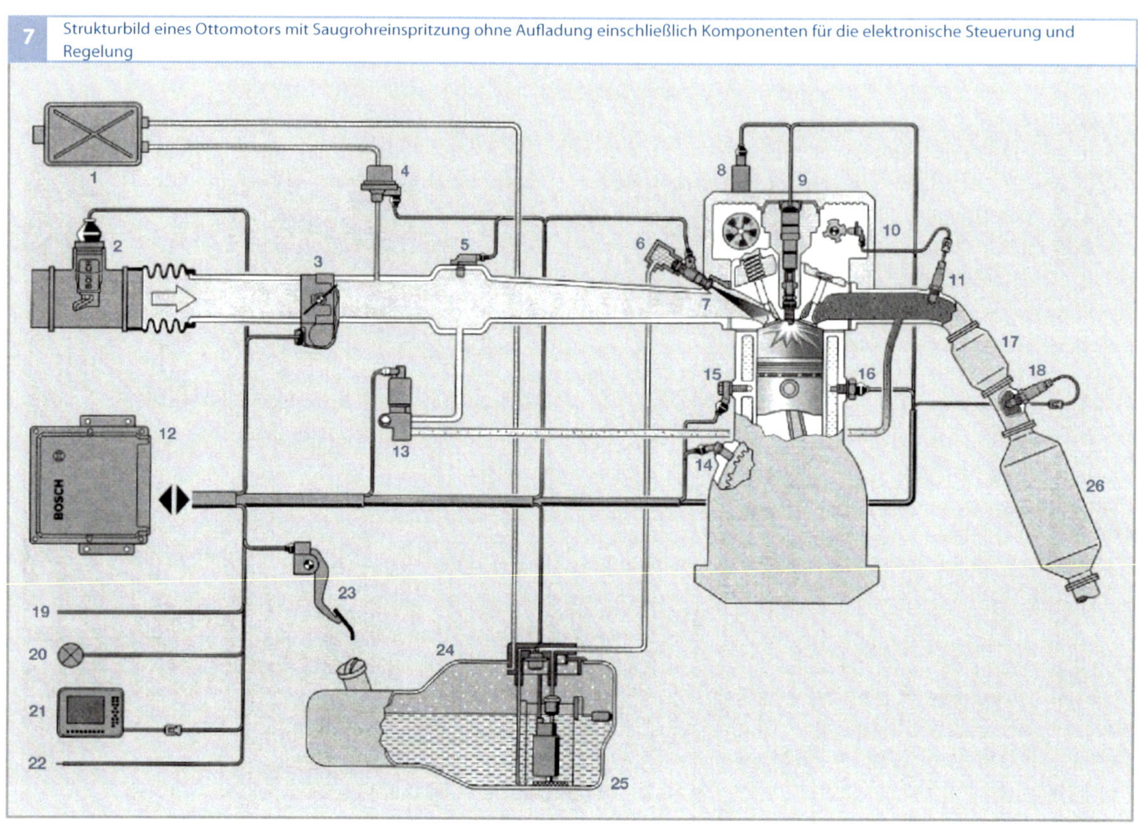

Bild 7

1 Aktivkohlebehälter
2 Heißfilm-Luftmassenmesser (HFM) mit integriertem Temperatursensor
3 Drosselvorrichtung (EGAS)
4 Tankentlüftungsventil
5 Saugrohrdrucksensor
6 Kraftstoffverteilerstück
7 Einspritzventil
8 Aktoren und Sensoren für variable Nockenwellensteuerung
9 Zündkerze mit aufgesteckter Zündspule
10 Nockenwellen-Phasensensor
11 λ-Sonde vor dem Vorkatalysator
12 Motorsteuergerät
13 Abgasrückführventil
14 Drehzahlsensor
15 Klopfsensor
16 Motortemperatursensor
17 Vorkatalysator (Dreiwegekatalysator)
18 λ-Sonde nach dem Vorkatalysator
19 CAN-Schnittstelle
20 Motorkontrollleuchte
21 Diagnoseschnittstelle
22 Schnittstelle zur Wegfahrsperre
23 Fahrpedalmodul mit Pedalwegsensor
24 Kraftstoffbehälter
25 Tankeinbaueinheit mit Elektrokraftstoffpumpe, Kraftstofffilter und Kraftstoffregler
26 Hauptkatalysator (Dreiwegekatalysator)

Der in Bild 7 dargestellte Systemumfang bezüglich der On-Board-Diagnose entspricht den Anforderungen der EOBD.

Entdrosselung des Motors an der Drosselklappe und damit eine Wirkungsgradsteigerung. Zudem kann durch unterschiedliche Hubverläufe der Einlassventile eines Zylinders die Ladungsbewegung deutlich erhöht werden, was insbesondere im Bereich niedriger Lasten die Verbrennung deutlich stabilisiert und damit die Anwendung hoher Restgasraten erleichtert. Eine weitere Möglichkeit zur Steuerung der Ladungsbewegung bilden Ladungsbewegungsklappen, welche durch ihre Stellung im Saugkanal des Zylinderkopfs die Strömungsbewegung beeinflussen. Allerdings ergibt sich hier aufgrund der höheren Strömungsverluste auch eine Steigerung der Ladungswechselarbeit.

Insgesamt lassen sich durch die Anwen-

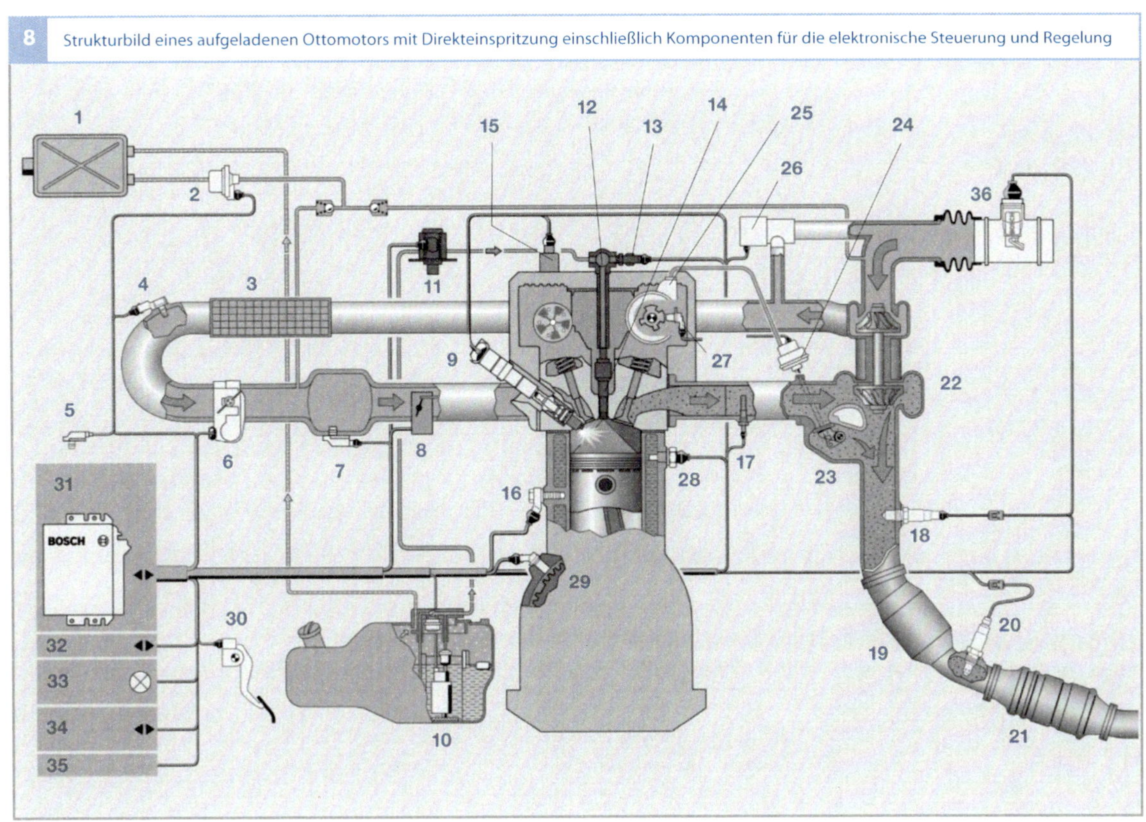

dung variabler Ventiltriebe, welche eine Kombination aus Steuerzeit- und Ventilhubverstellung bis hin zu voll-variablen Systemen umfassen, beträchtliche Steigerungen der spezifischen Leistung sowie des Wirkungsgrades erreichen. Auch die Anwendung eines geschichteten Brennverfahrens erlaubt aufgrund des hohen Luftüberschusses einen weitgehend ungedrosselten Betrieb, welcher insbesondere in der Teillast des Ottomotors zur einer erheblichen Steigerung des effektiven Wirkungsgrades führt.

Das bei homogener, stöchiometrischer Gemischverteilung erreichbare Drehmoment ist proportional zu der Frischgasfüllung. Daher kann das maximale Drehmoment lediglich durch die Verdichtung der

Bild 8

1 Aktivkohlebehälter
2 Tankentlüftungsventil
3 Heißfilm-Luftmassenmesser
4 kombinierter Ladedruck- und Ansauglufttemperatursensor
5 Umgebungsdrucksensor
6 Drosselvorrichtung (EGAS)
7 Saugrohrdrucksensor
8 Ladungsbewegungsklappe
9 Zündspule mit Zündkerze
10 Kraftstofffördermodul mit Elektrokraftstoffpumpe
11 Hochdruckpumpe
12 Kraftstoff-Verteilerrohr
13 Hochdrucksensor
14 Hochdruck-Einspritzventil
15 Nockenwellenversteller
16 Klopfsensor
17 Abgastemperatursensor

18 λ-Sonde
19 Vorkatalysator
20 λ-Sonde
21 Hauptkatalysator
22 Abgasturbolader
23 Waste-Gate
24 Waste-Gate-Steller
25 Vakuumpumpe
26 Schub-Umluftventil
27 Nockenwellen-Phasensensor
28 Motortemperatursensor
29 Drehzahlsensor
30 Fahrpedalmodul
31 Motorsteuergerät
32 CAN-Schnittstelle
33 Motorkontrollleuchte
34 Diagnoseschnittstelle
35 Schnittstelle zur Wegfahrsperre

Luft vor Eintritt in den Zylinder (Aufladung) gesteigert werden. Mit der Aufladung kann der Liefergrad, bezogen auf Normbedingungen, auf Werte größer als eins erhöht werden. Eine Aufladung kann bereits allein durch Nutzung gasdynamischer Effekte im Saugrohr erzielt werden (gasdynamische Aufladung). Der Aufladungsgrad hängt von der Gestaltung des Saugrohrs sowie vom Betriebspunkt des Motors ab, im Wesentlichen von der Drehzahl, aber auch von der Füllung. Mit der Möglichkeit, die Saugrohrgeometrie während des Fahrbetriebs beispielsweise durch eine variable Saugrohrlänge zu ändern, kann die gasdynamische Aufladung in einem weiten Betriebsbereich für eine Steigerung der maximalen Füllung herangezogen werden.

Eine weitere Erhöhung der Luftdichte erzielen mechanisch angetriebene Verdichter bei der mechanischen Aufladung, welche von der Kurbelwelle des Motors angetrieben werden. Die komprimierte Luft wird dabei durch das Ansaugsystem, welches dann zugunsten eines schnellen Ansprechverhaltens des Motors mit kleinem Sammlervolumen und kurzen Saugrohrlängen ausgeführt wird, in die Zylinder gepumpt.

Bei der Abgasturboaufladung wird im Unterschied zur mechanischen Aufladung der Verdichter des Abgasturboladers nicht von der Kurbelwelle angetrieben, sondern von einer Abgasturbine, welche sich im Abgastrakt befindet und die Enthalpie des Abgases ausnutzt. Die Enthalpie des Abgases kann zusätzlich erhöht werden, in dem durch die Anwendung einer Ventilüberschneidung ein Teil der Frischladung durch die Zylinder gespült (Scavenging) und damit der Massenstrom an der Abgasturbine erhöht wird. Zusätzlich sorgt eine hohe Spülrate für niedrige Restgasanteile. Da bei Motoren mit Abgasturboaufladung im unteren Drehzahlbereich an der Volllast ein positives Druckgefälle über dem Zylinder gut eingestellt werden kann, erhöht dieses Verfahren wesentlich das maximale Drehmoment in diesem Betriebsbereich (Low-End-Torque).

Füllungserfassung und Gemischregelung

Beim Ottomotor wird die zugeführte Kraftstoffmenge in Abhängigkeit der angesaugten Luftmasse eingestellt. Dies ist nötig, weil sich nach einer Änderung des Drosselklappenwinkels die Luftfüllung erst allmählich ändert, während die Kraftstoffmenge arbeitsspielindividuell variiert werden kann. In der Motorsteuerung muss daher für jedes Arbeitsspiel je nach der Betriebsart (Homogen, Homogen-mager, Schichtbetrieb) die aktuell vorhandene Luftmasse bestimmt werden (durch Füllungserfassung). Es gibt grundsätzlich drei Verfahren, mit welchen dies erfolgen kann. Das erste Verfahren arbeitet folgendermaßen: Über ein Kennfeld wird in Abhängigkeit von Drosselklappenwinkel α und Drehzahl n der Volumenstrom bestimmt, der über geeignete Korrekturen in einem Luftmassenstrom umgerechnet wird. Die auf diesem Prinzip arbeitenden Systeme heißen α-n-Systeme.

Beim zweiten Verfahren wird über ein Modell (Drosselklappenmodell) aus der Temperatur vor der Drosselklappe, dem Druck vor und nach der Drosselklappe sowie der Drosselklappenstellung (Winkel α) der Luftmassenstrom berechnet. Als Erweiterung dieses Modells kann zusätzlich aus der Motordrehzahl n, dem Druck p im Saugrohr (vor dem Einlassventil), der Temperatur im Einlasskanal und weiteren Einflüssen (Nockenwellen- und Ventilhubverstellung, Saugrohrumschaltung, Position der Ladungsbewegungsklappe) die vom Zylinder angesaugte Frischluft berechnet werden. Nach diesem Prinzip arbeitende Systeme werden p-n-Systeme genannt. Je nach Komplexität des Motors, insbesondere die Variabilitäten des Ventiltriebs betreffend, können hierfür aufwendige Modelle notwendig sein. Das dritte Verfahren besteht darin, dass ein Heißfilm-Luftmassenmesser (HFM) direkt den in das Saugrohr einströmenden Luftmassenstrom misst. Weil mittels eines Heißfilm-Luftmassenmessers oder eines Drosselklappenmodells nur der in das Saugrohr einfließende Massenstrom bestimmt werden kann, liefern diese beiden Systeme nur im stationären Motorbetrieb einen gültigen Wert für die Zylinderfüllung. Ein stationärer Betrieb setzt die Annahme eines konstanten Saugrohrdrucks voraus, so dass die dem Saugrohr zufließenden und den Motor verlassenden Luftmassenströme identisch sind. Die Anwendung sowohl des Heißfilm-Luftmassenmessers als auch des Drosselklappenmodells liefert bei einem plötzlichen Lastwechsel (d. h. bei einer plötzlichen Änderung des Drosselklappenwinkels) eine augenblickliche Änderung des dem Saugrohr zufließenden Massenstroms, während sich

der in den Zylinder eintretende Massenstrom und damit die Zylinderfüllung erst ändern, wenn sich der Saugrohrdruck erhöht oder erniedrigt hat. Daher muss für die richtige Abbildung transienter Vorgänge entweder das p-n-System verwendet oder eine zusätzliche Modellierung des Speicherverhaltens im Saugrohr (Saugrohrmodell) erfolgen.

Kraftstoffe

Für den ottomotorischen Betrieb werden Kraftstoffe benötigt, welche aufgrund ihrer Zusammensetzung eine niedrige Neigung zur Selbstzündung (hohe Klopffestigkeit) aufweisen. Andernfalls kann die während der Kompression nach einer Selbstzündung erfolgte, schlagartige Umsetzung der Zylinderladung zu mechanischen Schäden des Ottomotors bis hin zu seinem Totalausfall führen. Die Klopffestigkeit eines Ottokraftstoffes wird durch die Oktanzahl beschrieben. Die Höhe der Oktanzahl bestimmt die

Tabelle 1
Eigenschaftswerte flüssiger Kraftstoffe.
Die Viskosität bei 20 °C liegt für Benzin bei etwa 0,6 mm²/s, für Methanol bei etwa 0,75 mm²/s

Stoff	Dichte in kg/l	Hauptbestandteile in Gewichtsprozent	Siedetemperatur in °C	Spezifische Verdampfungswärme in kJ/kg	Spezifischer Heizwert in MJ/kg	Zündtemperatur in °C	Luftbedarf, stöchiometrisch in kg/kg	Zündgrenze untere	obere
								in Volumenprozent Gas in Luft	
Ottokraftstoff									
Normal	0,720...0,775	86 C, 14 H	25...210	380...500	41,2...41,9	≈ 300	14,8	≈ 0,6	≈ 8
Super	0,720...0,775	86 C, 14 H	25...210	–	40,1...41,6	≈ 400	14,7	–	–
Flugbenzin	0,720	85 C, 15 H	40...180	–	43,5	≈ 500	–	≈ 0,7	≈ 8
Kerosin	0,77...0,83	87 C, 13 H	170...260	–	43	≈ 250	14,5	≈ 0,6	≈ 7,5
Dieselkraftstoff	0,820...0,845	86 C, 14 H	180...360	≈ 250	42,9...43,1	≈ 250	14,5	≈ 0,6	≈ 7,5
Ethanol C_2H_5OH	0,79	52 C, 13 H, 35 O	78	904	26,8	420	9	3,5	15
Methanol CH_3OH	0,79	38 C, 12 H, 50 O	65	1 110	19,7	450	6,4	5,5	26
Rapsöl	0,92	78 C, 12 H, 10 O	–	–	38	≈ 300	12,4	–	–
Rapsölmethylester (Biodiesel)	0,88	77 C, 12 H, 11 O	320...360	–	36,5	283	12,8	–	–

Stoff	Dichte bei 0 °C und 1 013 mbar in kg/m³	Hauptbe-standteile in Gewichts-prozent	Siedetempera-tur bei 1 013 mbar in °C	Spezifischer Heizwert		Zünd-temperatur in °C	Luftbedarf, stöchio-metrisch in kg/kg	Zündgrenze	
				Kraftstoff in MJ/kg	Luft-Krafts-stoff-Gemisch in MJ/m³			untere in Volumenprozent Gas in Luft	obere
Flüssiggas (Autogas)	2,25	C_3H_8, C_4H_{10}	−30	46,1	3,39	≈ 400	15,5	1,5	15
Erdgas H (Nordsee)	0,83	87 CH_4, 8 C_2H_6, 2 C_3H_8, 2 CO_2, 1 N_2	−162 (CH_4)	46,7	–	584	16,1	4,0	15,8
Erdgas H (Russland)	0,73	98 CH_4, 1 C_2H_6, 1 N_2	−162 (CH_4)	49,1	3,4	619	16,9	4,3	16,2
Erdgas L	0,83	83 CH_4, 4 C_2H_6, 1 C_3H_8, 2 CO_2, 10 N_2	−162 (CH_4)	40,3	3,3	≈ 600	14,0	4,6	16,0

Tabelle 2
Eigenschaftswerte gasförmiger Kraftstoffe. Das als Flüssiggas bezeichnete Gasgemisch ist bei 0 °C und 1 013 mbar gasförmig; in flüssiger Form hat es eine Dichte von 0,54 kg/*l*.

spezifische Leistung des Ottomotors. An der Volllast wird aufgrund der Gefahr von Motorschäden die Lage der Verbrennung durch das Motorsteuergerät über einen Zündwinkeleingriff (durch die Klopfregelung) so eingestellt, dass – durch Senkung der Verbrennungstemperatur durch eine späte Lage der Verbrennung – keine Selbstzündung der Frischladung erfolgt. Dies begrenzt jedoch das nutzbare Drehmoment des Motors. Je höher die verwendete Oktanzahl ist, desto höher fällt, bei einer entsprechenden Bedatung des Motorsteuergeräts, die spezifische Leistung aus.

In den Tabellen 1 und 2 sind die Stoffwerte der wichtigsten Kraftstoffe zusammengefasst. Verwendung findet meist Benzin, welches durch Destillation aus Rohöl gewonnen und zur Steigerung der Klopffestigkeit mit geeigneten Komponenten versetzt wird. So wird bei Benzinkraftstoffen in Deutschland zwischen Super und Super-Plus unterschieden, einige Anbieter haben ihre Super-Plus-Kraftstoffe durch 100-Oktan-Benzine ersetzt. Seit Januar 2011 enthält der Super-Kraftstoff bis zu 10 Volumenprozent Ethanol (E10), alle anderen Sorten sind mit max. 5 Volumenprozent Ethanol (E5) versetzt. Die Abkürzung E10 bezeichnet dabei einen Ottokraftstoff mit einem Anteil von 90 Volumenprozent Benzin und 10 Volumenprozent Ethanol. Die ottomotorische Verwendung von reinen Alkoholen (Methanol M100, Ethanol E100) ist bei Verwendung geeigneter Kraftstoffsysteme und speziell adaptierter Motoren möglich, da aufgrund des höheren Sauerstoffgehalts ihre Oktanzahl die des Benzins übersteigt.

Auch der Betrieb mit gasförmigen Kraftstoffen ist beim Ottomotor möglich. Verwendung findet als serienmäßige Ausstattung (in bivalenten Systemen mit Benzin- und Gasbetrieb) in Europa meist Erdgas (Compressed Natural Gas CNG), welches hauptsächlich aus Methan besteht. Aufgrund des höheren Wasserstoff-Kohlenstoff-Verhältnisses entsteht bei der Verbrennung von Erdgas weniger CO_2 und mehr Wasser als bei Verbrennung von Benzin. Ein auf Erdgas eingestellter Ottomotor erzeugt bereits ohne weitere Optimierung ca. 25 % weniger CO_2-Emissionen als beim Einsatz von Benzin. Durch die sehr hohe Oktanzahl (ROZ 130) eignet sich der mit Erdgas betriebene Ottomotor ideal zur Aufladung und lässt zudem eine Erhöhung des Verdichtungsverhältnisses zu. Durch den monovalenten Gaseinsatz in Verbindung mit einer Hubraumverkleinerung (Downsizing) kann der effektive Wirkungsgrad des Ottomotors erhöht und seine CO_2-Emission gegenüber dem konventionellen Benzin-Betrieb maßgeblich verringert werden.

Häufig, insbesondere in Anlagen zur Nachrüstung, wird Flüssiggas (Liquid Petroleum Gas LPG), auch Autogas genannt, eingesetzt. Das verflüssigte Gasgemisch besteht aus Propan und Butan. Die Oktanzahl von Flüssiggas liegt mit ROZ 120 deutlich über dem Niveau von Super-Kraftstoffen, bei seiner Verbrennung entstehen ca. 10 % weniger CO_2-Emissionen als im Benzinbetrieb.

Auch die ottomotorische Verbrennung von reinem Wasserstoff ist möglich. Aufgrund des Fehlens an Kohlenstoff entsteht bei der Verbrennung von Wasserstoff kein Kohlendioxid, als „CO_2-frei" darf dieser Kraftstoff dennoch nicht gelten, wenn bei seiner Herstellung CO_2 anfällt. Aufgrund seiner sehr hohen Zündwilligkeit ermöglicht der Betrieb mit Wasserstoff eine starke Abmagerung und damit eine Steigerung des effektiven Wirkungsgrades des Ottomotors.

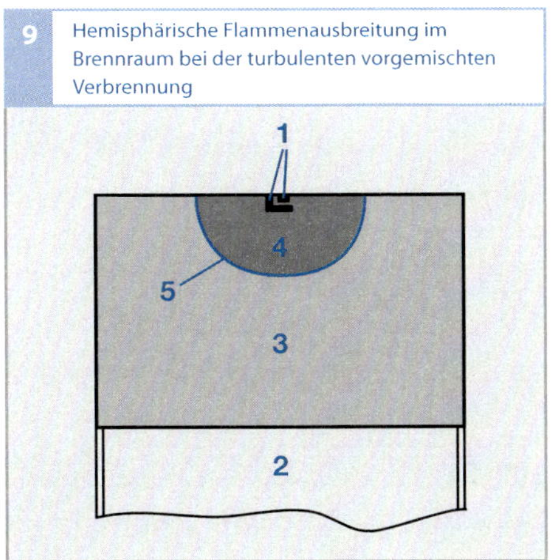

9 Hemisphärische Flammenausbreitung im Brennraum bei der turbulenten vorgemischten Verbrennung

Bild 9
1 Elektroden der Zündkerze
2 Kolben
3 Gemisch mit λ_g
4 Verbranntes Gas mit $\lambda_v \approx \lambda_g$
5 Flammenfront

λ bezeichnet die Luftzahl.

Verbrennung

Turbulente vorgemischte Verbrennung

Das homogene Brennverfahren stellt die Referenz bei der ottomotorischen Verbrennung dar. Dabei wird ein stöchiometrisches, homogenes Gemisch während der Verdichtungsphase durch einen Zündfunken entflammt. Der daraus entstehende Flammkern geht in eine turbulente, vorgemischte Verbrennung mit sich nahezu hemisphärisch (halbkugelförmig) ausbreitender Flammenfront über (Bild 9).

Hierzu wird eine zunächst laminare Flammenfront, deren Fortschrittgeschwindigkeit von Druck, Temperatur und Zusammensetzung des Unverbrannten abhängt, durch viele kleine, turbulente Wirbel zerklüftet. Dadurch vergrößert sich die Flammenoberfläche deutlich. Das wiederum erlaubt einen erhöhten Frischladungseintrag in die Reaktionszone und somit eine deutliche Erhöhung der Flammenfortschrittsgeschwindigkeit. Hieraus ist ersichtlich, dass die Turbulenz der Zylinderladung einen sehr relevanten Faktor zur Verbrennungsoptimierung darstellt.

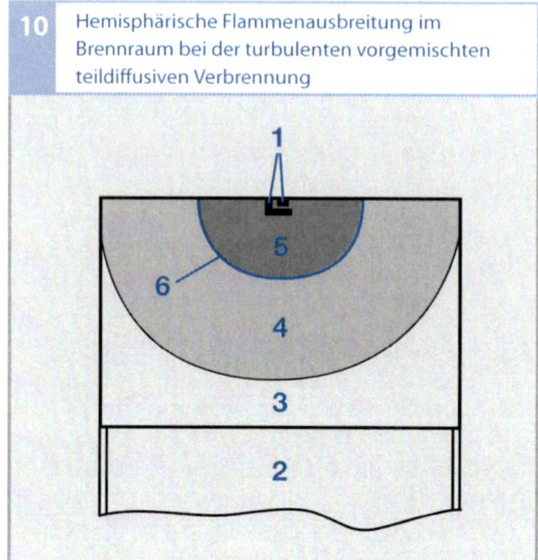

Turbulente vorgemischte teildiffusive Verbrennung

Zur Senkung des Kraftstoffverbrauchs und somit der CO_2-Emission ist das Verfahren der geschichteten Fremdzündung beim Ottomotor, auch Schichtbetrieb genannt, ein vielversprechender Ansatz.

Bei der geschichteten Fremdzündung wird im Extremfall lediglich die Frischluft verdichtet und erst in Nähe des oberen Totpunkts der Kraftstoff eingespritzt sowie zeitnah von der Zündkerze gezündet. Dabei entsteht eine geschichtete Ladung, welche idealerweise in der Nähe der Zündkerze ein Luft-Kraftstoff-Verhältnis von $\lambda \approx 1$ besitzt, um die optimalen Bedingungen für die Entflammung und Verbrennung zu ermöglichen (Bild 10). In der Realität jedoch ergeben sich aufgrund der stochastischen Art der Zylinderinnenströmung sowohl fette als auch magere Gemisch-Zonen in der Nähe der Zündkerze. Dies erfordert eine höhere geometrische Genauigkeit in der Abstimmung der idealen Injektor- und Zündkerzenposition, um die Entflammungsrobustheit sicher zu stellen.

Nach erfolgter Zündung stellt sich eine überwiegend turbulente, vorgemischte Ver-

brennung ein, und zwar dort, wo der Kraftstoff schon verdampft innerhalb eines Luft-Kraftstoff-Gemisches vorliegt. Des Weiteren verläuft die Umsetzung eines Teils des Kraftstoffs an der Luft-Kraftstoff-Grenze verdampfender Tropfen als diffusive Verbrennung. Ein weiterer wichtiger Effekt liegt beim Verbrennungsende. Hierbei erreicht die Flamme sehr magere Bereiche, die früher ins Quenching führen, d. h. in den Zustand, bei welchem die thermodynamischen Bedingungen wie Temperatur und Gemischqualität nicht mehr ausreichen, die Flamme weiter fortschreiten zu lassen. Hieraus können sich erhöhte HC- und CO-Emissionen ergeben. Die NO_x-Bildung ist für dieses entdrosselte und verdünnte Brennverfahren im Vergleich zur homogenen stöchiometrischen Verbrennung relativ gering. Der Dreiwegekatalysator ist jedoch wegen des mageren Abgases nicht in der Lage, selbst die geringe NO_x-Emission zu reduzieren. Dies macht eine spezifische Nachbehandlung der Abgase erforderlich, z. B. durch den Einsatz eines NO_x-Speicherkatalysators oder durch die Anwendung der selektiven katalytischen Reduktion unter Verwendung eines geeigneten Reduktionsmittels.

Homogene Selbstzündung

Vor dem Hintergrund einer verschärften Abgasgesetzgebung bei gleichzeitiger Forderung nach geringem Kraftstoffverbrauch ist das Verfahren der homogenen Selbstzündung beim Ottomotor, auch HCCI (Homogeneous Charge Compression Ignition) genannt, eine weitere interessante Alternative. Bei diesem Brennverfahren wird ein stark mit Luft oder Abgas verdünntes Kraftstoffdampf-Luft-Gemisch im Zylinder bis zur Selbstzündung verdichtet. Die Verbrennung erfolgt als Volumenreaktion ohne Ausbildung einer turbulenten Flammenfront oder einer Diffusionsverbrennung (Bild 11).

Die thermodynamische Analyse des Arbeitsprozesses verdeutlicht die Vorteile des HCCI-Verfahrens gegenüber der Anwendung anderer ottomotorischer Brennverfahren mit konventioneller Fremdzündung: Die Entdrosselung (hoher Massenanteil, der am thermodynamischen Prozess teilnimmt und drastische Reduktion der Ladungswechselverluste), kalorische Vorteile bedingt durch die Niedrigtemperatur-Umsetzung und die schnelle Wärmefreisetzung führen zu einer Annäherung an den idealen Gleichraumprozess und somit zur Steigerung des thermischen Wirkungsgrades. Da die Selbstzündung und die Verbrennung an unterschiedlichen Orten im Brennraum gleichzeitig beginnen, ist die Flammenausbreitung im Gegensatz zum fremdgezündeten Betrieb nicht von lokalen Randbedingungen abhängig, so dass geringere Zyklusschwankungen auftreten.

Die kontrollierte Selbstzündung bietet die Möglichkeit, den Wirkungsgrad des Arbeitsprozesses unter Beibehaltung des klassischen Dreiwegekatalysators ohne zusätzliche Abgasnachbehandlung zu steigern. Die überwiegend magere Niedrigtemperatur-Wärmefreisetzung bedingt einen sehr niedrigen NO_x-Ausstoß bei ähnlichen HC-Emissionen und reduzierter CO-Bildung im Vergleich zum konventionellen fremdgezündeten Betrieb.

Irreguläre Verbrennung

Unter irregulärer Verbrennung beim Ottomotor versteht man Phänomene wie die klopfende Verbrennung, Glühzündung oder andere Vorentflammungserscheinungen. Eine klopfende Verbrennung äußert sich im Allgemeinen durch ein deutlich hörbares, metallisches Geräusch (Klingeln, Klopfen). Die schädigende Wirkung eines dauerhaften Klopfens kann zum völligen Ausfall des Mo-

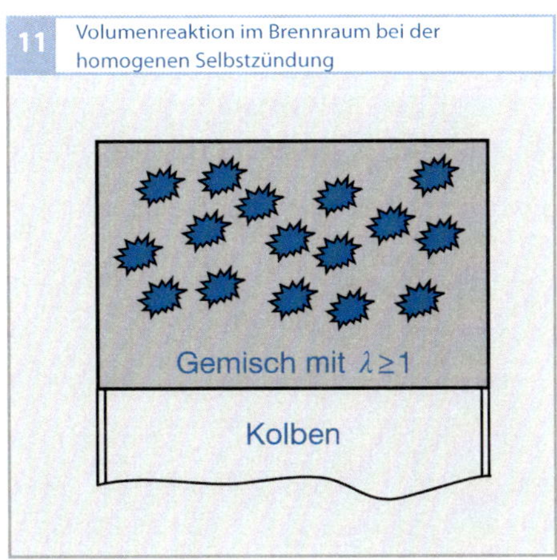

tors führen. In heutigen Serienmotoren dient eine Klopfregelung dazu, den Motor bei Volllast gefahrlos an der Klopfgrenze zu betreiben. Hierzu wird die klopfende Verbrennung durch einen Sensor detektiert und der Zündwinkel vom Steuergerät entsprechend angepasst. Durch die Anwendung der Klopfregelung ergeben sich weitere Vorteile, insbesondere die Reduktion des Kraftstoffverbrauchs, die Erhöhung des Drehmoments sowie die Darstellung des Motorbetriebs in einem vergrößerten Oktanzahlbereich. Eine Klopfregelung ist allerdings nur dann anwendbar, wenn das Klopfen ein reproduzierbares und wiederkehrendes Phänomen ist.

Der Unterschied zwischen einer regulären und einer klopfenden Verbrennung ist in (Bild 12) dargestellt. Aus dieser wird deutlich, dass der Zylinderdruck bereits vor Klopfbeginn infolge hochfrequenter Druckwellen, welche durch den Brennraum pulsieren, im Vergleich zum nicht klopfenden Arbeitsspiel deutlich ansteigt. Bereits die frühe Phase der klopfenden Verbrennung zeichnet sich also gegenüber dem mittleren Arbeitsspiel (in Bild 12 als reguläre Verbrennung gekennzeichnet) durch einen schnelleren Massenumsatz aus. Beim Klopfen kommt es

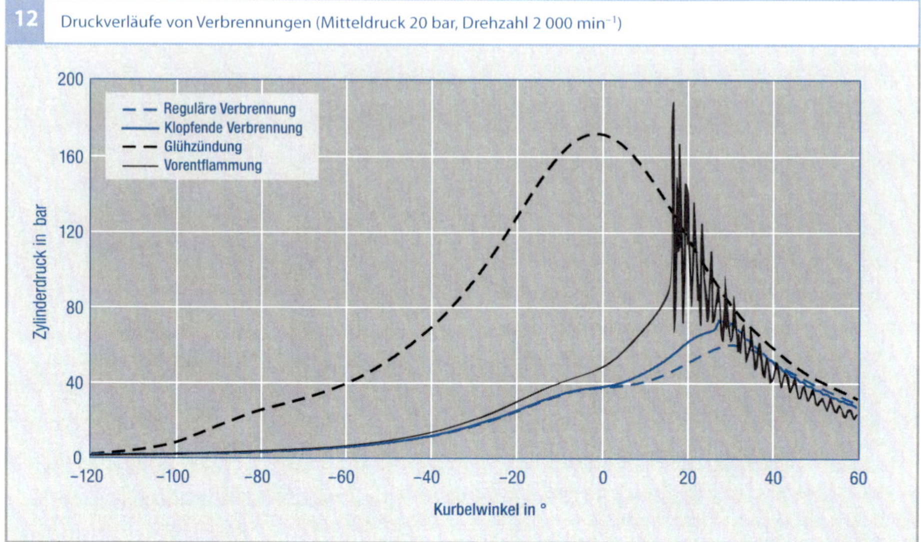

Bild 12
Der Kurbelwinkel ist auf den oberen Totpunkt in der Kompressionsphase (ZOT) bezogen.

zur Selbstzündung in den noch nicht von der Flamme erfassten Endgaszonen. Die stehenden Wellen, die anschließend durch den Brennraum fortschreiten, verursachen das hörbare, klingelnde Geräusch. Im Motorbetrieb wird das Eintreten von Klopfen durch eine Spätverstellung des Zündwinkels vermieden. Dies führt, je nach resultierender Schwerpunktslage der Verbrennung, zu einem nicht unerheblichen Wirkungsgradverlust.

Die Glühzündung führt gewöhnlich zu einer sehr hohen mechanischen Belastung des Motors. Die Entflammung des Frischgemischs erfolgt hierbei teilweise deutlich vor dem regulären Auslösen des Zündfunkens. Häufig kommt es zu einem sogenannten Run-on, wobei nach starkem Klopfen der Zeitpunkt der Entzündung mit jedem weiteren Arbeitsspiel früher erfolgt. Dabei wird ein Großteil des Frischgemisches bereits deutlich vor dem oberen Totpunkt in der Kompressionsphase umgesetzt (**Bild 12**). Druck und Temperatur im Brennraum steigen dabei aufgrund der noch ablaufenden

Kompression stark an. Hat sich die Glühzündung erst eingestellt, kommt es im Gegensatz zur klopfenden Verbrennung zu keinem wahrnehmbaren Geräusch, da die pulsierenden Druckwellen im Brennraum ausbleiben. Solch eine extrem frühe Glühzündung führt meistens zum sofortigen Ausfall des Motors. Bevorzugte Stellen, an denen eine Oberflächenzündung beginnen kann, sind überhitzte Ventile oder Zündkerzen, glühende Verbrennungsrückstände oder sehr heiße Stellen im Brennraum wie beispielsweise Kanten von Kolbenmulden. Eine Oberflächenzündung kann durch entsprechende Auslegung der Kühlkanäle im Bereich des Zylinderkopfs und der Laufbuchse in den meisten Fällen vermieden werden.

Eine Vorentflammung zeichnet sich durch eine unkontrollierte und sporadisch auftretende Selbstentflammung aus, welche vor allem bei kleinen Drehzahlen und hohen Lasten auftritt. Der Zeitpunkt der Selbstentflammung kann dabei von deutlich vor bis zum Zeitpunkt der Zündeinleitung selbst variieren. Betroffen von diesem Phänomen sind generell hoch aufgeladene Motoren mit hohen Mitteldrücken im unteren Drehzahlbereich (Low-End-Torque). Hier entfällt bis heute die Möglichkeit zur effektiven Regelung, die dem Auftreten der Vorentflammung entgegenwirken könnte, da die Ereignisse meist einzeln auftreten und nur selten unmittelbar in mehreren Arbeitsspielen aufeinander folgen. Als Reaktion wird bei Serienmotoren nach heutigem Stand zunächst der Ladedruck reduziert. Tritt weiterhin ein Vorentflammungsereignis auf, wird als letzte Maßnahme die Einspritzung ausgeblendet. Die Folge einer Vorentflammung ist eine schlagartige Umsetzung der verbliebenen Zylinderladung mit extremen Druckgradienten und sehr hohen Spitzendrücken, die teilweise 300 bar erreichen. Im Allgemeinen führt ein Vorentflammungsereignis daraufhin immer zu extremem Klopfen und gleicht vom Ablauf her einer Verbrennung, wie sie sich bei extrem früher Zündeinleitung (Überzündung) darstellt. Die Ursache hierfür ist noch nicht vollends geklärt. Vielmehr existieren auch hier mehrere Erklärungsversuche. Die Direkteinspritzung spielt hier eine relevante Rolle, da zündwillige Tropfen und zündwilliger Kraftstoffdampf in den Brennraum gelangen können. Unter anderem stehen Ablagerungen (Partikel, Ruß usw.) im Verdacht, da sie sich von der Brennraumwand lösen und als Initiator in Betracht kommen. Ein weiterer Erklärungsversuch geht davon aus, dass Fremdmedien (z. B. Öl) in den Brennraum gelangen, welche eine kürzere Zündverzugszeit aufweisen als übliche Kohlenwasserstoff-Bestandteile im Ottokraftstoff und damit das Reaktionsniveau entsprechend herabsetzen. Die Vielfalt des Phänomens ist stark motorabhängig und lässt sich kaum auf eine allgemeine Ursache zurückführen.

Drehmoment, Leistung und Verbrauch

Drehmomente am Antriebsstrang

Die von einem Ottomotor abgegebene Leistung P wird durch das verfügbare Kupplungsmoment M_k und die Motordrehzahl n bestimmt. Das an der Kupplung verfügbare Moment (Bild 13) ergibt sich aus dem durch den Verbrennungsprozess erzeugten Drehmoment, abzüglich der Ladungswechselverluste, der Reibung und dem Anteil zum Betrieb der Nebenaggregate. Das Antriebsmoment ergibt sich aus dem Kupplungsmoment abzüglich der an der Kupplung und im Getriebe auftretenden Verluste.

Das aus dem Verbrennungsprozess erzeugte Drehmoment wird im Arbeitstakt (Verbrennung und Expansion) erzeugt und ist bei Ottomotoren hauptsächlich abhängig von:
- der Luftmasse, die nach dem Schließen der Einlassventile für die Verbrennung zur Verfügung steht – bei homogenen Brennverfahren ist die Luft die Führungsgröße,
- die Kraftstoffmasse im Zylinder – bei geschichteten Brennverfahren ist die Kraftstoffmasse die Führungsgröße,
- dem Zündzeitpunkt, zu welchem der Zündfunke die Entflammung und Verbrennung des Luft-Kraftstoff-Gemisches einleitet.

Definition von Kenngrößen

Das instationäre innere Drehmoment M_i im Verbrennungsmotor ergibt sich aus dem Produkt von resultierender tangentialer Kraft F_T und Hebelarm r an der Kurbelwelle:

$$M_i = F_T r. \tag{4}$$

Die am Kurbelradius r wirkende Tangentialkraft F_T (Bild 14) resultiert aus der Kolbenkraft des Zylinders F_z, dem Kurbelwinkel φ und dem Pleuelschwenkwinkel β zu:

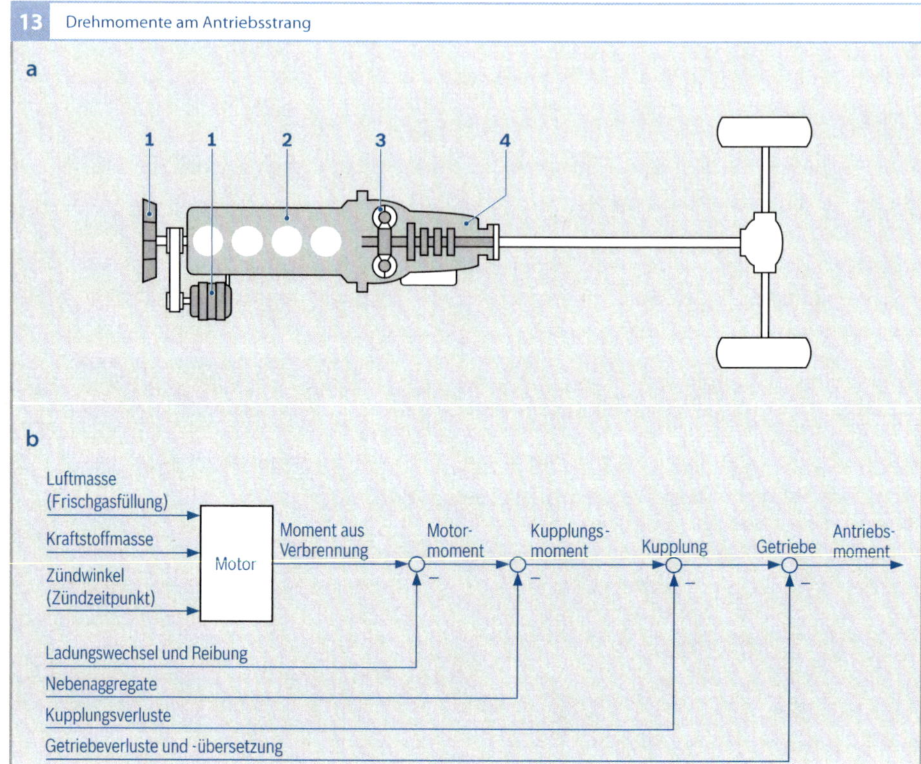

Bild 13
a   schematische An-
    ordnung der Kom-
    ponenten
b   Drehmomente am
    Antriebsstrang

1   Nebenaggregate
    (Generator, Klima-
    kompressor usw.)
2   Motor
3   Kupplung
4   Getriebe

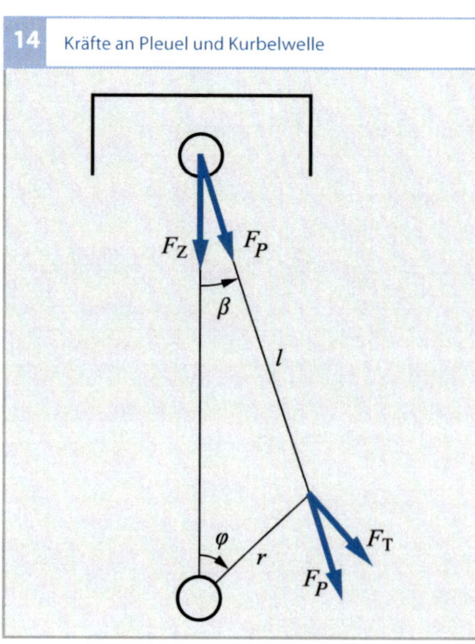

Bild 14
l Pleuellänge
r Kurbelradius
φ Kurbelwinkel
β Pleuelschwenk-
    winkel
F_Z Kolbenkraft
F_p Pleuelstangenkraft
F_T Tagentialkraft

$$F_T = F_z \, \frac{\sin(\varphi + \beta)}{\cos\beta} \, . \tag{5}$$

Mit

$$r \sin\varphi = l \sin\beta \tag{6}$$

und der Einführung des Schubstangenver-
hältnisses λ_l

$$\lambda_l = \frac{r}{l} \tag{7}$$

ergibt sich für die Tangentialkraft:

$$F_T = F_z \left(\sin\varphi + \lambda_l \, \frac{\sin\varphi \cos\varphi}{\sqrt{1 - \lambda_l^2 \sin^2\varphi}} \right). \tag{8}$$

Die Kolbenkraft F_z ist ihrerseits bestimmt
durch das Produkt aus der lichten Kolbenflä-

che A, die sich aus dem Kolbenradius r_K zu

$$A_K = r_K^2 \pi \qquad (9)$$

ergibt und dem Differenzdruck am Kolben, welcher durch den Brennraumdruck p_Z und dem Druck p_K im Kurbelgehäuse gegeben ist:

$$F_Z = A_K(p_Z - p_K) = r_K^2 \pi (p_Z - p_K). \qquad (10)$$

Für das instationäre innere Drehmoment M_i ergibt sich schließlich in Abhängigkeit der Stellung der Kurbelwelle:

$$M_i = r_K^2 \pi (p_Z - p_K)$$
$$\left(\sin \varphi + \lambda_l \frac{\sin \varphi \cos \varphi}{\sqrt{1 - \lambda_l^2 \sin^2 \varphi}} \right) r. \qquad (11)$$

Für die Hubfunktion s, welche die Bewegung des Kolbens bei einem nicht geschränktem Kurbeltrieb beschreibt, folgt aus der Beziehung

$$s = r(1 - \cos \varphi) + l(1 - \cos \beta) \qquad (12)$$

der Ausdruck:

$$s = \left(1 + \frac{1}{\lambda_l} - \cos \varphi - \sqrt{\frac{1}{\lambda_l^2} - \sin^2 \varphi} \right) r. \qquad (13)$$

Damit ist die augenblickliche Stellung des Kolbens durch den Kurbelwinkel φ, durch den Kurbelradius r und durch das Schubstangenverhältnis λ_l beschrieben. Das momentane Zylindervolumen V ergibt sich aus der Summe von Kompressionsendvolumen V_K und dem Volumen, welches sich über die Kolbenbewegung s mit der lichten Kolbenfläche A_K ergibt:

$$V = V_K + A_K s = V_K +$$
$$r_K^2 \pi \left(1 + \frac{1}{\lambda_l} - \cos \varphi - \sqrt{\frac{1}{\lambda_l^2} - \sin^2 \varphi} \right) r. \qquad (14)$$

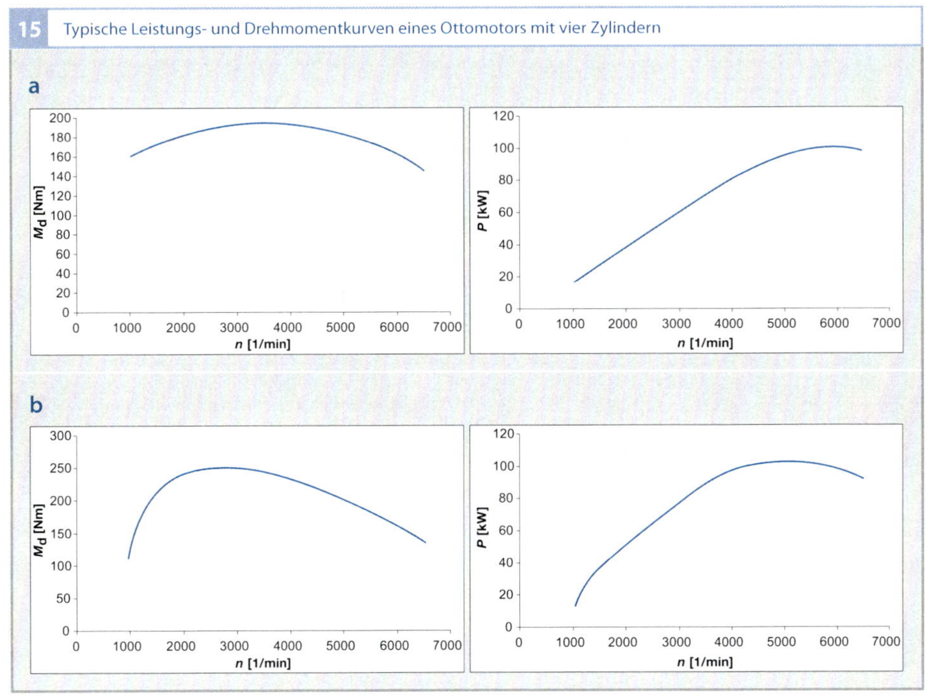

15 Typische Leistungs- und Drehmomentkurven eines Ottomotors mit vier Zylindern

Bild 15
a   1,9 *l* Hubraum ohne Aufladung
b   1,4 *l* Hubraum mit Aufladung
n Drehzahl
M_d Drehmoment
P Leistung

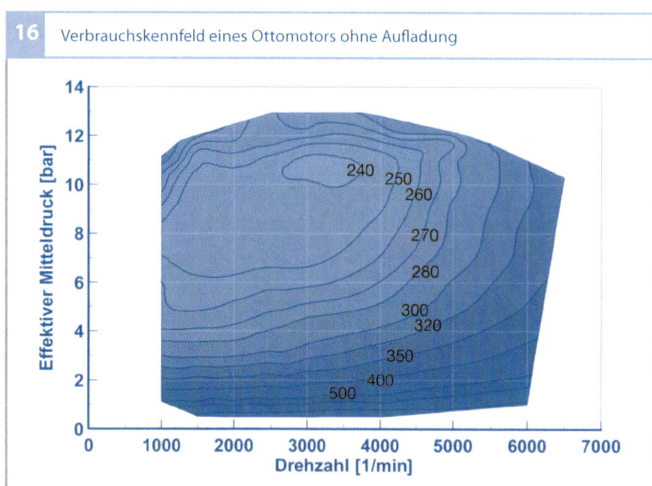

Bild 16
Die Zahlen geben den
Wert für b_e in g/kWh an.

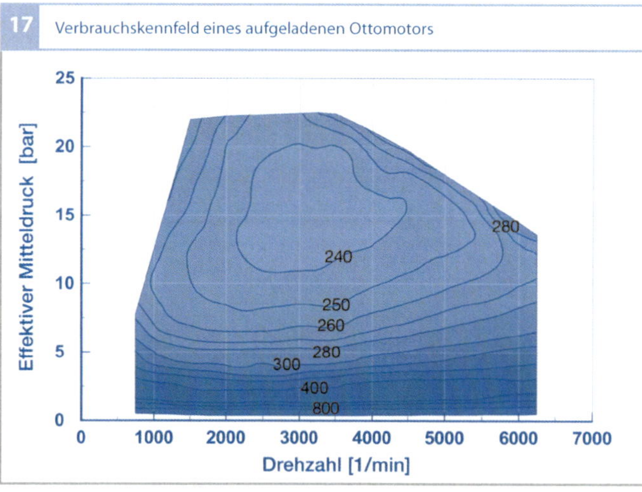

Bild 17
Die Zahlen geben
den spezifischen Kraft-
stoffverbrauch b_e
in g/kWh an.

Das am Kurbeltrieb erzeugte Drehmoment kann in Abhängigkeit des Fahrerwunsches durch Einstellen von Qualität und Quantität des Luft-Kraftstoff-Gemisches sowie des Zündwinkels geregelt werden. Das maximal erreichbare Drehmoment wird durch die maximale Füllung und die Konstruktion des Kurbeltriebs und Zylinderkopfes begrenzt.

Das effektive Drehmoment an der Kurbelwelle M_d entspricht der inneren technischen Arbeit abzüglich aller Reibungs- und Aggregateverluste. Üblicherweise erfolgt die Auslegung des maximalen Drehmomentes für niedrige Drehzahlen ($n \approx 2\,000$ min^{-1}), da in diesem Bereich der höchste Wirkungsgrad des Motors erreicht wird.

Die innere technische Arbeit W_i kann direkt aus dem Druck im Zylinder und der Volumenänderung während eines Arbeitsspiels in Abhängigkeit der Taktzahl n_T berechnet werden:

$$W_i = \int_{0°}^{\varphi_T} p \frac{dV}{d\varphi} \, d\varphi, \tag{15}$$

wobei

$$\varphi_T = n_T \cdot 180° \tag{16}$$

beträgt.

Unter Verwendung des an der Kurbelwelle des Motors abgegebenen Drehmomentes M_d und der Taktzahl n_T ergibt sich für die effektive Arbeit:

$$W_e = 2\pi \frac{n_T}{2} M_d. \tag{17}$$

Die auftretenden Verluste durch Reibung und Nebenaggregate können als Differenz zwischen der inneren Arbeit W_i und der effektiven Nutzarbeit W_e als Reibarbeit W_R angegeben werden:

$$W_R = W_i - W_e. \tag{18}$$

Eine Drehmomentgröße, die das Vergleichen der Last unterschiedlicher Motoren erlaubt, ist die spezifische effektive Arbeit w_e, welche die effektive Arbeit W_e auf das Hubvolumen des Motors bezieht:

$$w_e = \frac{W_e}{V_H}. \tag{19}$$

Da es sich bei dieser Größe um den Quotienten aus Arbeit und Volumen handelt, wird

diese oft als effektiver Mitteldruck p_{me} bezeichnet.

Die effektiv vom Motor abgegebene Leistung P resultiert aus dem erreichten Drehmoment M_d und der Motordrehzahl n zu:

$$P = 2\pi M_d\, n. \tag{20}$$

Die Motorleistung steigt bis zur Nenndreh-
zahl. Bei höheren Drehzahlen nimmt die
Leistung wieder ab, da in diesem Bereich das
Drehmoment stark abfällt.

Verläufe

Typische Leistungs- und Drehmomentkurven je eines Motors ohne und mit Aufladung, beide mit einer Leistung von 100 kW,
werden in Bild 15 dargestellt.

Spezifischer Kraftstoffverbrauch

Der spezifische Kraftstoffverbrauch b_e
stellt den Zusammenhang zwischen dem
Kraftstoffaufwand und der abgegebenen
Leistung des Motors dar. Er entspricht damit der Kraftstoffmenge pro erbrachte
Arbeitseinheit und wird in g/kWh angegeben. Die Bilder 16 und 17 zeigen typische
Werte des spezifischen Kraftstoffverbrauchs
im homogenen, fremdgezündeten Betriebs-
kennfeld eines Ottomotors ohne und mit
Aufladung.

Kraftstoffversorgung

Überblick

Aufgabe des Kraftstoffversorgungssystems ist es, den Kraftstoff vom Tank in definierter Menge mit einem spezifizierten Druck zum Verbrennungsmotor im Motorraum zu fördern. Die jeweilige Schnittstelle bildet beim Motor mit Saugrohreinspritzung (SRE) der Kraftstoffverteiler mit den Saugrohr-Einspritzventilen und beim Motor mit Benzin-Direkteinspritzung (BDE) die Hochdruckpumpe.

Der grundsätzliche Aufbau der Kraftstoffversorgungssysteme ist für beide Einspritzarten ähnlich: der Kraftstoff wird aus dem Tank (dem Kraftstoffspeicher) mittels einer Elektrokraftstoffpumpe durch Kraftstoffleitungen aus Stahl oder Kunststoff zum Motor gefördert. Unterschiedliche Anforderungen führen aber zum Teil zu abweichenden Systemauslegungen und einer Vielfalt an Varianten.

Bei der Saugrohreinspritzung fördert eine Elektrokraftstoffpumpe den Kraftstoff aus dem Tank über die Leitungen und den Kraftstoffverteiler (auch Kraftstoff-Rail genannt) direkt zu den Einspritzventilen. Bei der Benzin-Direkteinspritzung wird der Kraftstoff ebenfalls mit einer Elektrokraftstoffpumpe aus dem Tank gefördert, anschließend wird er jedoch durch eine Hochdruckpumpe zunächst auf einen höheren Druck verdichtet und danach den Hochdruck-Einspritzventilen zugeführt.

Kraftstoffförderung bei Saugrohreinspritzung

Eine Elektrokraftstoffpumpe (EKP) fördert den Kraftstoff und erzeugt den Einspritzdruck, der bei der Saugrohreinspritzung typischerweise etwa 0,3…0,4 MPa (3…4 bar) beträgt. Der aufgebaute Kraftstoffdruck verhindert weitgehend die Bildung von Dampfblasen im Kraftstoffsystem. Ein in die Pumpe integriertes Rückschlagventil unterbindet das Rückströmen von Kraftstoff durch die Pumpe zurück zum Kraftstoffbehälter und erhält so den Systemdruck abhängig vom Abkühlverlauf des Kraftstoffsystems und von internen Leckagen auch nach Abschalten der Elektrokraftstoffpumpe noch einige Zeit aufrecht. So wird die Bildung von Dampfblasen im Kraftstoffsystem bei erhöhten Kraftstofftemperaturen auch nach Abstellen des Motors verhindert.

Es existieren unterschiedliche Arten von Kraftstoffversorgungssystemen. Prinzipiell unterscheidet man vollfördernde und bedarfsgeregelte Systeme. Bei den vollfördernden Systemen wird zwischen Systemen mit Rücklauf vom Motor und rücklauffreien Systemen unterschieden.

System mit Rücklauf

Der Kraftstoff wird von der Kraftstoffpumpe (**Bild 1**, Pos. 2) aus dem Kraftstoffbehälter (1) angesaugt und durch den Kraftstofffilter (3) und die Druckleitung (4) zum am Motor montierten Kraftstoffverteiler (5) gefördert. Über den Kraftstoffverteiler werden die Einspritzventile (7) mit Kraftstoff versorgt. Ein am Rail angebrachter mechanischer Druckregler (6) hält durch seine direkte Referenz zum Saugrohr den Differenzdruck zwischen Einspritzventilen und Saugrohr konstant – unabhängig vom absoluten Saugrohrdruck, d. h. von der Motorlast.

Der vom Motor nicht benötigte Kraftstoff strömt durch das Rail über eine am Druckregler angeschlossene Rücklaufleitung (8) zurück in den Kraftstoffbehälter. Der überschüssige, im Motorraum erwärmte Kraftstoff führt zu einem Anstieg der Kraftstofftemperatur im Tank. Abhängig von dieser Temperatur entstehen Kraftstoffdämpfe. Diese werden umweltschonend über ein Tankentlüftungssystem in einem Aktivkohlefilter zwischengespeichert und über das

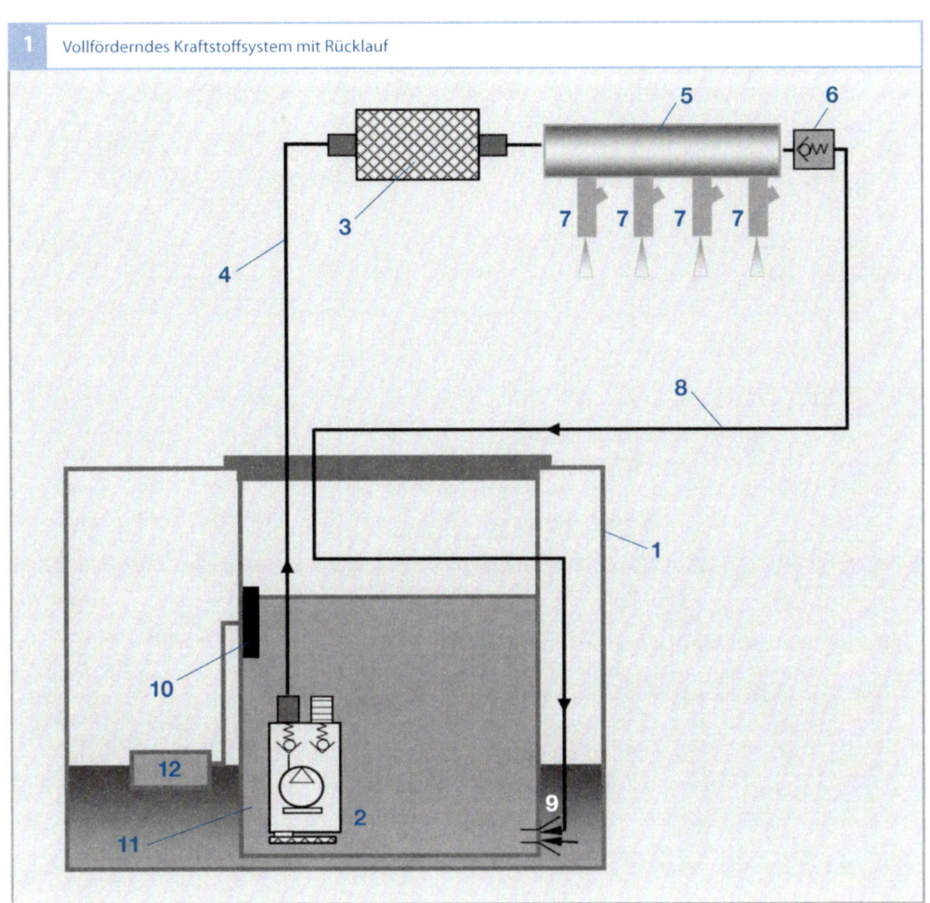

Bild 1
1 Kraftstoffbehälter
2 Elektrokraftstoff-
   pumpe
3 Kraftstofffilter
4 Kraftstoffleitung
5 Kraftstoffverteiler
6 Druckregler
7 Einspritzventile
8 Rücklaufleitung
9 Saugstrahlpumpe
10 Tankfüllstandsgeber
11 Reservoir
12 Schwimmer

Saugrohr der angesaugten Luft und somit dem Motor zugeführt. Mit dem vom motornahen Druckregler (6) zurückströmenden Kraftstoff wird am Tankeinbaumodul eine Saugstrahlpumpe (9, auch Saugstrahl-Düse genannt) angetrieben, mit deren Treibmenge ein Kraftstoff-Förderstrom in ein Reservoir gefördert wird, um der Elektrokraftstoffpumpe (2) unter allen Bedingungen immer ein sicheres Ansaugen zu ermöglichen.

Rücklauffreies System

Beim rücklauffreien Kraftstoffversorgungssystem (Bild 2) befindet sich der Druckregler (6) im Kraftstoffbehälter und ist Bestandteil des Tankeinbaumoduls. Dadurch entfällt die Rücklaufleitung vom Motor zum Kraftstoffbehälter. Da der Druckregler aufgrund seines Anbauorts keine Referenz zum Saugrohrdruck hat, hängt der relative Einspritzdruck, der über dem Einspritzventil abfällt, hier von der Motorlast ab. Dies wird bei der Berechnung der Einspritzzeit im Motorsteuergerät berücksichtigt.

Dem Kraftstoffverteiler (5) wird nur die Kraftstoffmenge zugeführt, die auch einge-

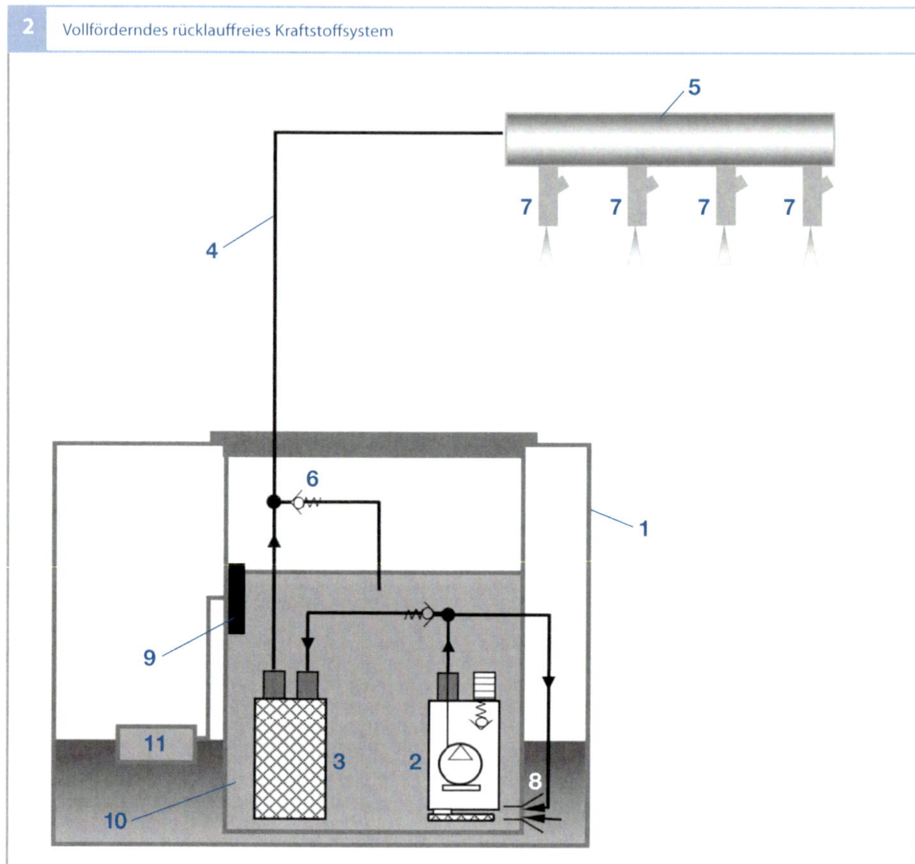

spritzt wird. Die von der vollfördernden Elektrokraftstoffpumpe (2) geförderte Mehrmenge wird direkt vom tanknahen Druckregler (6) in den Kraftstoffbehälter geleitet, ohne den Umweg über den Motorraum zu nehmen. Daher ist die Erwärmung des Kraftstoffs im Kraftstoffbehälter und damit auch die Kraftstoffverdunstung deutlich geringer als beim System mit Rücklauf. Aufgrund dieser Vorteile werden heute überwiegend rücklauffreie Systeme eingesetzt. Die Saugstrahlpumpe (8) wird in diesem System direkt im Fördermodul aus dem Vorlauf der Elektrokraftstoffpumpe betrieben.

Bedarfsgeregeltes System

Beim bedarfsgeregelten System (**Bild 3**) wird von der Kraftstoffpumpe nur die aktuell vom Motor verbrauchte und zur Einstellung des gewünschten Drucks notwendige Kraftstoffmenge gefördert. Die Druckeinstellung erfolgt über eine modellbasierte Vorsteuerung und einen geschlossenen Regelkreis, wobei der aktuelle Kraftstoffdruck über einen Niederdrucksensor erfasst wird. Der mechanische Druckregler entfällt und wird durch ein Druckbegrenzungsventil ersetzt (Pressure Relief Valve PRV), damit sich auch bei Schubabschaltung oder nach Abstellen des Motors kein zu hoher Druck aufbauen kann.

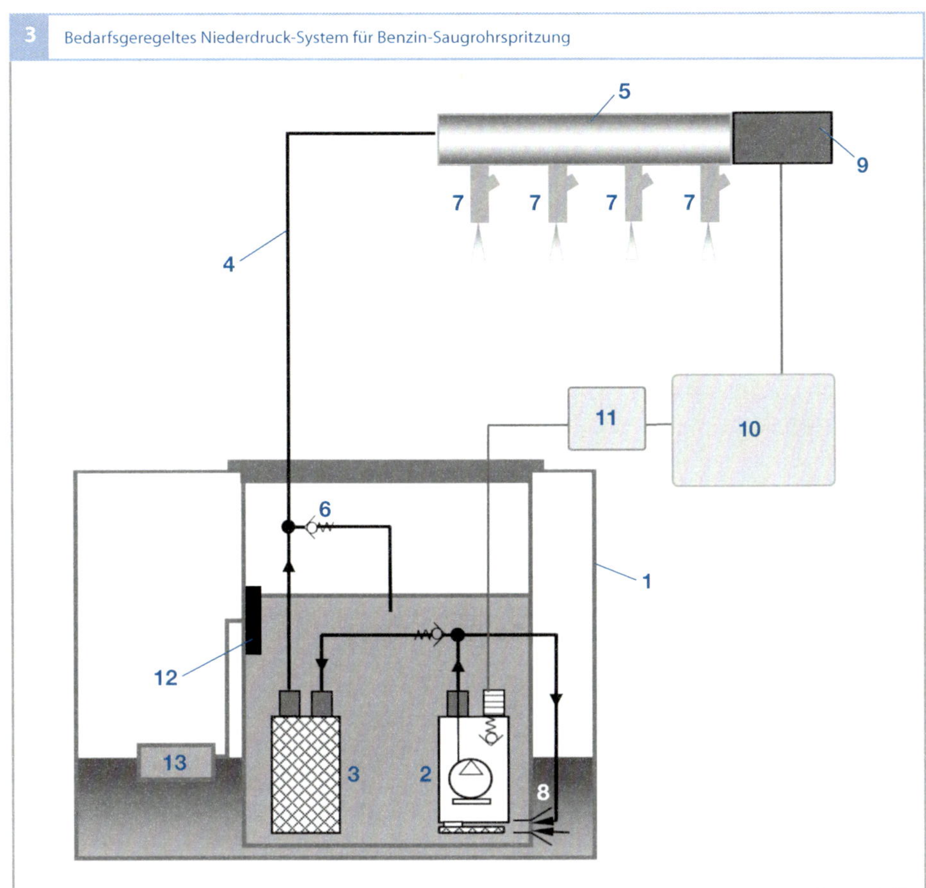

Bild 3
1 Kraftstoffbehälter
2 Elektrokraftstoff-
  pumpe
3 Kraftstofffilter
4 Kraftstoffleitung
5 Kraftstoffverteiler
6 Druckbegrenzungs-
  ventil
7 Einspritzventile
8 Saugstrahlpumpe
9 Kraftstoff-Drucksen-
  sor (für Niederdruck)
10 Motorsteuergerät
11 Pumpenelektronik-
   modul
12 Tankfüllstandsgeber
13 Schwimmer

Zur Einstellung der Fördermenge wird die Betriebsspannung der Kraftstoffpumpe über ein vom Motorsteuergerät angesteuertes Pumpelektronikmodul eingestellt. Der Druck variiert in diesem System zwischen 250 und 600 kPa relativ zur Umgebung, kann aber auch auf einen konstanten Wert eingestellt werden.

Aufgrund der Bedarfsregelung wird kein überschüssiger Kraftstoff komprimiert und somit die Pumpenleistung auf das gerade erforderliche Maß minimiert. Dies führt gegenüber Systemen mit vollfördernder Pumpe zu einer Senkung des Kraftstoffverbrauchs. So kann auch die Kraftstofftempe-ratur im Tank gegenüber dem rücklauffreien System noch weiter reduziert werden.

Weitere Vorteile des bedarfsgeregelten Systems ergeben sich aus dem variabel einstellbaren Kraftstoffdruck. Zum einen kann der Druck beim Heißstart erhöht werden, um die Bildung von Dampfblasen zu vermeiden. Zum anderen kann vor allem bei Turbomotoren der Zumessbereich der Einspritzventile erweitert werden (durch Einspritzmengenspreizung), indem bei Volllast eine Druckanhebung und bei sehr kleinen Lasten eine Druckabsenkung realisiert wird. Eine zunehmend genutzte Möglichkeit besteht auch darin, den Einspritzdruck beim

Einspritzart	Saugrohreinspritzung		Benzindirekteinspritzung
Variante	Konstanter Druck	Variabler Druck	Variabler Druck
Druck in kPa	≈ 350	250 … 600	200 … 600
Vorteile gegenüber konstanter Fördermenge		– Erweiterter Zumessbereich – Bessere Gemischaufbereitung im Kaltstart	Besserer Heißstart

Kaltstart zu erhöhen, um damit die Zerstäubung und Gemischaufbereitung der Einspritzventile zu verbessern.

Des Weiteren ergeben sich mithilfe des gemessenen Kraftstoffdrucks verbesserte Diagnosemöglichkeiten des Kraftstoffsystems gegenüber bisherigen Systemen. Darüber hinaus führt die Berücksichtigung des aktuellen Kraftstoffdrucks bei der Berechnung der Einspritzzeit zu einer präziseren Kraftstoffzumessung.

Kraftstoffförderung bei Benzin-Direkteinspritzung

Bei der direkten Einspritzung von Kraftstoff in den Brennraum steht im Vergleich zur Einspritzung in das Saugrohr nur ein verkürztes Zeitfenster zur Verfügung. Auch kommt der Gemischaufbereitung eine erhöhte Bedeutung zu. Daher muss der Kraftstoff bei der Direkteinspritzung mit deutlich höherem Druck eingespritzt werden als bei der Saugrohreinspritzung. Das Kraftstoffsystem unterteilt sich in Niederdruckkreislauf und Hochdruckkreislauf.

Niederdruckkreis

Für den Niederdruckkreislauf eines Systems zur Benzin-Direkteinspritzung kommen im Prinzip die aus der Saugrohreinspritzung bekannten Kraftstoffsysteme und Komponenten zum Einsatz. Da die im Hochdruckkreislauf eingesetzten Hochdruckpumpen zur Vermeidung von Dampfblasenbildung im Heißstart und Heißbetrieb einen erhöhten Vorförderdruck (Vordruck) benötigen, ist es vorteilhaft, Systeme mit variablem Niederdruck einzusetzen. Bedarfsgeregelte Niederdrucksysteme eignen sich hier besonders gut, da sich für jeden Betriebszustand des Motors der jeweils optimale Vordruck für die Hochdruckpumpe einstellen lässt. Die entsprechenden Anforderungen sind in Tabelle 1 dargestellt, eine Realisierung in Bild 4.

Es kommen aber auch noch rücklauffreie Systeme mit umschaltbarem Vordruck – gesteuert über ein Absperrventil – oder Systeme mit konstant hohem Vordruck zum Einsatz, die aber energetisch als nicht optimal zu bewerten sind.

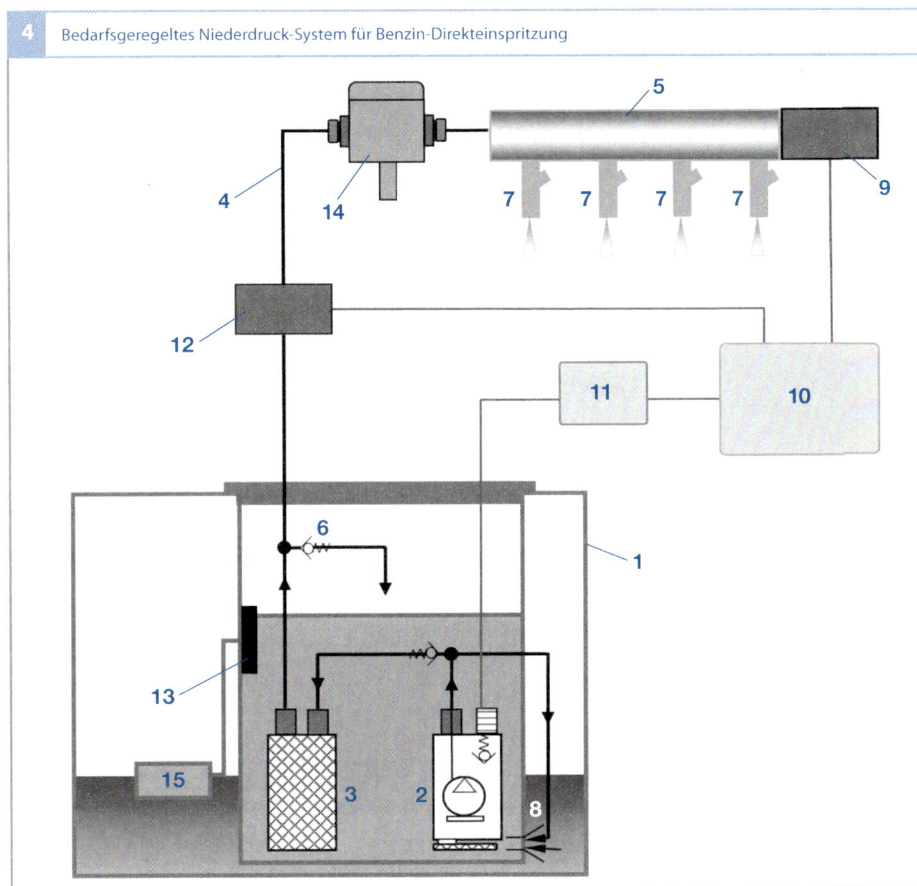

Bild 4
1 Kraftstoffbehälter
2 Elektrokraftstoff-
  pumpe
3 Kraftstofffilter (in-
  tern)
4 Kraftstoffleitung
5 Kraftstoffverteiler
  (Rail)
6 Druckbegrenzungs-
  ventil
7 Hochdruck-Ein-
  spritzventile
8 Saugstrahlpumpe
9 Drucksensor (für
  Hochdruck)
10 Motorsteuergerät
11 Pumpenelektronik-
   modul
12 Drucksensor (für
   Niederdruck)
13 Tankfüllstandsgeber
14 Hochdruckpumpe
15 Schwimmer

Komponenten der Kraftstoff-
förderung

Elektrokraftstoffpumpe

Aufgabe

Die Elektrokraftstoffpumpe muss dem Motor in allen Betriebszuständen ausreichend Kraftstoff mit dem zum Einspritzen nötigen Druck zuführen. Die wesentlichen Anforderungen sind:

- Fördermenge zwischen 60 und 300 l/h bei Nennspannung,
- Druck im Kraftstoffsystem zwischen 250 und 600 kPa relativ zur Umgebung,
- Aufbau des Kraftstoffdruckes ab 50…60 % der Nennspannung; bestimmend hierfür ist der Betrieb bei Kaltstart.

Außerdem dient die Elektrokraftstoffpumpe zunehmend als Vorförderpumpe für moderne Direkteinspritzsysteme sowohl für Benzin- als auch für Dieselmotoren. Für die Benzin-Direkteinspritzung sind beim Heißförderbetrieb zumindest zeitweise Drücke bis 650 kPa bereitzustellen.

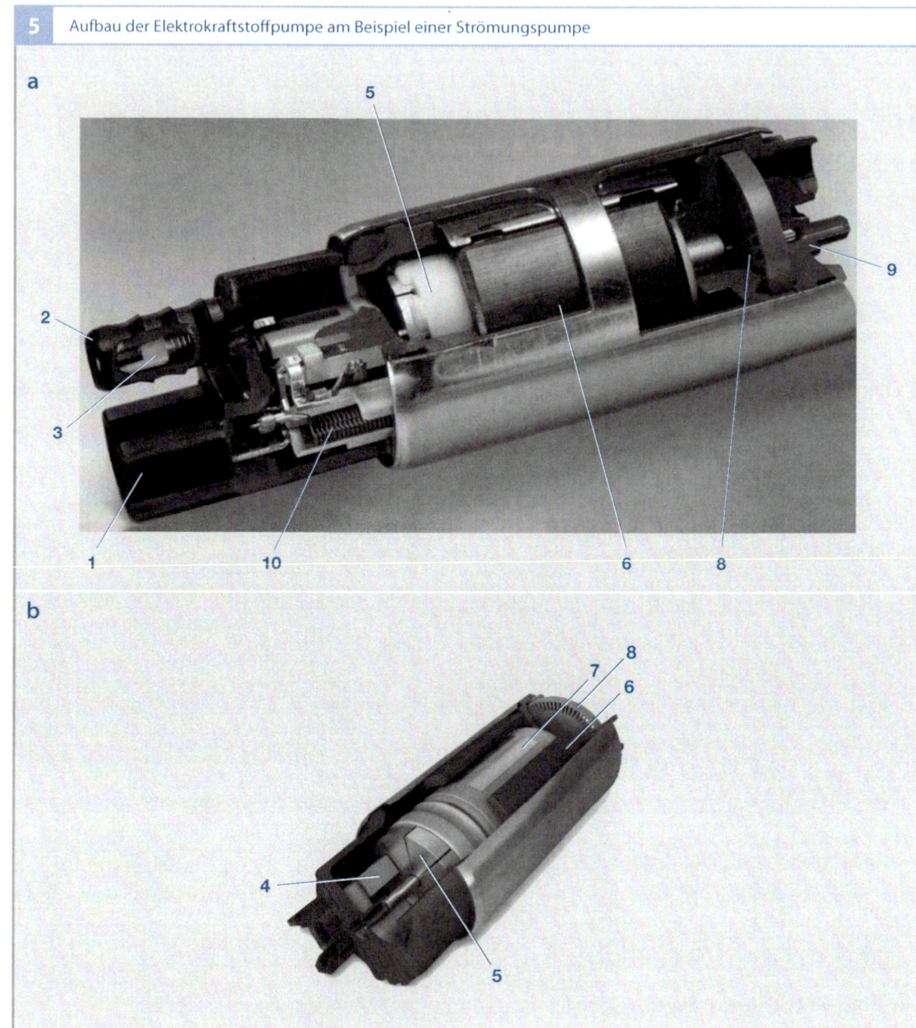

Bild 5
a, b verschiedene
Varianten
1 elektrischer
  Anschluss
2 hydraulischer An-
  schluss (Kraftstoff-
  auslass)
3 Rückschlagventil
4 Kohlebürsten
5 Kommutator
6 Ständer mit Perma-
  nentmagnet
7 Läufer
8 Laufrad der Strö-
  mungspumpe
9 hydraulischer An-
  schluss (Kraftstoff-
  zufluss)
10 Drosselspule

Aufbau

Die Elektrokraftstoffpumpe wird von einem Elektromotor angetrieben (**Bild 5**). Standard bei diesem Motor sind ein Ständer mit Permanentmagneten und ein Läufer mit Kupferkommutator. Für hohe Leistungen, Sonderanwendungen und Dieselsysteme werden auch zunehmend Kohlekommutatoren eingesetzt. Bei neuen Fahrzeugen am Markt werden auch zunehmend elektronische Kommutierungssysteme ohne Kommutator und Kohlebürsten verwendet. Das Pumpenteil ist als Verdränger- oder als Strömungspumpe ausgeführt. Weitere Bestandteile sind der Anschlussdeckel mit elektrischen Anschlüssen, das Rückschlagventil (gegen Auslaufen des Kraftstoffsystems), bei Bedarf ein Druckbegrenzungsventil sowie der hydraulische Ausgang. Der Anschlussdeckel enthält üblicherweise auch die Kohlebürsten für den Betrieb des Kommutator-Antriebsmotors und Elemente für die Funkentstörung (Drosselspulen und ggf. Kondensatoren).

Verdrängerpumpe

In einer Verdrängerpumpe werden grundsätzlich Flüssigkeitsvolumina angesaugt und in einem (abgesehen von Undichtheiten) abgeschlossenen Raum durch die Rotation des Pumpelements zur Hochdruckseite transportiert. Für die Elektrokraftstoffpumpe kommen hauptsächlich die *Rollenzellenpumpe* (**Bild 6a**)und die *Innenzahnradpumpe* (**Bild 6b**) zur Anwendung. Verdrängerpumpen sind vorteilhaft für Niederdrucksysteme mit hohen Systemdrücken (450 kPa und mehr) und haben ein gutes Niederspannungsverhalten, d. h. eine relativ „flache" Förderleistungskennlinie über der Betriebsspannung. Der Wirkungsgrad kann bis zu 25 % betragen. Je nach Detailausführung und Einbausituation können die unvermeidlichen Druckpulsationen Geräusche verursachen.

Während für die klassische Funktion der Elektrokraftstoffpumpe in elektronischen Benzineinspritzsystemen die Verdrängerpumpe von der Peripheralpumpe weitgehend abgelöst wurde, ergibt sich für die Verdrängerpumpe ein neues Anwendungsfeld bei der Vorförderung für Direkteinspritzsysteme (Benzin und Diesel) mit ihren wesentlich erweiterten Druckbedarf und Viskositätsbereich.

Peripheralpumpe

Für Niederdrucksysteme bis 600 kPa haben sich Peripheralpumpen (**Bild 6c**) durchgesetzt. Die Peripheralpumpe ist eine Strömungspumpe. Ein mit zahlreichen Schaufeln (6) im Bereich des Umfangs versehenes Laufrad dreht sich in einer aus zwei feststehenden Gehäuseteilen bestehenden Kammer. Diese Gehäuseteile weisen im Bereich der Laufradschaufeln jeweils einen Kanal (7) auf. Die Kanäle beginnen in Höhe der Saugöffnung (9) und enden dort, wo der Kraftstoff das Pumpenteil mit Systemdruck verlässt (10). Zur Verbesserung der Heiß-

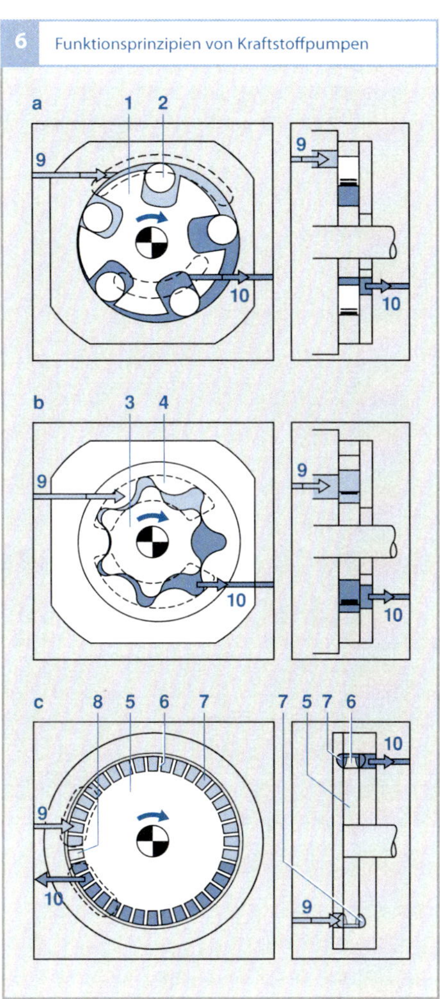

Bild 6
a   Rollenzellenpumpe (RZP)
b   Innenzahnradpumpe (IZP)
c   Peripheralpumpe (PP)

1   Nutscheibe (exzentrisch)
2   Rolle
3   inneres Antriebsrad
4   Läufer (exzentrisch)
5   Laufrad
6   Laufradschaufeln
7   Kanal
8   „Unterbrecher"
9   Saugöffnung
10   Auslass

fördereigenschaften befindet sich in einem gewissen Winkelabstand von der Ansaugöffnung eine kleine Entgasungsbohrung, die (unter Inkaufnahme einer minimalen Leckage) den Austritt eventueller Gasblasen ermöglicht. Der Druck baut sich längs des Kanals durch den Impulsaustausch zwischen den Laufradschaufeln und der Flüssigkeit auf. Die Folge davon ist eine spiralförmige Rotation des im Laufrad und in den Kanälen befindlichen Flüssigkeitsvolumens. Peripheralpumpen sind geräuscharm, da der Druckaufbau kontinuierlich und nahezu

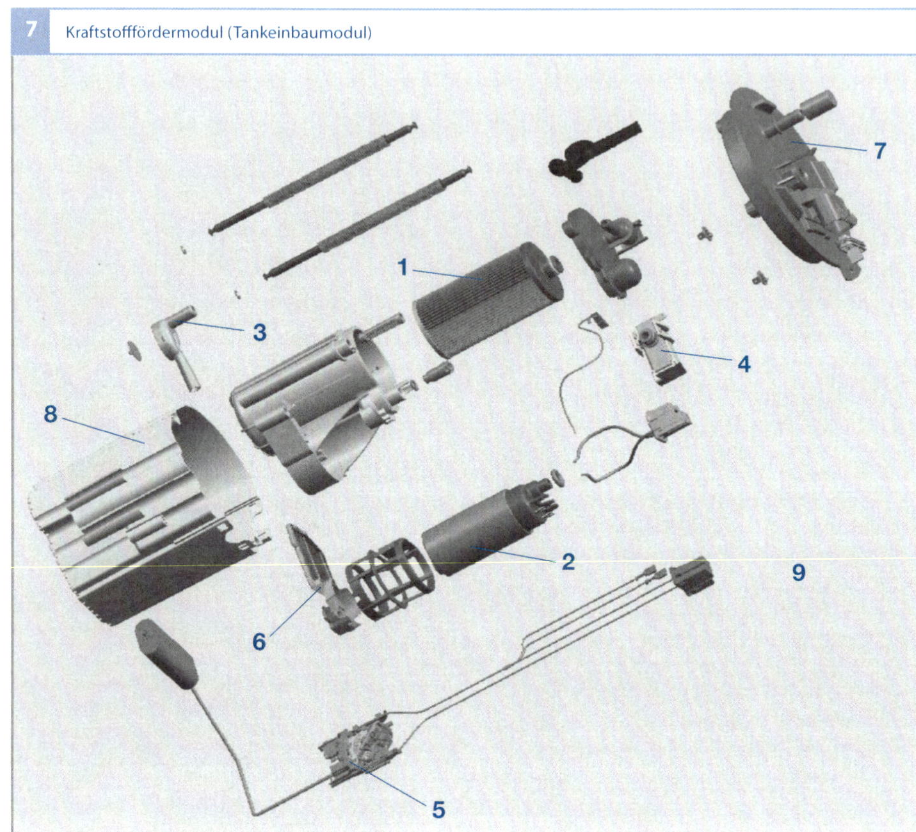

Bild 7
1   Kraftstofffilter
2   Elektrokraftstoff-
    pumpe
3   Strahlpumpe
    (geregelt)
4   Kraftstoffdruckregler
5   Tankfüllstandssensor
6   Vorfilter
7   Modulflansch
8   Reservoir

pulsationsfrei erfolgt. Die Konstruktion ist gegenüber Verdrängerpumpen deutlich vereinfacht. Systemdrücke bis 650 kPa sind auch mit einstufigen Pumpen erreichbar. Der Wirkungsgrad dieser Pumpen beträgt bis zu 26 %.

Ausblick
Die Kraftstoffversorgung vieler moderner Fahrzeuge erfolgt durch bedarfsgesteuerte Kraftstofffördersysteme. In diesen Systemen treibt ein Elektronikmodul die Pumpe in Abhängigkeit vom erforderlichen Druck an, der durch einen Kraftstoffdrucksensor gemessen wird. Die Vorteile solcher Systeme sind:

- geringerer Stromverbrauch,
- reduzierter Wärmeeintrag durch den Elektromotor,
- reduziertes Pumpengeräusch,
- Einstellmöglichkeit variabler Drücke im Kraftstoffsystem.

Bei zukünftigen Systemen wird die reine Pumpenregelung um weitere Funktionen erweitert, z. B. um die Tankleckdiagnose und die Auswertung des Tankfüllstandsensorsignals. Um den steigenden Anforderungen bezüglich Druck und Lebensdauer sowie den weltweit unterschiedlichen Kraftstoffqualitäten gerecht zu werden, werden bürstenlose Motoren mit elektronischer Kommutierung in Zukunft eine bedeutendere Rolle spielen.

Kraftstofffördermodule

Während in den Anfängen der elektronischen Benzineinspritzung die Elektrokraftstoffpumpe ausschließlich außerhalb des Tanks angeordnet war, überwiegt heute der Tankeinbau der Elektrokraftstoffpumpe (Bild 7). Dabei ist die Elektrokraftstoffpumpe (2) Bestandteil eines Kraftstofffördermoduls, das weitere Elemente umfassen kann:

- einen Topf (8) als Kraftstoffreservoir für die Kurvenfahrt (meist aktiv befüllt durch eine Saugstrahlpumpe (3) oder passiv durch ein Klappensystem, Umschaltventil o. Ä.),
- einen Tankfüllstandsensor (5),
- einen Druckregler (4) bei rücklauffreien Systemen (RLFS),
- einen Vorfilter (6) zum Schutz der Pumpe,
- einen druckseitigen Kraftstofffilter (1), der über die gesamte Fahrzeuglebensdauer nicht gewechselt werden muss,
- elektrische und hydraulische Anschlüsse im Modulflansch (7).

Darüber hinaus können Tankdrucksensoren (zur Tankleckagediagnose), Kraftstoffdruck-sensoren (für bedarfsgeregelte Systeme) sowie Ventile integriert werden.

Benzinfilter

Aufgabe des Benzinfilters ist die Aufnahme und die dauerhafte Speicherung von Schmutzpartikeln aus dem Kraftstoff, um das Einspritzsystem vor Verschleiß durch Partikelerosion zu schützen.

Aufbau

Kraftstofffilter für Ottomotoren werden druckseitig hinter der Kraftstoffpumpe angeordnet. Bei neueren Fahrzeugen werden bevorzugt Intank-Filter eingesetzt, d. h., der Filter ist in den Kraftstoffbehälter integriert. Er ist in diesem Fall immer als Lifetime-Filter (Lebensdauerfilter) ausgelegt, der während der Lebensdauer des Fahrzeugs nicht gewechselt werden muss. Daneben werden weiterhin Inline-Filter (Leitungseinbaufilter) eingesetzt, die in die Kraftstoffleitung eingebaut werden. Diese können als Wechselteil oder als Lebensdauerbauteil ausgelegt sein. Das Filtergehäuse ist aus Stahl, Aluminium

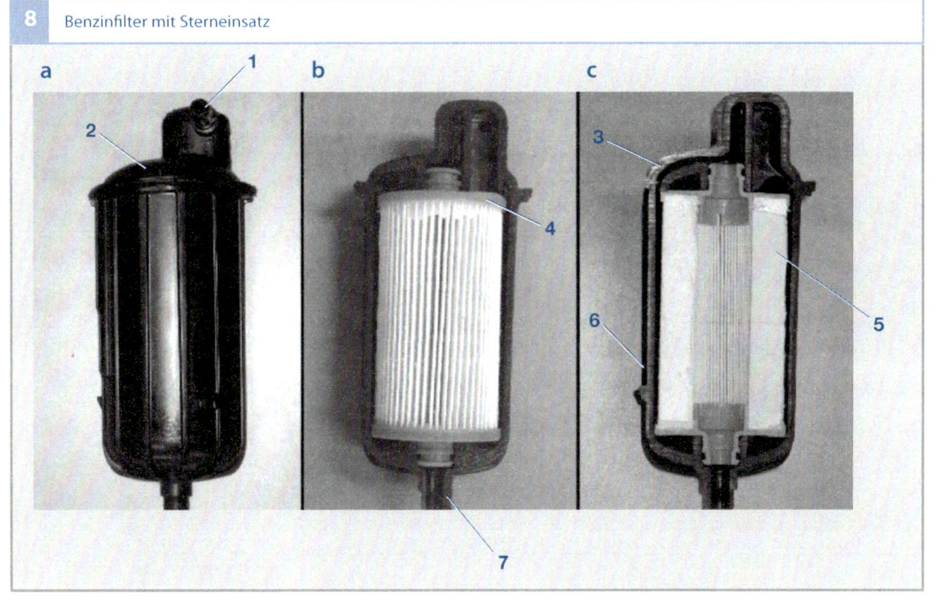

Bild 8
a   Filtergehäuse
b   Filterelement
c   Querschnitt

1   Kraftstoffaustritt
2   Filterdeckel
3   innenverschweißte Kante
4   Stützscheibe
5   Filtermedium
6   Filtergehäuse
7   Kraftstoffeintritt

oder Kunststoff gefertigt. Es wird durch einen Gewinde-, einen Schlauch- oder einen einrastenden Schnellanschluss (sog. Quick-Connector) mit der Kraftstoffzuleitung verbunden. In dem Gehäuse befindet sich der Filtereinsatz, der die Schmutzpartikel aus dem Kraftstoff herausfiltert. Der Filtereinsatz ist so in den Kraftstoffkreislauf integriert, dass die gesamte Oberfläche des Filtermediums möglichst mit gleicher Fließgeschwindigkeit von Kraftstoff durchströmt wird.

Filtermedium

Als Filtermedium werden spezielle Mikrofaserpapiere mit Harzimprägnierung eingesetzt, die bei höheren Anforderungen zusätzlich mit einer Kunstfaserschicht (Meltblown) verbunden sind. Dieser Verbund muss eine hohe mechanische, thermische und chemische Stabilität gewährleisten. Die Papierporosität und die Porenverteilung des Filterpapiers bestimmen den Schmutzabscheidegrad und den Durchflusswiderstand des Filters.

Filter für Benzinmotoren werden in Wickel- oder Sternausführung gefertigt. Beim Wickelfilter wird ein geprägtes Filterpapier um ein Stützrohr gewickelt. Der verunreinigte Kraftstoff durchfließt den Filter in Längsrichtung. Beim Sternfilter (**Bild 8**) wird das Filterpapier gefaltet und sternförmig ins Gehäuse eingelegt. Kunststoff-, Harz- oder Metallendscheiben sowie ggf. ein innerer Stützmantel sorgen für Stabilität. Der verunreinigte Kraftstoff durchfließt den Filter von außen nach innen, die Schmutzpartikel werden dabei vom Filtermedium abgeschieden.

Filtrationseffekte

Das Abscheiden fester Schmutzpartikel erfolgt sowohl durch den Siebeffekt als auch durch Aufprall-, Diffusions- und Sperreffekte. Der Siebeffekt beruht darauf, dass größere Partikel aufgrund ihrer Abmessungen die Poren des Filters nicht passieren können. Kleinere Partikel hingegen bleiben, wenn sie auf Fasern des Filtermediums stoßen, an ihnen haften. Dabei unterscheidet man drei Mechanismen: Beim Sperreffekt werden die Partikel mit der Kraftstoffströmung um die Faser gespült, berühren diese jedoch am Rand und werden durch intermolekulare Kräfte dort gehalten. Schwerere Partikel folgen aufgrund ihrer Massenträgheit nicht dem Kraftstoffstrom um die Filterfaser, sondern stoßen frontal auf sie (Aufpralleffekt). Beim Diffusionseffekt berühren sehr kleine Partikel aufgrund ihrer Eigenbewegung (Brownsche Molekularbewegung) zufällig eine Filterfaser, an der sie haften bleiben. Die Abscheidegüte der einzelnen Effekte hängt von der Größe, dem Material und der Durchflussgeschwindigkeit der Teilchen ab.

Anforderungen

Die erforderliche Filterfeinheit hängt vom Einspritzsystem ab. Für Systeme mit Saugrohreinspritzung hat der Filtereinsatz eine mittlere Porenweite von ca. 10 µm. Für die Benzin-Direkteinspritzung ist eine feinere Filtrierung erforderlich. Die mittlere Porenweite liegt im Bereich von 5 µm. Partikel mit einer Größe von mehr als 5 µm müssen zu 85 % abgeschieden werden. Darüber hinaus muss ein Filter für Benzin-Direkteinspritzung im Neuzustand folgende Restschmutzforderung erfüllen: Metall-, Mineral- und Kunststoffpartikel sowie Glasfasern mit Durchmessern von mehr als 200 µm müssen zuverlässig aus dem Kraftstoff gefiltert werden.

Die Filterwirkung hängt von der Durchströmungsrichtung ab. Beim Wechsel von Inline-Filtern muss deshalb die auf dem Gehäuse mit einem Pfeil angegebene Durchflussrichtung eingehalten werden. Das Wechselintervall herkömmlicher Inline-Filter liegt je nach Filtervolumen und Kraft-

stoffverschmutzung normalerweise zwischen
30 000 km und 90 000 km. Intank-Filter erreichen in der Regel Wechselintervalle von
mindestens 160 000 km. Für Systeme mit
Benzin-Direkteinspritzung gibt es Filter (Intank und Inline) mit einer Standzeit von
über 250 000 km.

Kraftstoffdruckregler

Aufgabe

Bei der Saugrohreinspritzung ist die vom
Einspritzventil eingespritzte Kraftstoffmenge
abhängig von der Einspritzzeit und von der
Druckdifferenz zwischen Kraftstoffdruck im
Kraftstoffverteiler und Gegendruck im Saugrohr. Bei Systemen mit Rücklauf wird der
Druckeinfluss kompensiert, indem ein
Druckregler die Differenz zwischen Kraftstoffdruck und Saugrohrdruck konstant hält.
Dieser Druckregler lässt gerade so viel Kraftstoff zum Kraftstoffbehälter zurückfließen,
dass das Druckgefälle an den Einspritzventilen konstant bleibt. Zur vollständigen
Durchspülung des Kraftstoffverteilers ist der
Kraftstoffdruckregler normalerweise an
dessen Ende montiert. Bei rücklauffreien
Systemen sitzt der Druckregler in der Tankeinbaueinheit im Kraftstoffbehälter. Der
Kraftstoffdruck im Kraftstoffverteilerrohr
wird auf einen konstanten Wert gegenüber
dem Umgebungsdruck geregelt. Die Druckdifferenz zum Saugrohrdruck ist daher nicht
konstant und wird bei der Berechnung der
Einspritzdauer berücksichtigt.

Aufbau und Arbeitsweise

Der Kraftstoffdruckregler ist als membrangesteuerter Überströmdruckregler ausgebildet (**Bild 9**). Eine Gummigewebemembran
(4) teilt den Kraftstoffdruckregler in eine
Kraftstoffkammer und in eine Federkammer.
Die Feder (2) presst über den in die Membran integrierten Ventilträger (3) eine beweglich gelagerte Ventilplatte auf einen Ventil-

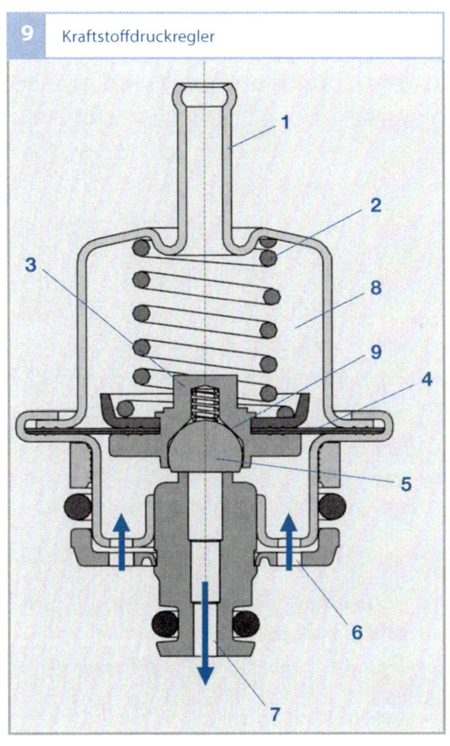

Bild 9
1 Saugrohranschluss
2 Feder
3 Ventilträger
4 Membran
5 Ventil
6 Kraftstoffzulauf
7 Kraftstoffrücklauf
8 Federkammer
9 Ventilsitz

sitz. Wenn die durch den Kraftstoffdruck auf
die Membran ausgeübte Kraft die Federkraft
überschreitet, öffnet das Ventil und lässt gerade so viel Kraftstoff zum Kraftstoffbehälter
fließen, dass sich an der Membran ein Kräftegleichgewicht einstellt. Die Federkammer
ist pneumatisch mit dem Sammelsaugrohr
hinter der Drosselklappe verbunden. Der
Saugrohrunterdruck wirkt dadurch auch in
der Federkammer. An der Membran steht
damit das gleiche Druckverhältnis an wie an
den Einspritzventilen. Das Druckgefälle an
den Einspritzventilen hängt deshalb allein
von der Federkraft und der Membranfläche
ab und bleibt folglich konstant.

Kraftstoffdruckdämpfer

Das Takten der Einspritzventile und das periodische Ausschieben von Kraftstoff bei
Elektrokraftstoffpumpen nach dem Verdrän-

gerprinzip führt zu Schwingungen des Kraftstoffdrucks. Diese Schwingungen können Druckresonanzen verursachen und damit die Zumessgenauigkeit des Kraftstoffs beeinträchtigen. Die Schwingungen können sich unter Umständen auch über die Befestigungselemente von Elektrokraftstoffpumpe, Kraftstoffleitungen und Kraftstoffverteilerrohr auf den Kraftstoffbehälter und die Karosserie des Fahrzeugs übertragen und Geräusche verursachen. Diese Probleme werden durch eine gezielte Gestaltung der Befestigungselemente und durch den Einsatz spezieller Kraftstoffdruckdämpfer vermieden.

Der Kraftstoffdruckdämpfer ist ähnlich aufgebaut wie der Kraftstoffdruckregler, jedoch ohne den Überströmpfad. Wie bei diesem trennt eine federbelastete Membran den Kraftstoff- und den Luftraum. Die Federkraft ist so dimensioniert, dass die Membran von ihrem Sitz abhebt, sobald der Kraftstoffdruck seinen Arbeitsbereich erreicht. Der dadurch variable Kraftstoffraum kann beim Auftreten von Druckspitzen Kraftstoff aufnehmen und beim Absinken des Drucks wieder Kraftstoff

abgeben. Um bei saugrohrbedingter Schwankung des Kraftstoffabsolutdrucks stets im günstigsten Betriebsbereich zu arbeiten, kann die Federkammer mit einem Saugrohranschluss versehen sein. Wie der Kraftstoffdruckregler kann auch der Kraftstoffdruckdämpfer am Kraftstoffverteilerstück oder in der Kraftstoffleitung sitzen. Bei der Benzin-Direkteinspritzung ergibt sich als zusätzlicher Anbauort die Hochdruckpumpe.

Rückhaltesysteme für Kraftstoffdämpfe, Tankentlüftung

Fahrzeuge mit Ottomotor sind mit einem Kraftstoffdampf-Rückhaltesystem (Tankentlüftungssystem) ausgestattet, um zu verhindern, dass der im Kraftstoffbehälter ausdampfende Kraftstoff in die Umgebung gelangt. Die maximal zulässigen Verdunstungsemissionen von Kohlenwasserstoffen sind in der Abgasgesetzgebung festgelegt.

Entstehung von Kraftstoffdämpfen
Vermehrte Ausdampfung von Kraftstoff aus dem Kraftstoffbehälter entsteht durch Erwärmung des Kraftstoffs im Kraftstoffbehälter aufgrund erhöhter Umgebungstemperatur, durch benachbarte heiße Bauteile (z. B. Abgasanlage) oder durch den Rücklauf von erwärmtem Kraftstoff in den Tank, und durch Abnahme des Umgebungsdrucks, z. B. bei einer Fahrt bergauf.

Aufbau und Arbeitsweise
Der Kraftstoffdampf wird über eine Entlüftungsleitung (Bild 10, Pos. 2) vom Kraftstoffbehälter (1) zum Aktivkohlebehälter (3) geleitet. Die Aktivkohle absorbiert den im Kraftstoffdampf enthaltenen Kraftstoff und lässt die Luft über die Öffnung der Frischluftzufuhr (4) ins Freie entweichen. Damit der Aktivkohlefilter für neu ausdampfenden

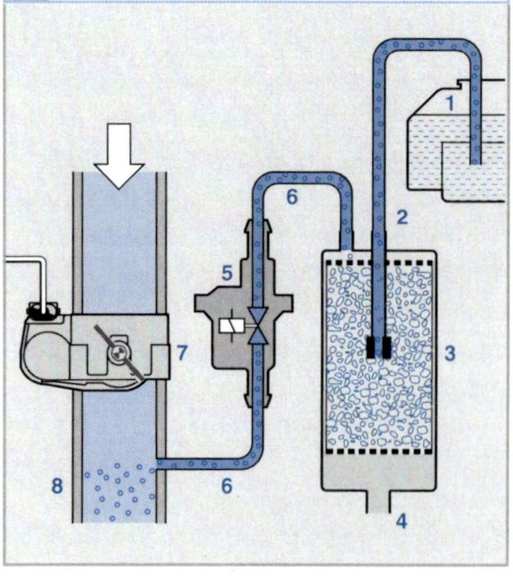

Bild 10
1 Kraftstoffbehälter
2 Entlüftungsleitung des Kraftstoffbehälters
3 Aktivkohlebehälter
4 Frischluft
5 Regenerierventil
6 Leitung zum Saugrohr
7 Drosselklappe
8 Saugrohr

Kraftstoff aufnahmefähig bleibt, muss er regelmäßig regeneriert werden. Dazu ist der Aktivkohlebehälter über ein Regenerierventil (5) mit dem Saugrohr (8) verbunden. Zur Regenerierung wird das Regenerierventil von der Motorsteuerung angesteuert und gibt die Leitung zwischen dem Aktivkohlebehälter und dem Saugrohr frei. Aufgrund des im Saugrohr herrschenden Unterdrucks wird Frischluft (4) durch die Aktivkohle angesaugt. Die Frischluft nimmt den absorbierten Kraftstoff aus dem Aktivkohlefilter auf und führt ihn dem Saugrohr zu. Von dort gelangt er mit der vom Motor angesaugten Luft in den Brennraum. Damit dort die richtige Kraftstoffmenge zur Verfügung steht, wird gleichzeitig die Einspritzmenge reduziert. Die durch den Aktivkohlefilter angesaugte Kraftstoffmenge wird über die Luftzahl λ berechnet und auf einen Sollwert geregelt.

Die zulässige Regeneriergasmenge, d. h. der über das Regenerierventil einströmende Luft-Kraftstoff-Strom, wird wegen möglicher Schwankungen der Kraftstoffkonzentration begrenzt; denn je größer der Anteil des über das Ventil zugeführten Kraftstoffs ist, desto schneller und stärker muss das System die Einspritzmenge korrigieren. Die Korrektur erfolgt über die λ-Regelung, wobei Konzentrationsschwankungen mit einer zeitlichen Verzögerung ausgeglichen werden. Damit Abgaswerte und Fahrbarkeit nicht beeinträchtigt werden, müssen Schwankungen der Luftzahl durch eine Begrenzung der Regeneriergasmenge beschränkt werden.

Besonderheiten bei Turboaufladung und Benzin-Direkteinspritzung

Die Wirkung der Regenerierung ist bei Systemen mit Benzin-Direkteinspritzung im aufgeladenen Betrieb und bei Magersystemen im Schichtbetrieb begrenzt, da aufgrund der weitgehenden Entdrosselung ein geringerer oder gar kein Saugrohrunterdruck verfügbar ist. Das hat einen gegenüber dem Homogenbetrieb verminderten Regeneriergasstrom zur Folge. Reicht dieser – beispielsweise bei hoher Ausgasung des Kraftstoffs – nicht aus, wird der Motor so lange im Homogenbetrieb gefahren, bis die zunächst hohe Kraftstoffkonzentration im Regeneriergasstrom gesunken ist. Dies lässt sich über die λ-Sonde feststellen. Für aufgeladene Systeme gibt es zusätzlich oder alternativ die Möglichkeit, eine zweite Einleitstelle mit einer Venturi-Düse vor dem Turbolader in das System zu integrieren.

Erweiterte Anforderungen

Die optimale Regenerierung des Rückhaltesystems bedingt einerseits den verbrennungsmotorischen Betrieb an sich und andererseits ein möglichst hohes (treibendes) Druckgefälle zwischen dem Saugmodul und der Umgebung. Durch immer stärkeres Motor-Downsizing und damit verbundene höhere Aufladegrade (bei Turbomotoren) wird das verfügbare Druckgefälle über die normale Aufladung hinaus weiter reduziert. Zusätzlich schränken neue Systeme zur weiteren Verbrauchseinsparung (Start-Stopp-Systeme, Hybride) die Verfügbarkeit des verbrennungsmotorischen Betriebs stärker ein. Beide Trends erfordern in der Summe erweiterte Maßnahmen in der Tankentlüftung wie beispielsweise den Einsatz von Drucktanks zur Reduzierung der Ausgasung (der Tankinnendruck steigt dabei bis zu 30…40 kPa über den Umgebungsdruck an) oder von aktiven Spülpumpen zur Unterstützung der Regenerierung des Aktivkohlebehälters.

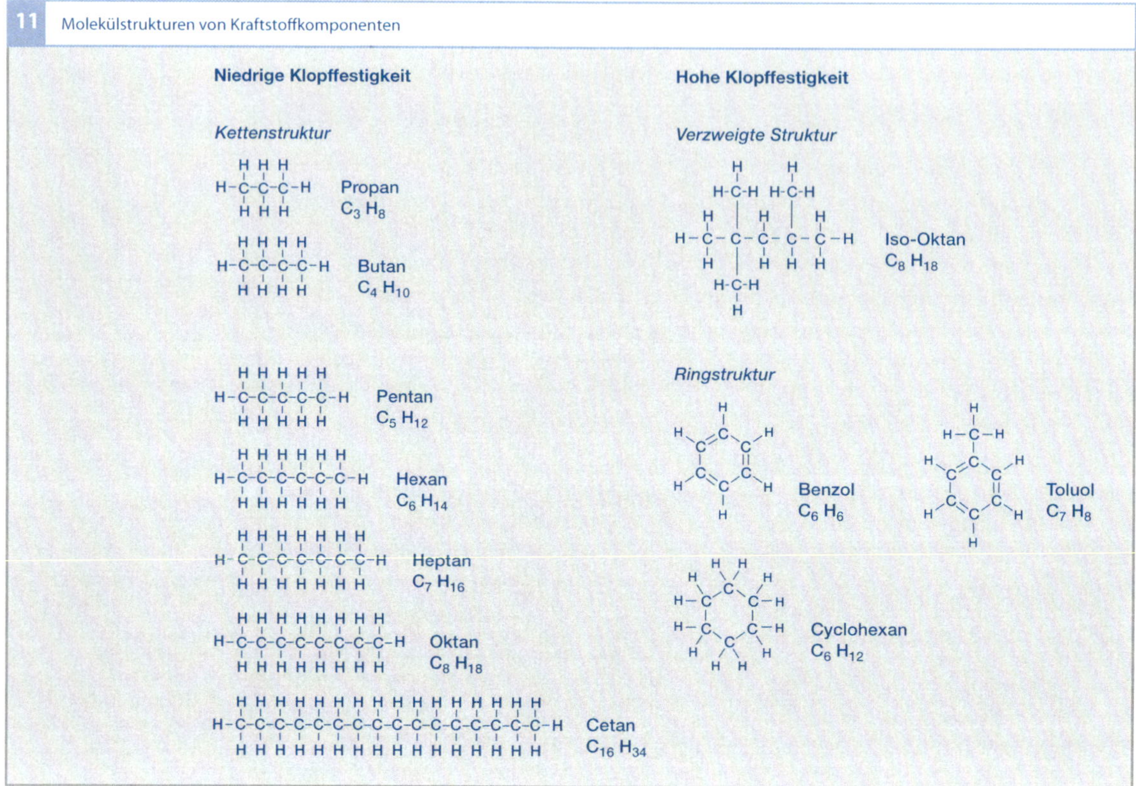

Ottokraftstoffe

Überblick

Seit der Erfindung des Ottomotors haben sich die Anforderungen an Ottokraftstoffe, die umgangssprachlich auch als Benzin bezeichnet werden, erheblich geändert. Die kontinuierliche Weiterentwicklung der Motorentechnik und der Schutz der Umwelt erfordern qualitativ hochwertige Kraftstoffe, damit ein störungsfreier Fahrbetrieb und niedrige Abgasemissionen gewährleistet sind. Anforderungen an die Zusammensetzung und die Eigenschaften des Kraftstoffs sind in Kraftstoffspezifikationen festgelegt, auf die bei der Gesetzgebung referenziert werden kann.

Historische Entwicklung

Die ersten Raffinerien, die im 19. Jahrhundert entstanden, stellten aus Erdöl durch Destillation Petroleum her, welches als Lampenöl Verwendung fand. Ein Abfallprodukt war dabei eine Flüssigkeit, die sich schon bei relativ niedrigen Temperaturen verflüchtigte. Diese Flüssigkeit war in Deutschland unter dem Namen Benzin bekannt. Ebenfalls zu den Benzinen zählt Ligroin, welches bei der Leuchtgasgewinnung durch Kohlevergasung entsteht. Es wurde früher als Waschbenzin eingesetzt.

Der erste Viertakt-Ottomotor aus dem Jahr 1876 lief noch mit Leuchtgas und war bei geringer Leistung relativ schwer. Die in der Folgezeit entwickelten kleinen, schnell laufenden Viertakter für den Einsatz im Automobil wurden für flüssige Kraftstoffe entwickelt und mit Leichtbenzin, z. B. dem oben genannten Ligroin, betrieben. Erhältlich war Ligroin in der Apotheke. Mit Einführung des Spritzdüsenvergasers war man auch in der Lage, die Motoren mit schwerflüchtigerem Benzin zu betreiben, was die Verfügbarkeit von geeigneten Kraftstoffen bedeutend verbesserte.

Erste Raffinerien speziell für Benzin entstanden ab 1913. Zur Ausbeuteverbesserung bei der Benzinerzeugung wurden chemische Verfahren entwickelt, welche die chemische Zusammensetzung und Eigenschaften des Benzins veränderten. Bereits zu dieser Zeit wurden auch die ersten Additive oder „Qualitätsverbesserer" eingeführt. In den folgenden Jahrzehnten wurden weitere Nachbearbeitungsverfahren zur Erhöhung der Benzinausbeute und der Kraftstoffqualität entwickelt, um den Anforderungen der Umweltgesetzgebung und der Weiterentwicklung der Ottomotoren Rechnung zu tragen.

Kraftstoffsorten und Zusammensetzung

In Deutschland werden zwei Super-Kraftstoffe mit 95 Oktan angeboten, die sich im Ethanolgehalt unterscheiden und maximal 5 Volumenprozent Ethanol (für Super) beziehungsweise 10 Volumenprozent Ethanol (für Super E10) enthalten dürfen. Außerdem ist ein Super-Plus-Kraftstoff mit 98 Oktan erhältlich. Einzelne Anbieter haben ihre Super-Plus-Kraftstoffe durch 100-Oktan-Kraftstoffe (V-Power 100, Ultimate 100, Super 100) ersetzt, die in Grundqualität und durch Zusatz von Additiven verändert sind. Additive sind Wirksubstanzen, die zur Verbesserung von Fahrverhalten und Verbrennung zugesetzt werden.

In den USA wird zwischen Regular (92 Oktan), Premium (94 Oktan) und Premium Plus (98 Oktan) unterschieden; die Kraftstoffe in den USA enthalten in der Regel 10 Volumenprozent Ethanol. Durch den Zusatz sauerstoffhaltiger Komponenten wird die Oktanzahl erhöht und den Anforderungen moderner, immer höher verdichtender Motoren nach besserer Klopffestigkeit Rechnung getragen.

Ottokraftstoffe bestehen zum Großteil aus Paraffinen und Aromaten (**Bild 11**). Paraffine mit einem rein kettenförmigen Aufbau (n-Paraffine) zeigen zwar eine sehr gute Zündwilligkeit, allerdings auch eine geringe

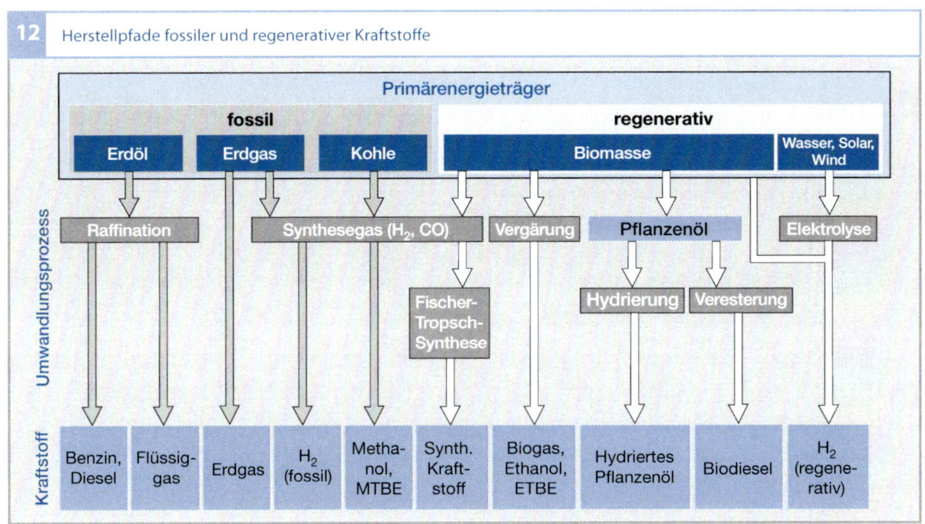

Bild 12
ETBE Ethyltertiär-butylether
MTBE Methyltertiär-butylether

Klopffestigkeit. Iso-Paraffine und Aromaten sind Kraftstoffkomponenten mit hoher Klopffestigkeit. Die meisten Ottokraftstoffe, die heute angeboten werden, enthalten sauerstoffhaltige Komponenten (Oxygenates). Dabei ist insbesondere Ethanol von Bedeutung, da die „EU-Biofuels Directive" Mindestgehalte an erneuerbaren Kraftstoffen vorgibt, die in vielen Staaten mit Bioethanol realisiert werden. Länder wie China, die vorhaben, ihren hohen Kraftstoffbedarf aus Kohle zu decken, werden zukünftig verstärkt auf Methanol setzen. Aber auch die aus Methanol oder Ethanol herstellbaren Ether MTBE (Methyltertiärbutylether) bzw. ETBE (Ethyltertiärbutylether) werden eingesetzt, von denen in Europa derzeit bis zu 22 Volumenprozent zugegeben werden dürfen.

Reformulated Gasoline bezeichnet Ottokraftstoff, der durch eine veränderte Zusammensetzung niedrigere Verdampfungs- und Schadstoffemissionen verursacht als herkömmliches Benzin. Die Anforderungen an Reformulated Gasoline sind in den USA im Clean Air Act von 1990 festgelegt. Es sind z. B. niedrigere Grenzwerte für Dampfdruck, Aromaten- und Benzolgehalt sowie für das Siedeende vorgegeben. Die Zugabe von Additiven zur Reinhaltung des Einlasssystems ist ebenfalls vorgeschrieben.

Herstellung

Bei der Produktion von Kraftstoffen wird zwischen fossilen und regenerativen Verfahren unterschieden (siehe **Bild 12**). Kraftstoffe werden überwiegend aus fossilem Erdöl hergestellt. Erdgas als zweiter fossiler Energieträger spielt eine untergeordnete Rolle – sowohl in der Direktnutzung als gasförmiger Kraftstoff, als auch als Ausgangsprodukt für die Herstellung von synthetischen paraffinischen Kraftstoffen. Das für die Herstellung synthetischer Kraftstoffe benötigte Synthesegas kann auch aus Kohle erzeugt werden. Kohle als Rohstoff wird allerdings nur unter besonderen politischen und regionalen Randbedingungen eingesetzt. Die Verwendung von Biomasse zur Synthesegaserzeugung befindet sich noch im Versuchsstadium. Aus dem Synthesegas werden an Katalysatoren in der Fischer-Tropsch-Synthese paraffinische Kohlenwasserstoffmoleküle verschiedener Kettenlänge aufgebaut, die für die Zumischung zu Kraftstoffen oder für den direkten motorischen Einsatz chemisch noch weiter modifiziert werden müssen.

Die Herstellung von Biokraftstoffen gewinnt zunehmend an Bedeutung, wobei im Wesentlichen drei Verfahren genutzt werden. Die direkte Vergärung von Biomasse führt zu Biogas. Bioethanol erhält man durch Vergärung zucker- oder stärkehaltiger Agrarfrüchte. Pflanzliche Öle oder tierische Fette können entweder zu Biodiesel umgeestert oder durch Hydrierung in paraffinische Kraftstoffe (hydriertes Pflanzenöl, Hydro-Treated Vegetable Oil HVO) umgewandelt werden.

Konventionelle Kraftstoffe

Erdöl ist ein Gemisch aus einer Vielzahl von Kohlenwasserstoffen und wird in Raffinerien verarbeitet. Benzin, Kerosin, Dieselkraftstoff und Schweröle sind typische Raffinerieprodukte, deren Mengenverhältnis durch die technische Ausstattung der Raffinerie bestimmt wird und nur eingeschränkt einer sich ändernden Marktnachfrage angepasst werden kann. Bei der Destillation des Erdöls wird das Gemisch an Kohlenwasserstoffen in Gruppen (Fraktionen) ähnlicher Molekülgröße aufgetrennt. Bei der Destillation unter Atmosphärendruck werden die leicht siedenden Anteile wie Gase, Benzine und Mitteldestillat abgetrennt. Eine Vakuumdestillation des Rückstandes liefert leichtes und schweres Vakuumgasöl, die die Grundlage für Diesel und leichtes Heizöl bilden. Der bei der „Vakuumdestillation" verbleibende

Anforderungen	Einheit	Spezifikationswert	
Klopffestigkeit		**Minimalwert**	**Maximalwert**
Research-Oktanzahl Super	–	95	–
Motor-Oktanzahl Super	–	85	–
Research-Oktanzahl Super Plus (für Deutschland)	–	98	–
Motor-Oktanzahl Super Plus (für Deutschland)	–	88	–
Dichte (bei 15 °C)	kg/m³	720	775
Ethanolgehalt für E5	Volumenprozent	–	5,0
Ethanolgehalt für E10	Volumenprozent	–	10,0
Methanolgehalt	Volumenprozent	–	3,0
Sauerstoffgehalt für E5	Massenprozent	–	2,7
Sauerstoffgehalt für E10	Massenprozent	–	3,7
Benzol	Volumenprozent	–	1,0
Schwefelgehalt	mg/kg	–	10,0
Blei	mg/*l*	–	5,0
Mangangehalt bis 2013	mg/*l*	–	6,0
Mangangehalt ab 2014	mg/*l*	–	2,0
Flüchtigkeit			
Dampfdruck im Sommer	kPa	45	60
Dampfdruck im Winter (für Deutschland)	kPa	60	90
Verdampfte Menge bei 70 °C im Sommer	Volumenprozent	20 (22 für E10)	48 (50 für E10)
Verdampfte Menge bei 70 °C im Winter	Volumenprozent	22 (24 für E10)	50 (52 für E10)
Verdampfte Menge bei 100 °C	Volumenprozent	46	71 (72 für E10)
Verdampfte Menge bei 150 °C	Volumenprozent	75	–
Siedeende	°C	–	210

Tabelle 2
Ausgewählte Anforderungen an Ottokraftstoffe gemäß DIN EN 228

Rückstand wird zu schwerem Heizöl und Bitumen verarbeitet.

Die aus der Destillation hervorgehenden Mengen an unterschiedlichen Produktfraktionen entsprechen weder den Markterfordernissen, noch wird die erforderliche Produktqualität erreicht. Größere Kohlenwasserstoffmoleküle können durch Cracken mit Wasserstoff (Hydrocracken) oder in Gegenwart von Katalysatoren weiter aufgespalten werden. Bei Umwandlungen im Reformer entstehen aus linearen Kohlenwasserstoffen verzweigte Moleküle, die bei Ottokraftstoffen zur Erhöhung der Oktanzahl beitragen. Bei der Raffination im Hydrofiner wird im Wesentlichen der Schwefel entfernt. Alkohole und viele Additive werden dem Kraftstoff erst am Ende der Raffinerieprozesse zugesetzt.

Alkohole und Ether
Herstellung aus Zucker und Stärke
Bioethanol kann aus allen zucker- und stärkehaltigen Produkten gewonnen werden und ist der weltweit am meisten produzierte Biokraftstoff. Zuckerhaltige Pflanzen (Zucker-

rohr, Zuckerrüben) werden mit Hefe fermentiert, der Zucker wird dabei zu Ethanol vergoren. Bei der Bioethanolgewinnung aus Stärke werden Getreide wie Mais, Weizen oder Roggen mit Enzymen vorbehandelt, um die langkettigen Stärkemoleküle teilzuspalten. Bei der anschließenden Verzuckerung erfolgt eine Spaltung in Dextrosemoleküle mit Hilfe von Glucoamylase. Durch Fermentation mit Hefe wird in einem weiteren Prozessschritt Bioethanol erzeugt.

Herstellung aus Lignocellulose
Die Verfahren, die Bioethanol aus Lignocellulose herstellen, stehen großtechnisch noch nicht zur Verfügung, haben aber den Vorteil, dass die ganze Pflanze verwendet werden kann und nicht nur der zucker- oder stärkehaltige Anteil. Lignocellulose, die das Strukturgerüst der pflanzlichen Zellwand bildet und als Hauptbestandteile Lignin, Hemicellulosen und Cellulose enthält, muss chemisch oder enzymatisch aufgespalten werden. Wegen des neuartigen Ansatzes spricht man auch von Bioethanol der 2. Generation.

Herstellung aus Synthesegas
Methanol wird in katalytischen Verfahren aus Synthesegas, einem Gemisch von Kohlenmonoxid und Wasserstoff, hergestellt. Das zur Produktion erforderliche Synthesegas wird im Wesentlichen nicht regenerativ, sondern aus fossilen Energieträgern wie Kohle und Erdgas erzeugt und leistet keinen Beitrag zur Reduzierung der CO_2-Emissionen. Wird Synthesegas hingegen aus Biomasse gewonnen, kann daraus „Biomethanol" hergestellt werden.

Herstellung der Ether
Methyltertiärbutylether (MTBE) und Ethyltertiärbutylether (ETBE) werden durch säurekatalysierte Addition von Methanol bzw. Ethanol an Isobuten hergestellt. Die Ether, die einen niedrigeren Dampfdruck, einen höheren Heizwert und eine höhere Oktanzahl als Ethanol haben, sind chemisch stabile Komponenten mit guter Materialverträglichkeit. Sie haben daher sowohl aus logistischer als auch motorischer Sicht Vorteile gegenüber der Verwendung von Alkoholen als Blendkomponente. Aus Gründen der Nachhaltigkeit wird überwiegend ETBE aus Bioethanol eingesetzt.

Normung
Die europäische Norm EN 228 (Tabelle 2) definiert die Anforderungen für bleifreies Benzin zur Verwendung in Ottomotoren. In den nationalen Anhängen sind weitere, länderspezifische Kennwerte festgelegt. Verbleite Ottokraftstoffe sind in Europa nicht zugelassen. In den USA sind Ottokraftstoffe in der Norm ASTM D 4814 (American Society for Testing and Materials) spezifiziert.

Bioethanol ist aufgrund seiner Eigenschaften sehr gut zur Beimischung in Ottokraftstoffen geeignet, insbesondere, um die Oktanzahl von reinem mineralölbasiertem Ottokraftstoff anzuheben.

Nachdem der Ethanolgehalt in der europäischen Ottokraftstoffnorm EN 228 lange auf 5 Volumenprozent (E5) begrenzt war, enthält die Ausgabe von 2013 an erster Stelle eine Spezifikation für 10 Volumenprozent Ethanol (E10). Im europäischen Markt sind derzeit noch nicht alle Fahrzeuge mit Materialien ausgerüstet, die einen Betrieb mit E10 erlauben. Als zweite Qualität wird deshalb eine Bestandschutzsorte mit einem maximalen Ethanolgehalt von 5 Volumenprozent beibehalten.

Nahezu alle Ottokraftstoffnormen erlauben die Zugabe von Ethanol als Blendkomponente. In den USA enthält der überwiegende Anteil der Ottokraftstoffe 10 Volumenprozent Ethanol (E10).

Bioethanol kann in Ottomotoren von Flexible-Fuel-Fahrzeugen (FFV, Flexible Fuel Vehicles) auch als Reinkraftstoff (z. B. in Brasilien) verwendet werden. Diese Fahrzeuge können sowohl mit Ottokraftstoff als auch mit jeder Mischung aus Ottokraftstoff und Ethanol betrieben werden. Um einen Kaltstart bei tiefen Temperaturen zu gewährleisten, wird die maximale Ethanolkonzentration (von 85 % im Sommer) im Winter entsprechend der Anforderungen auf 50–85 % reduziert. Die Qualität von E85 ist für Europa in der technischen Spezifikation CEN/TS 15293 und in den USA in der ASTM D 5798 definiert.

In Brasilien werden Ottokraftstoffe grundsätzlich nur als Ethanolkraftstoffe angeboten, überwiegend mit einem Ethanolanteil von 18…26 Volumenprozent, aber auch als reines Ethanol (E100, das etwa 7 % Wasser enthält). In China kommt neben E10 auch Methanol-Kraftstoff zum Einsatz. Für konventionelle Ottomotoren liegt die Obergrenze bei 15 % Methanol (M15). Aufgrund negativer Erfahrungen mit Methanolkraftstoffen während der Ölkrise 1973 und auch wegen der Toxizität ist man in Deutschland von der Verwendung von Methanol als Blendkomponente wieder abgekommen. Weltweit betrachtet werden derzeit nur vereinzelt Methanolbeimengungen durchgeführt, dann meist mit einem Anteil von maximal 3 % (M3).

Physikalisch-chemische Eigenschaften
Schwefelgehalt

Zur Minderung der SO_2-Emissionen und zum Schutz der Katalysatoren zur Abgasnachbehandlung wurde der Schwefelgehalt von Ottokraftstoffen ab 2009 europaweit auf 10 mg/kg begrenzt. Kraftstoffe, die diesen Grenzwert einhalten, werden als „schwefelfreie Kraftstoffe" bezeichnet. Damit ist die letzte Stufe der Entschwefelung von Kraftstoffen erreicht. Vor 2009 war in Europa nur noch schwefelarmer Kraftstoff (Schwefelgehalt unter 50 mg/kg) zugelassen, der Anfang 2005 eingeführt wurde. Deutschland hat bei

der Entschwefelung eine Vorreiterrolle übernommen und bereits 2003 durch steuerliche Maßnahmen schwefelfreie Kraftstoffe etabliert. In den USA liegt seit 2006 der Grenzwert für den Schwefelgehalt von kommerziell für den Endverbraucher erhältlichen Ottokraftstoffen bei max. 80 mg/kg, wobei zusätzlich ein Durchschnittswert von 30 mg/kg für die Gesamtmenge des verkauften und importierten Kraftstoffs nicht überschritten werden darf. Einzelne Bundesstaaten, z. B. Kalifornien, haben niedrigere Grenzwerte festgelegt.

Heizwert

Für den Energieinhalt von Kraftstoffen wird üblicherweise der spezifische Heizwert H_u (früher als unterer Heizwert bezeichnet) angegeben; er entspricht der bei vollständiger Verbrennung freigesetzten nutzbaren Wärmemenge. Der spezifische Brennwert H_o (früher als oberer Heizwertbezeichnet) hingegen gibt die gesamte freigesetzte Reaktionswärme an und umfasst damit neben der nutzbaren Wärme auch die im entstehenden Wasserdampf gebundene Wärme (latente Wärme). Dieser Anteil wird jedoch im Fahrzeug nicht genutzt. Der spezifische Heizwert H_u von Ottokraftstoff beträgt 40,1…41,8 MJ/kg. Sauerstoffhaltige Kraftstoffe oder Kraftstoffkomponenten (Oxygenates) wie Alkohole und Ether haben einen geringeren Heizwert als reine Kohlenwasserstoffe, weil der in ihnen gebundene Sauerstoff nicht an der Verbrennung teilnimmt. Eine mit üblichen Kraftstoffen vergleichbare Motorleistung führt daher zu einem höheren Kraftstoffverbrauch.

Gemischheizwert

Der Heizwert des brennbaren Luft-Kraftstoff-Gemischs bestimmt die Leistung des Motors. Der Gemischheizwert liegt bei stöchiometrischem Luft-Kraftstoff-Verhältnis für alle flüssigen Kraftstoffe und Flüssiggase bei ca. 3,5…3,7 MJ/m^3.

Dichte

Die Dichte von Ottokraftstoffen ist in der Norm EN 228 auf 720...775 kg/m^3 begrenzt.

Klopffestigkeit

Die Oktanzahl kennzeichnet die Klopffestigkeit eines Ottokraftstoffs. Je höher die Oktanzahl ist, desto klopffester ist der Kraftstoff. Dem sehr klopffesten Iso-Oktan (Trimethylpentan) wird die Oktanzahl 100, dem sehr klopffreudigen n-Heptan die Oktanzahl 0 zugeordnet. Die Oktanzahl eines Kraftstoffs wird in einem genormten Prüfmotor bestimmt: Der Zahlenwert entspricht dem Anteil (in Volumenprozent) an Iso-Oktan in einem Gemisch aus Iso-Oktan und n-Heptan mit dem gleichen Klopfverhalten wie der zu prüfende Kraftstoff.

Die Research-Oktanzahl (ROZ) nennt man die nach der Research-Methode [3] bestimmte Oktanzahl. Sie kann als maßgeblich für das Beschleunigungsklopfen angesehen werden. Die Motor-Oktanzahl (MOZ) nennt man die nach der Motor-Methode [2] bestimmte Oktanzahl. Sie beschreibt vorwiegend die Eigenschaften hinsichtlich des Hochgeschwindigkeitsklopfens. Die Motor-Methode unterscheidet sich von der Research-Methode durch Gemischvorwärmung, höhere Drehzahl und variable Zündzeitpunkteinstellung, wodurch sich eine höhere thermische Beanspruchung des zu untersuchenden Kraftstoffs ergibt. Die MOZ-Werte sind niedriger als die ROZ-Werte.

Erhöhen der Klopffestigkeit

Normales Destillat-Benzin hat eine niedrige Klopffestigkeit. Erst durch Vermischen mit verschiedenen klopffesten Raffineriekomponenten (katalytische Reformate, Isomerisate) ergeben sich für moderne Motoren geeignete Kraftstoffe mit hoher Oktanzahl. Durch Zusatz von sauerstoffhaltigen Komponenten wie Alkoholen und Ethern kann die Klopffestigkeit erhöht werden. Metallhaltige Additve zur Erhöhung der Oktanzahl, z. B. MMT (Methylcyclopentadienyl Mangan Tricarbonyl) bilden Asche während der Verbrennung. Die Zugabe von MMT wird deshalb in der EN 228 durch einen Grenzwert für Mangan im Spurenbereich ausgeschlossen.

Flüchtigkeit

Die Flüchtigkeit von Ottokraftstoff ist nach oben und nach unten begrenzt. Auf der einen Seite sollen genügend leichtflüchtige Komponenten enthalten sein, um einen sicheren Kaltstart zu gewährleisten. Auf der anderen Seite darf die Flüchtigkeit nicht so hoch sein, dass es bei höheren Temperaturen zur Unterbrechung der Kraftstoffzufuhr durch Gasblasenbildung (Vapour-Lock) und in der Folge zu Problemen beim Fahren oder beim Heißstart kommt. Darüber hinaus sollen die Verdampfungsverluste zum Schutz der Umwelt gering gehalten werden.

Die Flüchtigkeit des Kraftstoffs wird durch verschiedene Kenngrößen beschrieben. In der Norm EN 228 sind für E5 und E10 jeweils zehn verschiedene Flüchtigkeitsklassen spezifiziert, die sich in Siedeverlauf, Dampfdruck und dem Vapour-Lock-Index (VLI) unterscheiden. Die einzelnen Nationen können, je nach den spezifischen klimatischen Gegebenheiten, einzelne dieser Klassen in ihren nationalen Anhang übernehmen. Für Sommer und Winter werden unterschiedliche Werte in der Norm festgelegt.

Siedeverlauf

Für die Beurteilung des Kraftstoffs im Fahrzeugbetrieb sind die einzelnen Bereiche der Siedekurve getrennt zu betrachten. In der Norm EN 228 sind deshalb Grenzwerte für den verdampften Anteil bei 70 °C, bei 100 °C und bei 150 °C festgelegt. Der bis 70 °C verdampfte Kraftstoff muss einen Mindestanteil erreichen, um ein leichtes Starten des kalten

Motors zu gewährleisten (das war vor allem früher wichtig für Vergaserfahrzeuge). Der verdampfte Anteil darf aber auch nicht zu groß sein, weil es sonst im heißen Zustand zu Dampfblasenbildung kommen kann. Der bei 100 °C verdampfte Kraftstoffanteil bestimmt neben dem Anwärmverhalten v. a. Betriebsbereitschaft und Beschleunigungsverhalten des warmen Motors. Das bis 150 °C verdampfte Volumen soll nicht zu niedrig liegen, um eine Motorölverdünnung zu vermeiden. Besonders bei kaltem Motor verdampfen die schwerflüchtigen Komponenten des Ottokraftstoffs schlecht und können aus dem Brennraum über die Zylinderwände ins Motoröl gelangen.

Dampfdruck

Der bei 37,8 °C (100 °F) nach EN 13016-1 gemessene Dampfdruck von Kraftstoffen ist in erster Linie eine Kenngröße, mit der die sicherheitstechnischen Anforderungen im Fahrzeugtank definiert werden. Der Dampfdruck wird in allen Spezifikationen nach unten und oben limitiert. Er beträgt z. B. für Deutschland im Sommer maximal 60 kPa und im Winter maximal 90 kPa. Für die Auslegung einer Einspritzanlage ist die Kenntnis des Dampfdrucks auch bei höheren Temperaturen (80…100 °C) wichtig, da sich ein Anstieg des Dampfdrucks durch Alkoholzumischung insbesondere bei höheren Temperaturen zeigt. Steigt der Dampfdruck des Kraftstoffs z. B. während des Fahrzeugbetriebs durch Einfluss der Motortemperatur über den Systemdruck der Einspritzanlage, kann es zu Funktionsstörungen durch Dampfblasenbildung kommen.

Dampf-Flüssigkeits-Verhältnis

Das Dampf-Flüssigkeits-Verhältnis (DFV) ist ein Maß für die Neigung eines Kraftstoffs zur Dampfbildung. Als Dampf-Flüssigkeits-Verhältnis wird das aus einer Kraftstoffeinheit entstandene Dampfvolumen bei definiertem Gegendruck und definierter Temperatur bezeichnet. Sinkt der Gegendruck (z. B. bei Bergfahrten) oder erhöht sich die Temperatur, so steigt das Dampf-Flüssigkeits-Verhältnis, wodurch Fahrstörungen verursacht werden können. In der Norm ASTM D 4814 wird z. B. für jede Flüchtigkeitsklasse eine Temperatur definiert, bei der ein Dampf-Flüssigkeits-Verhältnis von 20 nicht überschritten werden darf.

Vapor-Lock-Index

Der Vapour-Lock-Index (VLI) ist die rechnerisch ermittelte Summe des zehnfachen Dampfdrucks (in kPa bei 37,8 °C) und der siebenfachen Menge des bis 70 °C verdampften Volumenanteils des Kraftstoffs. Mit diesem zusätzlichen Grenzwert kann die Flüchtigkeit des Kraftstoffes weiter eingeschränkt werden, mit der Folge, dass bei dessen Herstellung nicht beide Maximalwerte von Dampfdruck und Siedekennwerten gleichzeitig realisiert werden können.

Besonderheiten bei Alkoholkraftstoffen

Der Zusatz von Alkoholen ist mit einer Erhöhung der Flüchtigkeit insbesondere bei höheren Temperaturen verbunden. Außerdem kann Alkohol Materialien im Kraftstoffsystem schädigen, z. B. zu Elastomerquellung führen und Alkoholatkorrosion an Aluminiumteilen auslösen. In Abhängigkeit vom Alkoholgehalt und von der Temperatur kann es selbst bei Zutritt von nur geringen Mengen an Wasser zur Entmischung kommen. Bei der Phasentrennung geht Alkohol aus dem Kraftstoff in eine zweite wässrige Alkoholphase über. Das Problem der Entmischung besteht bei den Ethern nicht.

Additive

Additive können zur Verbesserung der Kraftstoffqualität zugesetzt werden, um Verschlechterungen im Fahrverhalten und in der Abgaszusammensetzung während des Fahrzeugbetriebs entgegenzuwirken. Eingesetzt werden meist Pakete aus Einzelkomponenten mit verschiedenen Wirkungen. Sie müssen in ihrer Zusammensetzung und Konzentration sorgfältig abgestimmt und erprobt sein und dürfen keine negativen Nebenwirkungen haben.

In der Raffinerie erfolgt eine Basisadditivierung zum Schutz der Anlagen und zur Sicherstellung einer Mindestqualität der Kraftstoffe. An den Abfüllstationen der Raffinerie können beim Befüllen der Tankwagen markenspezifische Multifunktionsadditive zur weiteren Qualitätsverbesserung zugegeben werden (Endpunktdosierung). Eine nachträgliche Zugabe von Additiven in den Fahrzeugtank birgt bei Unverträglichkeit das Risiko von technischen Störungen.

Detergentien

Die Reinhaltung des gesamten Einlasssystems (Einspritzventile, Einlassventile) ist eine wichtige Voraussetzung für den Erhalt der im Neuzustand optimierten Gemischeinstellung und -aufbereitung und somit grundlegend für einen störungsfreien Fahrbetrieb und die Schadstoffminimierung im Abgas. Aus diesem Grund sollten dem Kraftstoff wirksame Reinigungsadditive (Detergentien) zugesetzt sein.

Korrosionsinhibitoren

Der Eintrag von Wasser kann zu Korrosion im Kraftstoffsystem führen. Durch den Zusatz von Korrosionsinhibitoren, die sich als dünner Film auf der Metalloberfläche anlagern, kann Korrosion wirksam unterbunden werden.

Oxidationsstabilisatoren

Die den Kraftstoffen zugesetzten Alterungsschutzmittel (Antioxidantien) erhöhen die Lagerstabilität. Sie verhindern eine rasche Oxidation durch Luftsauerstoff.

Metalldesaktivatoren

Einzelne Additive haben auch die Eigenschaft, durch Bildung stabiler Komplexe die katalytische Wirkung von Metallionen zu deaktivieren.

Gasförmige Kraftstoffe

Erdgas

Der Hauptbestandteil von Erdgas ist Methan (CH_4) mit einem Mindestanteil von 80 %. Weitere Bestandteile sind Inertgase wie Kohlendioxid oder Stickstoff und kurzkettige Kohlenwasserstoffe. Auch Sauerstoff und Wasserstoff sind enthalten. Erdgas ist weltweit verfügbar und erfordert nach der Förderung nur einen relativ geringen Aufwand zur Aufbereitung. Je nach Herkunft variiert jedoch die Zusammensetzung des Erdgases, wodurch sich Schwankungen bei Dichte, Heizwert und Klopffestigkeit ergeben. Die Eigenschaften von Erdgas als Kraftstoff sind für Deutschland in der Norm DIN 51624 festgelegt. Ein europäischer Standard für Erdgas, der auch die Qualitätsanforderungen an Biomethan berücksichtigt, ist in Bearbeitung.

Biomethan lässt sich aus Biomasse, z. B. aus Jauche, Grünschnitt oder Abfällen gewinnen und weist bei der Verbrennung im Vergleich zu fossilem Erdgas deutlich reduzierte CO_2-Gesamtemissionen auf. Für die Erzeugung von Methan durch Elektrolyse von Wasser mit Strom aus erneuerbaren Energien und Umsetzung des erzeugten Wasserstoffs H_2 mit Kohlendioxid CO_2 gibt es erste Pilotanlagen.

Erdgas wird entweder gasförmig komprimiert (CNG, Compressed Natural Gas) bei einem Druck von 200 bar gespeichert oder es befindet sich als verflüssigtes Gas (LNG, Liquid Natural Gas) bei −162 °C in einem kältefesten Tank. Verflüssigtes Gas benötigt nur ein Drittel des Speichervolumens von komprimiertem Erdgas, die Speicherung erfordert jedoch einen hohen Energieaufwand zur Verflüssigung. Deshalb wird Erdgas an den Erdgas-Tankstellen in Deutschland fast ausschließlich in komprimierter Form angeboten. Erdgasfahrzeuge zeichnen sich durch niedrige CO_2-Emissionen aus, bedingt durch den geringeren Kohlenstoffanteil des Erdgases im Vergleich zum flüssigen Ottokraftstoff. Das Wasserstoff-Kohlenstoff-Verhältnis von Erdgas beträgt ca. 4 : 1, das von Benzin hingegen 2,3 : 1. Bedingt durch den geringeren Kohlenstoffanteil des Erdgases entsteht bei seiner Verbrennung weniger CO_2 und mehr H_2O als bei Benzin. Ein auf Erdgas eingestellter Ottomotor erzeugt schon ohne weitere Optimierung ca. 25 % weniger CO_2-Emissionen als ein Benzinmotor (bei vergleichbarer Leistung). Durch die sehr hohe Klopffestigkeit des Erdgases von bis zu 130 ROZ (im Vergleich dazu liegt Benzin bei 91...100 ROZ) eignet sich der Erdgasmotor ideal zur Turboaufladung und lässt eine Erhöhung des Verdichtungsverhältnisses zu.

Flüssiggas

Flüssiggas (LPG, Liquid Petroleum Gas, auch als Autogas bezeichnet) fällt bei der Gewinnung von Rohöl an und entsteht bei verschiedenen Raffinerieprozessen. Es ist ein Gemisch aus den Hauptkomponenten Propan und Butan. Es lässt sich bei Raumtemperatur unter vergleichsweise niedrigem Druck verflüssigen. Durch den geringeren Kohlenstoffanteil gegenüber Benzin entstehen bei der Verbrennung ca. 10 % weniger CO_2. Die Oktanzahl beträgt ca. 100...110 ROZ. Die Anforderungen an Flüssiggas für den Einsatz in Kraftfahrzeugen sind in der europäischen Norm EN 589 festgelegt.

Wasserstoff

Wasserstoff kann durch chemische Verfahren aus Erdgas, Kohle, Erdöl oder aus Biomasse sowie durch Elektrolyse von Wasser erzeugt werden. Heute wird Wasserstoff überwiegend großindustriell durch Dampfreformierung aus Erdgas gewonnen. Bei diesem Verfahren wird CO_2 freigesetzt, sodass sich insgesamt nicht zwangsläufig ein CO_2-Vorteil gegenüber Benzin, Diesel oder der direkten Verwendung von Erdgas im Verbrennungsmotor ergibt. Eine Verringerung der CO_2-Emissionen ergibt sich dann, wenn der Wasserstoff regenerativ aus Biomasse oder durch Elektrolyse aus Wasser hergestellt wird, sofern dafür regenerativ erzeugter Strom eingesetzt wird. Lokal treten bei der Verbrennung von Wasserstoff im Motor keine CO_2-Emissionen auf.

Speicherung

Wasserstoff hat zwar eine sehr hohe gewichtsbezogene Energiedichte (ca. 120 MJ/kg, sie ist damit fast dreimal so hoch wie die von Benzin), die volumenbezogene Energiedichte ist jedoch wegen der geringen spezifischen Dichte sehr gering. Für die Speicherung bedeutet dies, dass der Wasserstoff entweder unter Druck (bei 350...700 bar) oder durch Verflüssigung (Kryogenspeicherung bei −253 °C) komprimiert werden muss, um ein akzeptables Tankvolumen zu erzielen. Eine weitere Möglichkeit ist die Speicherung als Hydrid.

Einsatz im Kfz

Wasserstoff kann sowohl in Brennstoffzellenantrieben als auch direkt in Verbrennungsmotoren eingesetzt werden. Langfristig wird der Schwerpunkt bei der Nutzung in Brennstoffzellen erwartet. Hier wird ein besserer Wirkungsgrad als beim H_2-Verbrennungsmotor erreicht.

Literatur

[1] DIN EN 228: Januar 2013, Unverbleite Ottokraftstoffe – Anforderungen und Prüfverfahren

[2] EN ISO 5163:2005, Bestimmung der Klopffestigkeit von Otto und Flugkraftstoffen – Motor-Verfahren

[3] EN ISO 5164:2005, Bestimmung der Klopffestigkeit von Ottokraftstoffen – Research-Verfahren

Füllungssteuerung

Bei einem mit definiertem Luft-Kraftstoff-Verhältnis λ homogen betriebenen Ottomotor werden Drehmoment und Leistung von der zugeführten Luftmasse bestimmt. Damit λ genau eingehalten werden kann, wird die zugeführte Luftmasse exakt gemessen, die zu λ passende Einspritzmenge Kraftstoff berechnet und zugemessen.

Elektronische Motorleistungssteuerung

Für die Verbrennung des Kraftstoffs ist Sauerstoff erforderlich, den der Motor aus der angesaugten Luft bezieht. Bei Motoren mit äußerer Gemischbildung (Saugrohreinspritzung) und auch bei Motoren mit Benzin-Direkteinspritzung im Homogenbetrieb ist das abgegebene Motordrehmoment direkt abhängig von der angesaugten Luftmasse. Zur Einstellung einer definierten Luftfüllung muss die Luftzufuhr zum Motor gedrosselt werden.

Aufgabe und Arbeitsweise
Das vom Fahrer geforderte Drehmoment ergibt sich aus der Stellung des Fahrpedals. Bei Einsatz einer elektronischen Motorleistungssteuerung und einem elektronischen Gaspedal (EGAS-System) erfasst ein Positionssensor im Fahrpedalmodul (Bild 1, Pos. 1) diese Größe. Weitere Drehmomentanforderungen ergeben sich aus funktionalen Anforderungen wie z. B. ein zusätzliches Drehmoment bei eingeschalteter Klimaanlage oder eine Drehmomentreduzierung beim Schaltvorgang.

Das Motorsteuergerät (2) – z. B. ME-Motronic für Systeme mit Saugrohreinspritzung oder DI-Motronic für Benzin-Direkteinspritzung – berechnet aus dem einzustellenden Drehmoment die notwendige Luftmasse und erzeugt die Ansteuersignale für die elektrisch betätigte Drosselklappe (5). Dadurch wird der Öffnungsquerschnitt und damit der vom Ottomotor angesaugte Luftmassenstrom eingestellt. Der Drosselklappenwinkelsensor (3) liefert eine Rückmeldung der aktuellen Stellung der Drosselklappe und ermöglicht somit das exakte Einhalten der gewünschten Drosselklappenposition.

Mit dem EGAS-System kann auf einfache Weise auch eine Fahrgeschwindigkeitsregelung (FGR) integriert werden. Das Steuergerät stellt das Drehmoment so ein, dass die über das Bedienelement der Fahrgeschwindigkeitsregelung vorgewählte Geschwindigkeit eingehalten wird. Ein Betätigen des Fahrpedals ist dabei nicht erforderlich.

Elektrische Drosselvorrichtung des EGAS-Systems
Die elektrische Drosselvorrichtung (Bild 2) dient zur Steuerung der Luftzufuhr zum Verbrennungsmotor. Sie besteht aus dem Pneumatikgehäuse (1) und der Drosselklappe (3), dem Antrieb mit einem Gleichstrommotor (5), aus den Sensoren zur Messung der Klappenstellung und dem Stecker (4) zum Anschluss an das Steuergerät. Darüber hinaus gibt es Drosselvorrichtungen mit Anschlüssen an den Kühlwasserkreislauf des Motors zur Vermeidung einer Klappenvereisung oder mit einem Unterdruckanschluss für den Bremskraftverstärker.

Der Drosselklappensteller ist typischerweise modular aufgebaut, wodurch eine einfache Anpassung an unterschiedliche Klappendurchmesser, Flanschgeometrien oder Steckergeometrien möglich ist. Die Drosselklappe ist über die Drosselklappenwelle im Gehäuse drehbar gelagert. Durch die mittige Anordnung der Welle werden Momente durch den Druckabfall über der Klappe vermieden. Je nach Motorhubraum kommen Klappendurchmesser von 32 mm bis 82 mm zum Einsatz. Der Druckabfall über der Klap-

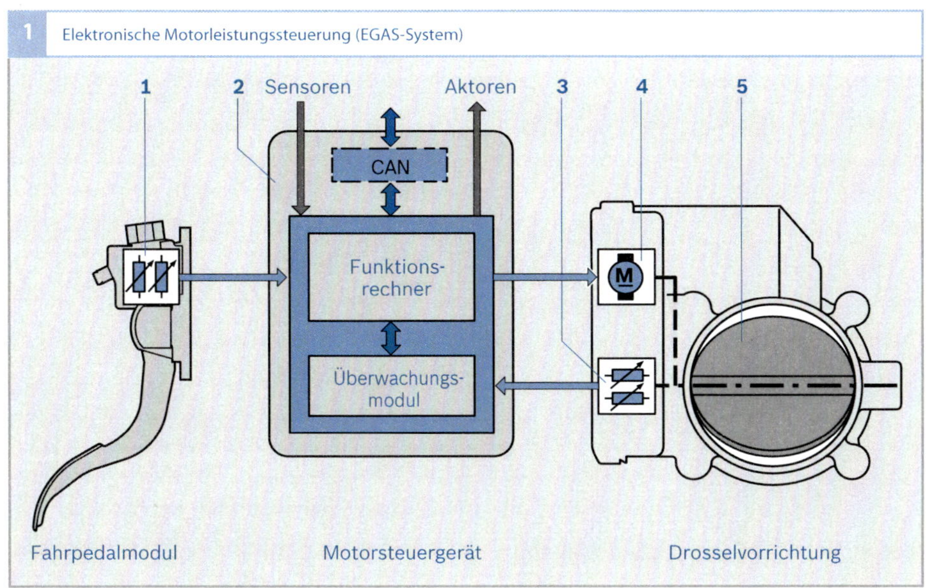

Bild 1
1 Fahrpedalsensor
2 Motorsteuergerät
3 Drosselklappenwin-
   kelsensor
4 Drosselklappenan-
   trieb
5 Drosselklappe

pe kann bei Turbomotoren bis zu 4 bar betragen.

Der Antrieb der Drosselklappenwelle erfolgt über einen Gleichstrommotor und ein zweistufiges Getriebe mit einer typischen Übersetzung von ca. 1:20. Der Motor wird vom Steuergerät mit einer pulsweitenmodulierten Rechteckspannung von ca. 2 kHz angesteuert. Die typische Öffnungs- und Schließzeit der Klappe liegt unter 100 ms. Ein in das Gehäuse integriertes Federsystem bringt die Klappe bei fehlender Ansteuerung in eine Stellung, die einen Betrieb des Fahrzeugs mit erhöhter Leerlaufdrehzahl (im Notbetrieb) ermöglicht. Sensoren erfassen die Stellung der Drosselklappe und geben eine zur Drosselklappenstellung (zum Winkel) proportionale Gleichspannung aus. Berührende Sensoren (Potentiometer) werden zunehmend durch berührungslose Sensoren (Induktiv- oder Hallsensoren) ersetzt. Die Sensoren sind redundant ausgelegt. Das Steuergerät erkennt mögliche Fehler in der Signalerfassung, indem es die beiden (redundanten) Sensorsignale ständig vergleicht

oder Spannungen außerhalb des normalen Bereiches feststellt. Neuerdings gibt es auch Sensoren, die über eine digitale Schnittstelle mit dem Steuergerät kommunizieren. Der Steckverbinder der Drosselvorrichtung ist 6-polig ausgelegt mit zwei Anschlüssen für den Motor und vier Anschlüssen für Sensorversorgung, Sensormasse und die beiden Sensorsignale.

Bild 2
1 Pneumatikgehäuse
2 Getriebegehäuse
3 Drosselklappe
4 Stecker
5 Gleichstrommotor

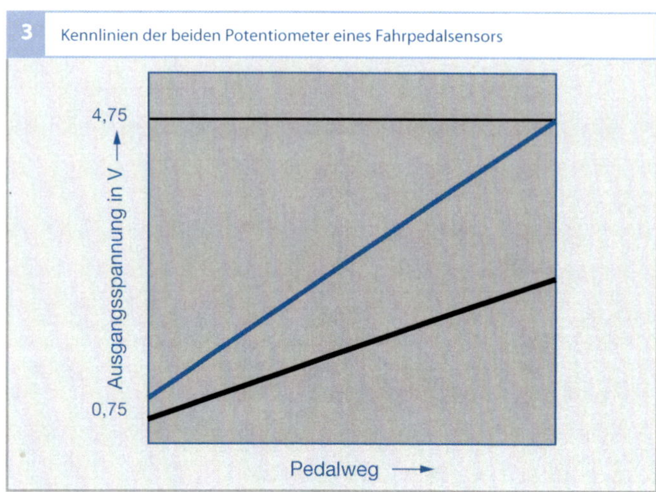

Bild 3
Der Pedalweg beträgt etwa 25 mm.

Bild 4

1	Pedal	5	Lagerblock	7	Kickdown (optional)
2	Deckel	6	Welle mit zwei Magne-	8	zwei Federn
3	Abstandshülse		ten und Hysterese-	9	Anschlagsdämpfer
4	Sensorblock mit Ge-		elementen (runde Ma-	10	Druckstück
	häuse und Stecker		gnete nicht sichtbar)	11	Bodendeckel

Fahrpedalmodul

Das Motorsteuergerät erhält den Messwert der Pedalstellung als elektrische Spannung. Mithilfe einer gespeicherten Sensorkennlinie rechnet das Steuergerät diese Spannung in den relativen Pedalweg, d. h. die Winkelstellung des Fahrpedals, um (Bild 3).

Für Diagnosezwecke und für den Fall einer Störung ist ein redundanter (doppelter) Sensor integriert. Er ist Bestandteil des Überwachungssystems. Eine typische Ausführung arbeitet mit einem zweiten Sensor, der in allen Betriebspunkten immer die halbe Spannung des ersten Sensors liefert. Für die Fehlererkennung stehen damit zwei unabhängige Signale zur Verfügung (Bild 3).

Der Fahrpedalsensor ist im Fahrpedalmodul (Bild 4) integriert. Dieses besteht aus dem eigentlichen Pedal (1), einem Federsystem (8) welches das Pedal in die Ruhestellung zurückführt und den Gehäuseelementen Deckel (2), Lagerblock (5) sowie Bodendeckel (11). Die Bewegung des Pedals wird in eine Drehbewegung der Welle (6) und der darauf aufgebrachten Magneten übertragen, welche durch den im Sensorblock (4) verbauten Hall-Winkelsensor in ein elektrisches Signal umgesetzt wird (siehe z. B. [2]). Optional kann bei Fahrzeugen mit automatischem Getriebe ein Schalter (7) im Bereich des Anschlags ein elektrisches Kickdown-Signal erzeugen.

Überwachungskonzept der elektronischen Motorleistungssteuerung

Die elektronische Motorleistungssteuerung (EGAS-System) gehört zu den sicherheitsrelevanten Systemen. Das Motormanagement beinhaltet deshalb eine Diagnose der Einzelkomponenten. Eingangsinformationen, die den leistungsbestimmenden Fahrerwunsch (Stellung des Fahrpedals) oder den Motorzustand (Stellung der Drosselklappe) darstellen, werden dem Steuergerät durch eine redundante Sensorik zugeführt. Die beiden Sensoren im Fahrpedalmodul sowie die beiden Sensoren in der Drosselvorrichtung liefern jeweils voneinander unabhängige Signale, sodass bei Ausfall des einen Signals das andere einen gültigen Wert liefert. Unterschiedliche Kennlinien stellen sicher, dass ein Kurzschluss zwischen den beiden Signalen erkannt wird.

Dynamische Aufladung

Das erreichbare Motordrehmoment ist näherungsweise proportional zum Frischgasanteil der Zylinderfüllung. Das maximale Drehmoment kann daher in gewissen Grenzen gesteigert werden, indem die Luft vor Eintritt in den Zylinder verdichtet wird. Die Ladungswechselvorgänge werden nicht nur durch die Steuerzeiten der Gaswechselventile, sondern auch durch die Saug- und Abgasleitung beeinflusst. Die Saugrohranlage besteht aus einer Kombination von Schwingrohren und Volumina.

In **Bild 5** ist der prinzipielle Aufbau einer Ansauganlage eines Verbrennungsmotors dargestellt. Zwischen den Zylindern (1) und den Schwingrohren (2) befinden sich die periodisch öffnenden Einlassventile des Motors. Angeregt durch die Saugarbeit des Kolbens löst das öffnende Einlassventil eine zurücklaufende Unterdruckwelle aus. Am offenen Ende des Saugrohrs trifft die Druckwelle auf ruhende Umgebungsluft (Sammler (3) oder Luftfilter) oder auf die Drosselklappe (4), und wird dort teilweise als Überdruckwelle reflektiert und läuft wieder zurück in Richtung Einlassventil. Die dadurch entstehenden Druckschwankungen am Einlassventil sind phasen- und frequenzabhängig und können ausgenutzt werden, um die Frischgasfüllung zu vergrößern und damit ein höchstmögliches Drehmoment zu erreichen.

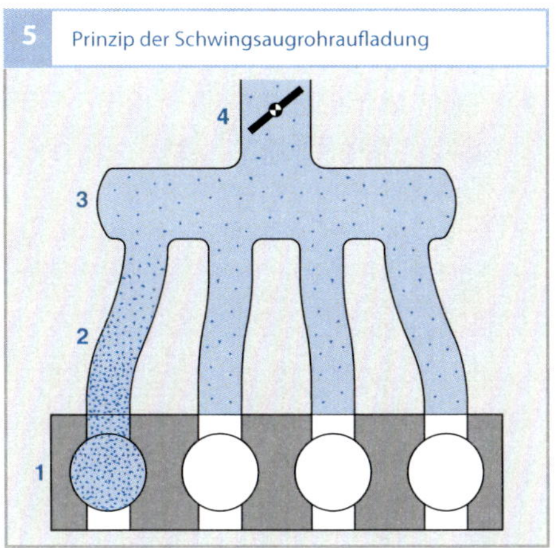

Bild 5
1 Zylinder
2 Einzelschwingrohr
3 Sammelbehälter
4 Drosselklappe

Dieser Aufladeeffekt beruht also auf der Ausnutzung der Dynamik der angesaugten Luft. Die dynamischen Effekte im Saugrohr hängen von den geometrischen Verhältnissen im Saugrohr, aber auch von der Motordrehzahl ab. Es kann daher durch eine geeignete Abstimmung eine Erhöhung der Zylinderfüllung in bestimmten Drehzahlbereichen erzielt werden.

Schwingsaugrohraufladung

Saugrohre für Einzeleinspritzanlagen bestehen aus den Einzelschwingrohren und Sammelbehälter (Sammler). Bei der Schwingsaugrohraufladung (**Bild 5**) hat jeder Zylinder ein gesondertes Einzelschwingrohr (2) bestimmter Länge, das meist an einen Sammelbehälter (3) angeschlossen ist. In diesen Schwingrohren können sich die Druckwellen, welche durch die periodisch öffnenden Einlassventile erzeugt werden, unabhängig voneinander ausbreiten.

Der Aufladeeffekt ist abhängig von der Saugrohrgeometrie und der Motordrehzahl. Länge und Durchmesser der Einzelschwingrohre werden deshalb so auf die Ventilsteuerzeiten abgestimmt, dass im gewünschten Drehzahlbereich eine am Ende des Schwingrohrs (an der Drosselklappe oder am Luftfilter) teilweise reflektierte Druckwelle durch das geöffnete Einlassventil des Zylinders (1) läuft und somit eine bessere Füllung ermöglicht. Lange, dünne Schwingrohre bewirken einen hohen Aufladeeffekt im niedrigen Drehzahlbereich. Kurze, weite Schwingrohre wirken sich günstig auf den Drehmomentverlauf im oberen Drehzahlbereich aus.

Resonanzaufladung

Bei einer bestimmten Motordrehzahl kommen die Gasschwingungen in der Saugrohranlage, angeregt durch die periodische Kolbenbewegung, in Resonanz. Das führt zu einer Drucksteigerung und zu einem zusätzlichen Aufladeeffekt.

Bei Resonanzsaugrohrsystemen (Bild 6) werden Gruppen von Zylindern (1) mit gleichen Zündabständen über kurze Saugrohre (2) an jeweils einen Resonanzbehälter (3) angeschlossen. Diese sind über Resonanzsaugrohre (4) mit der Atmosphäre oder einem Sammelbehälter (5) verbunden und wirken als Resonatoren. Die Auftrennung in zwei Zylindergruppen mit zwei Resonanzsaugrohren verhindert eine Überschneidung der Strömungsvorgänge von zwei in der Zündfolge benachbarten Zylindern. Der Drehzahlbereich, bei dem der Aufladeeffekt durch die entstehende Resonanz groß sein

soll, bestimmt die Länge der Resonanzsaugrohre und die Größe der Resonanzbehälter. Die teilweise benötigten großen Volumina der Saugrohranlage können aber durch ihre Speicherwirkung bei schnellen Laständerungen Dynamikfehler zur Folge haben.

Variable Saugrohrgeometrie

Die zusätzliche Füllung durch die dynamische Aufladung hängt vom Betriebspunkt des Motors ab. Die beiden zuvor genannten Systeme erhöhen die erzielbare maximale Füllung (den Liefergrad) im gewünschten Drehzahlband (Bild 7). Einen nahezu idealen Drehmomentverlauf ermöglicht eine variable Saugrohrgeometrie (z. B. Schalt-Ansaugsysteme), bei der zum Beispiel über Klappen in Abhängigkeit vom Motorbetriebspunkt verschiedene Verstellungen möglich sind:

- Verstellen der Schwingsaugrohrlänge,
- Umschalten zwischen verschiedenen Schwingsaugrohrlängen oder unterschiedlichen Durchmessern von Schwingsaugrohren,
- wahlweises Abschalten eines Einzelrohrs je Zylinder bei Mehrfachschwingsaugrohren,
- Umschalten auf unterschiedliche Sammlervolumen.

6 Prinzip der Resonanzaufladung

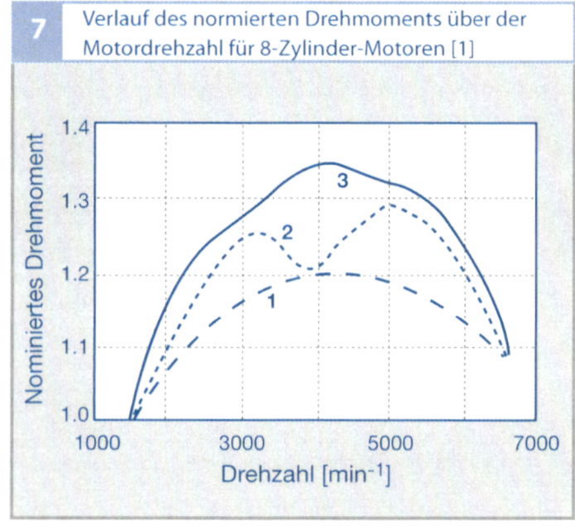

7 Verlauf des normierten Drehmoments über der Motordrehzahl für 8-Zylinder-Motoren [1]

Zum Umschalten der Schalt-Ansaugsysteme dienen zum Beispiel elektrisch oder elektropneumatisch betätigte Klappen.

Schwingsaugrohrsysteme

Bei dem in Bild 8 dargestellten Saugrohrsystem kann zwischen zwei verschiedenen Schwingsaugrohren umgeschaltet werden. Im unteren Drehzahlbereich ist die Umschaltklappe (1) geschlossen und die angesaugte Luft strömt durch das lange Schwingsaugrohr (3) zu den Zylindern. Bei hohen Drehzahlen und geöffneter Umschaltklappe nimmt die angesaugte Luft den Weg durch das kurze, weite Saugrohr (4). Damit ist eine bessere Zylinderfüllung bei hohen Drehzahlen möglich.

Resonanzsaugrohrsysteme

Mit Öffnen einer Resonanzklappe wird ein zweites Resonanzrohr zugeschaltet (Bild 9). Die veränderte Geometrie dieser Anordnung beeinflusst die Eigenfrequenz der Sauganlage. Das größere wirksame Volumen bei zugeschaltetem zusätzlichen Resonanzrohr verbessert die Füllung im unteren Drehzahlbereich.

Kombiniertes Resonanz- und Schwingsaugrohrsystem

Eine Kombination von Resonanz- und Schwingsaugrohrsystem ist gegeben, wenn die geöffnete Umschaltklappe (Bild 9, Pos. 7) die beiden Resonanzbehälter (3) zu einem einzigen Volumen verbinden kann. Es entsteht dann ein Luftsammler für die kurzen Schwingsaugrohre (2) mit hoher Eigenfrequenz. Bei niedrigen und mittleren Drehzahlen ist die Umschaltklappe geschlossen. Das System wirkt als Resonanzsaugrohrsystem (wie in Bild 6). Die niedrige Eigenfrequenz ist dann durch das lange Resonanzsaugrohr (4) festgelegt.

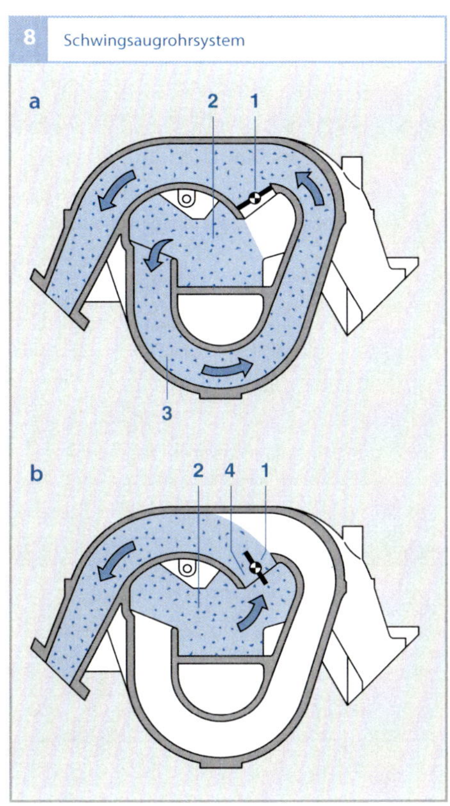

Bild 8
a Saugrohrgeometrie bei geschlossener Umschaltklappe
b Saugrohrgeometrie bei geöffneter Umschaltklappe
1 Umschaltklappe
2 Sammelbehälter
3 langes, dünnes Schwingsaugrohr bei geschlossener Umschaltklappe
4 kurzes, weites Schwingsaugrohr bei geöffneter Umschaltklappe

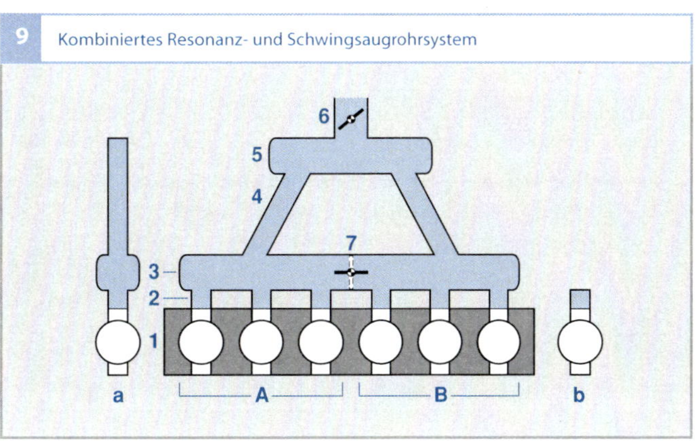

Bild 9
1 Zylinder
2 Schwingsaugrohr (kurzes Saugrohr)
3 Resonanzbehälter
4 Resonanzsaugrohr
5 Sammelbehälter
6 Drosselklappe
7 Umschaltklappe

A, B Zylindergruppen mit gleichen Zündabständen

a äquivalente Saugrohrverhältnisse bei geschlossener Umschaltklappe
b äquivalente Saugrohrverhältnisse bei geöffneter Umschaltklappe

Aufladung

Da Drehmoment und Leistung eines Verbrennungsmotors bei steigendem Saugrohrdruck (bis zu einer gewissen Grenze) stetig ansteigen, ist es sinnvoll, Saugrohrdrücke mit einem Ladedruck oberhalb des atmosphärischen Luftdruckes bereitzustellen. Dies eröffnet die Basis, ohne Leistungseinbuße gegenüber einem Saugmotor mit kleinerem Hubraum auszukommen. Zur Realisierung entsprechender Ladedrücke ist ein Aufladesystem erforderlich, welches grundlegend unterschiedlich aufgebaut sein kann. In den folgenden Abschnitten werden die Aufladeverfahren, ihre Vorteile und Nachteile ausgeführt.

Mechanische Aufladung

Bei der mechanischen Aufladung wird ein Verdichter direkt vom Verbrennungsmotor angetrieben. Bild 16 zeigt den Aufbau eines modernen Roots-Kompressors mit den beiden gegeneinander drehenden Rotoren (1). In der Regel sind Motor- und Verdichterdrehzahl z. B. über einen Keilrippenriemen-

16   Rootslader (Eaton)

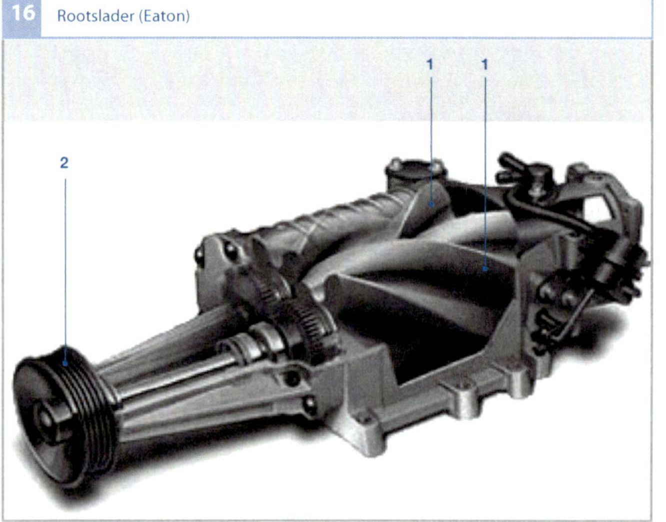

antrieb (2) fest miteinander gekoppelt. Zum Abschalten des mechanischen Laders bei niedriger Motorlast wird i.A. noch eine elektromechanische Kupplung (nicht dargestellt) eingesetzt.

Der Ladedruck kann beim mechanischen Lader über einen Bypass gesteuert werden. Ein Teil des verdichteten Luftmassenstroms gelangt in die Zylinder und bestimmt die Füllung, der andere Teil strömt über den Bypass zurück zur Ansaugseite. Die Ansteuerung des Bypassventils übernimmt die Motorsteuerung.

Die Vorteile des mechanischen Laders sind ein spontanes Ansprechverhalten und ein gleichmäßiger Drehmomentverlauf. Allerdings belastet die Antriebsleistung den Motor und es sind Geräuschdämpfungsmaßnahmen sowie ein vergleichsweise großer Bauraum erforderlich.

Druckwellenaufladung

Bei der Druckwellenaufladung werden im Hochdruckprozess heiße, unter Druck stehende Abgase kurzzeitig mit atmosphärischer Ansaugluft in Zellen eines Rotors in Kontakt gebracht (Bild 17). Dabei entwickelt sich von der Abgasseite ausgehend eine Druckwelle, welche die Ansaugluft verdichtet und auf der Ladeluftseite des Druckwellenladers ausstößt. Kurz vor Eintreffen der Abgas-Luft-Trennzone auf der Ladeluftseite wird die betreffende Zelle ladeluftseitig durch Weiterdrehen des Zellenrotors verschlossen. Durch den geringen Einzel-Kanalquerschnitt wird eine Vermischung von Frisch- und Abgas in der Trennzone weitgehend reduziert.

Im anschließenden Niederdruckprozess läuft die nun gedämpfte Druckwelle in die Gegenrichtung und verdichtet mit geringer Restenergie das in die Zelle zuvor eingetretene Abgas und stößt dieses durch die zwischenzeitlich erfolgte Öffnung auf der Ab-

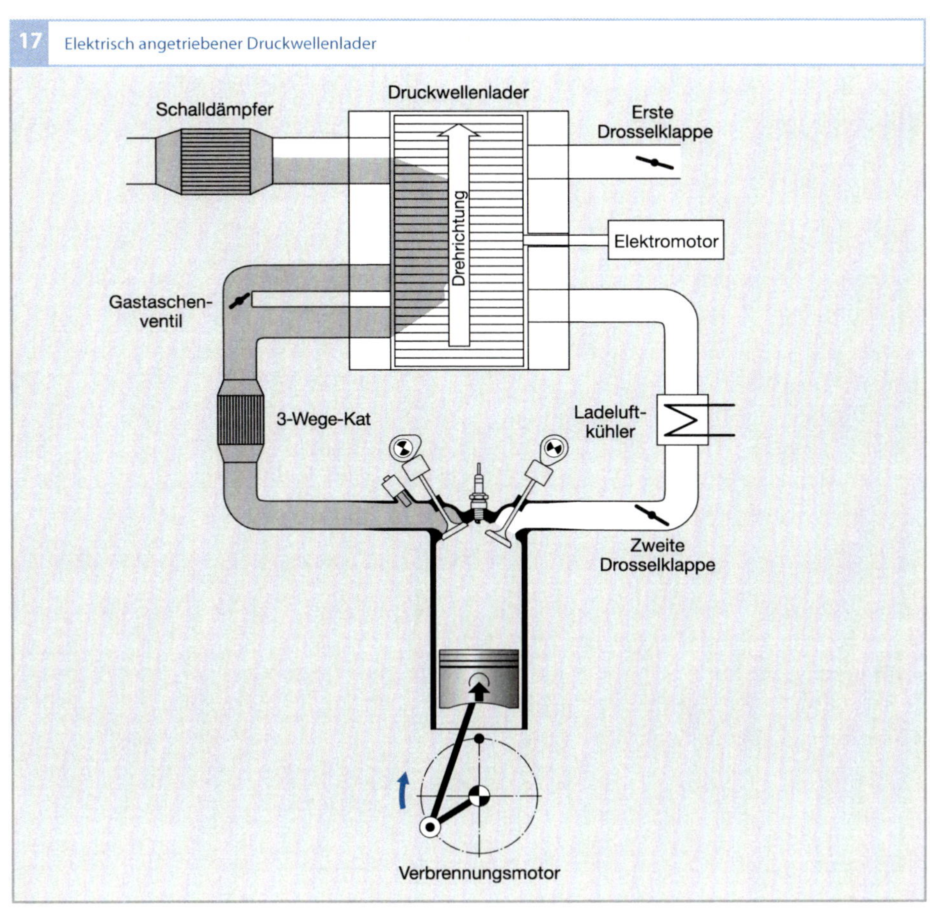

gasseite in die Abgasanlage. Gleichzeitig erfolgt auf der gegenüberliegenden Seite derselben Zelle bedingt durch dynamischen Unterdruck ein Ansaugvorgang von atmosphärischer Luft. Unmittelbar vor Erreichen der neuen Trennzone zwischen Ansaugluft und Abgas erfolgt durch kontinuierliches Weiterdrehen des Rotors ein Verschließen der Abgasseite, so dass ein unkontrolliertes Überströmen von Ansaugluft in den Abgasanlage vermieden wird.

Zur Erzielung günstigerer Einbauverhältnisse und zur besseren Regelung bietet es sich an, den Riementrieb durch einen elektrischen Antrieb zu ersetzen. Die Antriebs-

leistung ergibt sich im Wesentlichen auf Basis der Rotorträgheit und der Drehzahldynamik des Verbrennungsmotors und begrenzt sich damit auf dynamische Situationen. Zur Prozessoptimierung kann optional eine Verschiebung (Verdrehung) der Steuerquerschnitte auf der Luftseite vorgesehen werden, um den unterschiedlichen Gaslaufzeiten Rechnung tragen zu können. Die Leistung zur Verdichtung der Ladeluft wird ausschließlich vom Abgas generiert.

Zur Ladedruckregelung wird ein Gastaschenventil (siehe **Bild 17**) eingesetzt, welches bei voller Ladedruckanforderung im geschlossenen Zustand das Abgas vollständig in den Hochdruckprozess einleitet und mit sinkender Ladedruckanforderung bei zunehmender Öffnung zunehmend mehr Abgas in den Niederdruckprozess überführt.

Eine erste Drosselklappe stromauf des Druckwellenladers steuert das effektive Druckverhältnis im Niederdruckprozess, so dass weder kritische Mengen an Frischluft ins Abgas gelangen noch kritische Mengen an Abgas in die Frischluft überströmen können. Analog zu Ottomotoren ohne Aufladung wird eine zweite Drosselklappe zur Steuerung des Saugrohrdruckes verwendet.

Die Vorteile des Druckwellenladers sind ein hohes Druckverhältnis über einen breiten Drehzahlbereich und eine hohe Dynamik, daher zeigt er keine Anfahrschwäche. Außerdem zeigt er einen hohen Wirkungsgrad über einen weiten Drehzahlbereich.

Er zeigt jedoch eine sehr hohe Empfindlichkeit bezüglich des Abgasgegendrucks (z. B. aufgrund einer Abgasnachbehandlung stromabwärts des Druckwellenladers) und bezüglich des Druckverlusts der Sauganlage (z. B. ist ein beladenes oder nasses Luftfilterelement sehr kritisch). Außerdem heizt die Abgaswärme zunächst hauptsächlich den Zellenrotor und steht dabei dem Verdichtungsprozess nur ungenügend zur Verfügung, was zu einer Anfahrschwäche mit kaltem Zellenrotor führt. Ferner ist die Geräuschdämpfung kritisch. In den 70er- und 80er-Jahren entwickelte die Fa. BBC (CH-Baden) einen Druckwellenlader unter dem Namen Comprex, welcher in den Folgejahren zum Hyprex weiterentwickelt wurde.

Abgasturboaufladung

Von den bekannten Verfahren zur Aufladung von Verbrennungsmotoren findet die Abgasturboaufladung heute die breiteste Anwendung. Sie ermöglicht bereits bei Motoren mit kleinem Hubraum hohe Drehmomente und Leistungen bei guten Motorwirkungsgraden. Vor wenigen Jahren wurde die Abgasturboaufladung noch vorwiegend zur Leistungssteigerung bestehender Motoren eingesetzt. Aufgrund stetig wachsender Anforderungen an eine CO_2-Minderung, gleichzusetzen mit einer Kraftstoffverbrauchsminderung des Fahrzeuges, hat sich dieser Trend in Richtung innovativer Downsizing-Konzepte gewandelt. Hierbei wird der Hubraum sowie die Zylinderanzahl des Verbrennungsmotors verringert, um die mechanische Reibung des Aggregats zu minimieren und der einhergehende Leistungsverlust mittels Aufladung kompensiert.

Aufbau und Arbeitsweise

Der Abgasturbolader (ATL, **Bild 18**) setzt sich in seinen Hauptbestandteilen aus einer Abgasturbine, einem Verdichter sowie einer Lagerung zusammen. Die Abgasturbine besteht aus dem Turbinenrad (8) und dem Turbinengehäuse (9), der Verdichter aus dem Verdichterrad (3) und dem Verdichtergehäuse (2), die Lagerung aus der Welle (6), der Radiallagerung (5, 7), der Axiallagerung (4) und dem Lagergehäuse (11).

Die Abgasturbine sitzt im Abgastrakt, üblicherweise direkt hinter dem Abgaskrümmer und vor dem Katalysator. Aufgrund der hohen Abgastemperaturen müssen Turbinenrad und -gehäuse aus hitzebeständigen Werkstoffen gefertigt sein.

Zum Antrieb der Turbine wird die Energie genutzt, die im heißen und unter Druck stehenden Abgas enthalten ist. Das heiße Abgas strömt durch das Turbinengehäuse ein, in welchem es durch eine kontinuierliche Querschnittsverengung beschleunigt wird, bevor es schließlich näherungsweise tangential auf das Turbinenrad auftrifft. Anschließend wird der Abgasstrom im Laufrad umgelenkt und verlässt das Turbinenrad in axialer Richtung. Der Impulsaustausch durch die Umlenkung treibt das Turbinen-

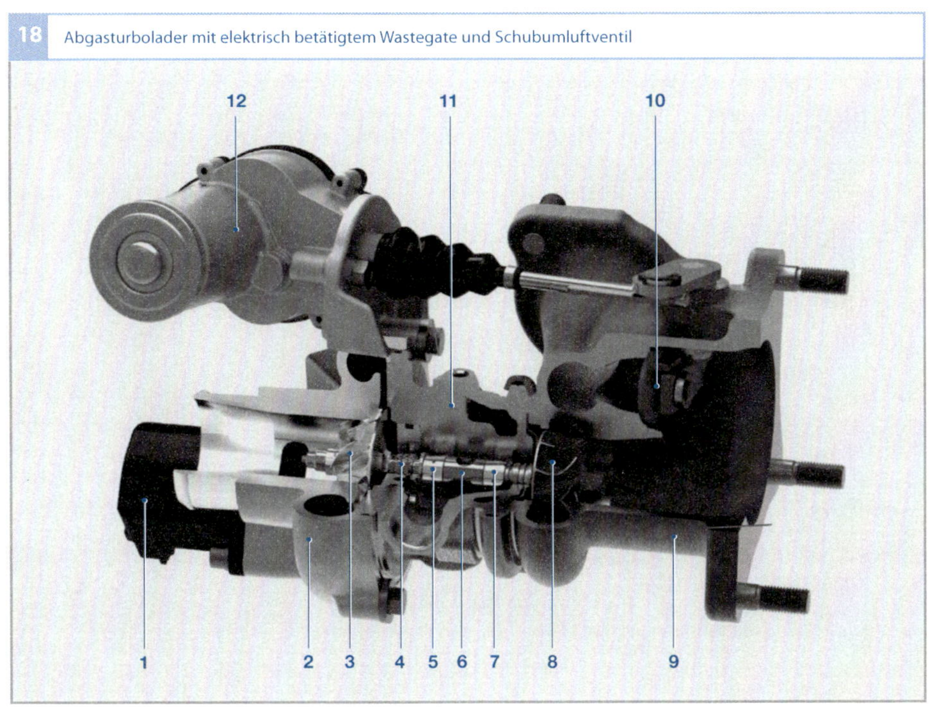

Bild 18
1   Schubumluftventil
2   Verdichtergehäuse
3   Verdichterrad
4   Axiallagerung
5   Radiallagerung
6   Welle
7   Radiallagerung
8   Turbinenrad
9   Turbinengehäuse
10   Wastegate
11   Lagergehäuse
12   elektrischer
     Wastegateaktor

rad an und versetzt es in eine schnelle Drehbewegung (je nach Raddurchmesser bis zu 350 000 min^{-1}).

Über die Welle wird die Rotationsleistung auf das Verdichterrad übertragen, welches sich bezüglich der Strömungsverhältnisse genau umgekehrt zum Turbinenrad verhält. Die Frischluft tritt axial in das Verdichterrad ein und wird von den Schaufeln radial nach außen geleitet, dabei stark beschleunigt und je nach Bauart auch bereits leicht verdichtet. Der hauptsächliche Druckaufbau findet nach Austritt aus dem Rad im Diffusor statt, wo die kinetische Energie des Gases in Druck umgesetzt wird.

Hierdurch wird eine Erhöhung der Ladungsdichte im Zylinder und damit eine größere Zylindermasse bei gleichem Hubvolumen erzielt, welche sich durch entsprechende Kraftstoffzugabe in einer annähernd proportional höheren Motorleistung widerspiegelt.

Durch die Komprimierung der Luft kommt es neben der Druckerhöhung jedoch auch zu einem Temperaturanstieg der Luft, welcher sich kontraproduktiv auf die Erhöhung der Dichte auswirkt. Um diesem Effekt entgegen zu wirken, wird die Luft nach Austritt aus dem Verdichtergehäuse vor Eintritt in den Motor in einem Ladeluftkühler wieder heruntergekühlt.

Damit nutzt der Abgasturbolader Abgasenergie, die sonst ungenutzt den Motor verlassen würde. Andererseits muss Energie aufgewendet werden, um das Abgas im Ausschiebetakt des Motors auf den mit Turbolader höheren Abgasdruck aufzustauen. Dies erhöht die Ladungswechselarbeit des Verbrennungsmotors.

In **Bild 19** ist exemplarisch ein Verdichterkennfeld mit einer typischen Volllast-Betriebslinie eines Ottomotors dargestellt. Aufgetragen ist das Druckverhältnis (Verhältnis

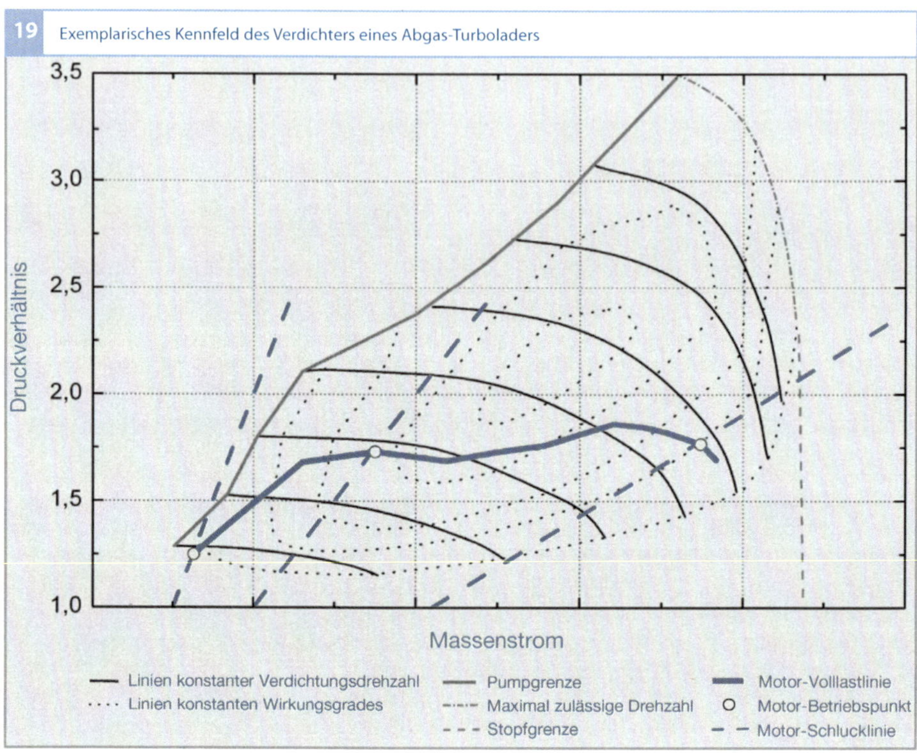

des Austrittsdrucks zum Eintrittsdruck) über dem Massenstrom. Die Drehzahl des Verdichters steigt mit dem Durchsatz und dem Druckverhältnis an. Die Linien konstanten Wirkungsgrades haben eine Muschelform, wobei der maximale Wirkungsgrad in etwa in der Mitte des Kennfeldes liegt und bei typischen Pkw-Verdichtern je nach Größe Werte zwischen etwa 70 und 75 % erreicht. Begrenzt wird das Kennfeld links durch die Pump-, rechts durch die Stopf- und oben durch die maximale Drehzahlgrenze.

Links von der Pumpgrenze im Bereich niedriger Durchsätze und hoher Druckverhältnisse ist kein stabiler Betrieb des Verdichters möglich. Hier kommt es zu einer Ablösung der Strömung von der Verdichterschaufel, was zu Verwirbelungen und schließlich einem Abfall des Druckes führt.

Durch die sich einstellenden Druckverhältnisse kommt es zu einem kurzzeitigen Rückströmen bis sich schließlich der Druck hinter dem Verdichter wieder aufbaut. Dieser sich wiederholende Prozess wird als „Verdichterpumpen" bezeichnet und ist durch Schwingungen großer Amplitude im Ladedruck im Bereich von 5…10 Hz, abhängig von der Geometrie der Leitungsführung vor und hinter dem Verdichter, erkennbar.

Um das Verdichterpumpen und die damit einhergehende, störende Geräuschentwicklung und eine unzulässige Belastung des Verdichters zu vermeiden, wird in kritischen Betriebssituationen (z. B. schnelle Gaswegnahme) das Schubumluftventil (Bild 18, Pos. 1) im Verdichter-Bypass geöffnet.

Nach oben hin wird das Kennfeld durch die maximale Drehzahl begrenzt, für die der Abgasturbolader je nach Lastkollektiv und

Bauweise zugelassen ist. Die Stopfgrenze wird durch die stark fallenden Drehzahllinien am rechten Kennfeldrand gekennzeichnet. Der maximale Volumenstrom eines Radialverdichters ist in der Regel durch die Querschnittsfläche am Verdichterradeintritt begrenzt. Erreicht dort die einströmende Luft Schallgeschwindigkeit, so ist kein weiteres Anwachsen des Durchsatzes mehr möglich.

Die Motor-Vollastlinie des Verbrennungsmotors steigt bei niedrigen Motordrehzahlen nahe der Pumpgrenze an. Mit zunehmender Motordrehzahl, zunehmender Motorleistung und zunehmender Abgasenthalpie steigt auch die verrichtete Arbeit an der Turbine. Die feste Kopplung zwischen Turbine und Verdichter führt schließlich zu einem höheren Ladedruck. Sobald das maximale Drehmoment des Motors erreicht wird, muss mittels eines Stellglieds die Turbinenleistung und damit der Ladedruck begrenzt werden. Nachfolgend werden verschiedene Bauarten vorgestellt, die dies auf unterschiedliche Weise realisieren.

Abgasturbolader-Bauarten

Eine hinsichtlich Fahrbarkeit angenehme Motorauslegung weist ein hohes Motordrehmoment bei niedrigen Motordrehzahlen auf. Die Charakteristik des Abgasturboladers weist jedoch entgegen diesem Auslegungskriterium einen exponentiell steigenden Ladedruck mit zunehmendem Massenstrom auf. Hierdurch wird zum einen bei niedrigen Motordrehzahlen der erforderliche Ladedruck nicht erreicht, zum anderen übersteigt der Ladedruck bei hohen Motordrehzahlen die Motoranforderungen.

Abgasturbolader mit Wastegate
Bei einem Abgasturbolader mit Wastegate (Bild 18) wird eine Auslegung für einen kleinen Abgasmassenstrom gewählt, sodass bereits bei geringen Motordrehzahlen ein ausreichend hoher Ladedruck bereitgestellt werden kann. Bei größeren Abgasmassenströmen wird dagegen ein Teilstrom über ein Bypassventil, das Wastegate (Bild 18, Pos. 10), an der Turbine vorbei in die Abgasanlage abgeführt. Üblicherweise ist dieses Bypassventil in Klappenausführung im Turbinengehäuse integriert.

In den meisten Anwendungen wird das Wastegate über eine pneumatische Steuerdose betätigt. Hierbei kommen je nach Anwendungsgebiet und Medienverfügbarkeit am Fahrzeug Unter- oder Überdruckdosen zum Einsatz. Die einfachste Variante stellt hier die Verwendung des Ladedruckes als Steuerdruck dar. Mittels eines Taktventils zwischen Druckversorgung und Aktor kann über das Motorsteuergerät der Druck und damit der Weg am Aktor eingestellt werden. Eine Weiterentwicklung stellen Druckdosen mit integriertem Wegsensor dar, was die Genauigkeit der Positionseinstellung erhöht und damit den Einregelvorgang des Ladedruckes beschleunigt.

Bild 18 zeigt ein Wastegate mit elektrischem Aktor (Pos. 12). Die Vorteile liegen hier bei höheren Zuhaltekräften des Wastegates, was zu geringeren Leckageströmen und damit zu einem besseren Ansprechverhalten führt sowie zu einer flexiblen Ansteuerung des Wastegates im gesamten Motorbetriebskennfeldes, unabhängig vom verfügbaren Systemdruck.

Abgasturbolader mit zweiflutiger Turbine
Bei Motoren mit vier oder mehr Zylindern kann es für den Ladungswechsel des Motors von Vorteil sein, die abgasseitige Leitungsführung der hintereinander zündenden Zylinder voneinander zu trennen (Bild 20), um ein Übersprechen des ersten Druckpulses nach Öffnen des Ventils (Vorauslassstoß) auf den Zylinder, dessen Auslassventil gerade

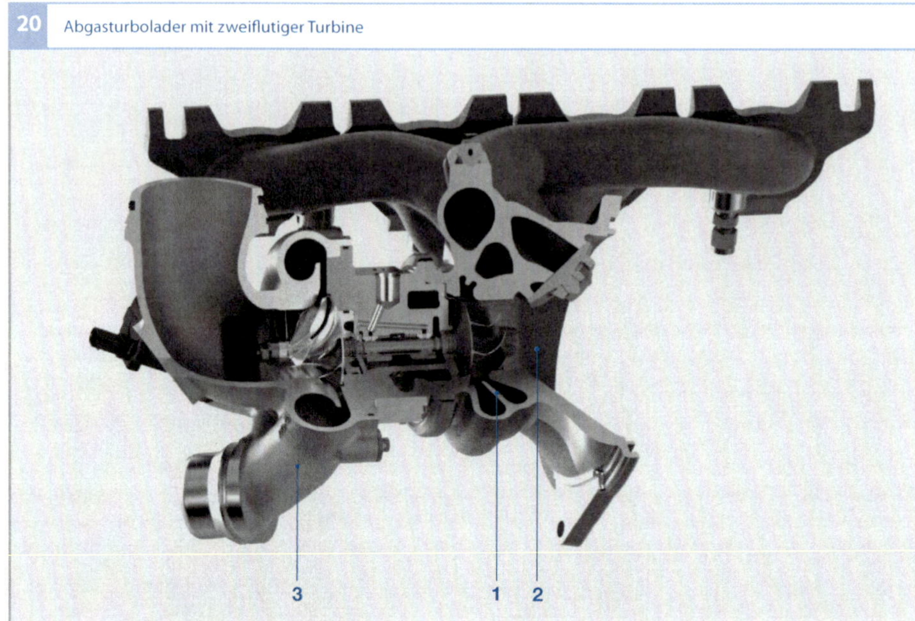

20 Abgasturbolader mit zweiflutiger Turbine

Bild 20
1 zweiflutige
   Turbinenvolute
2 Turbinengehäuse
3 Verdichtergehäuse

schließt, zu vermeiden. Dies würde zu einem Anstieg der im Zylinder verbleibenden Restgasmasse und damit zu einer schlechteren Füllung sowie zu einer schlechteren Klopfempfindlichkeit führen.

Die Trennung der Abgasleitungen (die Flutentrennung) erfolgt bei der zweiflutigen Turbine bis kurz vor das Turbinenrad. Dabei werden die Zylinder voneinander separiert, welche direkt hintereinander ausschieben. Ein weiterer Vorteil dieses Prinzips ist die sogenannte Stoßaufladung. Durch das verringerte Volumen zwischen ausstoßendem Zylinder und Turbine kann noch ein Großteil der kinetischen Energie des Druckpulses zur Beschleunigung des Turbinenrades beitragen, was sich in einem besseren Ansprechverhalten sowie einem höheren Motordrehmoment bei niedrigen Motordrehzahlen (Low-End-Torque) äußert. Befindet sich dagegen ein großes Volumen zur Dämpfung der Druckpulse zwischen den Auslasskanälen und der Turbine, spricht

man von einer Stauaufladung. Diese weist zwar Nachteile im Ansprechverhalten und im Low-End-Torque auf, erreicht jedoch bei optimierter Auslegung durch eine konstante Druckbeaufschlagung höhere thermodynamische Wirkungsgrade.

Abgasturbolader mit verstellbarer Turbinengeometrie
Verstellbare Turbinen-Geometrien (Variable Turbinen-Geometrie VTG) bieten eine weitere Möglichkeit, den Ladedruck bei hoher Motordrehzahl zu begrenzen. Der VTG-Abgasturbolader ist bei Dieselmotoren Stand der Technik (siehe z. B. [3]). Bei Ottomotoren wird er ebenfalls eingesetzt, konnte sich jedoch u. a. wegen der hohen thermischen Belastung durch die heißeren Abgase nicht auf breiter Front durchsetzen.

Die verstellbaren Leitschaufeln (Bild 21) passen den Strömungsquerschnitt zwischen der turbinenseitigen Volute und dem Eintritt in das Turbinenrad durch Variation des

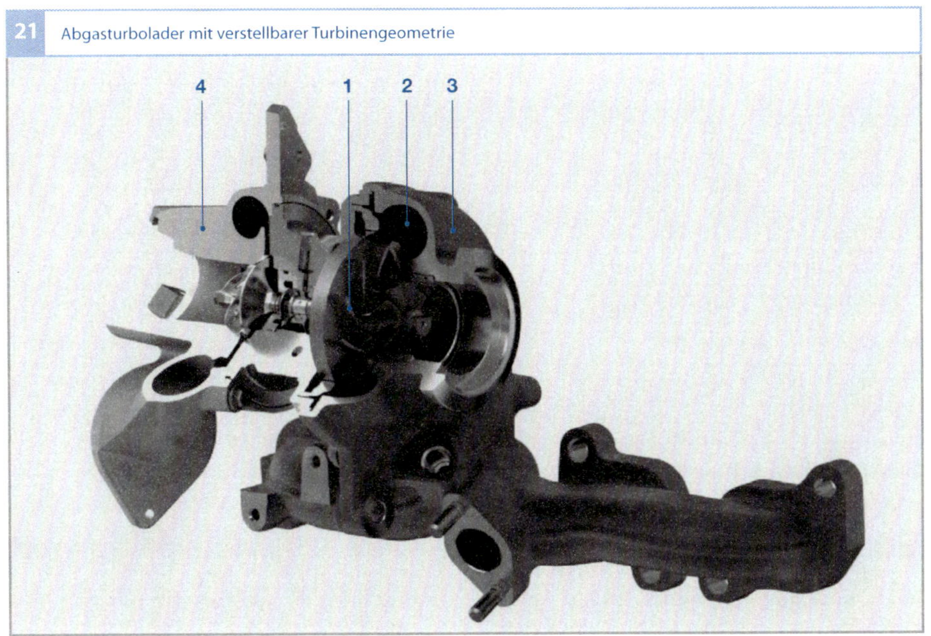

Bild 21
1 verstellbare Leit-
  schaufeln
2 Turbinenvolute
3 Turbinengehäuse
4 Verdichtergehäuse

Schaufelwinkels an. Bei niedrigem Abgasmassenstrom, also bei geringer Motordrehzahl, geben sie einen kleinen Strömungsquerschnitt frei, sodass der Abgasmassenstrom am Austritt der Leitschaufeln eine
hohe Geschwindigkeit erreicht und damit
die Abgasturbine auf eine hohe Drehzahl beschleunigt. Bei steigender Motordrehzahl
werden dagegen die Leitschaufeln geöffnet.
Dadurch wird ein größerer Strömungsquerschnitt freigegeben, was den Aufstaudruck
und damit die Drehzahl nicht weiter ansteigen lässt. Über die kontinuierliche Verstellung der Leitschaufeln ist es damit möglich,
in allen Betriebsbereichen den gewünschten
Ladedruck einzustellen, ohne Abgas an der
Turbine vorbeizuleiten.

Zur Steuerung des Strömungsquerschnitts
wird der Anstellwinkel der Leitschaufeln
verstellt. Hierzu werden die Leitschaufeln
über einzelne an ihnen befestigte Verstellhe-
bel, die mittels eines Verstellrings angesteuert werden, auf den gewünschten Winkel

eingestellt. Die Verstellung geschieht pneumatisch über eine Verstelldose oder mit Hilfe eines elektrischen Aktors. Die Vorteile der
Abgasturboaufladung sind hohe Ladedrücke,
eine kostengünstige Realisierung und kompakte Abmessungen. Nachteilig wirken sich
die begrenzte Kennfeldbreite und die Anfahrschwäche, insbesondere bei Hochaufla-
dung aus. Zur Vermeidung der oben beschriebenen Nachteile werden verschiedene
Aufladesysteme kombiniert.

Kombinierte Aufladesysteme

Neben dem Einsatz eines einzelnen Abgasturboladers mit verschiedensten Verstellmecha-
nismen gibt es auch eine Vielzahl von Anwendungen mit einer Kombination aus
mehreren Aufladeaggregaten. Hierbei werden
mehrere Abgasturbolader in unterschiedlichen Anordnungen miteinander gekoppelt,
um den Leistungs- und Betriebsbereich des
Motors zu erweitern. Zudem gibt es auch
Kombinationen aus mechanischen Auflade-

aggregaten und Abgasturboladern. Im Nachfolgenden wird auf die bekanntesten kombinierten Aufladesysteme kurz eingegangen.

Je ein Turbolader pro Zylinderbank
Dabei wird ein großer Turbolader durch zwei identische kleine Turbolader ersetzt, welche jeweils von einer Zylinderbank mit Abgas versorgt werden. Luftseitig werden die Ausgänge der beiden Verdichter vor dem Saugrohr zusammengeführt.

Registeraufladung
Im Gegensatz dazu wird bei der Registeraufladung ein großer Turbolader durch zwei unterschiedlich dimensionierte Turbolader ersetzt. Für geringe Massendurchsätze, d. h. im Teillastbetrieb oder im Vollastbetrieb bei niedrigen Motordrehzahlen wird nur ein kleiner Turbolader verwendet und der zweite Turbolader wird abgeschaltet. Bei hohen Massendurchsätzen stößt der kleine Turbolader an seine Grenzen und der zweite Turbolader wird dazugeschaltet.

Kombination aus mechanischer Aufladung und Abgasturboaufladung
Bei einer Reihenschaltung eines mechanischen Rootskompressors und eines Abgasturboladers wird der Vorteil des mechanischen Laders genutzt, bereits bei niedrigen Motordrehzahlen einen hohen Ladedruck und damit ein hohes Anfahrdrehmoment zur Verfügung zu stellen. Bei höheren Betriebspunkten und damit bei größeren Abgasmassenströmen wird der Kompressor abgekuppelt und der Abgasturbolader übernimmt die Aufgabe des effizienten Befüllens der Zylinder. In transienten Fahrvorgängen kann es selbst bei mittleren Motordrehzahlen zu einem kurzzeitigen Zuschalten des Kompressors kommen, um die Längsdynamik des Fahrzeuges zu unterstützen.

Ladungsbewegung

Für eine gute Gemischaufbereitung spielen die Strömungsverhältnisse im Saugrohr und im Zylinder eine wesentliche Rolle. Eine hohe Ladungsbewegung sorgt für eine gute Durchmischung des Luft-Kraftstoff-Gemischs und damit für eine gute, schadstoffarme Verbrennung.

Bei Teillast ist eine ausreichende Ladungsbewegung für die Gemischbildung und für eine stabile und robuste Verbrennung von großer Bedeutung, insbesondere für Betriebspunkte mit externer Abgasrückführung oder hohen internen Restgasraten zur Optimierung des Kraftstoffverbrauchs. Mangelnde Zündfähigkeit würde zu unruhigem Motorlauf bis hin zu Aussetzern führen. Zusätzlich dient die hohe Ladungsbewegung, insbesondere bei aufgeladenen Motoren im Bereich hoher Lasten, für eine schnellere Verbrennung und somit zu einer reduzierten Klopfneigung.

Einlasskanalauslegung zur Optimierung der Ladungsbewegung

Ladungsbewegung setzt sich aus großskaligen wirbel- und kreisförmigen Strömungen mit einem Durchmesser ähnlich zu den charakteristischen Größen des Brennraums zusammen. Diese Ladungsbewegung zerfällt während des Kompressionshubs in kleinskalige Turbulenz, welche maßgeblich zur Flammenausbreitung beiträgt. Dadurch wirkt sich die Ladungsbewegung positiv auf Kraftstoffverbrauch und Laufruhe des Motors aus.

Die Auslegung des Einlasskanals führt zu einem Kompromiss hinsichtlich optimalem Durchfluss und hoher Ladungsbewegung. Zur Erreichung der Volllastziele ist der Saugrohr- und Ventilspaltdurchfluss entscheidend. Dabei muss aber auch auf die notwendige Ladungsbewegung und Turbulenz zur Erreichung hoher Brenngeschwindigkeiten

geachtet werden. Bei Teillast spielt die Ladungsbewegung und die zum Verbren-
nungszeitpunkt entstehende Turbulenz zum
Erhalt einer guten Verbrennungsstabilität
eine entscheidende Rolle, da im Brennraum
sehr niedrige Drücke und Temperaturen
vorliegen und dadurch die Reaktionsge-
schwindigkeiten gering sind.

Ladungsbewegungsklappe

Zusätzlich zur Saugrohrauslegung werden
zur aktiven Steuerung der Ladungsbewegung Ladungsbewegungsklappen eingesetzt.
Bei Systemen mit Benzin-Direkteinspritzung
kann entweder eine kontinuierlich geregelte
oder eine geschaltete Ladungsbewegungsklappe mit zwei Stellungen eingesetzt werden, um eine hohe Ladungsbewegung zu erzeugen. Das Saugrohr ist typischerweise im
Bereich des Einlassventils in zwei Kanäle
getrennt, wobei sich ein Kanal durch eine
Klappe verschließen lässt (Bild 25). Durch
diese Ladungsbewegungsklappe wird in Verbindung mit der Geometrie des Einlassbe-
reichs eine walzen- oder eine drallförmige
Bewegung des Gemischs im Brennraum erreicht (Bild 26). Für die walzenförmige Bewegung wird auch häufig der Begriff Tumble
verwendet, für die drallförmige Bewegung
ist der Begriff Swirl üblich. Über eine Ladungsbewegungsklappe kann die Intensität
der Ladungsbewegung beeinflusst werden.
Diese erzwungene Strömung stellt beim
wandgeführten Schichtbrennverfahren den
Gemischtransport zur Zündkerze sicher und
unterstützt die Gemischaufbereitung.

Im Homogenbetrieb ist die Ladungsbewegungsklappe in der Regel bei niedrigen
Drehmomenten und Drehzahlen geschlossen. Bei hohen Drehmomenten und Drehzahlen muss die Ladungsbewegungsklappe
geöffnet werden. Sonst ist es nicht möglich,
die für die hohe Leistung benötigte Luft in
den Brennraum anzusaugen, da die La-

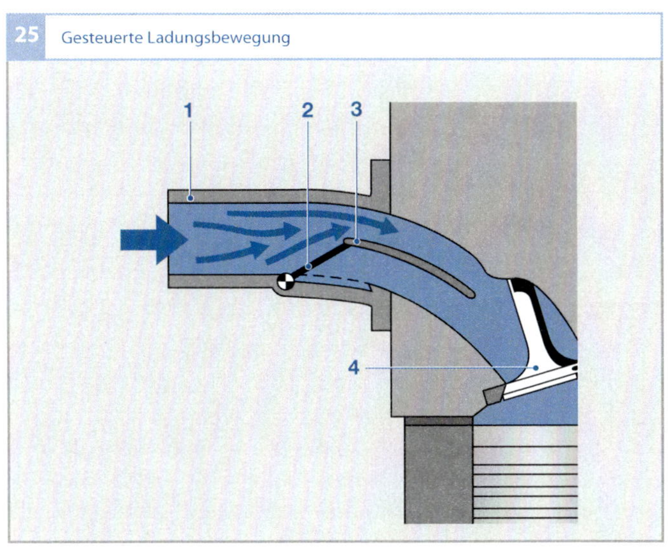

dungsbewegungsklappe einen Teil des Strömungsquerschnitts verschließen würde.
Durch die frühe Einspritzung des Kraftstoffs
in den Brennraum, die bereits im Ansaugtakt erfolgt, sowie durch das hohe Temperaturniveau wird eine gute Gemischaufberei-

Bild 25
1   Saugrohr
2   Ladungsbewe-
    gungsklappe
3   Trennsteg
4   Einlassventil

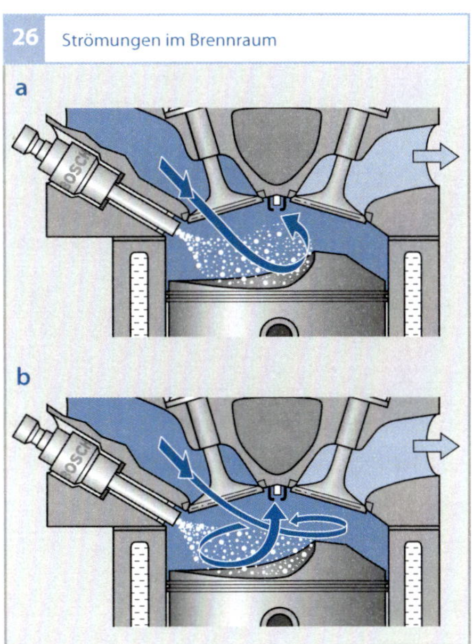

Bild 26
a   Tumble (walzenför-
    mige Bewegung)
b   Swirl (Drallbewe-
    gung)

tung auch ohne erhöhte Ladungsbewegung erreicht.

Bei der Saugrohreinspritzung ist die technische Realisierung mit einer Ladungsbewegungsklappe schwierig, da verhindert werden muss, dass sich bei geschlossener Klappe Kraftstoff ansammelt, welcher beim Öffnen der Klappe in den Brennraum gelangt.

Abgasrückführung

Die durch Abgasrückführung (AGR) im Zylinder verbleibende Restgasmasse erhöht den Inertgasanteil der Zylinderfüllung über den Wert des Inertgasanteils der angesaugten Luft. Der Anteil des im Zylinder verbleibenden Restgases kann über variable Steuerzeiten beeinflusst werden. In diesem Fall spricht man von einer „inneren" Abgasrückführung. Eine größere Variation des Inertgasanteils ist über eine „äußere" Ab-

gasrückführung möglich, bei der über eine Leitung bereits ausgestoßene Abgase zum Saugrohr zurückgeführt werden (Bild 27, Pos. 3). Ein größerer Inertgasanteil führt im Allgemeinen zu geringeren Stickoxidemissionen und zu einem geringeren Kraftstoffverbrauch.

Steuerung der externen Abgasrückführung

Das Motorsteuergerät (Bild 27, Pos. 4) regelt abhängig vom Betriebspunkt des Motors das elektrisch betätigte Abgasrückführventil (5). Dem Abgas (6) wird ein Teilstrom entnommen (3) und der angesaugten Frischluft (1) zugeführt. Damit Abgas über das Abgasrückführventil angesaugt werden kann, muss ein Druckgefälle zwischen Saugrohr und Abgastrakt herrschen.

Direkteinspritzende Motoren im Magerbetrieb werden in der Teillast nahezu ungedrosselt, d. h. bei hohem Saugrohrdruck ge-

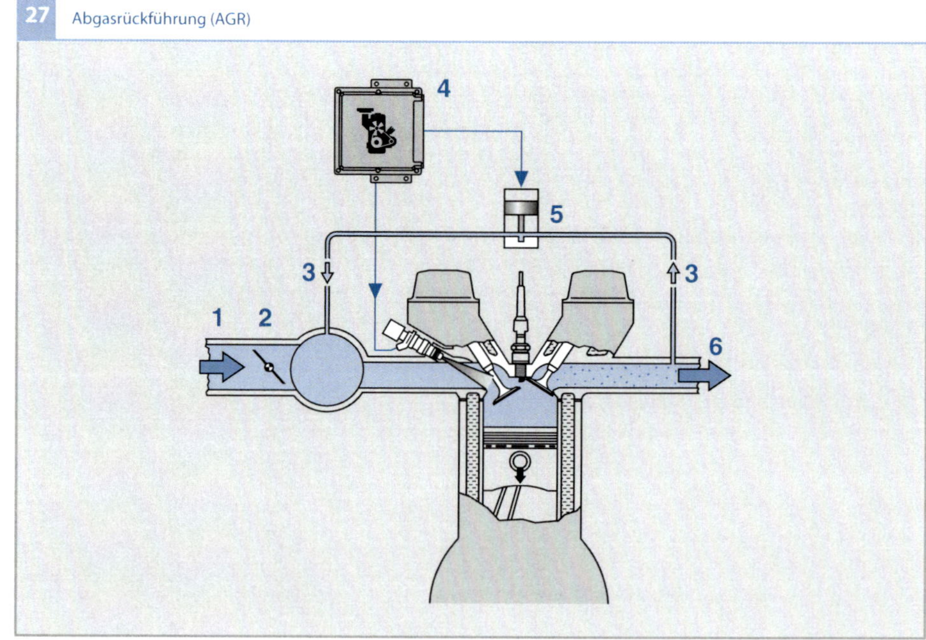

27   Abgasrückführung (AGR)

Bild 27
1   angesaugte Frisch-
     luft
2   Drosselklappe
3   rückgeführtes Abgas
4   Motorsteuergerät
5   Abgasrückführventil
     (AGR-Ventil)
6   Abgas

fahren. Ferner wird im Magerbetrieb neben dem gewünschten Inertgas eine nicht unerhebliche Menge Sauerstoff über das Abgasrückführsystem in das Saugrohr zurückgeleitet. Daher ist eine Steuerstrategie erforderlich, die sowohl die Drosselklappe als auch das AGR-Ventil koordiniert. Außerdem ergeben sich hohe Anforderungen an das Abgasrückführsystem: Es muss präzise und zuverlässig arbeiten, und es muss robust gegenüber den Ablagerungen sein, die sich aufgrund der niedrigeren Abgastemperatur in den abgasführenden Teilen bilden.

Reduzierung des Kraftstoffverbrauchs

Das zurückgeführte Inertgas verdrängt den Sauerstoff im vom Motor angesaugten Gas. Um den gewünschten Lastpunkt einstellen zu können, muss dies durch einen höheren Ansaugdruck kompensiert werden. Ein niedrigerer Kraftstoffverbrauch aufgrund gesunkener Drosselverluste (Pumpverluste, Ladungswechselverluste) ist die Folge. Das Inertgas beeinträchtigt jedoch die Zündfähigkeit des Gemischs. Um diese bis zu möglichst hohen Inertgas-Mengen aufrecht zu erhalten, sind Zusatzmaßnahmen erforderlich. Als sehr wirksames Mittel kann man die Turbulenz im Brennraum durch Ladungsbewegungsklappen im Ansaugkanal steigern.

Begrenzung der NO_x-Emission

Bei magerem Motorbetrieb kann der Dreiwegekatalysator die Stickoxide im Abgas aufgrund des Sauerstoffüberschusses nicht mehr reduzieren. Daher muss es das erste Ziel sein, die NO_x-Rohemissionen im Verbrennungsabgas zu senken. Nur so kann man vermeiden, dass die Maßnahmen zur NO_x-Nachbehandlung den durch den Magerbetrieb erreichten Verbrauchsvorteil zunichtemachen, da bei hohen NO_x-Rohemissionen die Regeneration des NO_x-Speicherkatalysators über einen fetten Homogenbetrieb (mit $\lambda < 1$) öfters eingeleitet werden muss.

Die Abgasrückführung ist ein wirkungsvolles Mittel zur Reduktion der NO_x-Rohemissionen; durch Zumischen von bereits verbranntem Abgas zum Luft-Kraftstoff-Gemisch wird die Verbrennungs-Spitzentemperatur gesenkt. Diese Maßnahme mindert die sehr stark temperaturabhängige Stickoxidbildung.

Literatur

[1]   Rudolf Pischinger, Manfred Klell, Theodor Sams: Thermodynamik der Verbrennungskraftmaschine; ISBN 978-3-211-99276-0, 3. Aufl. Springer, Wien NewYork

[2]   Konrad Reif (Hrsg.): Sensoren im Kraftfahrzeug. 2., ergänzte Auflage, Springer Vieweg, Wiesbaden 2012, ISBN 978-3-8348-1778-5

[3]   Konrad Reif (Hrsg.): Dieselmotor-Management: Systeme, Komponenten, Steuerung und Regelung. 5., überarbeitete und erweiterte Auflage, Springer Vieweg, Wiesbaden 2012, ISBN 978-3-8348-1715-0

Einspritzung

Aufgabe der Einspritzsysteme ist es, den vom Kraftstoffversorgungssystem aus dem Tank zum Motorraum geförderten Kraftstoff auf die einzelnen Zylinder des Ottomotors zu verteilen und den Kraftstoff entsprechend der Anforderungen aufzubereiten.

Moderne Ottomotoren benötigen zur Einhaltung strenger Abgas- und Verbrauchsvorschriften eine bezüglich Menge und zeitlicher Abfolge hoch präzise Zumessung des Kraftstoffs sowie eine optimale Aufbereitung des Kraftstoff-Luft-Gemisches. Die hoch dynamischen und sehr komplexen Vorgänge der Gemischbildung stellen hohe Anforderungen an das Gemischaufberei-

tungssystem, weshalb sich die elektronisch gesteuerte Kraftstoffeinspritzung gegenüber dem Vergaser als das dominierende System durchgesetzt hat.

Man unterscheidet grundsätzlich zwei Arten von Einspritzsystemen: das System mit äußerer Gemischbildung – die Saugrohreinspritzung (SRE), und das System mit innerer Gemischbildung – die Benzindirekteinspritzung (BDE). Bei der Saugrohreinspritzung findet die Gemischbildung überwiegend außerhalb des Brennraums im Saugkanal statt, während bei der Benzindirekteinspritzung die Gemischbildung ausschließlich im Zylinder stattfindet. In Bild 1 sind die wesentlichen Unterschiede beider Systeme dargestellt. Die Unterschiede in den Gemisch-

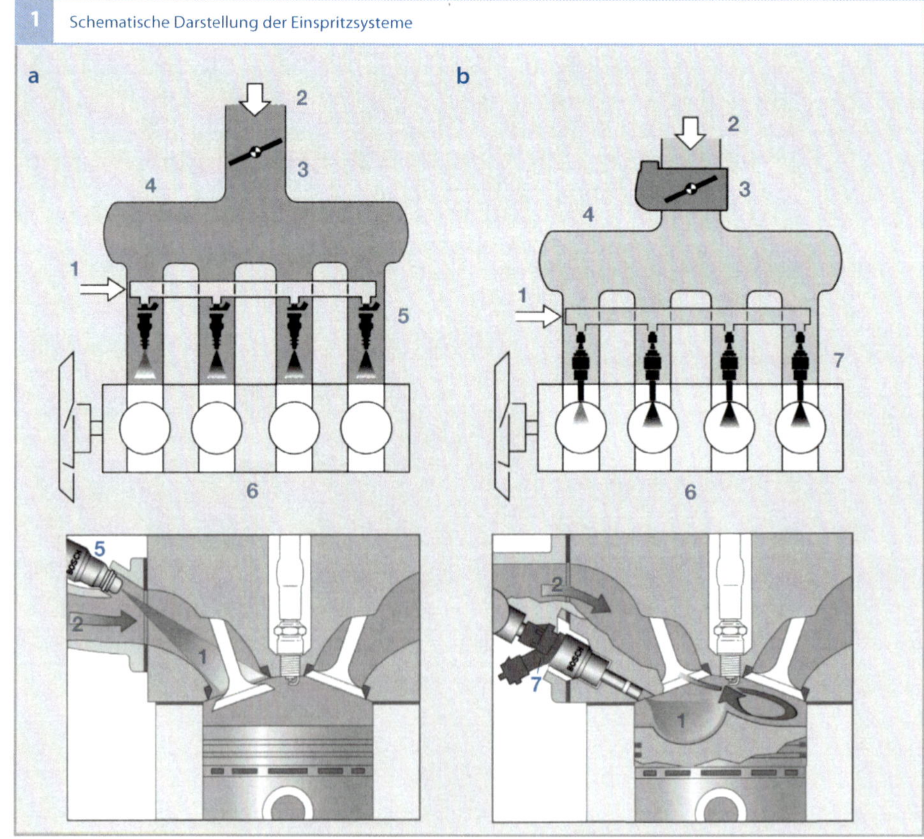

Bild 1
a Saugrohreinspritzung
b Benzindirekteinspritzung

1 Kraftstoff
2 Luft
3 Drosselvorrichtung
4 Saugrohr
5 Einspritzventil
6 Motor
7 Hochdruck-Einspritzventil

bildungsmechanismen und in der Systemgestaltung führen auch zu unterschiedlichen Anforderungen an die Einspritzkomponenten, die in den nachfolgenden Abschnitten näher beschrieben werden.

Durch den zunehmenden Einsatz von alternativen Kraftstoffen ergeben sich erweiterte Anforderungen an die Subsysteme und Komponenten des Gemischbildungssystems hinsichtlich der Qualität der Gemischaufbereitung, der Zumessbereiche und auch der Medienverträglichkeit der Komponenten.

Saugrohreinspritzung

Bei Ottomotoren mit Saugrohreinspritzung (SRE) beginnt die Bildung des Luft-Kraftstoff-Gemischs außerhalb des Brennraums im Saugrohr. Diese Motoren sowie deren Steuerungssysteme wurden im Lauf der Zeit immer weiter verbessert.

Übersicht
Aufbau
An Kraftfahrzeuge werden hohe Ansprüche hinsichtlich des Abgasverhaltens, des Verbrauchs und der Laufkultur gestellt. Daraus ergeben sich komplexe Anforderungen an die Bildung des Luft-Kraftstoff-Gemischs. Neben der genauen Dosierung der eingespritzten Kraftstoffmasse – abgestimmt auf die vom Motor angesaugte Luftmasse – ist auch der genaue Zeitpunkt der Einspritzung (das Einspritz-Timing) sowie die Ausrichtung des Sprays relativ zum Saugkanal und zum Brennraum (das Spray-Targeting) von Bedeutung. Diese Anforderungen treten – bedingt durch die fortwährende Verschärfung der Abgasgesetzgebung – immer stärker in den Vordergrund. Auch der Beitrag des Brennverfahrens zur Verbrauchsreduzierung gewinnt immer mehr an Bedeutung.

Dementsprechend bedarf es einer stetigen Weiterentwicklung der Einspritzsysteme.

Stand der Technik bei der Saugrohreinspritzung ist die elektronisch gesteuerte Einzeleinspritzanlage, bei der der Kraftstoff für jeden Zylinder einzeln intermittierend (d. h. zeitweilig aussetzend) direkt vor die Einlassventile eingespritzt wird. Die elektronische Steuerung ist im Steuergerät des Motormanagementsystems integriert. Eine Übersicht über ein System mit Saugrohreinspritzung gibt **Bild 2**.

Keine Bedeutung mehr für Neuentwicklungen haben die mechanischen, kontinuierlich einspritzenden Einzeleinspritzsysteme sowie die Systeme mit Zentraleinspritzung. Bei der Zentraleinspritzung wird der Kraftstoff intermittierend, aber nur über ein einziges Einspritzventil vor der Drosselklappe in das Saugrohr eingespritzt.

Weiterentwicklungen finden im Bereich der Einspritzkomponenten bezüglich des Zumessbereichs (durch den Trend zu Turbo-Motoren und ethanolhaltigen Kraftstoffen), der Ventilsitzdichtheit (zur Verringerung der Verdunstungsemissionen) und der Optimierung der Baugröße statt. Im Bereich der Einspritzsysteme werden neuartige Ansätze, wie z. B. die Verwendung von zwei Einspritzventilen je Saugkanal (Twin-Injection) betrachtet.

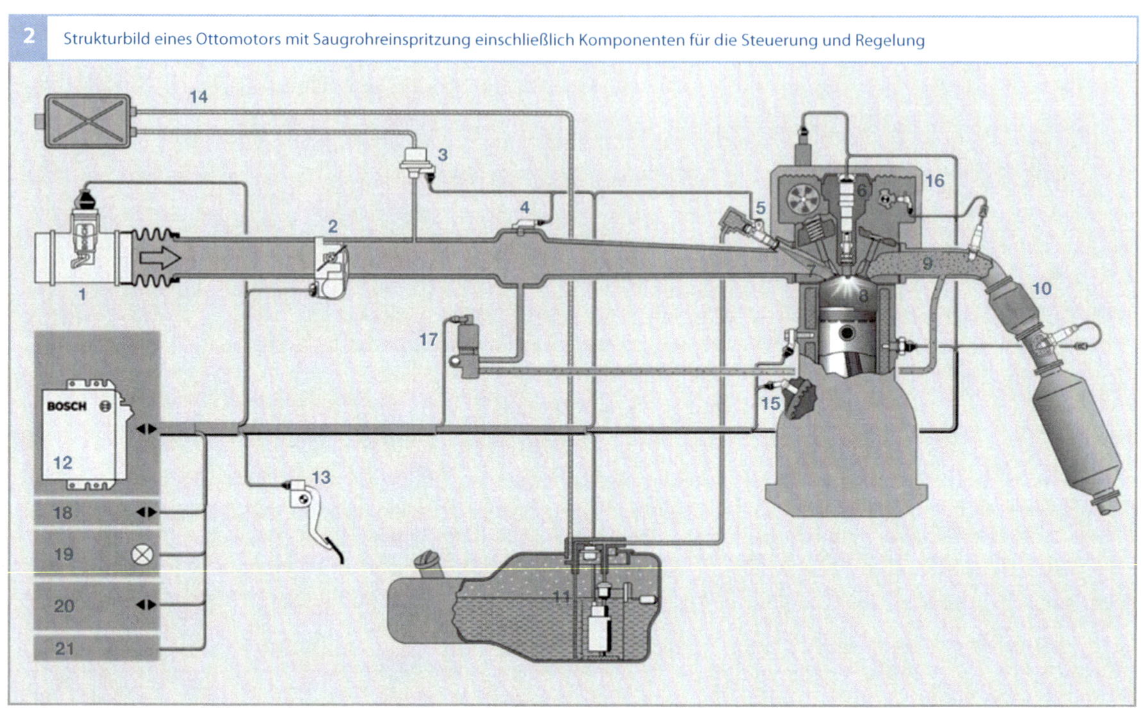

Bild 2

1   Luftmassenmesser
2   Drosselklappensteller
3   Tankentlüftungsventil
4   Saugrohrdrucksensor
5   Einspritzventil mit Rail
6   Zündspule mit Zündkerze
7   Einlasskanal
8   Brennraum
9   Auslasstrakt
10 Abgassystem
11 Tank mit Fördermodul

12 Motorsteuergerät
13 Fahrpedalmodul
14 Tankentlüftungssystem
15 Drehzahlsensor
16 Phasensensor für die Nockenwelle
17 Abgasrückführventil
18 CAN-Schnittstelle
19 Motorkontrollleuchte
20 Diagnoseschnittstelle
21 Schnittstelle zur Wegfahrsperre

Arbeitsweise

Erzeugen des Luft-Kraftstoff-Gemischs

Bei Benzineinspritzsystemen mit Saugrohreinspritzung wird der Kraftstoff in das Saugrohr oder in den Einlasskanal eingespritzt. Hierzu fördert die Elektrokraftstoffpumpe den Kraftstoff zu den Einspritzventilen. Dort steht der Kraftstoff mit dem Systemdruck an. Bei Einzeleinspritzanlagen ist jedem Zylinder ein Einspritzventil zugeordnet (**Bild 3**, Pos. 5), das den Kraftstoff intermittierend in das Saugrohr (6) oder in den Einlasskanal vor die Einlassventile (4) einspritzt.

Die Gemischbildung beginnt außerhalb des Brennraums im Einlasskanal mit der Einspritzung des Kraftstoffsprays (7). Nach der Einspritzung strömt im darauf folgenden Ansaugtakt das entstandene Luft-Kraftstoff-Gemisch durch die geöffneten Einlassventile in den Zylinder, wo die Gemischbildung vollendet wird. Dieser Vorgang wird entscheidend vom Spray-Targeting und auch vom Einspritz-Timing beeinflusst. Die Luftmasse wird dabei über die Drosselklappe (**Bild 2**, Pos. 2) dosiert. Je nach Motortyp werden manchmal ein, überwiegend aber zwei Einlassventile pro Zylinder eingesetzt.

Die Kraftstoffzumessung der Einspritzventile ist so ausgelegt, dass der Kraftstoffbedarf für alle Motorzustände abgedeckt ist. Dies bedeutet einerseits, dass bei hohen

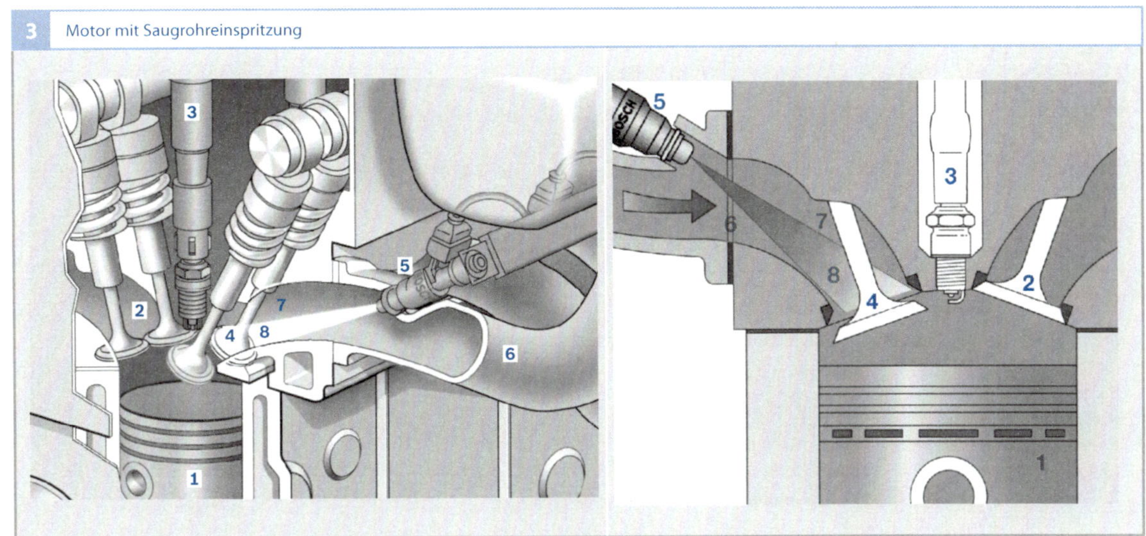

Drehzahlen und Lasten in der zur Verfügung stehenden Zeit ausreichend Kraftstoff eingespritzt werden muss (bei maximalem Durchfluss, eventuell zusätzlich erweitert durch Turboaufladung). Andererseits ist auch sicherzustellen, dass für den Leerlaufbetrieb eine ausreichende Kleinsteinspritzmenge unter Berücksichtigung von zusätzlichen Bedingungen (z. B. der Tankentlüftung) darstellbar ist, um den stöchiometrischen Betrieb (mit $\lambda = 1$) des Motors zu gewährleisten.

Messen der Luftmasse
Damit das Luft-Kraftstoff-Gemisch genau eingestellt werden kann, kommt der Erfassung der an der Verbrennung beteiligten Luftmasse eine große Bedeutung zu. Der Luftmassenmesser (**Bild 2**, Pos. 1), der vor der Drosselklappe sitzt, misst den Luftmassenstrom, der durch das Saugrohr strömt und gibt ein elektrisches Signal an das Motorsteuergerät (12) weiter. Alternativ dazu gibt es auch Systeme, die mit einem Drucksensor (4) den Saugrohrdruck messen und daraus in Verbindung mit der Drosselklap-

penstellung und der Drehzahl die angesaugte Luftmasse berechnen. Das Motorsteuergerät berechnet aus der angesaugten Luftmasse und dem aktuellen Betriebszustand des Motors die erforderliche Kraftstoffmasse.

Einspritzzeit
Die Einspritzzeit, die notwendig ist, um die berechnete Kraftstoffmasse einzuspritzen, ergibt sich aus der Abhängigkeit vom engsten Querschnitt im Einspritzventil, dessen Öffnungs- und Schließverhalten, sowie dem Differenzdruck zwischen Saugrohr und Kraftstoffdruck.

Schadstoffminderung
Die Weiterentwicklung in der Motortechnik führte in den vergangenen Jahren zu verbesserten Verbrennungsprozessen und damit zu geringeren Rohemissionen. Elektronische Motorsteuerungssysteme ermöglichen die exakte Einspritzung der benötigten Kraftstoffmenge entsprechend der angesaugten Luftmasse, die genaue Einstellung des Zündzeitpunkts sowie die betriebspunktabhängige Optimierung der Ansteuerung aller vorhan-

Bild 3
1 Kolben
2 Auslassventil
3 Zündspule mit Zündkerze
4 Einlassventil
5 Einspritzventil
6 Saugrohr
7 Einlasskanal
8 Spray

denen Komponenten (z. B. der elektrischen Drosselvorrichtung, Bild 2, Pos. 2). Diese Punkte führen neben der Leistungssteigerung der Motoren auch zur deutlichen Verbesserung der Abgasqualität und zu einer Verbrauchsreduzierung.

In Kombination mit dem Abgasnachbehandlungssystem (Bild 2, Pos. 10) ist es möglich, die marktspezifischen gesetzlichen Abgasgrenzwerte einzuhalten. Der Dreiwegekatalysator kann die bei der Verbrennung entstandenen Schadstoffe bei stöchiometrischem Luft-Kraftstoff-Gemisch ($\lambda = 1$) weitgehend abbauen. Deshalb werden Motoren mit Saugrohreinspritzung in den meisten Betriebspunkten mit dieser Gemischzusammensetzung betrieben.

Motorische Maßnahmen
Neben den nachfolgend diskutierten Maßnahmen im Einspritzsystem können auch motorische Maßnahmen die Rohemissionen verringern und die Verbrennungseffizienz steigern. Folgende Maßnahmen sind heute verbreitet:
- Optimierung der Brennraumgeometrie,
- Mehrventiltechnik,
- variabler Ventiltrieb,
- zentrale Zündkerzenlage,
- Erhöhung der Verdichtung,
- Abgasrückführung.

Im Betriebsbereich des Motorkaltstarts ist die Schadstoffminderung eine wichtige Aufgabe. Mit der Betätigung des Zündschlüssels oder des Startknopfes dreht der Starter und treibt den Motor mit Starterdrehzahl an. Die Signale von Drehzahl- und Phasensensor (Bild 2, Pos. 15 und 16) werden erfasst. Das Motorsteuergerät ermittelt daraus die Kolbenpositionen der einzelnen Zylinder. Entsprechend der im Steuergerät abgelegten Kennfelder werden die Einspritzmengen berechnet und über die Einspritzventile eingespritzt. Darauf abgestimmt wird die Zündung aktiviert. Mit der ersten Verbrennung erfolgt der Drehzahlanstieg.

Der Kaltstart wird durch verschiedene Phasen charakterisiert (Bild 4):
- Startphase,
- Nachstartphase,
- Warmlauf,
- Katalysator-Heizen.

Startphase
Der Bereich von der ersten Verbrennung bis zum erstmaligen Überschreiten der definierten Startende-Drehzahl wird als Startphase bezeichnet. Für den Motorstart ist eine erhöhte Kraftstoffmenge notwendig (z. B. bei 20 °C ca. die 3- bis 4-fache Volllastmenge).

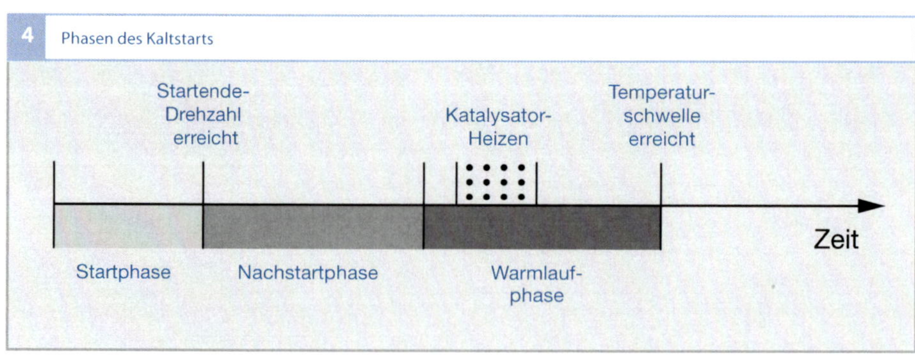

Nachstartphase
In der anschließenden Nachstartphase werden die Füllung und die Einspritzmenge abhängig von der Motortemperatur und der bereits seit Startende vergangenen Zeit sukzessive reduziert.

Warmlaufphase
Die Warmlaufphase schließt sich der Nachstartphase an. Aufgrund der noch niedrigen Motortemperatur (und der daraus resultierenden erhöhten Reibmomente) besteht ein erhöhter Drehmomentbedarf. Dies bedeutet, dass weiterhin ein größerer Kraftstoffbedarf im Vergleich zum Bedarf bei warmem Motor gegeben ist. Dieser Mehrbedarf ist im Gegensatz zur Nachstartphase nur von der Motortemperatur abhängig und bis zu einer bestimmten Temperaturschwelle erforderlich.

Katalysator-Heizphase
Mit der Katalysator-Heizphase wird der Bereich des Kaltstarts bezeichnet, in dem durch Zusatzmaßnahmen ein schnelleres Aufheizen des Katalysators erreicht wird. Die Grenzen der verschiedenen Phasen sind fließend. Die Katalysator-Heizphase kann dem Warmlauf überlagert sein. Abhängig vom jeweiligen Motorsystem kann die Warmlaufphase auch über die Katalysator-Heizphase hinausreichen.

Emissionen während des Kaltstarts
Kraftstoff, der sich im Start bei kaltem Motor an der kalten Zylinderwand niederschlägt, verdunstet nicht sofort und nimmt deshalb nicht an der folgenden Verbrennung teil. Er gelangt im Ausstoßtakt in das Abgassystem und leistet somit keinen Beitrag zum Drehmomentaufbau. Um einen stabilen Motorhochlauf zu gewährleisten, ist deshalb eine erhöhte Kraftstoffmenge in Start- und Nachstartphase erforderlich.

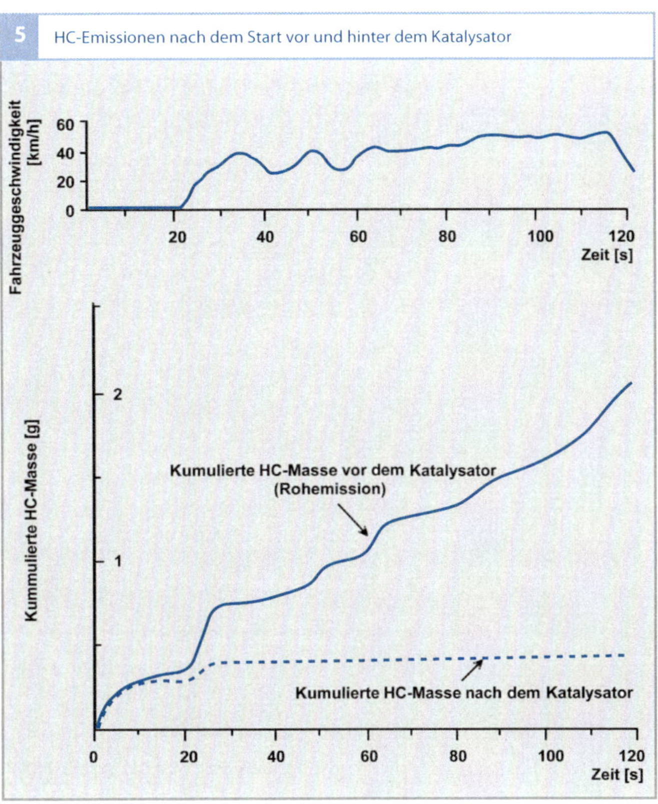

5   HC-Emissionen nach dem Start vor und hinter dem Katalysator

Die unverbrannt ausgestoßenen Kraftstoffbestandteile führen zu einem drastischen Anstieg der HC-Emissionen (Bild 5), aber auch der CO-Rohemissionen. Hinzu kommt, dass der Katalysator die Mindesttemperatur von etwa 300 °C erreicht haben muss, bevor er die Schadstoffe umsetzen kann. Damit der Katalysator schnell seine Betriebstemperatur erreicht, gibt es Maßnahmen, die ein schnelles Aufheizen des Katalysators ermöglichen. Zusätzlich gibt es Zusatzsysteme zur thermischen Nachbehandlung des Abgases, die in der Katalysator-Heizphase aktiviert werden.

Maßnahmen zur Aufheizung des Katalysators

Ein schnelles Aufheizen des Katalysators im Kaltstart kann durch folgende Maßnahmen erreicht werden:
- hohe Abgastemperaturen durch späte Zündwinkel und großen Gasmassenstrom,
- motornahe Katalysatoren,
- Erhöhung der Abgastemperatur durch thermische Nachbehandlung.

Die Auswahl und der Einsatz der Maßnahmen erfolgt je nach Zielmarkt und seinen entsprechenden Abgasvorschriften.

Thermische Nachbehandlung

Die unverbrannten Kohlenwasserstoffe werden im Abgastrakt durch thermische Nachbehandlung gemindert, indem sie bei hohen Temperaturen nachverbrennen. Bei fetter Motorabstimmung ist dazu eine Lufteinblasung (Sekundärlufteinblasung) erforderlich. Bei magerer Motorabstimmung erfolgt die Nachverbrennung durch den im Abgas vorhanden Restsauerstoff.

Sekundärlufteinblasung

Durch Sekundärlufteinblasung wird nach dem Startvorgang in der Warmlaufphase (mit $\lambda < 1$) zusätzlich Luft in den Abgastrakt eingebracht. Es kommt zur exothermen Reaktion mit den unverbrannten Kohlenwasserstoffen, die die hohen HC- und CO-Konzentrationen im Abgas reduzieren. Zusätzlich setzt dieser Oxidationsvorgang Wärme frei, sodass das Abgas heißer wird und den von ihm durchströmten Katalysator rasch aufheizt.

Einspritzlage

Neben der korrekten Einspritzdauer ist der Zeitpunkt der Einspritzung (die Einspritzlage) bezogen auf den Kurbelwellenwinkel ein weiterer Parameter zur Optimierung der Verbrauchs- und Abgaswerte. Für jeden einzelnen Zylinder wird zwischen vorgelagerter und saugsynchroner Einspritzung differenziert. Es handelt sich um eine vorgelagerte Einspritzung, wenn das Einspritzende für den betreffenden Zylinder zeitlich noch vor dem Öffnen des Einlassventils liegt und ein Großteil des Kraftstoffsprays auf den Kanal-

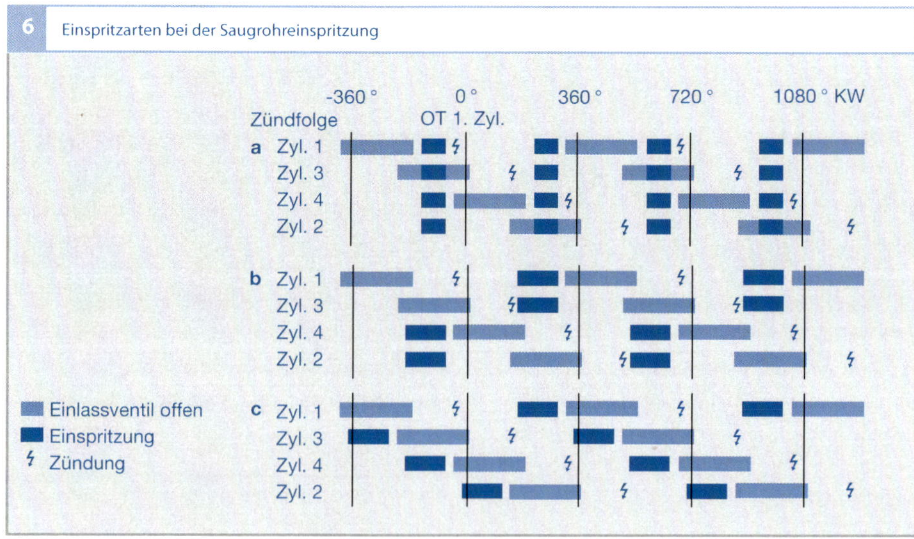

Bild 6
Der Kurbelwinkel (KW) ist auf den oberen Totpunkt des 1. Zylinders bezogen.
a simultane Einspritzung
b Gruppeneinspritzung
c sequentielle Einspritzung und zylinderindividuelle Einspritzung

boden und die Einlassventile trifft. Im Gegensatz hierzu erfolgt die saugsynchrone Einspritzung bei geöffneten Einlassventilen.

Wird hingegen die Einspritzlage aller Zylinder zueinander betrachtet, so wird zwischen folgenden Einspritzlagen unterschieden (**Bild 6**):
- simultane Einspritzung,
- Gruppeneinspritzung,
- sequentielle Einspritzung,
- zylinderindividuelle Einspritzung.

Die Variationsmöglichkeiten sind hierbei von der verwendeten Einspritzlage abhängig. Heute kommt nahezu ausschließlich die sequentielle Einspritzung zum Einsatz. Nur im Kaltstart bei den ersten Verbrennungen wird vereinzelt noch die simultane Einspritzung oder die Gruppeneinspritzung angewandt.

Simultane Einspritzung

Bei der simultanen Einspritzung werden alle Einspritzventile zum gleichen Zeitpunkt betätigt. Die Zeit, die zum Verdunsten des Kraftstoffs zur Verfügung steht, ist für die Zylinder unterschiedlich. Um trotzdem eine gute Gemischbildung zu erreichen, wird die für die Verbrennung benötigte Kraftstoffmenge in zwei Hälften aufgeteilt und jeweils einmal pro Kurbelwellenumdrehung eingespritzt. Bei dieser Einspritzlage ist nicht für alle Zylinder eine vorgelagerte Einspritzung möglich. Teilweise muss in das offene Einlassventil eingespritzt werden, da der Einspritzbeginn fest vorgegeben ist. Nachteilig ist hier, dass die Gemischaufbereitung für die verschiedenen Zylinder sehr unterschiedlich ist.

Gruppeneinspritzung

Bei der Gruppeneinspritzung werden die Einspritzventile zu zwei Gruppen zusammengefasst. Die beiden Gruppen spritzen die gesamte Einspritzmenge im Wechsel ein-

mal pro Kurbelwellenumdrehung ein. Diese Anordnung ermöglicht bereits eine betriebspunktabhängige Wahl des Einspritztimings und vermeidet in bestimmten Kennfeldbereichen die dort unerwünschte Einspritzung in den offenen Einlasskanal. Die Zeit, die für die Verdunstung des Kraftstoffs zur Verfügung steht, ist aber auch hier für die verschiedenen Zylinder unterschiedlich.

Sequentielle Einspritzung

Bei der sequentiellen Einspritzung (Sequential Fuel Injection SEFI) wird der Kraftstoff für jeden Zylinder einzeln eingespritzt. Die Einspritzventile werden nacheinander in der Zündfolge betätigt. Die Einspritzzeit und die Einspritzlage bezogen auf den oberen Totpunkt des jeweiligen Zylinders ist für alle Zylinder identisch. Damit ist die Gemischaufbereitung für jeden Zylinder identisch. Der Einspritzbeginn ist frei programmierbar und kann an den Motorbetriebszustand angepasst werden.

Zylinderindividuelle Einspritzung

Die zylinderindividuelle Einspritzung (Cylinder Individual Fuel Injection) bietet die größten Freiheitsgrade. Gegenüber der sequentiellen Einspritzung bietet sie den Vorteil, dass hier für jeden Zylinder die Einspritzzeit individuell beeinflusst werden kann. Damit können Ungleichmäßigkeiten z. B. bei der Zylinderfüllung ausgeglichen werden, was besonders für den Motorhochlauf im Kaltstart von großer Bedeutung für die Emissionsreduzierung ist. Der stöchiometrische Betrieb jedes Zylinders setzt hier eine zylinderspezifische Erfassung des Luftverhältnisses λ voraus. Dies bedingt eine Optimierung der Krümmergeometrie, um die Abgasdurchmischung der einzelnen Zylinder möglichst zu vermeiden.

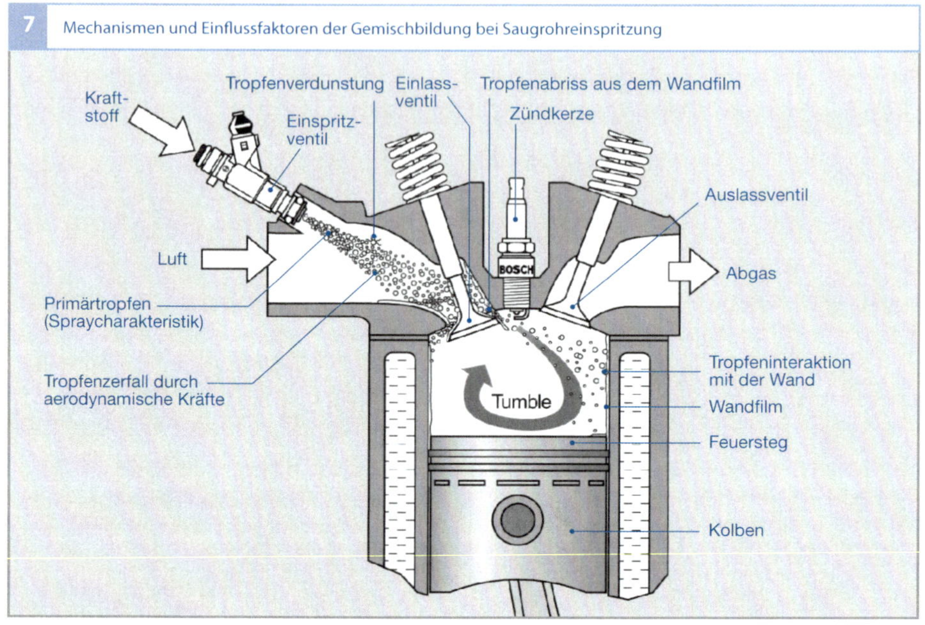

Gemischbildung

Die Gemischbildung beginnt mit der Kraftstoffeinspritzung in das Saugrohr und erstreckt sich über die Ansaugphase bis in die
Kompressionsphase des jeweiligen Zylinders.
Sie unterliegt vielen Forderungen wie z. B.
der Bereitstellung eines zündfähigen Gemischs an der Zündkerze zum Zündzeitpunkt, einer guten Homogenisierung des
Gemischs im Zylinder, einem guten dynamischen Verhalten im instationären Betrieb
und geringen HC-Emissionen im Kaltstart.

Die Gemischbildung bei Saugrohrein-
spritzsystemen ist komplex (**Bild 7**). Sie
erstreckt sich von der Charakteristik des primären Kraftstoffsprays über den Spray-
transport im Saugrohr, den Sprayeintrag in
den Brennraum bis zur Homogenisierung
des Gemischs zum Zündzeitpunkt. Eine optimale Abstimmung dieser Bereiche führt
letztlich zu einer guten Gemischaufbereitung. Sie unterscheidet sich teilweise für den
kalten und den warmen Motorbetrieb und
wird maßgeblich beeinflusst von:

- Motortemperatur,
- Primärtröpfchenspray,
- Einspritzlage,
- Spray-Targeting,
- Luftströmung.

Ziel ist es, zum Zündzeitpunkt des jeweiligen Zylinders ein homogenes Gemisch von
Kraftstoffdampf und Luft im Brennraum
vorliegen zu haben.

Primärtröpfchenspray

Als Primärtröpfchenspray bezeichnet man
das Kraftstoffspray direkt nach dem Austritt
aus dem Einspritzventil. Kleine Primärtröpf-
chen begünstigen tendenziell die Kraftstoffverdunstung. Allerdings ist hier zu berücksichtigen, dass bei kaltem Motor infolge
niedriger Temperatur nur ein sehr geringer
Anteil des eingespritzten Kraftstoffs im Saugrohr verdunstet. Der Großteil liegt als Wandfilm vor und wird in der Ansaugphase von
der Luftströmung mitgerissen. Die eigentliche Gemischaufbereitung findet im Zylinder

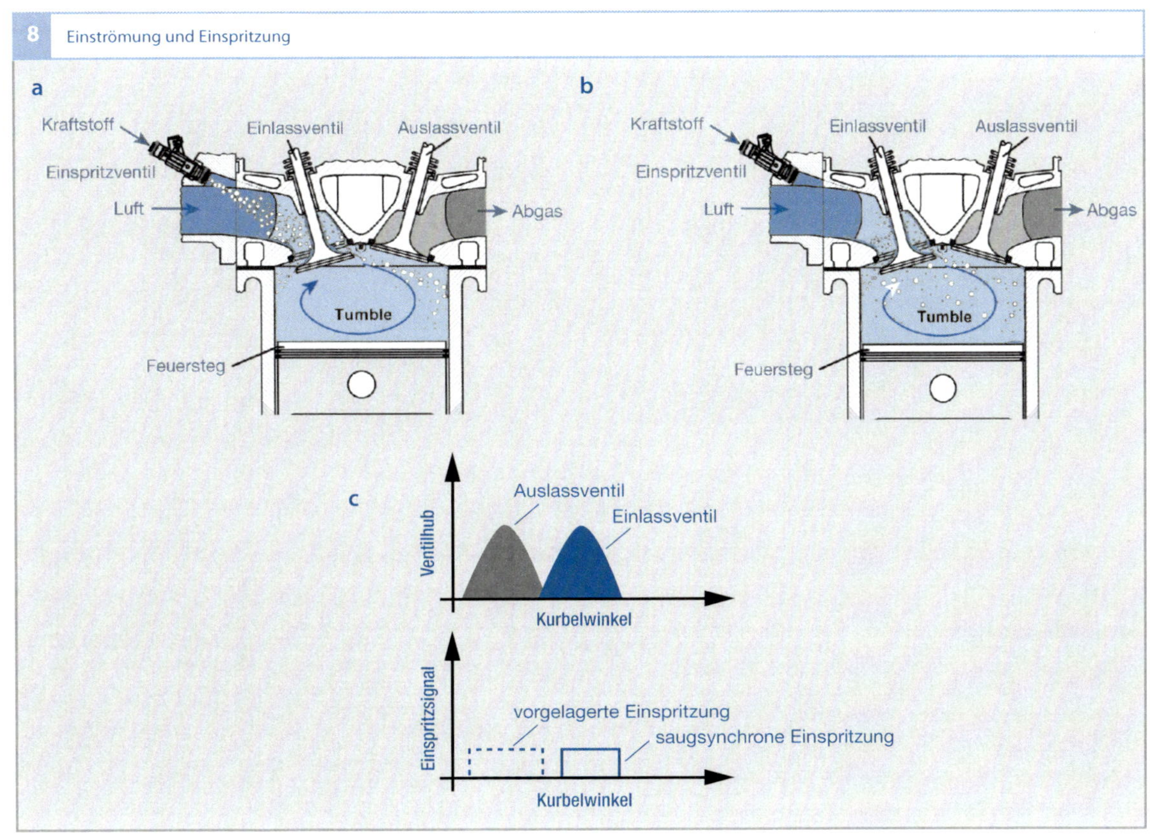

statt. Bei warmem Motor hingegen verdunstet bereits im Saugrohr ein Großteil des eingespritzten Kraftstoffsprays sowie ein Teil des vorhandenen Wandfilms.

Einspritzlage

Die Einspritzlage hat vor allem bei kaltem Motor einen großen Einfluss auf die Gemischbildung und die HC-Rohemissionen.

Saugsynchrone Einspritzung

Bei saugsynchroner Einspritzung wird ein Teil des Kraftstoffs durch die Luftströmung an die gegenüberliegende Zylinderwand Richtung Auslassventile transportiert (Bild 8a). Dieser Kraftstofffilm (Wandfilm) verdunstet an den kalten Zylinderwänden

nicht, nimmt somit nicht an der Verbrennung teil und gelangt deshalb unverbrannt in den Auslasskanal. Dies führt zu erhöhten Rohemissionen. Die saugsynchrone Einspritzung wird heute im Kaltstart nur noch selten angewandt. Sie kommt im warmen Motorbetrieb an der Volllast zur Leistungssteigerung (zur Ladungskühlung und zur Klopfreduzierung) zum Einsatz. Neue Ansätze mit zwei Einspritzventilen je Zylinder bieten hier neue Freiheitsgrade. Da bei saugsynchroner Einspritzung die Kraftstoffverdunstung weitgehend im Brennraum stattfindet, kann die Frischluftfüllung gesteigert werden. Der Grund hierfür ist, dass die flüssigen Kraftstofftröpfchen im Saugrohr ein kleineres Volumen einnehmen als

Bild 8
a) Einströmung bei saugsynchroner Einspritzung
b) Einströmung bei vorgelagerter Einspritzung
c) Lage des Einspritzsignals

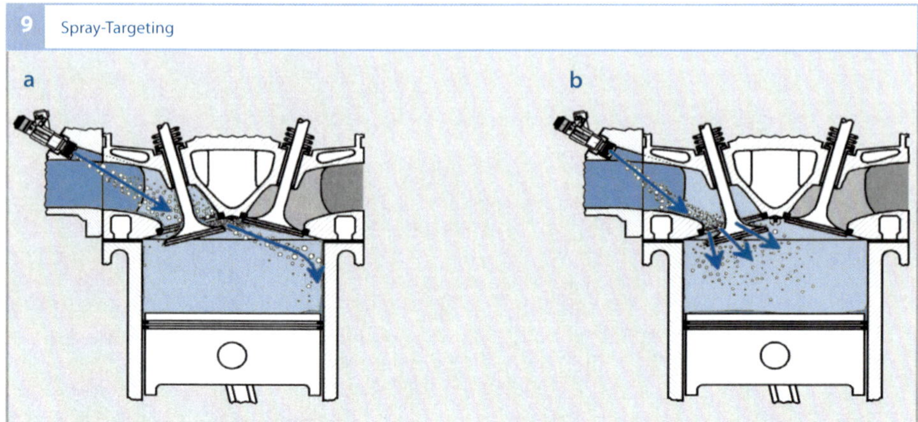

Dampf. Außerdem wird durch die Kraftstoffverdampfung im Brennraum die Zylinderladung abgekühlt, was sich positiv auf die Klopfneigung des Motors auswirkt.

Vorgelagerte Einspritzung
Durch eine vorgelagerte Einspritzung (Bild 8b) ist im Kaltstart eine deutliche Reduzierung der Schadstoffemissionen erreichbar. Der Kraftstoffeintrag wird in Richtung Brennraummitte verschoben und die unerwünschte Wandfilmbildung an der auslassseitigen Zylinderwand wird vermieden.

Spray-Targeting
Zusätzlich zur vorgelagerten Einspritzung können in Kombination mit optimalem Spray-Targeting (Sprayausrichtung relativ zum Saugkanal und Brennraum, Bild 9) die HC-Emissionen im Kaltstart weiter verringert werden. Bei Ausrichtung des Sprays in Richtung Kanalboden (Bild 9b) wird das angesaugte Spray verstärkt in Richtung Brennraummitte transportiert. Dadurch wird die Kraftstoffbenetzung der auslassseitigen Zylinderwand weiter reduziert, was sich in niedrigeren HC-Emissionen in der Startphase zeigt. Zudem verringert sich die Gefahr einer zu starken Benetzung der Zündkerze

mit Kraftstoff. Die Benetzung des Kanalbodens führt andererseits aber auch zu einer verstärkten Wandfilmbildung im Saugrohr. Hierbei ist der Applikationsaufwand für den Instationärbetrieb (beim Lastwechsel) etwas aufwendiger. Grundsätzlich ist immer ein Kompromiss zwischen den Anforderungen des Kaltstarts und denen des Instationärbetriebs zu suchen.

Bei Motoren mit Saugrohreinspritzung ist es notwendig, bei Laständerungen die gespeicherte Wandfilmmasse im Saugrohr zu berücksichtigen. Bei einer sprunghaften Lasterhöhung wird mehr Wandfilm aufgebaut. Es würde ein unerwünschter Luftüberschuss entstehen, falls bei der Berechnung der notwendigen Einspritzmenge die gespeicherte Wandfilmmenge und ihr verzögerter Eintrag in den Brennraum nicht berücksichtigt würde. Hierfür sind im Motorsteuergerät Wandfilm-Kompensationsfunktionen integriert, die bei der Applikation auf die jeweilige Motorgeometrie und das Spray-Targeting bedatet werden müssen, um weitgehend einen Betrieb bei $\lambda = 1$ auch im instationären Betriebszustand zu gewährleisten.

Luftströmung

Die Luftströmung wird maßgeblich durch die Motordrehzahl, die geometrische Gestaltung des Einlasskanals sowie durch die Öffnungszeiten und die Erhebungskurve der Einlassventile beeinflusst. Teilweise sind Ladungsbewegungsklappen im Einsatz, um zusätzlich auf die Strömungsrichtung (Tumble, Drall) betriebspunktabhängig Einfluss zu nehmen. Ziel ist es, die notwendige Luft in der zur Verfügung stehenden Zeit in den Brennraum zu bekommen und eine gute Homogenisierung des Luft-Kraftstoff-Gemischs im Brennraum bis zum Zündzeitpunkt zu erzielen.

Eine starke Zylinderinnenströmung begünstigt eine gute Homogenisierung und ermöglicht eine Erhöhung der AGR-Verträglichkeit (Abgasrückführrate), wodurch eine Verbrauchs- und NO_x-Reduzierung erzielt werden kann. Eine starke Zylinderinnenströmung verringert jedoch bei Volllast die Füllung, was eine Absenkung des maximalen Drehmoments und der maximalen Leistung zur Folge hat. Daher werden überwiegend variable Klappen eingesetzt, um eine hohe Ladungsbewegung in der Teillast und eine minimale Drosselung in der Volllast zu kombinieren (**Bild 18**, Pos. 8).

Sekundäre Gemischaufbereitung

Zusätzlich unterstützt die Luftströmung auch die Kraftstoffaufbereitung (durch sekundäre Gemischaufbereitung). Besteht zum Zeitpunkt des Öffnens der Einlassventile (EÖ) ein Differenzdruck zwischen Saugrohr und Brennraum, werden durch die entstehende Strömung die Kraftstoffaufbereitung und der Transport beeinflusst. Ist der Saugrohrdruck beim Öffnen des Einlassventils wesentlich größer als der Brennraumdruck, so werden das Luft-Kraftstoff-Gemisch und der Wandfilm im Ventilspalt beschleunigt in den Brennraum gesaugt.

Ist der Saugrohrdruck beim Öffnen der Einlassventile kleiner als im Brennraum, dann strömt warmes Abgas aus der vorhergehenden Verbrennung zurück in das Saugrohr. Hier wird zum einen die Aufbereitung des Wandfilms und der Kraftstofftröpfchen durch die Rückströmung begünstigt, zum anderen unterstützt das warme Abgas zusätzlich die Verdunstung. Dieser Vorgang ist besonders beim Kaltstart in der Warmlauf- und in der Katalysator-Heizphase wichtig.

Elektromagnetische Einspritzventile
Aufgabe

Elektrisch angesteuerte Einspritzventile spritzen den unter Systemdruck stehenden Kraftstoff in das Saugrohr ein. Dabei werden Einspritzzeitpunkt und -dauer individuell für jeden Zylinder vom Motorsteuergerät anhand der angesaugten Luftmasse und des aktuellen Betriebszustands des Motors berechnet und die Einspritzventile über Endstufen, die im Motorsteuergerät integriert sind, entsprechend angesteuert. Neben der exakten Dosierung der Einspritzmenge ist die Strahlaufbereitung unter Berücksichtigung der Saugrohrgeometrie und der Position der Einlassventile sowie die Zerstäubung des Kraftstoffs eine wichtige Funktion des Einspritzventils.

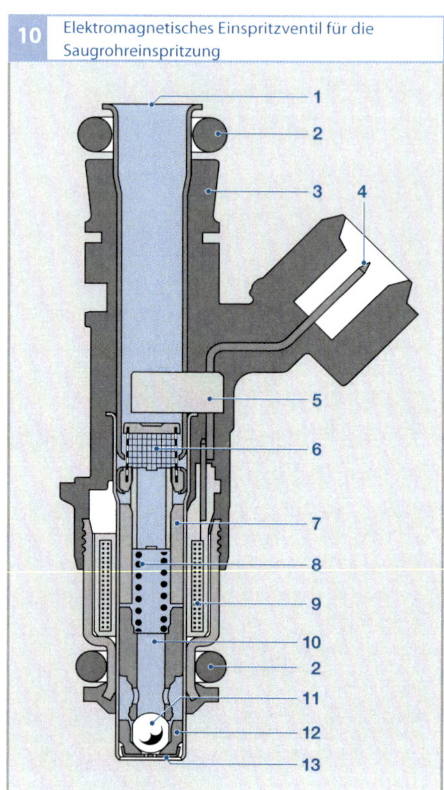

Bild 10
1 hydraulischer Anschluss
2 Dichtring (O-Ring)
3 Ventilgehäuse
4 elektrischer Anschluss
5 Plastikclip mit eingespritzten Pins
6 Filtersieb
7 Innenpol
8 Ventilfeder
9 Magnetspule
10 Ventilnadel mit Anker
11 Ventilkugel
12 Ventilsitz
13 Spritzlochscheibe

Aufbau und Arbeitsweise

Elektromagnetische Einspritzventile
(**Bild 10**) bestehen im Wesentlichen aus

- dem Ventilgehäuse (3) mit elektrischem (4) und hydraulischem Anschluss (1),
- der Spule des Elektromagneten (9),
- der beweglichen Ventilnadel (10) mit Magnetanker und Ventilkugel (11),
- dem Ventilsitz (12) mit der Spritzlochscheibe (13),
- der Ventilfeder (8).

Um einen störungsfreien Betrieb zu gewährleisten, ist das Einspritzventil im Kraftstoff führenden Bereich aus korrosionsbeständigem Stahl gefertigt. Ein Filtersieb (6) im Kraftstoffzulauf schützt das Einspritzventil vor Verschmutzung.

Anschlüsse

Bei den gegenwärtig verwendeten Einspritzventilen verläuft die Kraftstoffzuführung in axialer Richtung zum Einspritzventil von oben nach unten (Top Feed). Die Einspritzventile sind am hydraulischen Anschluss mit einer Klemm- oder Spannvorrichtung am Kraftstoffverteilerrohr (Fuel Rail) befestigt und mit einem Dichtring (O-Ring) abgedichtet. Halteklemmen sorgen für eine zuverlässige Fixierung. Am Saugrohr sind Öffnungen für die Einspritzventile vorgesehen, in welche diese eingeschoben werden. Die Abdichtung erfolgt durch den unteren Dichtring (O-Ring) am Einspritzventil. Der elektrische Anschluss des Einspritzventils ist mit dem Motorsteuergerät verbunden.

Funktion des Ventils

Bei stromloser Spule drücken die Federkraft und die aus dem Kraftstoffdruck resultierende Kraft die Ventilnadel mit der Ventilkugel in den kegelförmigen Ventilsitz. Hierdurch wird das Kraftstoffversorgungssystem gegen das Saugrohr abgedichtet. Wird die Spule bestromt, entsteht ein Magnetfeld, das den Magnetanker der Ventilnadel anzieht. Die Ventilkugel hebt vom Ventilsitz ab und der Kraftstoff wird eingespritzt. Wird der Erregerstrom abgeschaltet, schließt die Ventilnadel wieder durch die Federkraft.

Kraftstoffaustritt

Die Zerstäubung des Kraftstoffs geschieht mit einer Spritzlochscheibe. Mit den gestanzten Spritzlöchern wird eine hohe Konstanz der eingespritzten Kraftstoffmenge erzielt. Die Spritzlochscheibe ist auch unempfindlich gegenüber Kraftstoffablagerungen. Das Strahlbild des austretenden Kraftstoffs ergibt sich durch die Anordnung und die Anzahl der Spritzlöcher.

Die Kugel im kegelförmigen Ventilsitz gewährleistet eine gute Ventildichtheit. Die eingespritzte Kraftstoffmenge pro Zeiteinheit ist im Wesentlichen durch den Systemdruck im Kraftstoffversorgungssystem, den Gegendruck im Saugrohr und die Geometrie des Kraftstoffaustrittsbereichs bestimmt.

Elektrische Ansteuerung
Ein Endstufenbaustein im Motorsteuergerät steuert das Einspritzventil mit einem Schaltsignal an (Bild 11). Der Strom in der Magnetspule steigt (b) und bewirkt eine Anhebung der Ventilnadel (c). Nach Ablauf der Zeit t_{an} (Anzugszeit) ist der maximale Ventilhub erreicht. Sobald die Ventilkugel aus ihrem Sitz abhebt, wird Kraftstoff eingespritzt. In Bild 11d ist der prinzipielle Verlauf der während eines Einspritzimpulses insgesamt eingespritzten Menge dargestellt. Während der Ventilanzug- und -abfallzeiten treten Nichtlinearitäten auf, die nicht eingezeichnet sind.

Da sich das Magnetfeld nach Abschalten der Ansteuerung nicht schlagartig abbaut, schließt das Ventil verzögert. Nach Ablauf der Zeit t_{ab} (Abfallzeit) ist das Ventil wieder

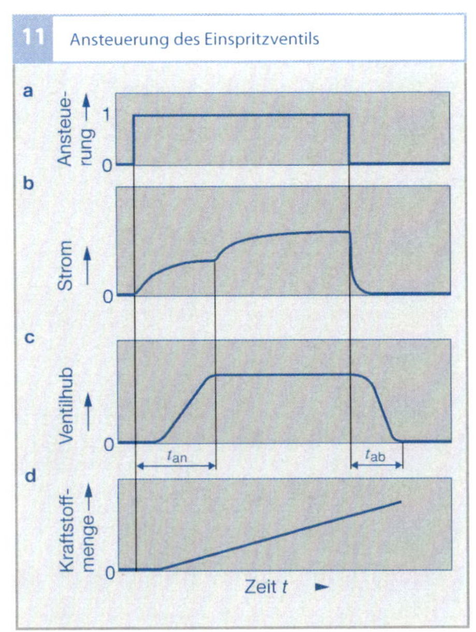

Bild 11
a Ansteuerungssignal
b Stromverlauf
c Ventilhub
d eingespritzte Kraftstoffmenge (prinzipieller Verlauf)
t_{an} Anzugszeit
t_{ab} Abfallzeit

vollständig geschlossen. Bei vollständig geöffnetem Ventil ist die Einspritzmenge proportional zur Zeit. Die Nichtlinearitäten während der Ventilanzugs- und Ventilabfallphase müssen über die Zeitdauer der An-

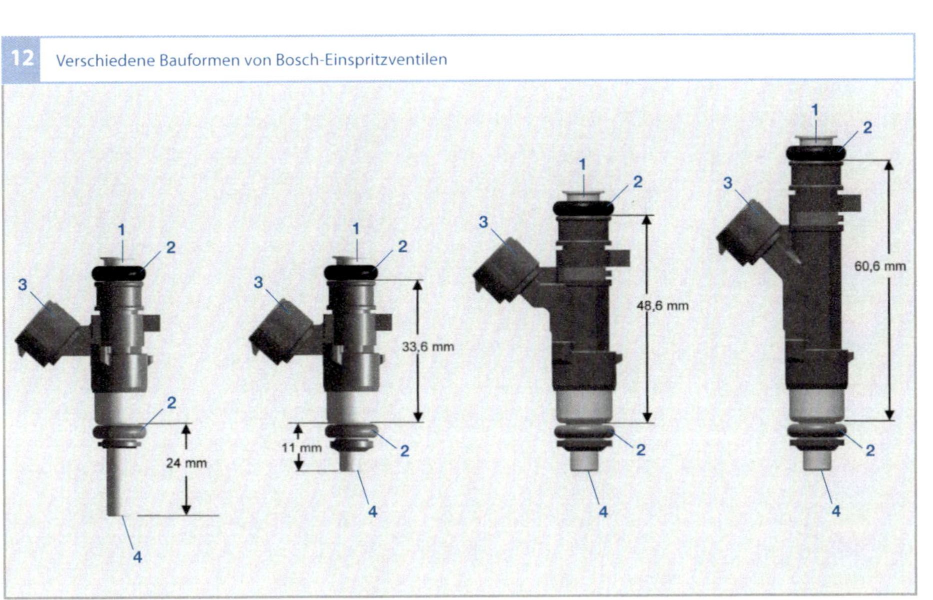

Bild 12
1 hydraulischer Anschluss
2 Dichtring (O-Ring)
3 elektrischer Anschluss
4 Kraftstoffaustritt

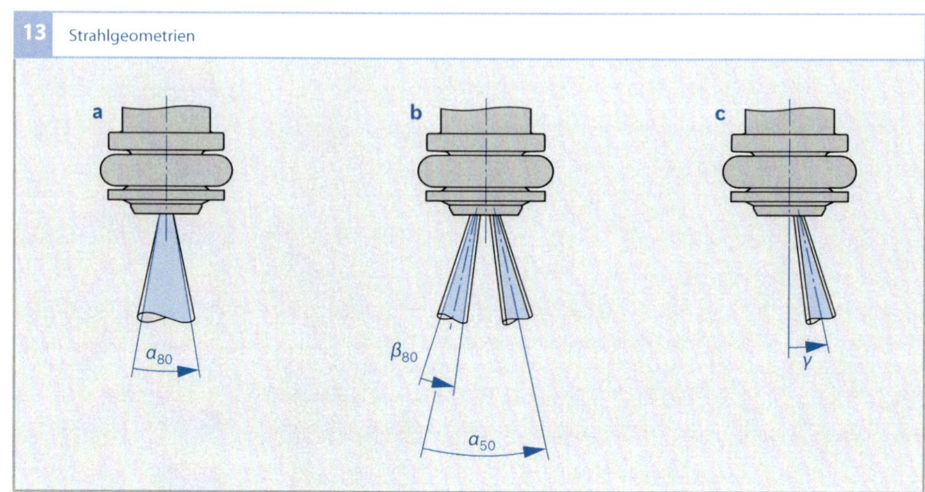

13 Strahlgeometrien

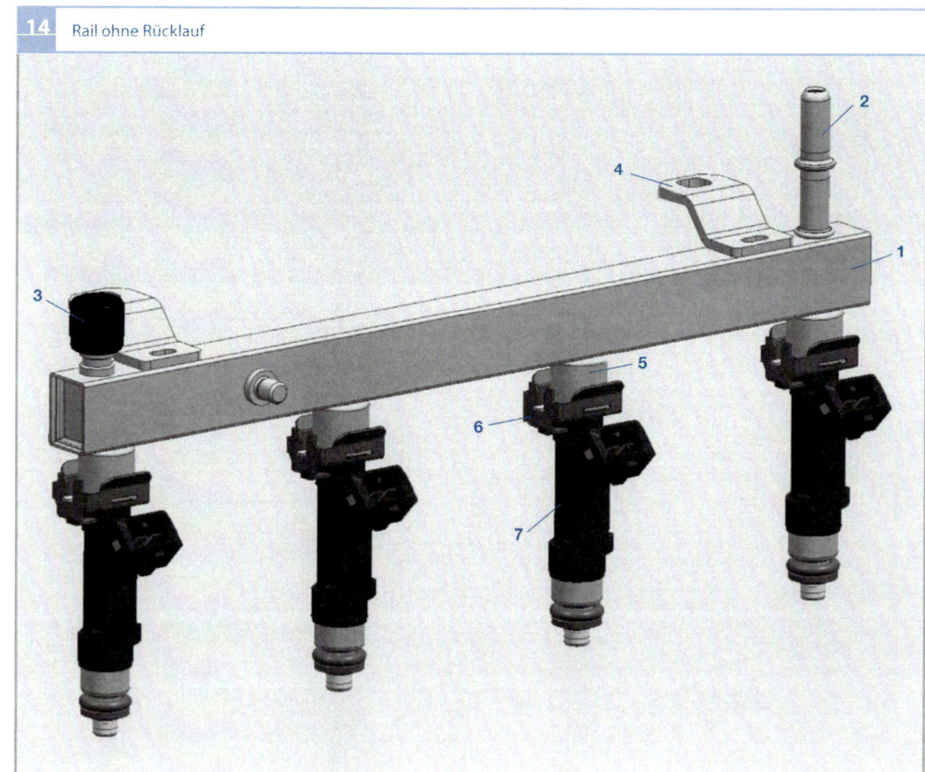

14 Rail ohne Rücklauf

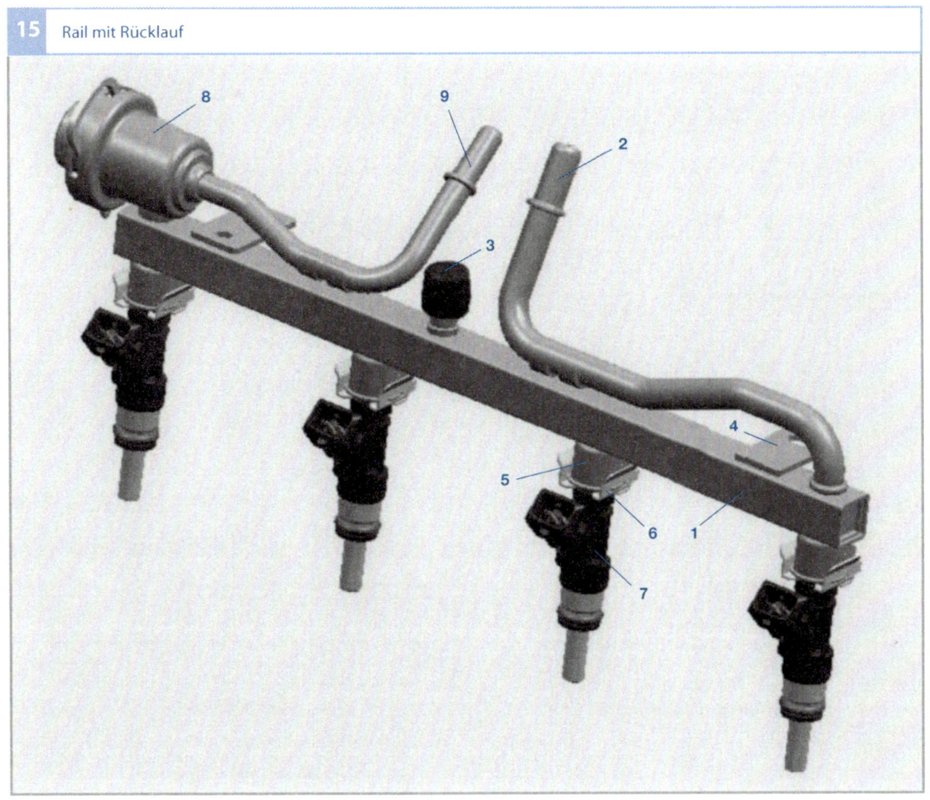

15 Rail mit Rücklauf

Bild 15
1 Kraftstoffverteiler
   (Rail)
2 Zulaufanschluss
3 Diagnoseventil
4 Rail-Montagehalter
5 Rail-Tasse
6 Montage-Clip
7 Einspritzventil
8 Druckregler
9 Rücklauf zum Tank

steuerung kompensiert werden. Die Geschwindigkeit, mit der die Ventilnadel von ihrem Sitz abhebt, ist zudem von der Batteriespannung abhängig. Eine batteriespannungsabhängige Einspritzzeitverlängerung korrigiert diese Einflüsse.

Einspritzventil
Die **Bilder 10** und **12** zeigen Standardeinspritzventile für die aktuellen Einspritzanlagen. Eine geringe Neigung zur Dampfblasenbildung bei heißem Kraftstoff erleichtert den Einsatz rücklauffreier Kraftstoffversorgungssysteme, da dort die Kraftstofftemperatur im Einspritzventil gegenüber Systemen mit Rücklauf höher ist. Zur besseren Zerstäubung des Kraftstoffs werden die in der Regel verwendeten Spritzlochscheiben mit vier Löchern durch Mehrlochscheiben mit bis zu zwölf Spritzlöchern ersetzt. Dies führt zu einer bis zu 35 % reduzierten Tröpfchengröße und verringerten Abgasemissionen.

Strahlaufbereitung
Die Strahlaufbereitung der Einspritzventile, d. h. Strahlform, Strahlwinkel und Tröpfchengröße, beeinflusst die Bildung des Luft-Kraftstoff-Gemischs. Sie ist somit eine sehr wichtige Funktion des Einspritzventils. Individuelle Geometrien von Saugrohr und Zylinderkopf machen unterschiedliche Ausführungen der Strahlaufbereitung erforderlich. Dafür stehen verschiedene Varianten der Strahlaufbereitung zur Verfügung. Die in

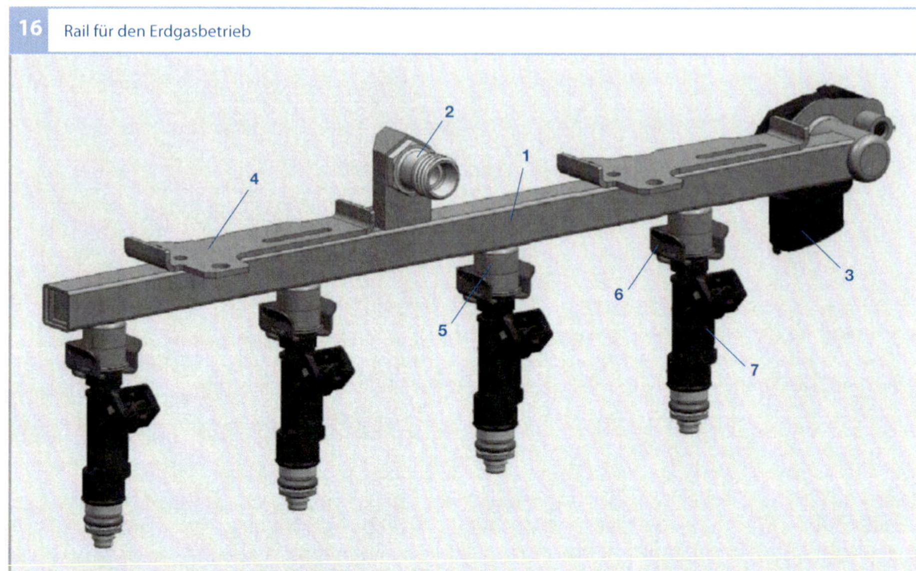

Bild 16
1 Kraftstoffverteiler
2 Zulaufanschluss
3 Gasdrucksensor
4 Rail-Montagehalter
5 Rail-Tasse
6 Montage-Clip
7 Erdgas-Injektor

Bild 13 gezeigten Strahlformen können sowohl als Vierloch- als auch als Mehrloch-Variante mit reduzierter Tröpfchengröße erzeugt werden.

Kegelstrahl (Einstrahl)
Durch die Öffnungen der Spritzlochscheibe treten einzelne Kraftstoffstrahlen aus. Die Summe der Kraftstoffstrahlen bildet einen Strahlkegel, dessen Winkel entsprechend der motorspezifischen Anforderungen variiert werden kann (Bild 13a). Typisches Einsatzgebiet der Kegelstrahlventile sind Motoren mit nur einem Einlassventil pro Zylinder, doch auch bei zwei Einlassventilen pro Zylinder ist der Kegelstrahl geeignet.

Zweistrahl
Die Zweistrahlaufbereitung wird bei Motoren mit zwei Einlassventilen pro Zylinder eingesetzt. Die Öffnungen der Spritzlochscheibe sind derart angeordnet, dass zwei Kraftstoffstrahlen (zwei Kegelstrahlen) – die jeweils aus mehreren Einzelstrahlen zusam-

mengesetzt sein können – aus dem Einspritzventil austreten und vor die Einlassventile oder auf den Trennsteg zwischen den Einlassventilen spritzen (Bild 13b). Der Öffnungswinkel zwischen den beiden Kegelstrahlen kann entsprechend der motorspezifischen Anforderungen variiert werden.

Gekippter Strahl
Dieser Kraftstoffstrahl (Einstrahl und Zweistrahl) ist hier gegenüber der Hauptachse des Einspritzventils um einen bestimmten Winkel, den Strahlrichtungswinkel, gekippt (Bild 13c). Einspritzventile mit dieser Strahlform finden Anwendung bei schwierigen Einbauverhältnissen.

Kraftstoffverteiler
Die Aufgabe des Kraftstoffverteilers (Fuel Rail, Rail) ist, den für die Einspritzung benötigten Kraftstoff zu speichern, Pulsationen zu dämpfen und die Gleichverteilung auf alle Einspritzventile sicherzustellen. Man unterscheidet grundsätzlich durchströmte Rails (Return-System, mit Rücklauf, Bild 15) und

nicht durchströmte Rails (Returnless System, ohne Rücklauf, Bild 14). Die Einspritzventile sind direkt am Kraftstoffverteilerrohr montiert. Neben den Einspritzventilen kann bei Systemen mit Rücklauf auch ein Kraftstoffdruckregler und eventuell im Kraftstoffverteilerrohr ein Druckdämpfer integriert werden.

Die gezielte Auslegung von Abmessungen des Kraftstoffverteilerrohrs verhindert örtliche Druckänderungen durch Resonanzen beim Öffnen und Schließen der Einspritzventile. Last- und drehzahlabhängige Unregelmäßigkeiten der Einspritzmengen werden dadurch vermieden. Abhängig von den Anforderungen der verschiedenen Fahrzeugtypen besteht das Kraftstoffverteilerrohr aus Edelstahl oder Kunststoff. Zu Prüfzwecken und zum Druckabbau im Service kann ein Diagnoseventil integriert sein.

Ergänzend zu den Benzin- und Ethanol-Kraftstoffverteilerrohren gibt es auch Kraftstoffverteilerrohre für den Erdgasbetrieb (siehe Bild 16). Hierbei kommen spezielle Gasventile zum Einsatz. Die Druck- und Temperaturüberwachung erfolgt über einen entsprechenden Sensor.

Benzin-Direkteinspritzung

Einleitung

Die Benzin-Direkteinspritzung ermöglicht eine effektive Weiterentwicklung von Ottomotoren hinsichtlich Verbrauch und Abgas, bei der auch die Fahrdynamik und der Fahrkomfort nicht zu kurz kommen muss. Sie ist der Schlüssel für effektives Downsizing von Ottomotoren und ermöglicht Verbrauchseinsparungen bis zu 20 %. Durch die Synergie von Benzin-Direkteinspritzung, Abgasturboaufladung und einer variablen Nockenwellensteuerung können Drehmomente und Motorleistungen realisiert werden, die bislang nur größeren Motorhubräumen und -zylinderzahlen vorbehalten waren.

Für den Fahrer äußert sich dies z. B. im hochdynamischen Ansprechverhalten des Fahrzeugs bei Geschwindigkeitsänderungen, was im heutigen Straßenverkehr einen Komfort- und einen Sicherheitsaspekt darstellt. Überdies lässt die Benzin-Direkteinspitzung eine Gesamtoptimierung des Antriebs zu, um kostengünstige Abgasnachbehandlungskonzepte für künftige Emissionsgrenzen, wie z. B. EU6 in Europa und SULEV in USA, darzustellen.

Übersicht

Die Forderung nach leistungsfähigen Ottomotoren bei gleichzeitig niedrigem Kraftstoffverbrauch und niedrigen Emissionen führte zur Wiederentdeckung der Benzin-Direkteinspritzung. Gegenüber Saugrohr-Einspritzsystemen bietet die Benzin-Direkteinspritzung zusätzliche Freiheitsgrade aufgrund der inneren Gemischbildung. Sie bietet die Grundlage moderner und leistungsfähiger Brennverfahren wie z. B. des Schichtmagerbetriebs oder der homogenen Kompressionszündung (HCCI). Bei Turbomotoren mit stöchiometrischer Verbrennung ergeben sich Vorteile im Drehmoment im unteren Drehzahlbereich durch eine erhöhte Überschneidung der Ladungswechselventile und durch die geringere Klopfneigung aufgrund der Verdampfung des Kraftstoffs im Brennraum.

Das Prinzip ist nicht neu. Bereits 1937 kam ein Flugzeugmotor mit einer mechanischen Benzin-Direkteinspritzung zum Einsatz. 1951 wurde ein Zweitakt-Motor mit einer mechanischen Benzin-Direkteinspritzung erstmals serienmäßig in einem Pkw, dem Gutbrod, eingebaut. 1954 folgte der Mercedes 300 SL mit einem Viertakt-Motor und Direkteinspritzung.

Die Konstruktion eines direkteinspritzenden Motors war für die damalige Zeit sehr aufwendig. Zudem stellte diese Technik hohe Anforderungen an die benötigten Werkstoffe. Die Dauerhaltbarkeit des Motors war ein weiteres Problem. All diese Probleme verhinderten über eine lange Zeit den Durchbruch der Benzin-Direkteinspritzung.

Arbeitsweise

Benzin-Direkteinspritzsysteme sind durch eine Hochdruckeinspritzung direkt in den Brennraum gekennzeichnet (Bild 17). Das Luft-Kraftstoff-Gemisch entsteht wie beim Dieselmotor innerhalb des Brennraums (durch innere Gemischbildung). Das Kraftstoffsystem besteht aus Elektrokraftstoffpumpe, Hochdruckpumpe, Rail, Hochdrucksensor und den Einspritzventilen (Bild 18).

Hochdruckerzeugung

Die Elektrokraftstoffpumpe (Bild 18, Pos. 10) fördert den Kraftstoff mit dem Vorförderdruck von 3...5 bar zur Hochdruckpumpe (11). Diese erzeugt abhängig vom Betriebspunkt (gefordertes Drehmoment und Drehzahl) den Systemdruck. Der unter Hochdruck stehende Kraftstoff gelangt in das Rail (12) und wird dort gespeichert. Der Kraftstoffdruck wird mit dem Hochdrucksensor (13) gemessen und über das in der

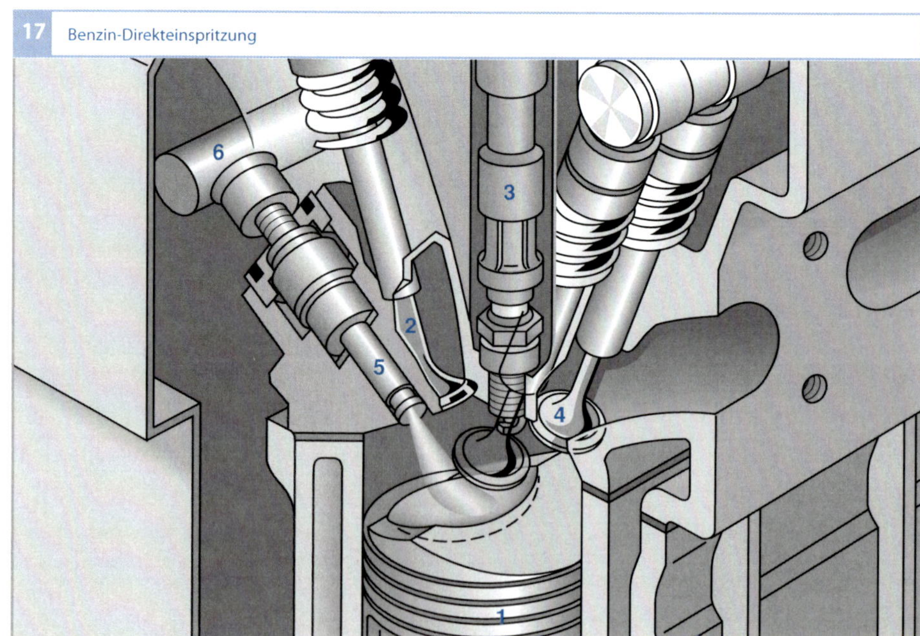

17   Benzin-Direkteinspritzung

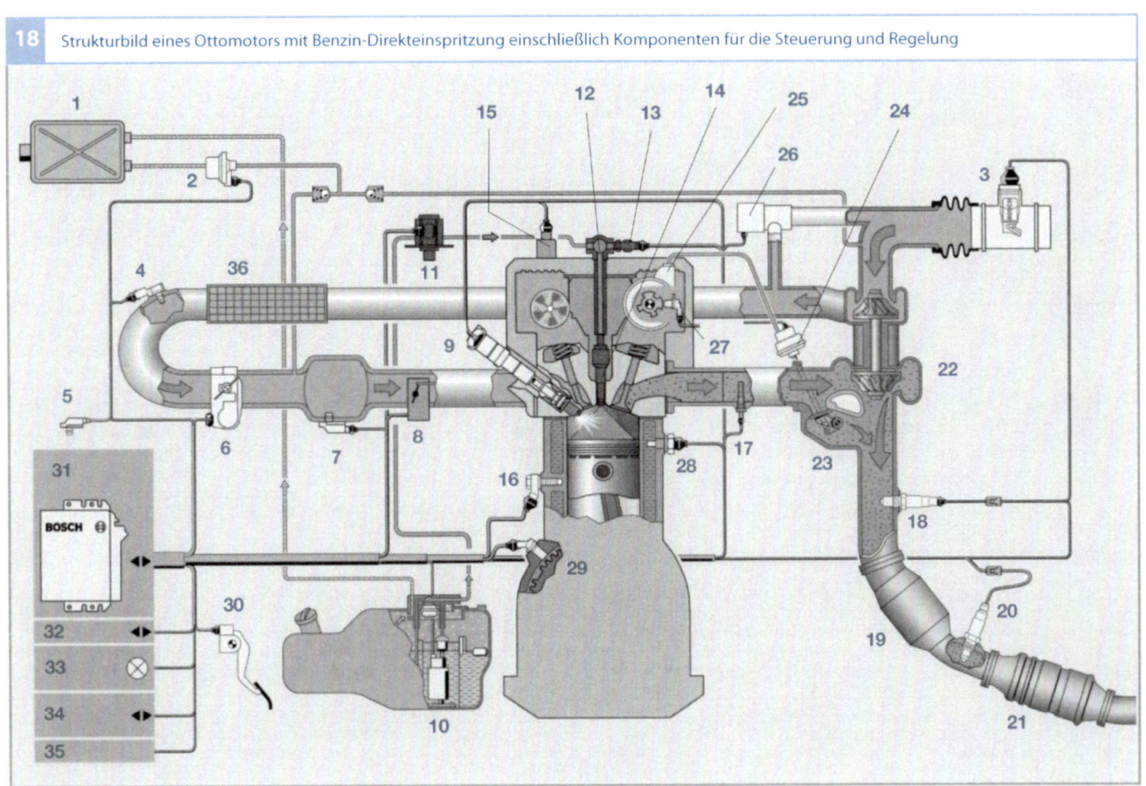

Hochdruckpumpe integrierte Mengensteuerventil auf Werte zwischen 50 und 200 bar eingestellt. Am Rail, auch als „Common Rail" bezeichnet, sind die Hochdruck-Einspritzventile (14) angeordnet. Sie werden vom Motorsteuergerät angesteuert und spritzen den Kraftstoff in den Brennraum des Zylinders ein. Die Komponenten der Bosch-Benzin-Direkteinspritzung sind aus Edelstahl gefertigt und somit robust im Einsatz mit unterschiedlichen Kraftstoffen. Die Medienverträglichkeit besteht für alle gängigen Kraftstoffe, E85 (85 % Ethanol und 15 % Benzin) und M15 (15 % Methanol und 85 % Benzin). Weitere Kraftstoffe können in Abstimmung mit dem Fahrzeughersteller freigegeben werden.

Bild 18

1 Aktivkohlebehälter
2 Tankentlüftungsventil
3 Heißfilm-Luftmassenmesser
4 kombinierter Ladedruck- und Ansauglufttemperatursensor
5 Umgebungsdrucksensor
6 Drosselvorrichtung (EGAS)
7 Saugrohrdrucksensor
8 Ladungsbewegungsklappe
9 Zündspule mit Zündkerze
10 Kraftstofffördermodul mit Elektrokraftstoffpumpe
11 Hochdruckpumpe
12 Kraftstoff-Verteilerrohr
13 Hochdrucksensor
14 Hochdruck-Einspritzventil
15 Nockenwellenversteller
16 Klopfsensor
17 Abgastemperatursensor
18 λ-Sonde

19 Vorkatalysator
20 λ-Sonde
21 Hauptkatalysator
22 Abgasturbolader
23 Waste-Gate
24 Waste-Gate-Steller
25 Vakuumpumpe
26 Schub-Umluftventil
27 Nockenwellenphasensensor
28 Motortemperatursensor
29 Drehzahlsensor
30 Fahrpedalmodul
31 Motorsteuergerät
32 CAN-Schnittstelle
33 Motorkontrollleuchte
34 Diagnoseschnittstelle
35 Schnittstelle zur Wegfahrsperre
36 Ladeluftkühler

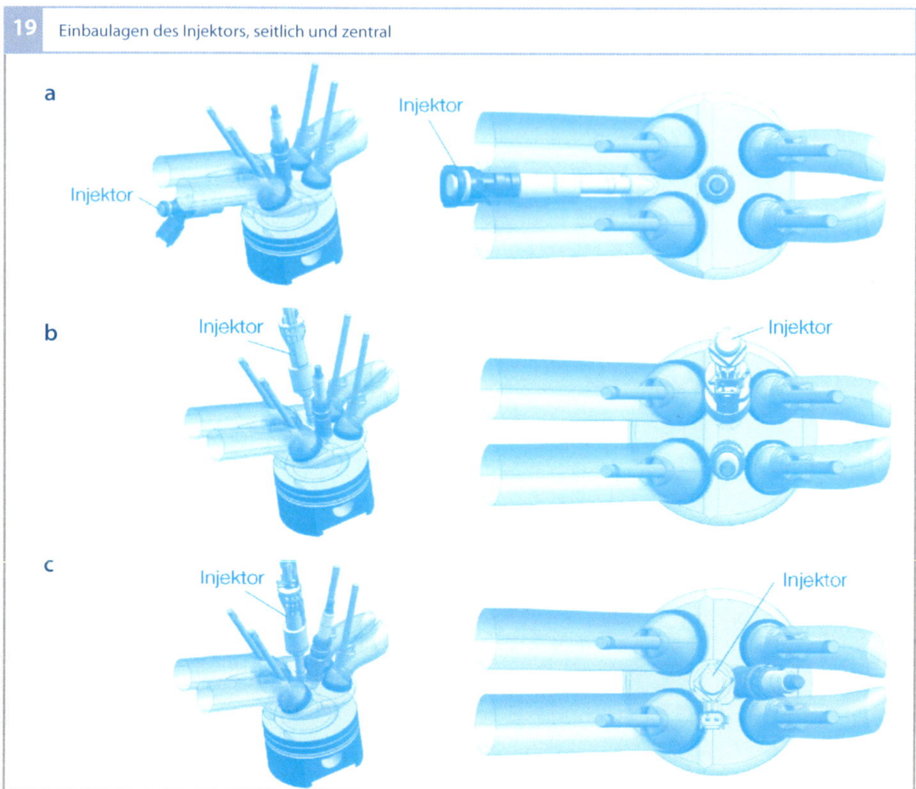

Bild 19
a   seitlicher Einbau
b   zentral longitudinal
c   zentral transversal

Brennverfahren und Betriebsarten

Brennverfahren

Als Brennverfahren wird die Art und Weise bezeichnet, wie das Gemisch im Brennraum gebildet und die Energie durch die Verbrennung freigesetzt wird. Hierbei werden die Abläufe durch viele Parameter beeinflusst. Wesentliche Parameter sind die Geometrie des Brennraums, die Brennraumströmung und die Ausrichtung des Kraftstoffsprays, aber auch die steuerbaren Größen wie der Einspritz- und der Zündungszeitpunkt. Die Optimierung all dieser Parameter ist die Grundvoraussetzung für ein robust ablaufendes Brennverfahren mit rascher und vollständiger Verbrennung und geringen Emissionen.

Die Kraftstoffverteilung im Brennraum wird stark durch die Einbaulage des Ein-spritzventils beeinflusst. Heute haben sich bei den üblichen Vierventilmotoren die beiden Einbaulagen seitlich und zentral etabliert. Bei seitlicher Einbaulage wird der Injektor unterhalb des Einlasskanals positioniert (Bild 19a) . Der Kraftstoff wird zwischen den Einlassventilen in den Brennraum eingespritzt. Ein wesentlicher Vorteil dieser Einbaulage ist die relativ einfache Anpassung eines Zylinderkopfes einer bestehenden Saugrohreinspritzung, was den Umstieg auf die Direkteinspritzung für die Motorenhersteller deutlich erleichtert.

Bei zentraler Einbaulage haben sich in Serienmotoren zwei Positionierungsmöglichkeiten durchgesetzt, der longitudinale und der transversale Einbau (Bild 19b, c). Beim longitudinalen Einbau liegen Zündkerze und Injektor im Zylinderdach zwischen den Ein-

und Auslassventilen. Dadurch kann eine bessere Zylinderkopfkühlung erreicht werden. Es bleibt auch ein größerer Freiraum für die Einlass- und Auslasskanäle. Bei der transversalen Einbaulage liegt der Injektor zwischen den Einlassventilen, die Zündkerze zwischen den Auslassventilen. Bei dieser Positionierung bleibt die Injektorspitze vergleichsweise kühl. Die Robustheit gegen Ablagerungen an der Injektorspitze wird dadurch verbessert. Die zentrale Einbaulage erlaubt zudem, das volle Potential der Verbrauchsreduzierung durch Kraftstoffschichtung zu nutzen. Heutige Schichtbrennverfahren verwenden hierzu die transversale Einbaulage.

Ein Brennverfahren besteht oft aus mehreren verschiedenen Betriebsarten, auf die betriebspunktabhängig umgeschaltet wird. Prinzipiell teilen sich die Brennverfahren in zwei Klassen auf: in Homogen- und Schichtbrennverfahren.

Homogenbrennverfahren
Beim Homogenbrennverfahren wird in der Regel im gesamten Motorkennfeld ein im Mittel stöchiometrisches Gemisch im Brennraum gebildet (Bild 20). Das bedeutet, dass immer eine Luftzahl von $\lambda = 1$ vorliegt. Damit wird wie bei der Saugrohreinspritzung die Abgasnachbehandlung durch einen Drei-Wege-Katalysator ermöglicht. Dieses Brennverfahren wird in Verbindung mit einer Aufladung häufig beim Downsizing (Reduzierung des Hubraums bei gleichzeitiger Effizienzsteigerung) angewandt, um den Kraftstoffverbrauch zu senken.

Das Homogenbrennverfahren wird immer im Homogenmodus betrieben, allerdings kann es auch hier Sonderbetriebsarten geben, die motorindividuell unterschiedlich zu bestimmten Einsatzzwecken genutzt werden.

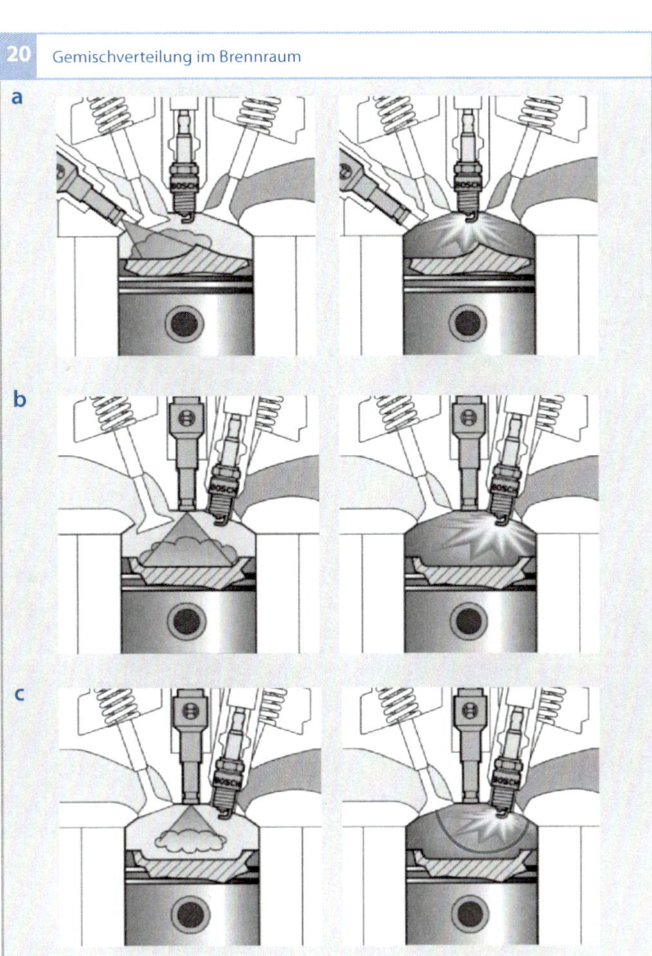

20   Gemischverteilung im Brennraum

Schichtbrennverfahren
Beim Schichtbrennverfahren wird in einem bestimmten Kennfeldbereich (kleine Last, kleine Drehzahl) der Kraftstoff erst im Verdichtungstakt in den Brennraum eingespritzt und ggf. als Schichtwolke zur Zündkerze transportiert (Bild 20 c). Die Wolke ist dabei im idealen Fall von reiner Frischluft umgeben. Somit ist nur in der lokalen Wolke ein zündfähiges Gemisch vorhanden. Gemittelt über den gesamten Brennraum liegt eine Luftzahl $\lambda > 1$ vor. Dadurch kann in größeren Bereichen ungedrosselt gefahren werden, was aufgrund der reduzierten Ladungswech-

Bild 20
a   seitliche Einbaulage des Einspritzventils: homogene Gemischbildung und Verbrennung
b   zentrale Einbaulage des Einspritzventils: homogene Gemischbildung und Verbrennung
c   zentrale Einbaulage des Einspritzventils: geschichtete Gemischbildung und Verbrennung, die blaue Linie markiert die Gemischwolke

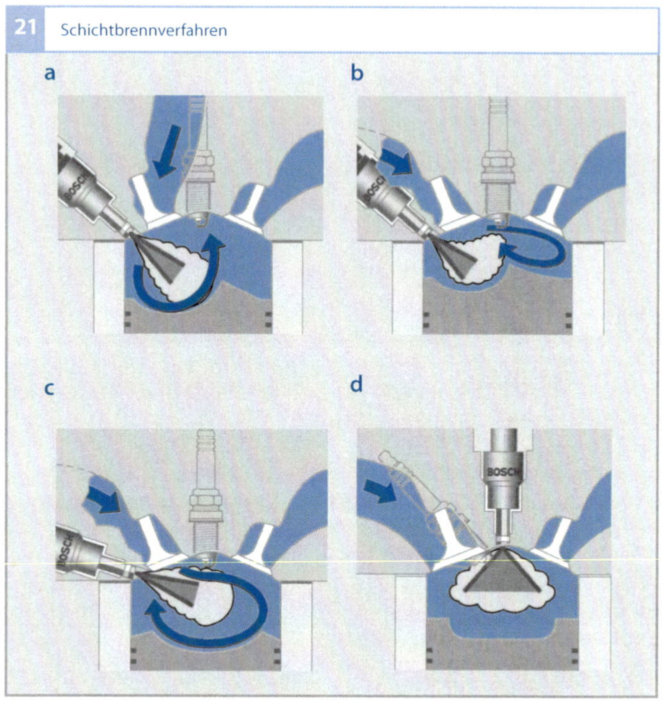

Bild 21
a–c   wand- und luftgeführte Brennverfahren
a, b   Gemischtransport über die Kolbenmulde
d   strahlgeführtes Brennverfahren

selverluste und der wegen der erhöhten Verdünnung reduzierten mittleren Gastemperatur, und damit günstigen Stoffwerten der Zylinderladung im Brennraum, zu einer Erhöhung des Wirkungsgrads führt. Das Schichtbrennverfahren ist ein mageres Verbrauchskonzept mit hohen Potentialen für den Ottomotor.

Heute wird in Neufahrzeugen aufgrund der hohen Kosten für das Abgassystem nur noch das Schichtkonzept mit dem größten Verbrauchspotential, das strahlgeführte Brennverfahren, eingesetzt.

Wand- und luftgeführtes Brennverfahren
Beim wand- und luftgeführten Brennverfahren sitzt der Injektor in seitlicher Einbaulage (Bild 21a-c). Der Gemischtransport erfolgt über die Kolbenmulde, die (im Falle der Wandführung) entweder direkt mit dem Kraftstoff interagiert oder die Luftströmung

im Brennraum so führt, dass (im Falle der Luftführung) der Kraftstoff auf einem Luftpolster zur Zündkerze geleitet wird. Reale geschichtete Brennverfahren mit seitlichem Injektoreinbau vereinen meist beides, abhängig vom Einbauwinkel der Injektoren, der eingespritzten Kraftstoffmenge und der Ladungsbewegung im Brennraum. Wand- und luftgeführte Schichtbrennverfahren werden seit ca. 2005 aus Kosten-Nutzen-Gründen in Serienmotoren nicht mehr umgesetzt.

Strahlgeführtes Brennverfahren
Das strahlgeführte Brennverfahren verwendet die zentrale Einbaulage. Die Zündkerze ist injektornah im Brennraumdach eingebaut (Bild 21d). Der Vorteil dieser Anordnung ist die Möglichkeit der direkten Strahlführung des Kraftstoffstrahls zur Zündkerze ohne Umwege über Kolben oder Luftströmungen. Nachteilig ist allerdings die kurze Zeit, die zur Gemischaufbereitung zur Verfügung steht. Strahlgeführte Schichtbrennverfahren benötigen daher einen Kraftstoffdruck von ca. 200 bar und eine hohe Gemischgüte. Dies wird beim Injektor für strahlgeführte Brennverfahren durch eine außenöffnende Düse mit Lamellenzerfall erreicht.

Das strahlgeführte Brennverfahren erfordert eine exakte Positionierung von Zündkerze und Einspritzventil sowie eine präzise Strahlausrichtung, um das Gemisch zum richtigen Zeitpunkt entzünden zu können. Die Wärmewechselbelastung der Zündkerze ist dabei sehr hoch, da die heiße Zündkerze unter Umständen vom relativ kalten Einspritzstrahl direkt benetzt wird. Bei guter Auslegung des Systems weist das strahlgeführte Brennverfahren einen höheren Wirkungsgrad auf als die anderen geschichteten Brennverfahren, sodass hier gegenüber dem Schichtbetrieb mit wand- und luftgeführten Brennverfahren eine noch höhere Verbrauchsersparnis erreicht werden kann.

Außerhalb des Schichtbetriebbereichs wird auch beim Schichtbrennverfahren der Motor im Homogenmodus betrieben.

Betriebsarten

Im Folgenden sollen die unterschiedlichen Betriebsarten, die bei der Benzin-Direkteinspritzung eingesetzt werden, aufgeführt werden. Je nach Betriebspunkt des Motors wird die geeignete Betriebsart von der Motorsteuerung eingestellt (Bild 22).

Homogen

Im Homogenmodus wird die eingespritzte Kraftstoffmenge genau im stöchiometrischen Verhältnis ($\lambda = 1$), z. B. bei Super-Benzin 14,7:1, der Frischluft zugemessen. Dabei wird der Kraftstoff im Ansaughub eingespritzt, damit genügend Zeit verbleibt, um das gesamte Gemisch zu homogenisieren. Zum Bauteilschutz des Katalysators oder zur Leistungssteigerung an der Volllast wird in Teilen des Betriebskennfelds auch mit leichtem Kraftstoffüberschuss gefahren ($\lambda < 1$). Die Betriebsart „Homogen" ist bei einer hohen Drehmomentanforderung notwendig, da sie den gesamten Brennraum ausnutzt. Wegen des stöchiometrisch vorliegenden Luft-Kraftstoff-Gemischs ist in dieser Betriebsart auch die Rohemission von Schadstoffen niedrig, die zudem vom Drei-Wege-Katalysator vollständig konvertiert werden kann. Beim Homogenbetrieb entspricht die Verbrennung weitgehend der Verbrennung bei der Saugrohreinspritzung.

Schichtbetrieb

Beim Schichtbetrieb wird der Kraftstoff erst im Verdichtungstakt eingespritzt. Der Kraftstoff soll dabei nur mit einem Teil der Luft aufbereitet werden. Es entsteht eine Schichtwolke, die idealerweise von reiner Frischluft umgeben ist. Das Einspritzende ist im Schichtbetrieb sehr wichtig. Die Schicht-

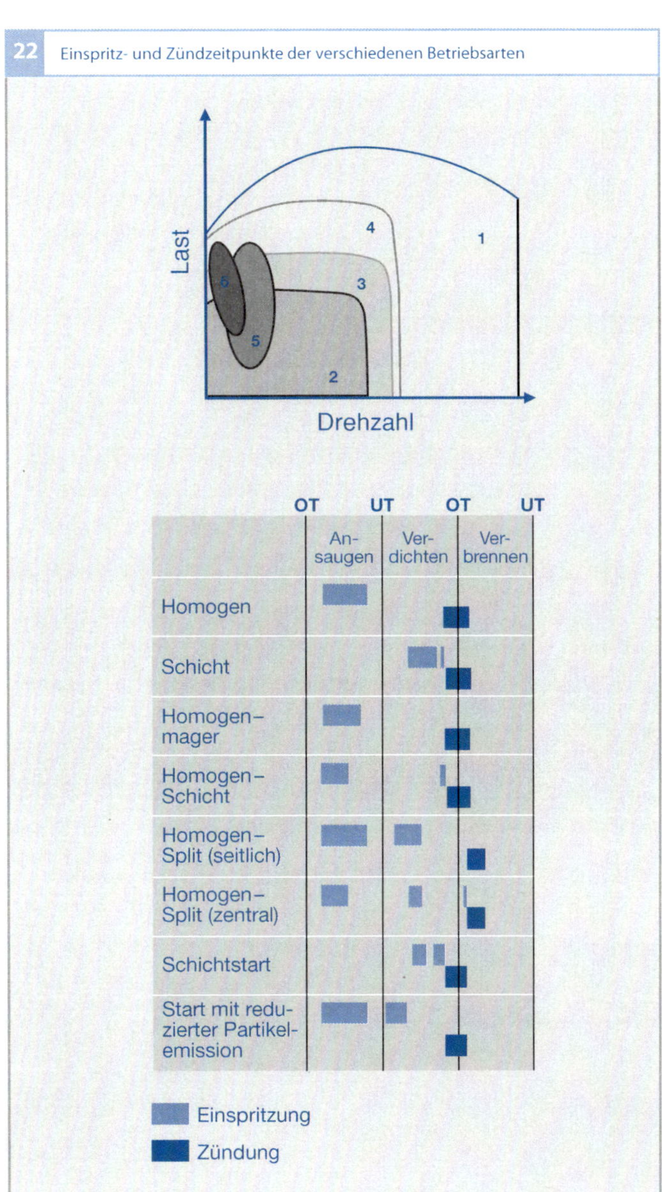

wolke muss zum Zündzeitpunkt nicht nur ausreichend homogenisiert, sondern auch an der Zündkerze positioniert sein. Da im Schichtbetrieb nur lokal ein stöchiometrisches Gemisch vorliegt, ist das Gemisch durch die umhüllende Frischluft im Mittel mager. Hierbei ist eine aufwendigere Abgasnachbehandlung notwendig, da der Dreiwegekatalysator im Magerbetrieb keine NO_x-Emissionen reduzieren kann.

Der Schichtbetrieb kann nur in vorgegebenen Grenzen betrieben werden, da sich zu höheren Lasten die Ruß- oder die NO_x-Emissionen deutlich erhöhen und der Verbrauchsvorteil gegenüber dem Homogenbetrieb schwindet. Bei kleineren Lasten ist der Schichtbetrieb durch niedrige Abgasenthalpien begrenzt, weil die Abgastemperaturen so gering werden, dass der Katalysator allein durch das Abgas nicht auf Betriebstemperatur gehalten werden kann. Der Drehzahlbereich ist beim Schichtbetrieb bis ungefähr $n = 3500$ min^{-1} begrenzt, da oberhalb dieser Schwelle die zur Verfügung stehende Zeit nicht mehr ausreicht, um die Schichtwolke zu homogenisieren.

Die Schichtwolke magert in der Randzone zur umgebenden Luft ab. Bei der Verbrennung entstehen daher in dieser Zone erhöhte NO_x-Rohemissionen. Abhilfe schafft bei dieser Betriebsart eine hohe Abgasrückführrate. Die rückgeführten Abgase reduzieren die Verbrennungstemperatur und senken dadurch die temperaturabhängigen NO_x-Emissionen.

Homogen-Mager
In einem Übergangsbereich zwischen Schicht- und Homogenbetrieb kann der Motor mit Schichtbrennverfahren mit homogenem mageren Gemisch betrieben werden ($\lambda > 1$). Im Homogen-Mager-Betrieb ist der Kraftstoffverbrauch gegenüber dem Homogenbetrieb mit $\lambda = 1$ geringer, da die La-

dungswechselverluste durch die Entdrosselung geringer werden. Zu beachten sind aber die erhöhten NO_x-Emissionen, da der Dreiwegekatalysator in diesem Bereich diese Emissionen nicht reduzieren kann. Zusätzliche NO_x-Emissionen bedeuten wiederum Wirkungsgradverluste durch die Regenerierungsphasen eines hier notwendigen NO_x-Speicherkatalysators.

Homogen-Schicht
Im Homogen-Schicht-Betrieb ist der gesamte Brennraum mit einem homogen-mageren Grundgemisch gefüllt. Dieses Gemisch entsteht durch Einspritzung einer Grundmenge an Kraftstoff in den Ansaugtakt. Eine zweite Einspritzung erfolgt im Kompressionstakt. Dadurch entsteht eine fettere Zone im Bereich der Zündkerze. Diese Schichtladung ist leichter entflammbar und kann mit der Flamme – ähnlich einer Fackelzündung – das homogen-magere Gemisch im übrigen Brennraum sicher entzünden.

Der Aufteilungsfaktor zwischen den beiden Einspritzungen beträgt ungefähr 75 %. Das bedeutet, 75 % des Kraftstoffs werden bei der ersten Einspritzung, die für das homogene Grundgemisch sorgt, eingespritzt. Ein stationärer Homogen-Schicht-Betrieb bei niedrigen Drehzahlen im Übergangsbereich zwischen Schicht- und Homogenbetrieb reduziert die Rußemission gegenüber dem Schichtbetrieb und verringert den Kraftstoffverbrauch gegenüber dem Homogenbetrieb.

Homogen-Split
Der Homogen-Split-Modus ist eine spezielle Anwendung der Homogen-Schicht-Doppeleinspritzung. Er wird bei allen Motoren mit Benzindirekteinspritzung zum raschen Aufheizen des Katalysators nach dem Kaltstart eingesetzt. Durch die stabilisierend wirkende zweite Einspritzung im frühen Kompressi-

onstakt bei seitlicher Einbaulage oder direkt vor der Zündung bei zentraler Einbaulage kann die Zündung extrem spät (bei einem Kurbelwinkel von 15 ... 30 ° nach ZOT) erfolgen. Ein großer Anteil der Verbrennungsenergie wird dann nicht mehr in eine Drehmomentensteigerung eingehen, sondern erhöht die Abgasenthalpie. Durch diesen hohen Abgaswärmestrom ist der Katalysator schon wenige Sekunden nach dem Start einsatzbereit.

Schichtstart
Beim Schichtstart wird die Starteinspritzmenge im Kompressionshub und unter erhöhtem Kraftstoffdruck eingespritzt, anstatt konventionell im Ansaughub bei Vordruck eingespritzt zu werden. Der Vorteil dieser Einspritzstrategie beruht darauf, dass in bereits komprimierte und damit erwärmte Luft eingespritzt wird. Dadurch verdunstet prozentual mehr Kraftstoff als bei kalten Umgebungsbedingungen, bei denen sonst ein deutlich größerer Anteil des eingespritzten Kraftstoffs als flüssiger Wandfilm im Brennraum verbleibt und nicht an der Verbrennung teilnimmt. Die einzuspritzende Kraftstoffmenge kann daher beim Schicht-Start deutlich verringert werden. Dies führt zu stark reduzierten HC-Emissionen beim Start. Da zum Startzeitpunkt der Katalysator noch nicht wirken kann, ist dies eine wichtige Betriebsart für die Entwicklung von Niedrigemissionskonzepten. Zusätzlich bewirkt diese Schichteinspritzung eine deutlich stabilere Startverbrennung, was wiederum die Startrobustheit erhöht. Um eine Aufbereitung in der kurzen, zur Verfügung stehenden Zeit zu ermöglichen, wird der Schichtstart mit einem Kraftstoffdruck von ca. 50 bar durchgeführt. Dieser Druck kann von der Hochdruckpumpe bereits durch die Umdrehungen des Starters zur Verfügung gestellt werden.

Start mit reduzierter Partikelemission
Aufgrund der erhöhten Anforderungen der EU6-Emissionsgesetze zur Senkung der Partikelemission werden heute im Start Einspritzstrategien mit reduzierter Partikelemission verwendet. So wird meist eine Mehrfacheinspritzung mit einer Ersteinspritzung in der Saugphase angewandt. Ein zweiter Anteil wird in die frühe Kompressionsphase eingespritzt, wodurch sehr inhomogene Schichtwolken vermieden werden. Partikel werden nur in lokalen Gemischbereichen erzeugt, in denen eine Luftzahl $\lambda < 0{,}5$ besteht.

Gemischbildung, Zündung und Entflammung
Aufgabe der Gemischbildung ist die Bereitstellung eines möglichst homogenen, brennfähigen Luft-Kraftstoff-Gemischs zum Zeitpunkt der Zündung.

Anforderungen
In der Betriebsart Homogen (Homogen mit $\lambda \leq 1$ und auch Homogen-Mager mit $\lambda > 1$) soll das Gemisch im gesamten Brennraum homogen sein. Im Schichtbetrieb hingegen ist das Gemisch nur innerhalb eines räumlich begrenzten Bereichs teilweise homogen, während sich im restlichen Brennraum Frischluft oder Inertgas befindet. Homogen kann eine Gas-Mischung oder eine Gas-Kraftstoffdampf-Mischung nur dann sein, wenn der gesamte Kraftstoff verdunstet ist. Einfluss auf die Verdunstung haben viele Faktoren, vor allem
- die Temperatur im Brennraum,
- die Brennraumströmung,
- die Tropfengröße des Kraftstoffs,
- die Zeit, die zur Verdunstung zur Verfügung steht.

Einflussgrößen

Brennfähig ist ein Gemisch mit Ottokraftstoff mit λ im Bereich von 0,6 bis 1,6; abhängig von Temperatur, Druck und Brennraumgeometrie des Motors.

Temperatureinfluss

Die Temperatur beeinflusst maßgeblich die Verdunstung des Kraftstoffs. Bei tieferen Temperaturen verdunstet er nicht vollständig. Deshalb muss unter diesen Bedingungen mehr Kraftstoff eingespritzt werden, um ein brennfähiges Gemisch zu erhalten.

Druckeinfluss

Die Tropfengröße des eingespritzten Kraftstoffs ist abhängig vom Einspritzdruck und vom Druck im Brennraum. Mit steigendem Einspritzdruck können kleinere Tropfengrößen erzielt werden, die schneller verdunsten.

Geometrieeinfluss

Bei gleichem Brennraumdruck und steigendem Einspritzdruck erhöht sich die Eindringtiefe, d. h. die Weglänge, die der einzelne Tropfen zurücklegt, bis er vollständig verdunstet ist. Ist dieser zurückgelegte Weg länger als der Abstand vom Einspritzventil zur Brennraumwand, wird die Zylinderwand oder der Kolben benetzt. Verdunstet der so entstehende Wandfilm nicht rechtzeitig bis zur Zündung, nimmt er nicht oder nur unvollständig an der Verbrennung teil und erzeugt HC- und Partikelemissionen. Wandfilme sind bei homogenen Brennverfahren die Hauptquelle der Partikelemissionen. Die Geometrie des Motors (bezüglich Einlasskanal und Brennraum) ist auch verantwortlich für die Luftströmung und die Turbulenz im Brennraum, die wesentliche Faktoren für den Einfluss auf die Brenngeschwindigkeit sind.

Gemischbildung und Verbrennung im Homogenbetrieb

Um eine lange Zeit für die Gemischbildung zu erhalten, sollte der Kraftstoff frühzeitig eingespritzt werden. Deshalb wird im Homogenbetrieb bereits im Ansaugtakt eingespritzt und mithilfe der einströmenden Luft eine schnelle Verdunstung des Kraftstoffs und eine gute Homogenisierung des Gemischs erreicht (**Bild 23a**). Die Aufbereitung wird vor allem durch hohe Strömungsgeschwindigkeiten und deren aerodynamische Kräfte im Bereich des öffnenden und schließenden Einlassventils unterstützt. Bei aufgeladenen Motoren wird eine starke Tumbleströmung verwendet, die zum einen das fein aufbereitete Kraftstoffspray von der Wand fernhält, und zum anderen durch die starke Durchmischung des Kraftstoffgemisches die Verdunstung und Homogenisierung fördert. Zusätzlich erzeugt zum Zeitpunkt der Entflammung der Zerfall der Tumbleströmung in Turbulenz einen raschen Durchbrand. Die Zündungs- und Entflammungsbedingungen homogener Gemische bei der Benzin-Direkteinspritzung entsprechen weitgehend denen bei der Saugrohreinspritzung.

Gemischbildung und Verbrennung im Schichtbetrieb

Für den Schichtbetrieb ist die Ausbildung der brennfähigen Gemischwolke, die sich zum Zündzeitpunkt im Bereich der Zündkerze befindet, entscheidend. Dazu wird beim strahlgeführten Brennverfahren der Kraftstoff während der Verdichtungsphase so eingespritzt, dass eine kompakte Gemischwolke entsteht (**Bild 23b**). Diese wird durch den Sprayimpuls zur Zündkerze getragen. Der Einspritzzeitpunkt ist von der Drehzahl und vom geforderten Drehmoment abhängig. Bei höheren Lasten im Schichtbetrieb wird auch eine Mehrfacheinspritzung zur Homogenisierung der Gemischwolke eingesetzt. Die dadurch in die Gemischwolke zusätzlich eingetragene Luft ermöglicht auch eine Anpassung der Luftzahl im Gemisch auf stöchiometrische Verhältnisse.

Für eine robuste Entflammung ist das exakte Zusammenspiel zwischen Einspritzende und Zündung wichtig. Während der Einspritzung des Gemischs ist die Strömungsgeschwindigkeit der an der Zündkerze vorbeifliegenden Gemischwolke, aber auch die Kühlung des verdunstenden Kraftstoffes zu hoch für eine Entflammung (Bild 24a). Erst zum Abschluss der Einspritzung bestehen für eine sehr kurze Zeit ideale Bedingungen. In der danach folgenden Schleppe aus Brennraumluft magert das Gemisch rasch ab. In diese Schicht am Ende der Einspritzung wird der Zündfunke eingesaugt und bildet einen Flammkern aus. Dieser folgt der sich ausbreitenden Gemischwolke und brennt sie rasch ab. Damit ist der Zeitpunkt des Verbrennungsbeginns, und somit auch die Schwerpunktlage der Verbrennung, fest an das Spritzende gebunden. Der ausgebildete Zündfunke steht dagegen wesentlich länger zur Verfügung. Dieser Mechanismus der Entflammung unterscheidet sich deutlich von dem der homogenen Verbrennung, und muss auch im Motormanagement bei der Regelung der Einspritzparameter berücksichtigt werden.

Entscheidend für eine sichere Zündung und Entflammung sind unter anderem:
- die Qualität der Gemischaufbereitung,
- eine genaue Mengendosierung auch bei kleinen Einspritzmengen (Mehrfacheinspritzung),
- eine möglichst große Zündfunkenbrenndauer,
- die richtige Zuordnung von Funkenort und Kraftstoffspray,
- eine relativ genaue Einhaltung des Abstandes vom Spray zum Zündort,

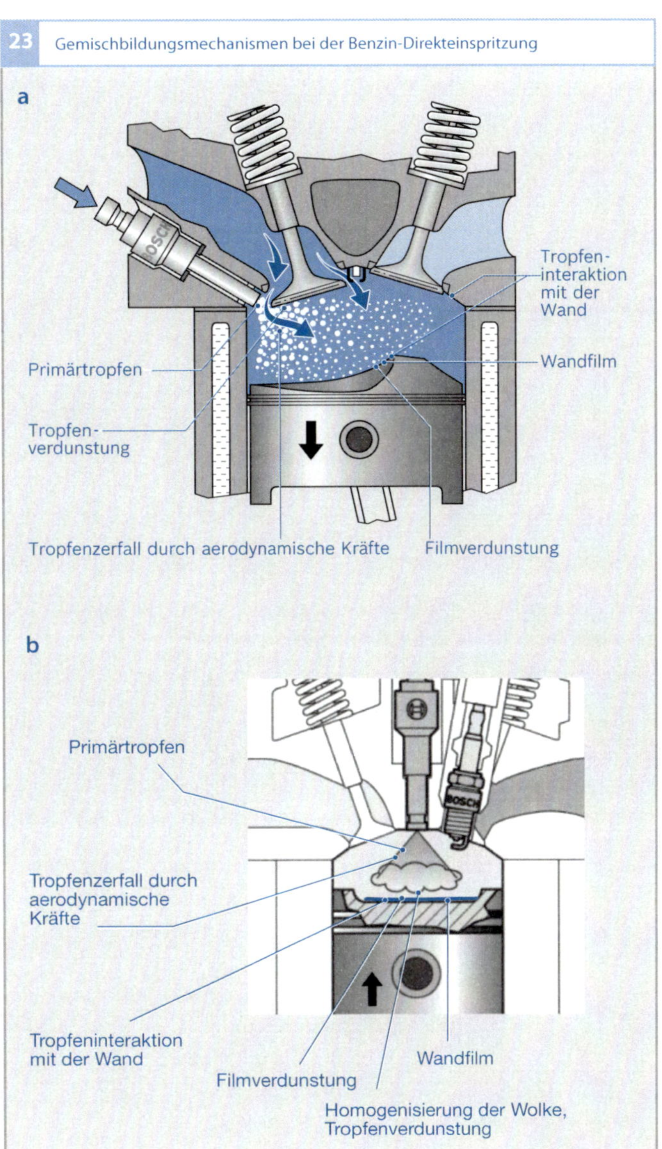

Bild 23
a Homogenbetrieb
b Schichtbetrieb

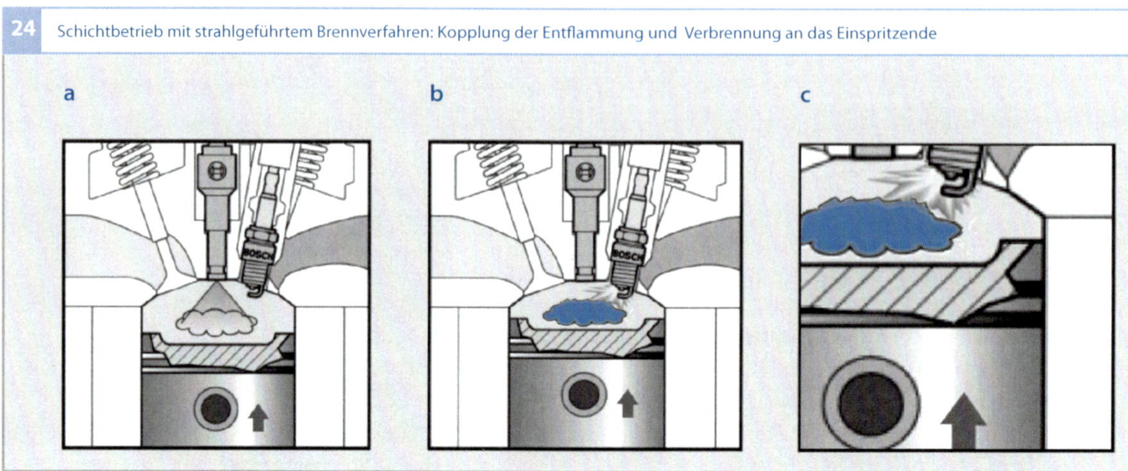

Bild 24
a Einspritzung
b Einspritzende
c vergrößerter Aus-
   schnitt aus b

- Unveränderlichkeit des Sprays gegenüber dem Brennraumdruck,
- konstante Sprayform über die gesamte Lebensdauer des Motors.

Hochdruck-Einspritzventil
Aufgabe
Aufgabe des Hochdruck-Einspritzventils (HDEV) ist es einerseits, den Kraftstoff zu dosieren und andererseits durch dessen Zerstäubung eine gezielte Durchmischung von Kraftstoff und Luft in einem bestimmten räumlichen Bereich des Brennraums zu erzielen. Abhängig vom gewünschten Betriebszustand wird der Kraftstoff im Bereich um die Zündkerze konzentriert (geschichtet) oder gleichmäßig im gesamten Brennraum zerstäubt (homogen verteilt).

Anforderungen
Spray
Für einen robusten und sauberen Verbrennungsprozess ist ein stabiles Spray erforderlich. Sprayeigenschaften, wie z.B. Spraywinkel, Sprayneigung oder Eindringtiefe sind hierbei die wesentlichen Kriterien (**Bild 25**). Um die Interaktion des Sprays mit der Brennraumwand oder dem Kolbenboden zu

minimieren, wird die Eindringtiefe des Sprays motorspezifisch angepasst. Durch Anpassung von Kraftstoffdruck, Spritzlochanordnung und -design wird ein Optimum zwischen Zerstäubung und Eindringtiefe erzielt. Eine zusätzliche Möglichkeit zur Anpassung der Sprayausbreitung ergibt sich, indem die erforderliche Kraftstoffmenge auf mehrere Einspritzvorgänge aufgeteilt wird.

Dynamik
Neben dem Spray ist vor allem die Schaltdynamik des Hochdruck-Einspritzventiles von großer Bedeutung. Wesentlicher Unterschied der Benzin-Direkteinspritzung im Vergleich zur Saugrohreinspritzung ist ein höherer Kraftstoffdruck und eine deutlich kürzere Zeit für die Einspritzung des Kraftstoffs direkt in den Brennraum (**Bild 26**). Bei der Saugrohreinspritzung kann über den Zeitraum von zwei Kurbelwellenumdrehungen der Kraftstoff in das Saugrohr eingespritzt werden. Das entspricht bei einer Drehzahl von 6 000 min^{-1} einer Einspritzdauer von 20 ms. Für den Homogenbetrieb bei der Direkteinspritzung muss der Kraftstoff im Ansaugtakt eingespritzt werden. Somit steht nur eine halbe Kurbelwellenumdre-

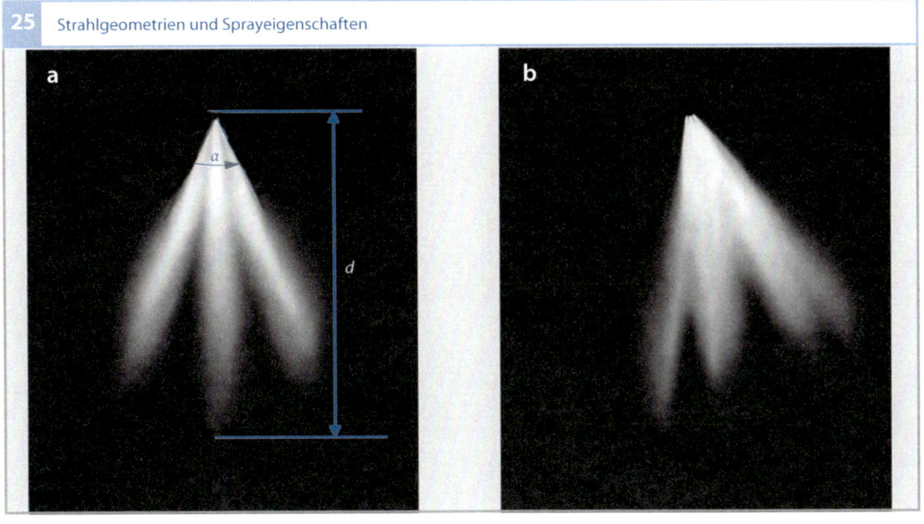

Bild 25
a zur Erläuterung von Spraywinkel *a* und Eindringtiefe *d*
b geneigtes Spray

hung für den Einspritzvorgang zur Verfügung. Bei 6 000 min^{-1} entspricht das einer Einspritzdauer von 5 ms. Bei der Benzin-Direkteinspritzung ist der Kraftstoffbedarf im Leerlauf (im Verhältnis zur Volllast) sehr viel geringer als bei der Saugrohreinspritzung (Faktor 1:12). Im Falle der Mehrfacheinspritzung wird die Einspritzzeit pro Teileinspritzung nochmals reduziert, was zu einer weiteren Anforderung an die Dynamik führt.

Einbau
Aus dem Brennverfahren und aus den räumlichen Gegebenheiten ergeben sich weitere, im Wesentlichen geometrische Anforderungen an das Hochdruck-Einspritzventil. Im Falle des seitlichen Einbaus (Bild 27) ist eine möglichst kleine Bauhöhe und ein schlankes Design erforderlich. Um die elektrische und hydraulische Kontaktierung realisieren zu können, wird für den zentralen Einbau (Bild 28) das Hochdruck-Einspritzventil entsprechend verlängert.

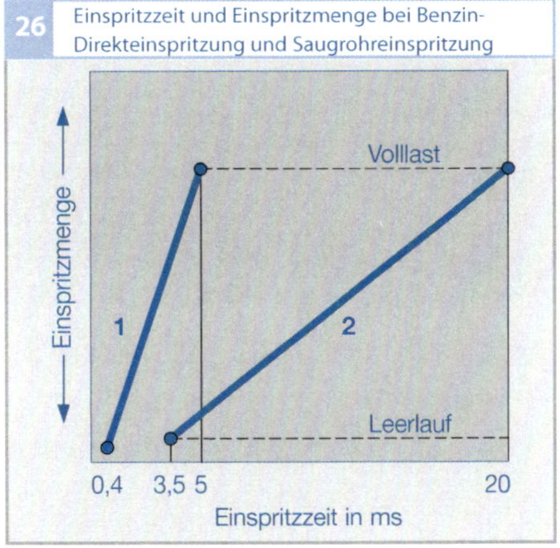

Bild 26
1 Direkteinspritzung
2 Saugrohreinspritzung

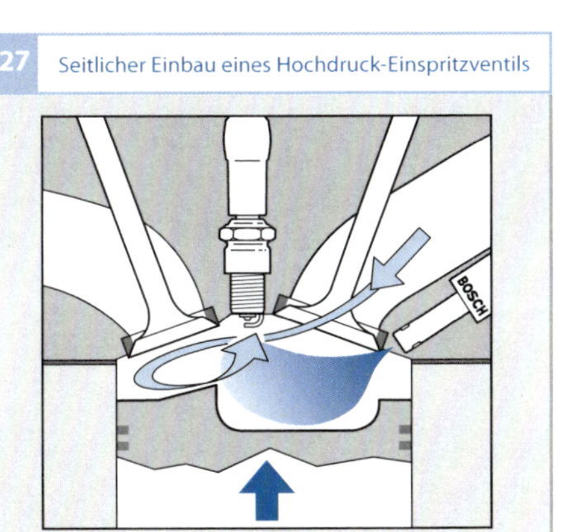

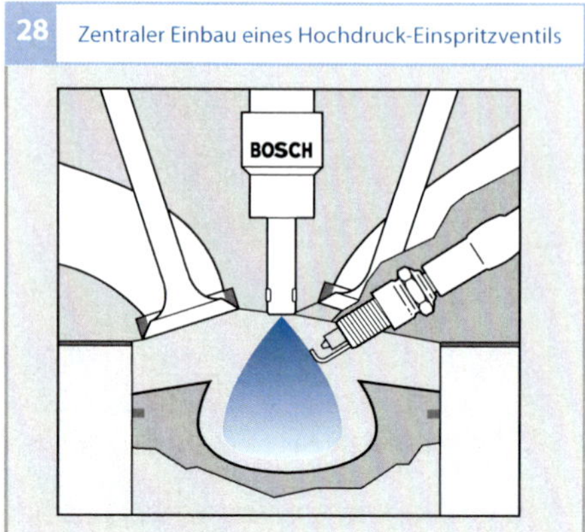

28   Zentraler Einbau eines Hochdruck-Einspritzventils

Magnetinjektoren

Aufbau und Arbeitsweise

Das Hochdruck-Einspritzventil (**Bilder 29** und **30**) besteht aus den Komponenten:

- Zulauf mit Filter (1),
- elektrischer Anschluss (2),
- Feder (3),
- Spule (4),
- Ventilhülse (5),
- Düsennadel mit Magnetanker (6),
- Ventilsitz (7).

Bild 30 zeigt den Aufbau im Falle einer zentralen Einbaulage.

Bei stromdurchflossener Spule wird ein Magnetfeld erzeugt. Dadurch hebt die Ventilnadel gegen die Federkraft vom Ventilsitz ab und gibt die Ventilauslassbohrungen (8) frei. Aufgrund des Systemdrucks wird nun der Kraftstoff in den Brennraum gedrückt. Die eingespritzte Kraftstoffmenge ist dabei im Wesentlichen von der Öffnungsdauer des Ventils und dem Kraftstoffdruck abhängig. Bei Abschalten des Stroms wird die Ventilnadel aufgrund der Federkraft in den Ventilsitz gepresst und unterbricht den Kraftstofffluss. Durch eine geeignete Düsengeometrie an der Ventilspitze wird eine sehr gute Zerstäubung des Kraftstoffs erreicht.

Bild 29

1 Kraftstoffzulauf mit Filter
2 elektrischer Anschluss
3 Feder
4 Spule
5 Ventilhülse
6 Düsennadel mit Magnetanker
7 Ventilsitz
8 Ventilauslassbohrungen

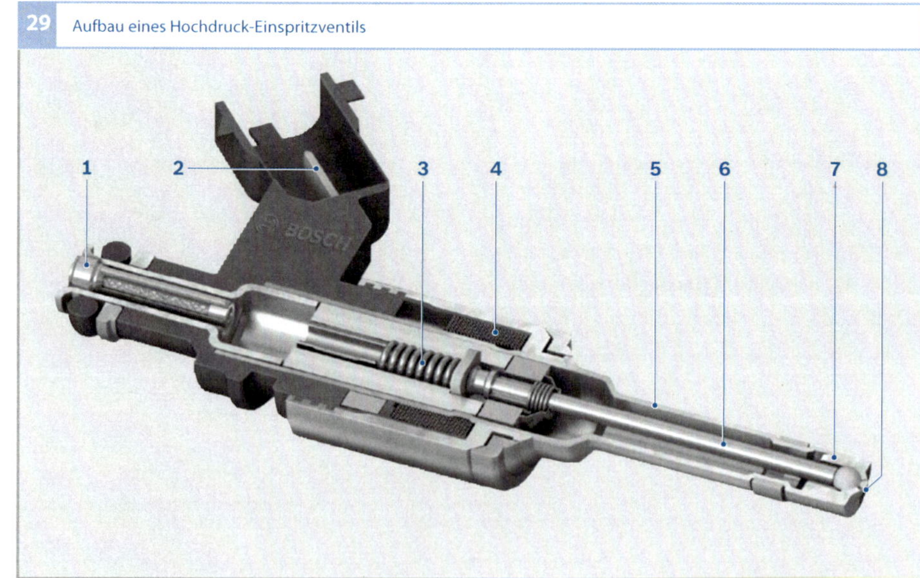

29   Aufbau eines Hochdruck-Einspritzventils

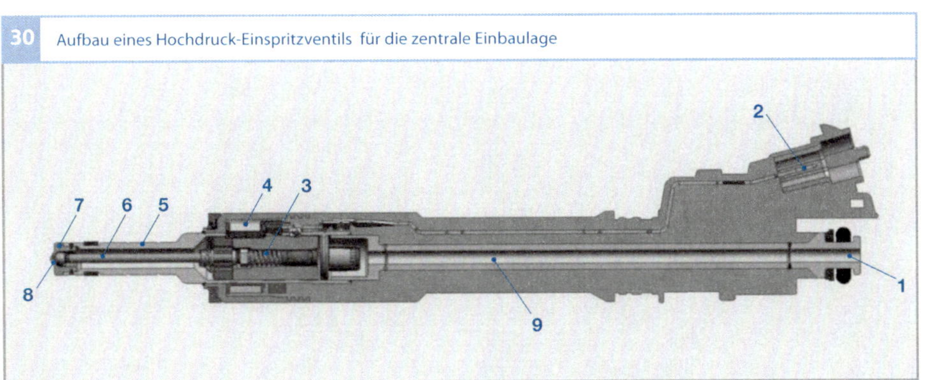

Bild 30
1   Kraftstoffzulauf mit Filter
2   elektrischer Anschluss
3   Feder
4   Spule
5   Ventilhülse
6   Düsennadel mit Magnetanker
7   Ventilsitz
8   Ventilauslassbohrungen
9   Rohr

Ansteuerung des Einspritzventils

Um einen definierten und reproduzierbaren Einspritzvorgang zu gewährleisten, muss das Hochdruck-Einspritzventil mit einem komplexen Stromverlauf angesteuert werden (Bild 31). Der Mikrocontroller im Motorsteuergerät liefert ein digitales Ansteuersignal (a). Aus diesem Signal erzeugt ein Endstufenbaustein (ASIC) das Ansteuersignal (b) für das Einspritzventil. Ein DC/DC-Wandler im Motorsteuergerät erzeugt die Boosterspannung von 65 V. Sie wird benötigt, um den Strom in der Boosterphase möglichst rasch auf einen hohen Stromwert zu bringen. Das ist erforderlich, um die Einspritzventilnadel möglichst schnell zu beschleunigen. In der Anzugsphase (t_{an}) erreicht die Ventilnadel anschließend den maximalen Öffnungshub (c). Bei geöffnetem Einspritzventil reicht ein geringer Ansteuerstrom I_H (Haltestrom) aus, um das Ventil offen zu halten. Bei konstantem Ventilnadelhub ergibt sich eine zur Einspritzdauer proportionale Einspritzmenge (d).

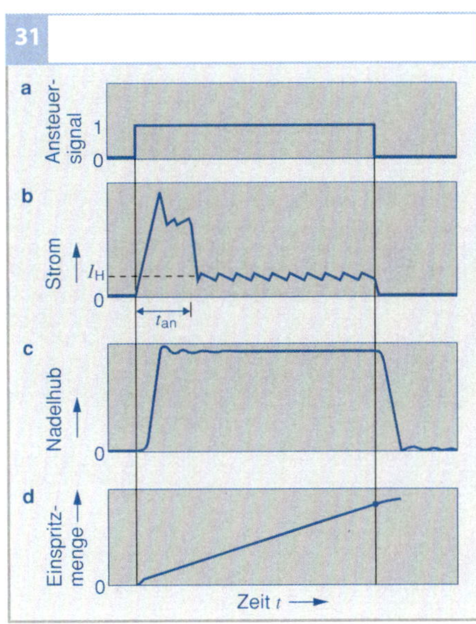

Bild 31
a   Ansteuersignal
b   Stromverlauf
c   Nadelhub
d   eingespritzte Kraftstoffmenge

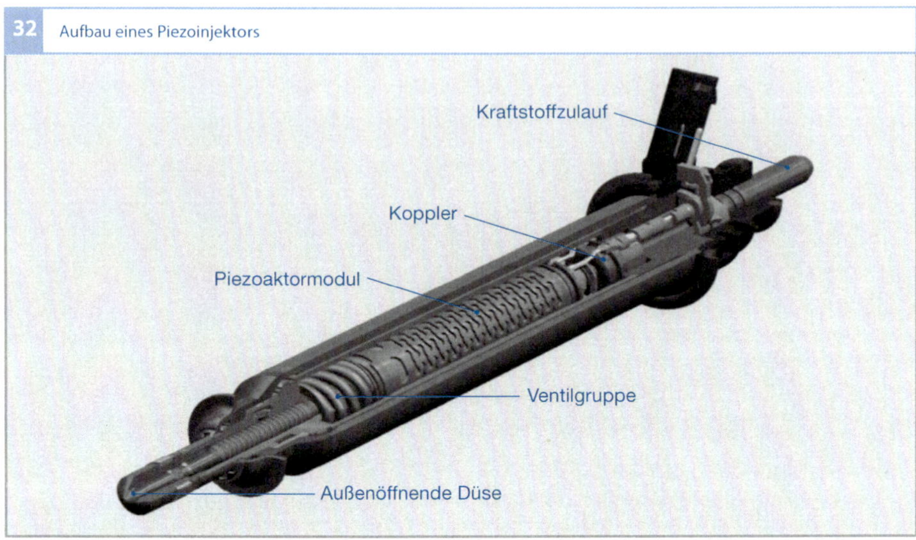

Piezoinjektoren

Piezoinjektoren zeichnen sich durch extrem kurze Schaltzeiten und durch einen variabel einstellbaren Nadelhub aus. Damit lassen sich eine exakte Kraftstoffdosierung, insbesondere auch von kleinsten Mengen, sowie eine besonders gute Strahlzerstäubung realisieren. Haupteinsatzgebiet eines solchen Ventils ist der magerbetriebene Ottomotor.

Aufbau
Das Piezo-Einspritzventil (**Bild 32**) besteht aus drei Funktionsgruppen:
- Ventilgruppe,
- Piezo-Aktormodul,
- hydraulisches Kompensationselement.

Die Ventilgruppe besteht im Wesentlichen aus der mit einer Feder vorgespannte Ventilnadel und dem Ventilkörper. Die Nadel wird direkt über Betätigung des Piezo-Stacks bewegt. Der Öffnungs- und Schließvorgang erfolgt verzögerungsfrei. Die Nadel öffnet nach außen und gibt einen ringförmigen Spalt frei. Durch diesen tritt der Kraftstoff als dünner Film mit hoher Geschwindigkeit aus.

Das Piezo-Aktormodul ist das Stellelement. Der Piezostack besteht aus vielen piezokeramischen und elektrisch kontaktierten Schichten und ist durch eine umgebende Feder auf Druck vorgespannt. Weder im ausgelenkten noch im Ruhezustand darf der Aktor Zugspannungen erfahren.

Das Kompensationselement, auch Koppler genannt, ist als geschlossener hydraulischer Kompensator ausgeführt. Er sorgt für einen Längenausgleich zwischen Ventilgehäuse und Piezostack, der sich durch Temperatureinfluss bei unterschiedlichen Ausdehnungen einstellt. Damit ist unter allen Betriebsbedingungen, selbst in extremen Temperaturbereichen, ein konstanter Nadelhub und damit eine konstante Einspritzmenge sichergestellt. Selbst bei längeren Einspritzzeiten hat der Koppler eine ausreichende Steifigkeit, um keinen Hubverlust zu verursachen.

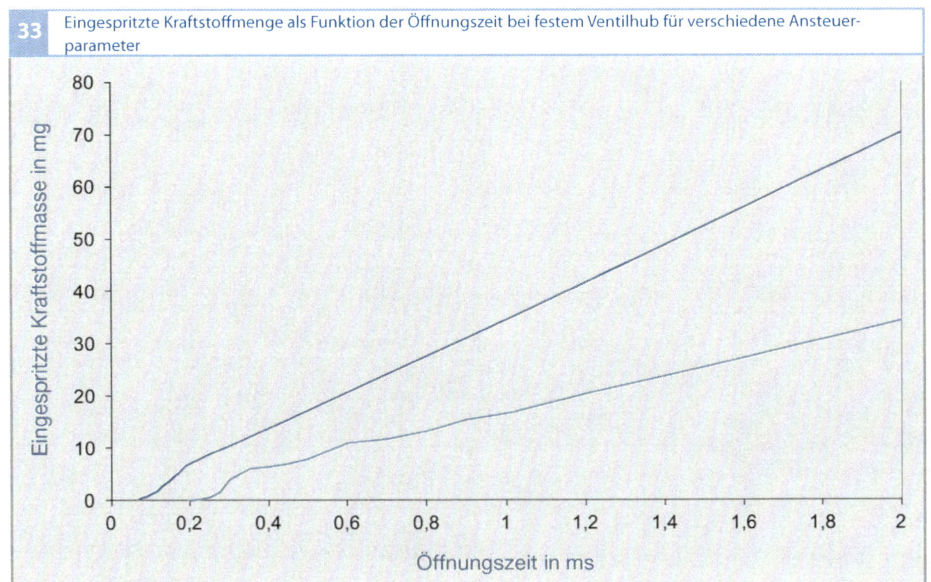

33   Eingespritzte Kraftstoffmenge als Funktion der Öffnungszeit bei festem Ventilhub für verschiedene Ansteuerparameter

Funktion und Ansteuerung

Zur Betätigung des Piezoinjektors wird der
Stack definiert elektrisch geladen. Damit öff-
net das Ventil mit einer rampenförmigen
Hubkurve und mit einer Schaltzeit kleiner
als 0,2 ms. Umgekehrt erfolgt das Schließen
des Ventils durch Entladung des Stacks. Die
Schaltzeiten sind variabel. Durch die direkte
Betätigung der Ventilnadel sind eine hohe
Genauigkeit und Reproduzierbarkeit des
Hubes von Zyklus zu Zyklus möglich, und
damit eine exakte Dosierung der Einspritzmenge (**Bild 33**). Es lassen sich sowohl Einspritzstrategien im Teilhub- als auch im
Vollhubbetrieb darstellen; auch als Kombination mit bis zu fünf Mehrfacheinspritzun-
gen pro Arbeitstakt.

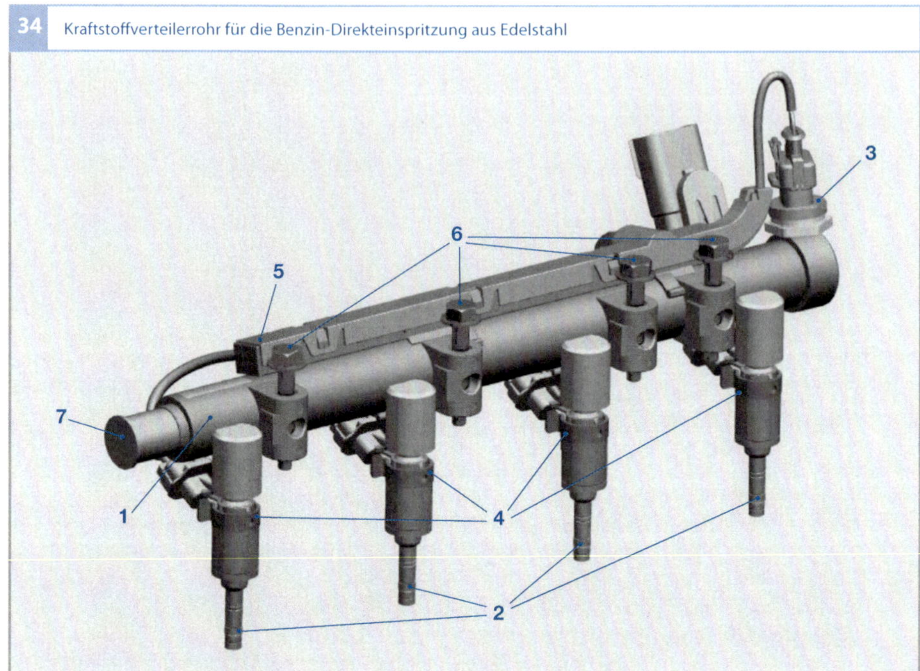

Bild 34
Systemdruck 30 MPa,
Berstdruck über 90 MPa,
Speichervolumen
50...140 cm³
1 Kraftstoffverteiler-
　rohr
2 Einspritzventil
3 Drucksensor
4 Befestigung
5 Kabelbaum
6 Schraube
7 Schutzkappe

Kraftstoffverteilerrohr

Das Kraftstoffverteilerrohr (Bild 34), auch
als Rail bezeichnet, hat die Aufgabe, die für
den jeweiligen Betriebspunkt erforderliche
Kraftstoffmenge zu speichern und zu verteilen. Die Speicherung hängt von dem Volumen und der Kompressibilität des Kraftstoffs
ab und muss für den jeweiligen Motorbedarf
und Druckbereich angepasst werden. Das
Volumen des Kraftstoffverteilerrohrs sorgt
außerdem für eine Dämpfung im Hochdruckbereich, d. h., Druckschwankungen im
Hochdruckbereich werden ausgeglichen.
Am Rail sind die Anbaukomponenten für
das Einspritzsystem montiert: die Hoch-
druckeinspritzventile (HDEV) und der
Drucksensor zur Regelung des Hochdruckes.

Hochdruckpumpen für die Benzin-Direkteinspritzung

Aufgabe und Anforderungen

Die Hochdruckpumpe (HDP) hat die Aufgabe, den von der Elektrokraftstoffpumpe
(EKP) mit einem Vordruck von 0,3...0,5 MPa
gelieferten Kraftstoff auf das für die Hochdruckeinspritzung erforderliche Niveau von
5...20 MPa zu verdichten. Aktuelle Ausführungen sind grundsätzlich bedarfsgesteuerte
Pumpen.

Aufbau und Arbeitsweise

Bild 35 zeigt eine in Öl laufende nockenge-
triebene Einzylinderpumpe mit integriertem
niederdruckseitigen Mengensteuerventil
(Zumesseinheit), hochdruckseitiger Druck-
begrenzung und integriertem Druckdämpfer. Sie ist als Steckpumpe am Zylinderkopf
befestigt. Der Antriebsnocken der Hochdruckpumpe sitzt auf der Motornockenwelle

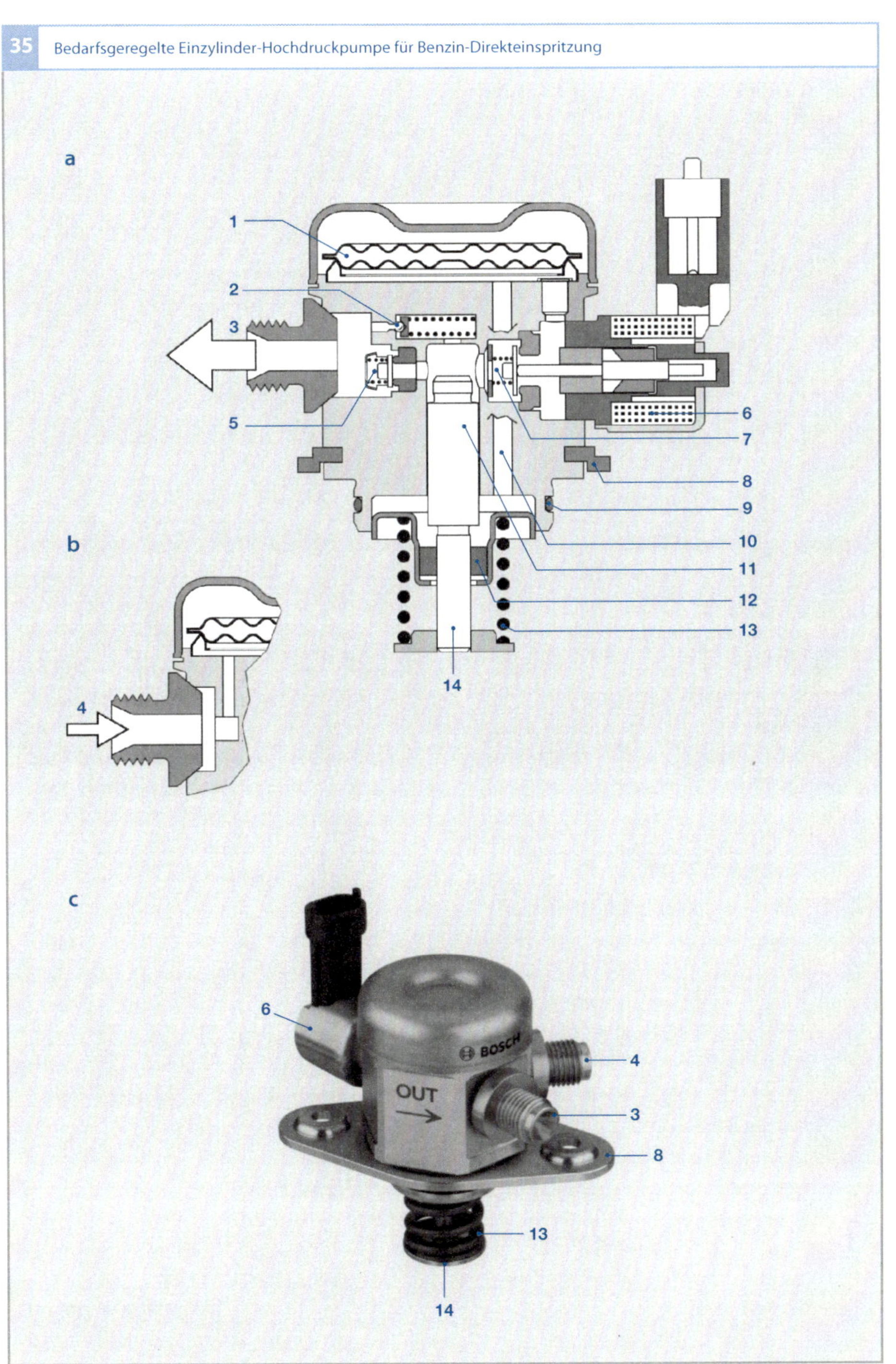

Bild 35
a Ansicht mit Hochdruckanschluss
b Detailansicht mit Niederdruckanschluss (auf gleicher Ebene winkelversetzt zum Hochdruckanschluss
c Außenansicht

1 variabler Druckdämpfer
2 Druckbegrenzungsventil
3 Hochdruckanschluss
4 Niederdruckanschluss
5 Auslassventil
6 Spule
7 Mengensteuerventil
8 Befestigungsflansch
9 Dichtring
10 Kanal zum Förderkolben (Funktion der Druckdämpfung)
11 Förderkolben
12 Kolbendichtung
13 Kolbenfeder
14 mechanischer Antrieb

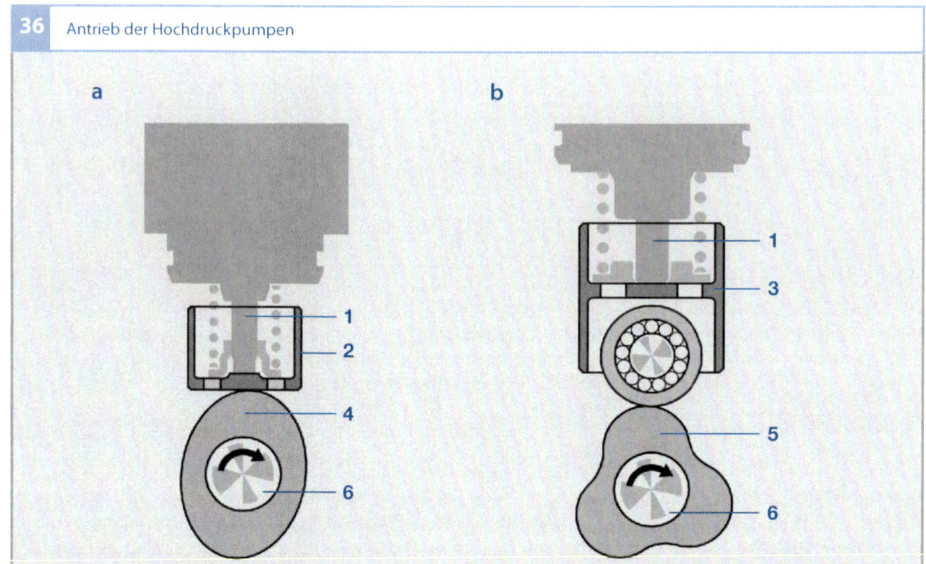

Bild 36
a   Antrieb über Tassen-
    stößel
b   Antrieb über Rollen-
    stößel

1   Pumpenkolben
2   Tassenstößel
3   Rollenstößel
4   Zweifachnocken
5   Dreifachnocken
6   Antriebswelle

und bestimmt über die Anzahl der Nocken-
erhebungen die Fördermenge der Pumpe.

Zur Übertragung der Hubkurve des Nockens auf den Förderkolben der Hochdruckpumpe werden bei einem Zweifach-Nocken
ein Tassenstößel und beim Drei- und Vierfach-Nocken ein Rollenstößel (Bild 36) eingesetzt. Bei der Drehung der Nockenwelle
fährt der Stößel die Kontur des Nockens ab,
woraus sich die Hubbewegung des Förder-
kolbens ergibt. Im Förderhub nimmt der
Stößel die anstehenden Kräfte wie Druck-,
Massen-, Feder- und Kontaktkraft auf.

Mit dem Vierfach-Nocken ist eine zeitliche Synchronisierung von Förderung und
Einspritzung beim 4-Zylinder-Motor möglich, d. h., bei jeder Einspritzung gibt es auch
eine Förderung. Damit wird zum einen die
Anregung des Hochdruckkreises reduziert,
zum anderen kann das Railvolumen reduziert werden. Um sicherzustellen, dass bei
maximalem Kraftstoffbedarf des Motors der
Systemdruck noch ausreichend schnell variiert werden kann, wird die maximale Fördermenge auf den Maximalbedarf ausgelegt.

Faktoren, die das Förderverhalten beeinflussen (z. B. Heißbenzin, Alterung der Pumpe,
Dynamik), werden dabei berücksichtigt.

Der Liefergrad der Hochdruckpumpe ergibt sich aus dem Verhältnis von tatsächlich
gelieferter Kraftstoffmenge zu theoretisch
möglicher Menge. Diese ist vom Kolben-
durchmesser und vom Hub abhängig. Der
Liefergrad ist über der Drehzahl nicht konstant und hängt im unteren Drehzahlbereich
von Kolben- und anderen Leckagen sowie
im oberen Drehzahlbereich von Trägheit
und Öffnungsdruck des Ein- und Auslassventils ab. Im gesamten Drehzahlbereich
wirkt sich das Totvolumen des Förderraums
und die Temperaturabhängigkeit der Kraft-
stoffkompressibilität aus.

Niederdruckdämpfer
Mit dem variablen Druckdämpfer (Bild 35,
Pos. 1) werden die durch die Hochdruckpumpe im Niederdruckkreis angeregten
Druckpulsationen gedämpft und auch bei
hohen Drehzahlen eine gute Füllung garantiert. Der Druckdämpfer nimmt über die

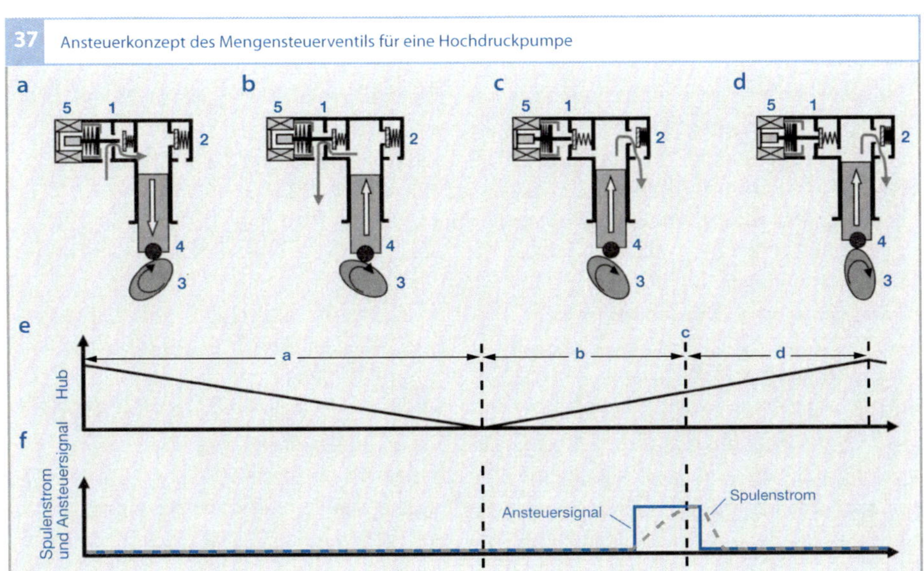

Bild 37

a–d vereinfachter Querschnitt der Hochdruckpumpe zu
   verschiedenen Zeitpunkten
a   Saughub, Mengensteuerventil geöffnet, Auslassventil
   geschlossen
b   Förderhub, Mengensteuerventil geöffnet, Auslassventil geschlossen
c   Förderhub, Schließzeitpunkt des elektrisch angesteuerten Mengensteuerventils, Öffnungszeitpunkt des
   Auslassventils
d   Förderhub, Mengensteuerventil bleibt auch nach
   Stromabschaltung geschlossen, Auslassventil geöffnet

e   Hubverlauf
f   Ansteuersignal und Spulenstrom des Mengensteuerventils

1   Mengensteuerventil
2   Auslassventil
3   Antriebsnocken
4   Kolben, Pfeil gibt die Bewegungsrichtung an
5   Spule

Verformung seiner Membranen die im jeweiligen Betriebspunkt abgesteuerte Kraftstoffmenge auf und gibt sie im Saughub zur
Füllung des Förderraums wieder frei. Dabei
ist ein Betrieb mit variablem Vordruck –
d. h. der Einsatz von bedarfsgeregelten Nie-
derdrucksystemen – möglich.

Mengensteuerventil
Mit dem Mengensteuerventil (Bild 35,
Pos. 7) wird die Bedarfssteuerung der Hochdruckpumpe realisiert (Bild 37). Der von
der Elektrokraftstoffpumpe gelieferte Kraftstoff wird über das Einlassventil des offenen
Mengensteuerventils in den Förderraum gesaugt. Im anschließenden Förderhub bleibt

das Mengensteuerventil nach dem unteren
Totpunkt weiterhin offen, so dass der im jeweiligen Lastpunkt nicht benötigte Kraftstoff
unter Vordruck in den Niederdruckkreis
zurückgefördert wird. Nach Ansteuern des
Mengensteuerventils schließt das Einlassventil, der Kraftstoff wird vom Pumpenkolben verdichtet und in den Hochdruckkreis
gefördert. Das Motormanagement berechnet
den Zeitpunkt, ab dem das Mengensteuerventil angesteuert wird in Abhängigkeit von
der Fördermenge und dem Raildruck. Der
Förderbeginn wird zur Bedarfsteuerung
variiert.

Zündung

Der Ottomotor ist ein Verbrennungsmotor mit Fremdzündung. Die Zündung hat die Aufgabe, das verdichtete Luft-Kraftstoff-Gemisch im richtigen Zeitpunkt zu entflammen. Eine sichere Zündung ist Voraussetzung für den einwandfreien Betrieb des Motors. Dazu muss das Zündsystem auf die Anforderungen des Motors ausgelegt sein. Unter den zahlreichen unterschiedlichen Lösungsansätzen für ein Zündsystem haben sich bisher weltweit nur zwei Zündsysteme in größerem Umfang verbreitet. Das sind einerseits die Magnetzündung und andererseits die Batteriezündung. Beiden gemeinsam ist die Erzeugung eines elektrischen Funkens zwischen den Elektroden einer Zündkerze im Brennraum zur Entflammung des Luft-Kraftstoff-Gemisches.

Magnetzündung

In den Anfangszeiten des Automobils stand mit dem Niederspannungsmagnetzünder von Bosch eine erste für damalige Verhältnisse zuverlässige Zündanlage zur Verfügung. Der Funke (Abreißfunke) entstand, indem ein Stromfluss durch Abreißkontakte im Brennraum unterbrochen wurde. Aus der Niederspannungsmagnetzündung mit Abreißgestänge wurde schließlich die Hochspannungsmagnetzündung entwickelt, die auch für Motoren mit höheren Drehzahlen geeignet war. Gleichzeitig mit der Hochspannungsmagnetzündung wurde 1902 auch die Zündkerze eingeführt, die die mechanisch gesteuerten Abreißkontakte ersetzte.

Das Prinzip des Hochspannungsmagnetzünders wird bis heute verwendet. Bei den Magnetzündern neuerer Bauart unterscheidet man Ausführungen mit feststehendem Magnet und umlaufendem Anker und Ausführungen mit feststehendem Anker und umlaufendem Magnet. In beiden Fällen wird Bewegungsenergie durch magnetische Induktion in elektrische Energie in einer Primärwicklung umgesetzt, die durch eine Sekundärwicklung in eine hohe Spannung transformiert wird. Im Zündzeitpunkt wird der Zündfunke durch Unterbrechung des Stroms in der Primärwicklung ausgelöst. Für den Einsatz bei Motoren mit mehreren Zylindern kann ein mechanischer Zündverteiler mit umlaufendem Verteilerfinger in den Magnetzünder integriert werden.

Da ein Magnetzünder keine Spannungsversorgung benötigt, wird er überall dort eingesetzt, wo überhaupt kein Bordnetz vorhanden ist oder kein belastbares Bordnetz zur Verfügung steht. Bei Arbeitsgeräten wie z. B. Rasenmäher oder Kettensäge und bei Zweirädern werden Magnetzünder oft in Verbindung mit einer kapazitiven Zwischenspeicherung der Zündenergie eingesetzt.

Batteriezündung

Mit der Elektrifizierung des Kraftfahrzeugs (für Licht und Starter) stand schon früh eine Spannungsversorgung zur Verfügung. Dies führte zur Entwicklung der kostengünstigen Spulenzündung (SZ) mit einer Batterie als Spannungsquelle und einer Zündspule als Energiespeicher. Der Spulenstrom wurde über einen Unterbrecherkontakt mit festem Schließwinkel geschaltet, weshalb der Spulenstrom mit steigender Drehzahl stetig sank. Die Zündwinkel wurden über der Drehzahl mit einem Fliehkraftsteller und über der Last mit einer Unterdruckdose verstellt. Die Verteilung der Hochspannung von der Zündspule zu den einzelnen Zylindern erfolgte mechanisch durch einen Zündverteiler.

Transistorzündung

Im Laufe der Weiterentwicklung wurde zunächst der Spulenstrom durch einen Leistungstransistor geschaltet. Damit wurden Zündauslegungen mit höheren Strömen und höheren Energien möglich. Der Unterbrecherkontakt diente dabei als Steuerelement für ein Zündschaltgerät und wurde nur noch mit dem niedrigen Steuerstrom belastet. Dadurch wurden der Kontaktabbrand und die damit einhergehenden Zündzeitpunktverschiebungen reduziert. In weiteren Entwicklungsschritten wurde der Unterbrecherkontakt durch Hall- oder Induktionsgeber ersetzt. Das Zündschaltgerät der Transistorzündung (TZ) enthielt bereits einfache analog gesteuerte Funktionalitäten wie eine Primärstrombegrenzung und eine Schließwinkelregelung, wodurch der Nennwert des Primärstroms in einem weiten Drehzahlbereich eingehalten werden konnte.

Elektronische Zündung

Den nächsten Entwicklungsschritt bildete die elektronische Zündung (EZ), bei der die Zündwinkel über Drehzahl und Last in einem Kennfeld eines Zündsteuergeräts gespeichert waren. Neben der besseren Reproduzierbarkeit der Zündwinkel war es auch möglich, weitere Eingangsgrößen wie z. B. die Motortemperatur für die Zündwinkelbestimmung zu berücksichtigen. Nach und nach wurde die Zündauslösung mit Hallgebern im Zündverteiler durch Auslösesysteme an der Kurbelwelle abgelöst, was durch den Entfall des Antriebsspiels der Zündverteiler zu einer höheren Zündwinkelgenauigkeit führte.

Vollelektronische Zündung

Im letzten Entwicklungsschritt der eigenständigen Zündsteuergeräte ist mit der vollelektronischen Zündung (VZ) auch noch der mechanische Zündverteiler entfallen. Bei der verteilerlosen Zündung sind Systeme mit einer Zündspule pro Zylinder am häufigsten verbreitet. Unter bestimmten Randbedingungen können auch Systeme mit jeweils einer Zweifunkenzündspule für ein Zylinderpaar eingesetzt werden. Seit 1998 werden nur noch Motorsteuerungen eingesetzt, die eine vollelektronische Zündung beinhalten.

Tabelle 1 zeigt die Entwicklung der induktiven Zündsysteme. Dabei werden mechanische Funktionen sukzessive durch elektrische und elektronische Funktionen ersetzt.

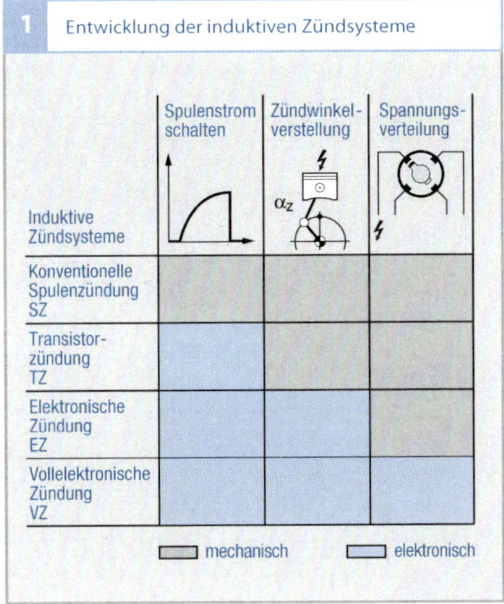

Tab. 1

Induktive Zündanlage

Die Zündung des Luft-Kraftstoff-Gemischs im Ottomotor erfolgt bei der Spulenzündung durch einen Funken zwischen den Elektroden einer Zündkerze. Die in dem Funken umgesetzte Energie der Zündspule entzündet ein kleines Volumen des verdichteten Luft-Kraftstoff-Gemischs. Die von diesem Flammkern ausgehende Flammenfront bewirkt die Entflammung des Luft-Kraftstoff-Gemisches im gesamten Brennraum. Die induktive Zündanlage erzeugt für jeden Arbeitstakt die für den Funkenüberschlag notwendige Hochspannung und die für die Entflammung notwendige Brenndauer des Funkens.

Aufbau

Eine typische verteilerlose Spulenzündung hat für jeden Zylinder einen eigenen Zündkreis (Bild 1). Die wichtigsten Komponenten sind:

- Zündspule
  Die Zündspule ist die zentrale Komponente der induktiven Zündung. Sie besteht aus einer Primärwicklung mit einer niedrigen Windungszahl und einer Sekundärwicklung mit einer hohen Windungszahl. Das Verhältnis der Windungszahlen von Sekundärwicklung und Primärwicklung bezeichnet man als Übersetzungsverhältnis. Beide Wicklungen sind über einen gemeinsamen Magnetkreis miteinander gekoppelt. Die Zündspule erzeugt die Zündhochspannung und liefert die Energie für die Brenndauer des Funkens an der Zündkerze.
- Zündungsendstufe
  Die Zündungsendstufe steuert die Zündspule und hat die Hauptfunktion eines elektrischen Leistungsschalters. Zusammen mit der Primärwicklung der Zündspule und der Batterie bildet sie den Primärkreis der Spulenzündung. Die Zündungsendstufe ist entweder im Motorsteuergerät oder in der Zündspule integriert.
- Zündkerze
  Die Zündkerze ist die physikalische Schnittstelle zwischen Brennraum und Umgebung. Zusammen mit der Sekundärwicklung der Zündspule bildet sie den Sekundärkreis der Zündanlage. Die Zündkerze setzt die Energie der Zündspule in einer Funkenentladung im Brennraum um.

Die notwendigen Verbindungs- und Entstörmittel werden an dieser Stelle als gegeben vorausgesetzt und nicht gesondert betrachtet.

Aufgabe und Arbeitsweise

Aufgabe der Zündung ist die Einleitung der Verbrennung des verdichteten Luft-Kraftstoff-Gemischs im Brennraum mit einem Funken. Zur Erzeugung eines Funkens wird zunächst elektrische Energie aus dem Bordnetz in der Zündspule zwischengespeichert. In einem nächsten Schritt wird die Energie im Zündzeitpunkt auf die Sekundärkapazität

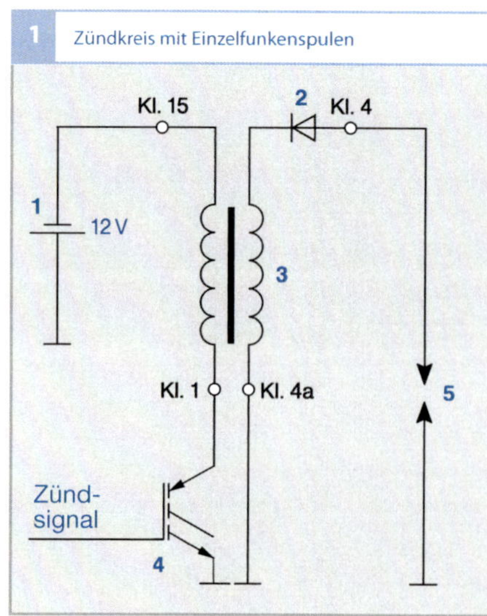

Bild 1
1 Batterie
2 Diode zur Unterdrückung der Einschaltspannung
3 Zündspule mit Eisenkern, Primär- und Sekundärwicklung
4 Zündungsendstufe (alternativ im Steuergerät oder in der Zündspule integriert
5 Zündkerze
   Kl. 1, Kl. 4, Kl. 4a, Kl. 15 Klemmenbezeichnungen

C_2 (**Bild 2**) umgeladen. Die dabei entstehende Hochspannung löst den Funkenüberschlag an der Zündkerze aus. Anschließend wird die noch verbleibende Energie während der Brenndauer des Funkens entladen.

Energiespeicherung

Sobald die Zündungsendstufe einschaltet, wird der Primärkreis geschlossen und der Primärstrom beginnt zu fließen. Dabei wird in der Primärwicklung ein Magnetfeld aufgebaut, in dem Energie gespeichert wird. Die Höhe der gespeicherten Energie wird von der Primärinduktivität L_1 und der Höhe des Primärstroms i_1 entsprechend

$$E_1 = \frac{1}{2} L_1 i_1^2$$

bestimmt. Die Primärinduktivität hängt von der Windungszahl der Primärwicklung ab. Durch einen Eisenkreis zur Führung des magnetischen Flusses wird die wirksame Induktivität erhöht. Der Eisenkreis wird für einen bestimmten Primärstrom, den Nennstrom dimensioniert. Bei höheren Strömen steigt die gespeicherte Energie durch die magnetische Sättigung des Eisenkreises nur noch geringfügig. Daher sollte der Nennwert des Primärstroms möglichst nicht überschritten werden. Die Dauer, während der die Endstufe eingeschaltet ist und der Primärstrom fließt, nennt man Schließzeit.

Schließzeit und Primärstrom

Neben der Auslegung der Zündspule hat die Versorgungsspannung einen großen Einfluss auf den Primärstromverlauf (**Bild 3**). Um auch bei wechselnder Versorgungsspannung einerseits ausreichend Zündenergie bereitzustellen und andererseits die Zündungskomponenten nicht zu überlasten, muss die Batteriespannung bei der Bestimmung der Schließzeit berücksichtigt werden. Bei einem Batteriespannungsbereich von 6–16 V sind alle vorkommenden Fälle vom Kaltstart mit

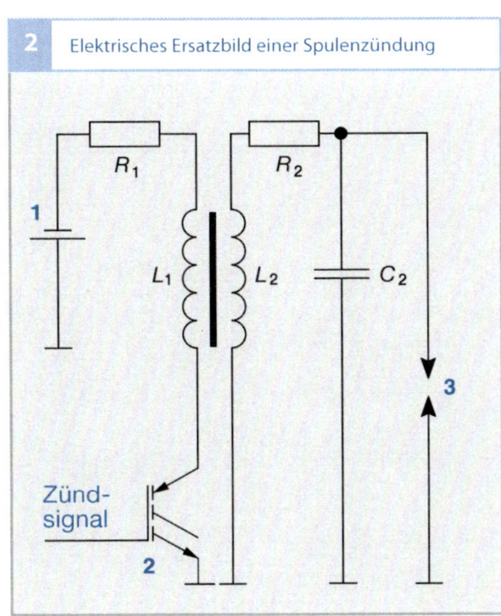

Bild 2
1 Batterie
2 Zündungsendstufe
3 Zündkerze
R_1 Widerstand der Primärseite (Spule und Kabel)
L_1 Primärinduktivität der Zündspule
R_2 Widerstand der Sekundärseite (Spule und Kabel)
L_2 Sekundärinduktivität der Zündspule
C_2 Kapazität der Sekundärseite (Zündspule, Kabel, Zündkerze)

geschwächter Batterie bis hin zur Starthilfe mit externer Versorgung abgedeckt. Ziel der Schließzeitbestimmung ist die Einhaltung des Nennstroms. Dies ist bei niedrigen Batteriespannungen dann nicht sichergestellt, wenn der maximal mögliche Strom durch den Gesamtwiderstand des Primärkreises unterhalb des Nennstroms begrenzt wird. In diesem Fall nimmt man für die Schließzeit einen sinnvollen Ersatzwert, z. B. die Ladezeit, bei der 90 % bis 95 % des Stromendwerts erreicht werden. Die Zündanlage muss so ausgelegt sein, dass die Funktion auch bei reduzierter Batteriespannung gewährleistet ist und ein Kaltstart erfolgen kann.

Da die Widerstände der Zuleitungen in der gleichen Größenordnung liegen wie der Widerstand der Primärwicklung, sollte bei den Zuleitungen auf ausreichende Querschnitte geachtet werden, um unnötige Leistungsverluste zu vermeiden. Ebenso ist darauf zu achten, dass die Zuleitungen zu den einzelnen Zylindern nur geringe Unterschiede bezüglich Länge und Widerstand aufweisen.

Bei Einsatztemperaturen der Zündspulen zwischen –30 °C und über 100 °C verändern

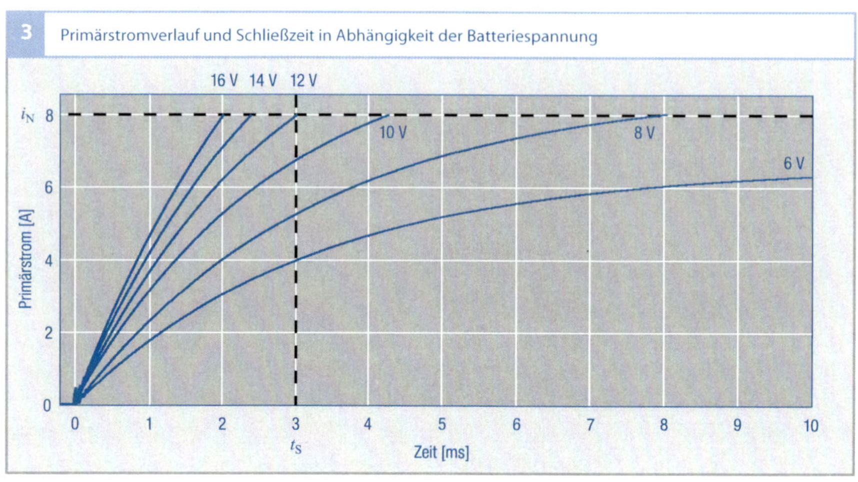

Bild 3
i_N Nennstrom
t_S Schließzeit

sich die Spulenwiderstände durch den Temperaturgang der Kupferwicklungen so stark, dass die Auswirkungen auf den Primärstrom berücksichtigt werden sollten. Da die Spulentemperatur nicht direkt verfügbar ist, kann mit Ersatzgrößen wie Kühlmittel- oder Öltemperatur zumindest bei betriebswarmem Motor und betriebswarmer Zündspule eine sinnvolle Korrektur der Schließzeit erreicht werden.

Durch den Betrieb erwärmen sich Zündspule und Zündungsendstufe, die Verlustleistung steigt mit der Drehzahl. Bei hohen Drehzahlen und besonders bei gleichzeitig hohen Umgebungstemperaturen kann es notwendig werden, die Primärströme zum Schutz der Zündungskomponenten durch eine kürzere Schließzeit zu begrenzen.

Erzeugung der Hochspannung

Das durch den Primärstrom erzeugte Magnetfeld in der Primärwicklung verursacht einen magnetischen Fluss, der bis auf einen kleinen Anteil, den Streufluss, im Magnetkreis der Zündspule geführt wird. Im Zündzeitpunkt wird der Strom durch die Primärwicklung unterbrochen, was eine rasche Flussänderung zur Folge hat. Da Primär- und Sekundärwicklung über den gemeinsamen Magnetkreis miteinander gekoppelt sind, wird in beiden Wicklungen eine Spannung induziert. Die Höhe der Spannungen hängt nach dem Induktionsgesetz von der Windungszahl und der Änderungsgeschwindigkeit des magnetischen Flusses ab. In der Sekundärwicklung mit der hohen Windungszahl entsteht so die hohe Sekundärspannung. Solange kein Funkenüberschlag erfolgt, steigt die Hochspannung mit einer Anstiegsrate von ca. 1 kV/µs bis auf die Leerlaufspannung der Zündspule an, um dann stark gedämpft auszuschwingen (Bild 4).

Die maximale Sekundärspannung wird im Labor ohne Zündkerze an einer definierten kapazitiven Last gemessen und als Hochspannungs- oder Sekundärspannungsangebot bezeichnet. Die Lastkapazität entspricht dabei der Belastung durch die Zündkerze und der Hochspannungsverbindung zur Zündkerze.

Zündspannung

Die Hochspannung, bei der der Funke an den Elektroden der Zündkerze durchbricht, wird als Zündspannung bezeichnet. Die Zündspannung hängt einerseits von der Zündkerze insbesondere vom Elektrodenabstand ab, andererseits von den Bedingungen im Brennraum, insbesondere von der Luft-Kraftstoff-Gemischdichte zum Zündzeitpunkt. Die maximale Zündspannung über alle Betriebspunkte bezeichnet man als Zündspannungsbedarf des Motors. Abhängig vom Elektrodenabstand, dem Verschleißzustand der Zündkerzenelektroden sowie vom Brennverfahren können Zündspannungen bis deutlich über 30 kV auftreten.

Einschaltspannung

Bereits beim Einschalten des Primärstroms wird in der Sekundärwicklung eine unerwünschte Spannung von 1–2 kV induziert, deren Polarität der Zündspannung entgegengerichtet ist. Der Einschaltzeitpunkt liegt abhängig von der Motordrehzahl und der Ladezeit der Zündspule deutlich vor dem Zündzeitpunkt. Ein Funkenüberschlag an der Zündkerze muss vermieden werden. Dies kann z. B. mit einer Diode im Sekundärkreis der Zündanlage erreicht werden. Eine solche Diode heißt Diode zur Einschaltfunkenunterdrückung oder EFU-Diode.

Funkenentladung

Sobald die Zündspannung U_z an der Zündkerze überschritten wird, entsteht der Zündfunke (**Bild 5**). Die nachfolgende Funkenentladung kann in drei Phasen eingeteilt werden, den Durchbruch, die Bogenphase und die Glimmphase [2]. Die ersten beiden Phasen sind Entladungen sehr kurzer Dauer mit hohen Strömen, die aus den Entladungen der Kapazitäten C_2 (**Bild 2**) von Zündkerze und Zündkreis resultieren und einen Teil der Spulenenergie umsetzen. In der anschließenden Glimmphase wird die noch verbleibende Energie während der Funkendauer t_F umgesetzt (**Bild 5**). Der Funkenstrom beginnt dabei mit dem Anfangsfunkenstrom i_F und fällt dann stetig. An den Elektroden der Zündkerze liegt während der Glimmphase die Brennspannung U_F an. Sie liegt im Bereich von wenigen hundert Volt bis deutlich über 1 kV. Die Brennspannung hängt von der Länge des Funkenplasmas ab und wird wesentlich vom Elektrodenabstand der Zündkerze und der Auslenkung des Funkens durch Luft-Kraftstoff-Gemischbewegung bestimmt. Unterhalb eines bestimmten Funkenstroms erlischt der Funke und die Spannung an der Zündkerze schwingt gedämpft aus.

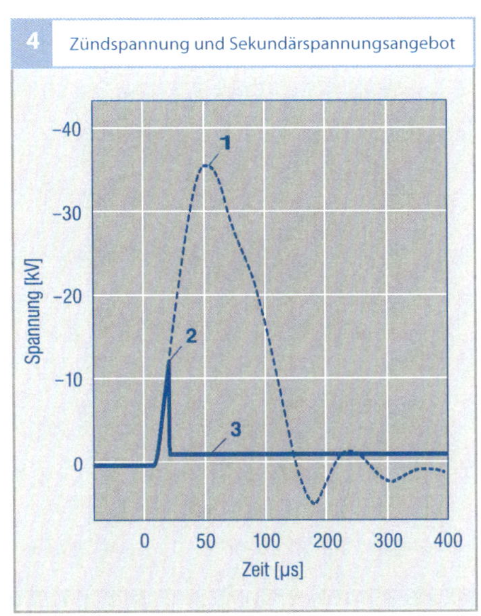

Bild 4
1 Sekundärspannungsangebot (bei einem Aussetzer)
2 Zündspannung (für einen Funken)
3 Brennspannung

Funkenenergie

Als Funkenenergie wird üblicherweise die Energie der Glimmentladung bezeichnet. Sie ist das Integral aus dem Produkt von Brennspannung und Funkenstrom über der Funkendauer. Vereinfacht kann der Zusammenhang nach **Bild 5** durch

$$E_F = \frac{1}{2} U_F\, i_F\, t_F$$

beschrieben werden. Bei genauerer Betrachtung gilt die zuvor beschriebene Bestimmung der Funkenenergie aber nur für sehr niedrige Zündspannungen [1].

Energiebilanz

Bei höheren Zündspannungen können die zuvor beschriebenen kapazitiven Entladungen (Durchbruch- und Bogenphase) nicht mehr vernachlässigt werden. Die notwendige Energie zum Aufladen der Kapazitäten auf der Sekundärseite steigt quadratisch mit der Zündspannung entsprechend (siehe auch **Bild 2**)

$$E_Z = \frac{1}{2} C_2\, U_Z^{\,2}.$$

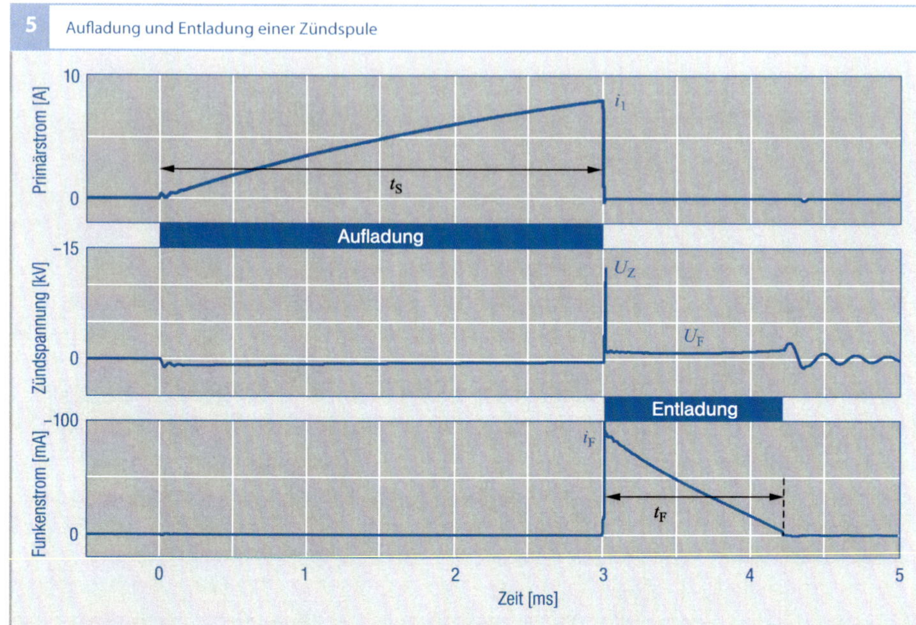

Bild 5
i_1 Abschaltstrom
t_S Schließzeit
U_Z Zündspannung
U_F Brennspannung
i_F Funkenanfangsstrom
t_F Funkendauer

Im Funkenüberschlag wird diese Energie als kapazitive Entladung im sogenannten Funkenkopf freigesetzt. Zusammen mit der Energie der induktiven Nachentladung erhält man die gesamte auf der Hochspannungsseite umgesetzten Energie. Stellt man die beiden Energieanteile über der Zündspannung dar, sieht man, dass der Energieanteil der kapazitiven Entladung mit steigender Zündspannung steigt und der Energieanteil der induktiven Nachentladung fällt. Die induktive Nachentladung erfolgt während der Funkendauer t_F durch den Funkenstrom im Sekundärkreis, der mit einem Anfangsfunkenstrom i_F beginnt und dann stetig sinkt. Mit geringer werdendem Energieanteil der induktiven Nachentladung sinken sowohl der Anfangsfunkenstrom als auch die Funkendauer. Wenn man von der induktiven Nachentladung die ohmschen Verluste abzieht, erhält man die Energie der Glimmentladung (Bild 6).

Energieverluste

Nach dem Funkenüberschlag wird ein Teil der verbleibenden Energie der induktiven Nachentladung in den Widerständen des Sekundärkreises der Zündanlage in Wärme umgesetzt. Die größten Verluste treten bei niedrigen Zündspannungen und damit hohen Anfangsfunkenströmen und langen Funkendauern auf (Bild 6).

Bereits vor dem Funkenüberschlag können Nebenschlusswiderstände den Aufbau der Hochspannung behindern. Nebenschlüsse können durch Verschmutzung und Feuchte der Hochspannungsverbindungen, vor allem aber durch leitfähige Ablagerungen und Ruß an der Isolatorspitze der Zündkerze im Brennraum verursacht werden. Die Höhe der Nebenschlussverluste steigt mit dem Zündspannungsbedarf. Je höher die an der Zündkerze anliegende Spannung, desto größer sind die über die Nebenschlusswiderstände abfließenden Ströme.

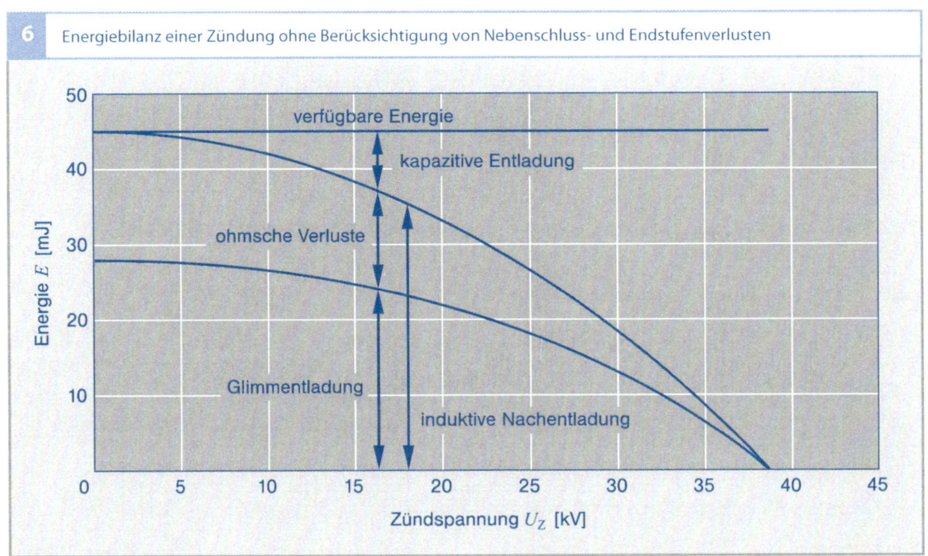

Luft-Kraftstoff-Gemischentflammung und Zündenergiebedarf

Zum Zündzeitpunkt entsteht der Funke an der Zündkerze. Der Zündzeitpunkt wird von der Motorsteuerung in Abhängigkeit von dem Brennverfahren, der Betriebsart und dem Betriebspunkt angefordert und an dieser Stelle nicht weiter vertieft.

Der elektrische Funke entflammt das Luft-Kraftstoff-Gemisch zwischen den Elektroden der Zündkerze durch ein Hochtemperaturplasma. Der entstehende Flammkern entwickelt sich bei zündfähigen Luft-Kraftstoff-Gemischen an der Zündkerze, und bei ausreichender Energiezufuhr durch die Zündanlage zu einer sich selbstständig ausbreitenden Flammenfront. Größere Funkenlängen begünstigen die Flammkernbildung. Durch einen größeren Elektrodenabstand oder eine Auslenkung des Funkens durch Luft-Kraftstoff-Gemischbewegung erhöht sich aber auch der Zündenergiebedarf. Bei zu starker Auslenkung kann ein Funkenabriss erfolgen und ein Nachzünden notwendig sein. In solchen Fällen bietet eine induktive Zündanlage den Systemvorteil, dass ein Nachzünden ohne zusätzlichen Steuerungseingriff automatisch erfolgt, solange ausreichend Energie im Zündsystem gespeichert ist.

Die gesamte Energie muss den maximalen Zündspannungsbedarf decken, die notwendige Funkendauer bei hoher Zündspannung bereitstellen und gegebenenfalls eine Anzahl an Folgefunken zünden. Einfache Motoren mit Saugrohreinspritzung benötigen Zündenergien zwischen 30 und 50 mJ, aufgeladene Motoren bis deutlich über 100 mJ.

Literatur

[1] Deutsches Institut für Normung e. V., Berlin 1997. DIN/ISO 6518-2, Zündanlagen, Teil 2: Prüfung der elektrischen Leistungsfähigkeit.

[2] Maly, R., Herden, W., Saggau, B., Wagner, E., Vogel, M., Bauer, G., Bloss, W. H.: Die drei Phasen einer elektrischen Zündung und ihre Auswirkungen auf die Entflammungseinleitung. 5. Statusseminar „Kraftfahrzeug- und Straßenverkehrstechnik" des BMFT, 27.–29. Sept. 1977, Bad Alexandersbad.

Abgasnachbehandlung

Abgasemissionen und Schadstoffe

In den vergangenen Jahren konnte der Schadstoffausstoß der Kraftfahrzeuge durch technische Maßnahmen drastisch gesenkt werden. Dabei wurden sowohl die Rohemissionen durch innermotorische Maßnahmen und intelligente Motorsteuerungskonzepte als auch die in die Umwelt emittierten Emissionen durch verbesserte Abgasnachbehandlungssysteme signifikant reduziert.

Bild 1 zeigt die Abnahme der jährlichen Emissionen des Straßenverkehrs in Deutschland zwischen 1999 (100 %) und 2009 sowie die Abnahme des durchschnittlichen Kraftstoffverbrauchs eines Pkw und die des gesamten im Personen-Straßenverkehr verbrauchten Kraftstoffs. Zum einen trägt hierzu die Einführung verschärfter Emissionsgesetzgebungen in Europa 2000 (Euro 3) und 2005 (Euro 4) bei, zum anderen aber auch der Trend zu sparsameren Fahrzeugen. Der Anteil des Straßenverkehrs an den insgesamt von Industrie, Verkehr, Haushalten und Kraftwerken verursachten Emissionen ist unterschiedlich und beträgt 2009 nach Angaben des Umweltbundesamtes

- 41 % für Stickoxide,
- 37 % Kohlenmonoxid,
- 18 % für Kohlendioxid,
- 9 % für flüchtige Kohlenwasserstoffe ohne Methan.

Verbrennung des Luft-Kraftstoff-Gemischs

Bei einer vollständigen, idealen Verbrennung reinen Kraftstoffs mit genügend Sauerstoff würde nur Wasserdampf (H_2O) und Kohlendioxid (CO_2) entstehen. Wegen der nicht idealen Verbrennungsbedingungen im Brennraum (z. B. nicht verdampfte Kraftstoff-Tröpfchen) und aufgrund der weiteren Bestandteile des Kraftstoffs (z. B. Schwefel) entstehen bei der Verbrennung neben Wasser und Kohlendioxid zum Teil auch toxische Nebenprodukte.

Durch Optimierung der Verbrennung und Verbesserung der Kraftstoffqualität wird die Bildung der Nebenprodukte immer weiter verringert. Die Menge des entstehenden CO_2 hingegen ist auch unter Idealbedingungen nur abhängig vom Kohlenstoffgehalt des Kraftstoffs und kann deshalb nicht durch die Verbrennungsführung beeinflusst werden. Die CO_2-Emissionen sind proportional zum

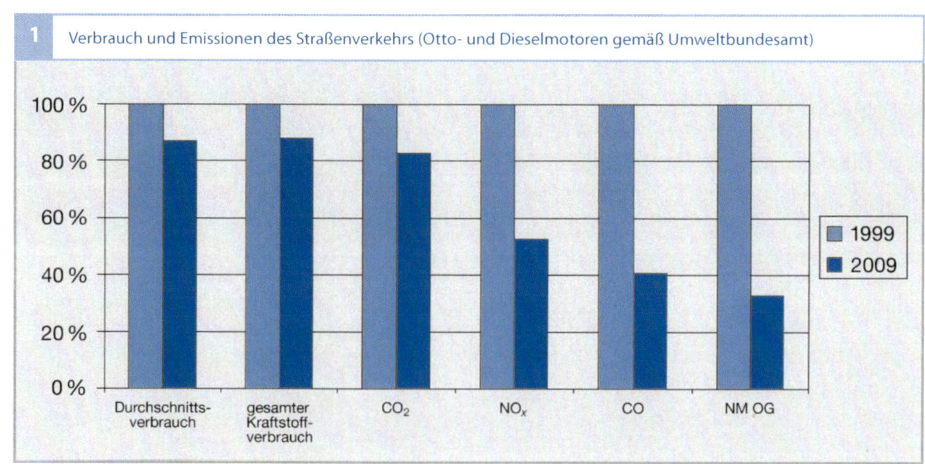

Bild 1
Der Durchschnittsverbrauch ist auf die gesamte Strecke bezogen, der gesamte Kraftstoffverbrauch betrifft den kompletten Personen-Straßenverkehr.
NMOG flüchtige Kohlenwasserstoffe ohne Methan

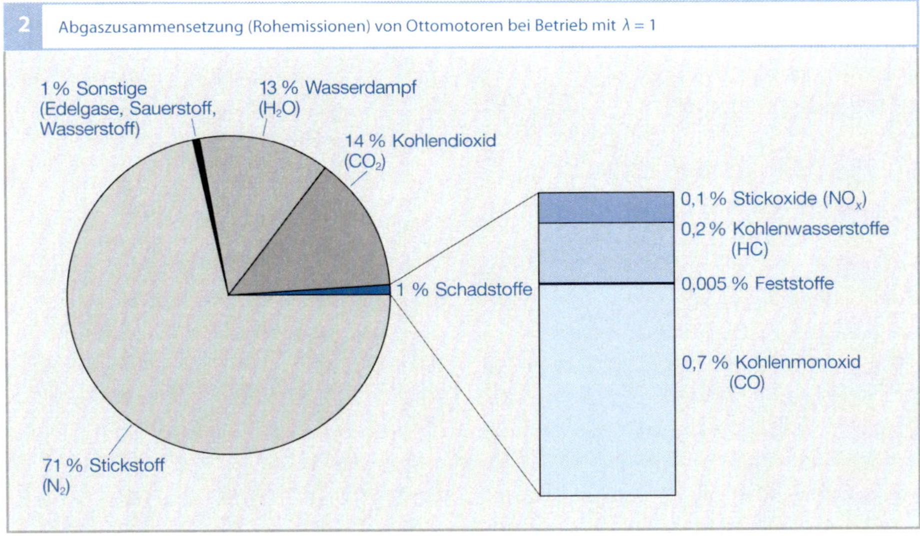

Kraftstoffverbrauch und können daher nur durch einen verringerten Kraftstoffverbrauch oder durch den Einsatz kohlenstoffärmerer Kraftstoffe, wie z. B. Erdgas (CNG, Compressed Natural Gas), gesenkt werden.

Hauptbestandteile des Abgases

Wasser
Der im Kraftstoff enthaltene chemisch gebundene Wasserstoff verbrennt mit Luftsauerstoff zu Wasserdampf (H_2O), der beim Abkühlen zum größten Teil kondensiert. Er ist an kalten Tagen als Dampfwolke am Auspuff sichtbar. Sein Anteil am Abgas beträgt ungefähr 13 %.

Kohlendioxid
Der im Kraftstoff enthaltene chemisch gebundene Kohlenstoff bildet bei der Verbrennung Kohlenstoffdioxid (CO_2) mit einem Anteil von ca. 14 % im Abgas (für typische Benzinkraftstoffe). Kohlenstoffdioxid wird meist einfach als Kohlendioxid bezeichnet.

Kohlendioxid ist ein farbloses, geruchloses, ungiftiges Gas und ist als natürlicher Bestandteil der Luft in der Atmosphäre vorhanden. Es wird in Bezug auf die Abgas-

emissionen bei Kraftfahrzeugen nicht als Schadstoff eingestuft. Es ist jedoch ein Mitverursacher des Treibhauseffekts und der damit zusammenhängenden globalen Klimaveränderung. Der CO_2-Gehalt in der Atmosphäre ist seit der Industrialisierung um rund 30 % auf heute ca. 400 ppm gestiegen. Die Reduzierung der CO_2-Emissionen auch durch Verringerung des Kraftstoffverbrauchs wird deshalb immer dringlicher.

Stickstoff
Stickstoff (N_2) ist mit einem Anteil von 78 % der Hauptbestandteil der Luft. Er ist am chemischen Verbrennungsprozess nahezu unbeteiligt und stellt mit ca. 71 % den größten Anteil des Abgases dar.

Schadstoffe
Bei der Verbrennung des Luft-Kraftstoff-Gemischs entsteht eine Reihe von Nebenbestandteilen. Der Anteil dieser Stoffe beträgt im Rohabgas (Abgas nach der Verbrennung, vor der Abgasnachbehandlung) bei betriebswarmem Motor und stöchiometrischer Luft-Kraftstoff-Gemischzusammensetzung ($\lambda = 1$) rund 1 % der gesamten Abgasmenge.

Die wichtigsten Nebenbestandteile sind
- Kohlenmonoxid (CO),
- Kohlenwasserstoffe (HC),
- Stickoxide (NO_x).

Betriebswarme Katalysatoren können diese Schadstoffe zu mehr als 99 % in unschädliche Stoffe (CO_2, H_2O, N_2) konvertieren.

Kohlenmonoxid

Kohlenmonoxid (CO) entsteht bei unvollständiger Verbrennung eines fetten Luft-Kraftstoff-Gemischs infolge von Luftmangel. Aber auch bei Betrieb mit Luftüberschuss entsteht Kohlenmonoxid – jedoch nur in sehr geringem Maß – aufgrund von fetten Zonen im inhomogenen Luft-Kraftstoff-Gemisch. Nicht verdampfte Kraftstofftröpfchen bilden lokal fette Bereiche, die nicht vollständig verbrennen.

Kohlenmonoxid ist ein farb- und geruchloses Gas. Es verringert beim Menschen die Sauerstoffaufnahmefähigkeit des Bluts und führt daher zur Vergiftung des Körpers.

Kohlenwasserstoffe

Unter Kohlenwasserstoffen (HC, Hydrocarbon) versteht man chemische Verbindungen von Kohlenstoff (C) und Wasserstoff (H). Die HC-Emissionen sind auf eine unvollständige Verbrennung des Luft-Kraftstoff-Gemischs bei Sauerstoffmangel zurückzuführen. Bei der Verbrennung können aber auch neue Kohlenwasserstoffverbindungen entstehen, die im Kraftstoff ursprünglich nicht vorhanden waren (z. B. durch Aufbrechen von langen Molekülketten).

Die aliphatischen Kohlenwasserstoffe (Alkane, Alkene, Alkine sowie ihre zyklischen Abkömmlinge) sind nahezu geruchlos. Ringförmige aromatische Kohlenwasserstoffe (z. B. Benzol, Toluol, polyzyklische Kohlenwasserstoffe) sind geruchlich wahrnehmbar. Kohlenwasserstoffe gelten teilweise bei längerer Einwirkung als Krebs erregend.

Teiloxidierte Kohlenwasserstoffe (z. B. Aldehyde, Ketone) riechen unangenehm und bilden unter Sonneneinwirkung Folgeprodukte, die bei von bestimmten Konzentrationen ebenfalls als Krebs erregend gelten.

Stickoxide

Stickoxide (NO_x) ist der Sammelbegriff für Verbindungen aus Stickstoff und Sauerstoff. Stickoxide bilden sich bei allen Verbrennungsvorgängen mit Luft infolge von Nebenreaktionen mit dem enthaltenen Stickstoff. Beim Verbrennungsmotor entstehen hauptsächlich Stickstoffoxid (NO) und Stickstoffdioxid (NO_2), in geringem Maß auch Distickstoffoxid (N_2O).

Stickstoffoxid (NO) ist farb- und geruchlos und wandelt sich in Luft langsam in Stickstoffdioxid (NO_2) um. Stickstoffdioxid (NO_2) ist in reiner Form ein rotbraunes, stechend riechendes, giftiges Gas. Bei Konzentrationen, wie sie in stark verunreinigter Luft auftreten, kann NO_2 zur Schleimhautreizung führen. Stickoxide sind mitverantwortlich für Waldschäden (saurer Regen) durch Bildung von salpetriger Säure (HNO_2) und Salpetersäure (HNO_3) sowie für die Smog-Bildung.

Schwefeldioxid

Schwefelverbindungen im Abgas – vorwiegend Schwefeldioxid (SO_2) – entstehen aufgrund des Schwefelgehalts des Kraftstoffs. SO_2-Emissionen sind nur zu einem geringen Anteil auf den Straßenverkehr zurückzuführen. Sie werden nicht durch die Abgasgesetzgebung begrenzt.

Die Bildung von Schwefelverbindungen muss trotzdem weitestgehend verhindert werden, da sich SO_2 an den Katalysatoren (Dreiwegekatalysator, NO_x-Speicherkatalysator) festsetzt und diese vergiftet, d. h. ihre Reaktionsfähigkeit herabsetzt.

SO_2 trägt wie auch die Stickoxide zur Entstehung des sauren Regens bei, da es in der

Atmosphäre oder nach Ablagerung zu schwefeliger Säure und Schwefelsäure umgesetzt werden kann.

Feststoffe

Bei unvollständiger Verbrennung entstehen Feststoffe in Form von Partikeln. Sie bestehen – abhängig vom eingesetzten Brennverfahren und Motorbetriebszustand – hauptsächlich aus einer Aneinanderkettung von Kohlenstoffteilchen (Ruß) mit einer sehr großen spezifischen Oberfläche. An den Ruß lagern sich unverbrannte oder teilverbrannte Kohlenwasserstoffe, zusätzlich auch Aldehyde mit aufdringlichem Geruch an. Am Ruß binden sich auch Kraftstoff- und Schmierölaerosole (in Gasen feinstverteilte feste oder flüssige Stoffe) sowie Sulfate. Für die Sulfate ist der im Kraftstoff enthaltene Schwefel verantwortlich.

Einflüsse auf Rohemissionen

Bei der Verbrennung des Luft-Kraftstoff-Gemischs entstehen als Nebenprodukte hauptsächlich die Schadstoffe NO_x, CO und HC. Die Mengen dieser Schadstoffe, die im Rohabgas (Abgas nach der Verbrennung, vor der Abgasreinigung) enthalten sind, hängen stark vom Brennverfahren und Motorbetrieb ab. Entscheidenden Einfluss auf die Bildung von Schadstoffen haben die Luftzahl λ und der Zündzeitpunkt.

Das Katalysatorsystem konvertiert im betriebswarmen Zustand die Schadstoffe zum größten Teil, sodass die vom Fahrzeug in die Umgebung abgegebenen Emissionen weitaus geringer sind als die Rohemissionen. Um die abgegebenen Schadstoffe mit einem vertretbaren Aufwand für die Abgasnachbehandlung zu minimieren, muss jedoch schon die Rohemission so gering wie möglich gehalten werden. Dies gilt insbesondere nach einem Kaltstart des Motors, wenn das Katalysatorsystem noch nicht die Betriebstemperatur zur Konvertierung der Schadstoffe erreicht hat. Für diese kurze Zeit werden die Rohemissionen nahezu unbehandelt in die Umgebung abgegeben. Die Reduzierung der Rohemissionen in dieser Phase ist daher ein wichtiges Entwicklungsziel.

Einflussgrößen

Luft-Kraftstoff-Verhältnis

Die Schadstoffemission eines Motors wird ganz wesentlich durch das Luft-Kraftstoff-Verhältnis (Luftzahl λ) bestimmt.

- $\lambda = 1$: Die zugeführte Luftmasse entspricht der theoretisch erforderlichen Luftmasse zur vollständigen stöchiometrischen Verbrennung des zugeführten Kraftstoffs. Motoren mit Saugrohreinspritzung oder Direkteinspritzung werden in den meisten Betriebsbereichen mit stöchiometrischem Luft-Kraftstoff-Gemisch ($\lambda = 1$) betrieben, damit der Dreiwegekatalysator seine bestmögliche Reinigungswirkung entfalten kann.
- $\lambda < 1$: Es besteht Luftmangel und damit ergibt sich ein fettes Luft-Kraftstoff-Gemisch. Um Bauteile im Abgassystem vor Übertemperatur z. B. bei langen Volllastfahrten zu schützen, kann angefettet werden.
- $\lambda > 1$: In diesem Bereich herrscht Luftüberschuss und damit ergibt sich ein mageres Luft-Kraftstoff-Gemisch. Um z. B. im Kaltstart die HC-Rohemissionen effektiv und schnell mit ausreichend Sauerstoff konvertieren zu können, kann der Motor mager betrieben werden. Der erreichbare Maximalwert für λ – „die Magerlaufgrenze" – ist stark von der Konstruktion und vom verwendeten Gemischaufbereitungssystem abhängig. An der Magerlaufgrenze ist das Luft-Kraftstoff-Gemisch nicht mehr zündwillig. Es treten Verbrennungsaussetzer auf.

Motoren mit Benzin-Direkteinspritzung können betriebspunktabhängig im Schicht-

oder im Homogenbetrieb gefahren werden. Der Homogenbetrieb ist durch eine Einspritzung im Ansaughub gekennzeichnet, wobei sich ähnliche Verhältnisse wie bei der Saugrohreinspritzung ergeben. Diese Betriebsart wird bei hohen abzugebenden Drehmomenten und bei hohen Drehzahlen eingestellt. In dieser Betriebsart beträgt die eingestellte Luftzahl in der Regel $\lambda = 1$.

Im Schichtbetrieb wird der Kraftstoff nicht homogen im gesamten Brennraum verteilt. Dies erreicht man durch eine Einspritzung, die erst im Verdichtungstakt erfolgt. Innerhalb der dadurch im Zentrum des Brennraums entstehenden Kraftstoffwolke sollte das Luft-Kraftstoff-Gemisch möglichst homogen mit der Luftzahl $\lambda = 1$ verteilt sein. In den Randbereichen des Brennraums befindet sich nahezu reine Luft oder sehr mageres Luft-Kraftstoff-Gemisch. Für den gesamten Brennraum ergibt sich dann insgesamt eine Luftzahl von $\lambda > 1$, d.h., es liegt ein mageres Luft-Kraftstoff-Gemisch vor.

Luft-Kraftstoff-Gemischaufbereitung

Für eine vollständige Verbrennung muss der zu verbrennende Kraftstoff möglichst homogen mit der Luft durchmischt sein. Dazu ist eine gute Zerstäubung des Kraftstoffs notwendig. Wird diese Voraussetzung nicht erfüllt, schlagen sich große Kraftstofftropfen am Saugrohr oder an der Brennraumwand nieder. Diese großen Tropfen können nicht vollständig verbrennen und führen zu erhöhten HC-Emissionen.

Für eine niedrige Schadstoffemission ist eine gleichmäßige Luft-Kraftstoff-Gemischverteilung über alle Zylinder erforderlich. Einzeleinspritzanlagen, bei denen in den Saugrohren nur Luft transportiert und der Kraftstoff direkt vor das Einlassventil (bei Saugrohreinspritzung) oder direkt in den Brennraum (bei Benzin-Direkteinspritzung) eingespritzt wird, garantieren eine gleichmäßige Luft-Kraftstoff-Gemischverteilung. Bei Vergaser- und Zentraleinspritzanlagen ist das nicht gewährleistet, da sich große Kraftstofftröpfchen an den Rohrkrümmungen der einzelnen Saugrohre niederschlagen können.

Drehzahl

Eine höhere Motordrehzahl bedeutet eine größere Reibleistung im Motor selbst und eine höhere Leistungsaufnahme der Nebenaggregate (z. B. Wasserpumpe). Bezogen auf die zugeführte Energie sinkt daher die abgegebene Leistung, der Motorwirkungsgrad wird mit zunehmender Drehzahl schlechter.

Wird eine bestimmte Leistung bei höherer Drehzahl abgegeben, bedeutet das einen höheren Kraftstoffverbrauch, als wenn die gleiche Leistung bei niedriger Drehzahl abgegeben wird. Damit ist auch ein höherer Schadstoffausstoß verbunden.

Motorlast

Die Motorlast und damit das erzeugte Motordrehmoment hat für die Schadstoffkomponenten Kohlenmonoxid CO, die unverbrannten Kohlenwasserstoffe HC und die Stickoxide NO_x unterschiedliche Auswirkungen. Auf die Einflüsse wird nachfolgend eingegangen.

Zündzeitpunkt

Die Entflammung des Luft-Kraftstoff-Gemischs, das heißt die zeitliche Phase vom Funkenüberschlag bis zur Ausbildung einer stabilen Flammenfront, hat auf den Verbrennungsablauf einen wesentlichen Einfluss. Sie wird durch den Zeitpunkt des Funkenüberschlags, die Zündenergie sowie die Luft-Kraftstoff-Gemischzusammensetzung an der Zündkerze bestimmt. Eine große Zündenergie bedeutet stabilere Entflammungsverhältnisse mit positiven Auswirkungen auf die Stabilität des Verbrennungsablaufs von Arbeitsspiel zu Arbeitsspiel und damit auch auf die Abgaszusammensetzung.

HC-Rohemission

Einfluss des Drehmoments

Mit steigendem Drehmoment erhöht sich die Temperatur im Brennraum. Die Dicke der Zone, in der die Flamme in der Nähe der Brennraumwand aufgrund nicht ausreichend hoher Temperaturen gelöscht wird, nimmt daher mit steigendem Drehmoment ab. Aufgrund der vollständigeren Verbrennung entstehen dann weniger unverbrannte Kohlenwasserstoffe.

Zudem fördern die höheren Abgastemperaturen, die aufgrund der höheren Brennraumtemperaturen bei hohem Drehmoment während der Expansionsphase und des Ausschiebens entstehen, eine Nachreaktion der unverbrannten Kohlenwasserstoffe zu CO_2 und Wasser. Die leistungsbezogene Rohemission unverbrannter Kohlenwasserstoffe wird somit bei hohem Drehmoment wegen der höheren Temperaturen im Brennraum und im Abgas reduziert.

Einfluss der Drehzahl

Mit steigenden Drehzahlen nimmt die HC-Emission des Ottomotors zu, da die zur Aufbereitung und zur Verbrennung des Luft-Kraftstoff-Gemischs zur Verfügung stehende Zeit kürzer wird.

Einfluss des Luft-Kraftstoff-Verhältnisses

Bei Luftmangel ($\lambda < 1$) werden aufgrund von unvollständiger Verbrennung unverbrannte Kohlenwasserstoffe gebildet. Die Konzentration ist umso höher, je größer die Anfettung ist (**Bild 3**). Im fetten Bereich steigt deshalb die HC-Emission mit abnehmender Luftzahl λ.

Auch im mageren Bereich ($\lambda > 1$) nehmen die HC-Emissionen zu. Das Minimum liegt im Bereich von $\lambda = 1{,}05\ldots1{,}2$. Der Anstieg im mageren Bereich wird durch unvollständige Verbrennung in den Randbereichen des Brennraums verursacht. Bei sehr mageren Luft-Kraftstoff-Gemischen kommt zu diesem Effekt noch hinzu, dass verschleppte Verbrennungen bis hin zu Zündaussetzern auftreten, was zu einem drastischen Anstieg der HC-Emission führt. Die Ursache dafür ist eine Luft-Kraftstoff-Gemischungleichverteilung im Brennraum, die schlechte Entflammungsbedingungen in mageren Brennraumzonen zur Folge hat.

Die Magerlaufgrenze des Ottomotors hängt im Wesentlichen von der Luftzahl an der Zündkerze während der Zündung und von der Summen-Luftzahl (Luft-Kraftstoff-Verhältnis über den gesamten Brennraum betrachtet) ab. Durch gezielte Ladungsbewegung im Brennraum kann sowohl die Homogenisierung und damit die Entflammungssicherheit erhöht als auch die Flammenausbreitung beschleunigt werden.

Im Schichtbetrieb bei der Benzin-Direkteinspritzung wird hingegen keine Homogenisierung des Kraftstoff-Luft-Gemischs im gesamten Brennraum angestrebt, sondern im Bereich der Zündkerze ein gut entflammbares Luft-Kraftstoff-Gemisch geschaffen. Bedingt dadurch sind in dieser Betriebsart deutlich größere Summen-Luftzahlen als bei Homogenisierung des Luft-Kraftstoff-Gemischs realisierbar. Die HC-Emissionen im Schichtbetrieb sind im Wesentlichen von der Luft-Kraftstoff-Gemischaufbereitung abhängig.

Entscheidend bei der Direkteinspritzung ist, dass eine Benetzung der Brennraumwände und des Kolbens möglichst vermieden wird, da die Verbrennung eines solchen Wandfilms in der Regel unvollständig erfolgt und so hohe HC-Emissionen zur Folge hat.

Einfluss des Zündzeitpunkts

Mit früherem Zündwinkel α_Z (größere Werte in **Bild 3** relativ zum oberen Totpunkt) nimmt die Emission unverbrannter Kohlenwasserstoffe zu, da die Nachreaktion in der

Expansionsphase und in der Auspuffphase wegen der geringeren Abgastemperatur ungünstiger verläuft (**Bild 3**). Nur im sehr mageren Bereich kehren sich die Verhältnisse um. Bei magerem Luft-Kraftstoff-Gemisch ist die Verbrennungsgeschwindigkeit so gering, dass bei spätem Zündwinkel die Verbrennung noch nicht abgeschlossen ist, wenn das Auslassventil öffnet. Die Magerlaufgrenze des Motors wird bei spätem Zündwinkel schon bei geringerer Luftzahl λ erreicht.

CO-Rohemission

Einfluss des Drehmoments

Ähnlich wie bei der HC-Rohemission begünstigen die höheren Prozesstemperaturen bei hohem Drehmoment die Nachreaktion von CO während der Expansionsphase. Das CO wird zu CO_2 oxidiert.

Einfluss der Drehzahl

Auch die Drehzahlabhängigkeit der CO-Emission entspricht der der HC-Emission.

Mit steigenden Drehzahlen nimmt die CO-Emission des Ottomotors zu, da die zur Aufbereitung und zur Verbrennung des Luft-Kraftstoff-Gemischs zur Verfügung stehende Zeit kürzer wird.

Einfluss des Luft-Kraftstoff-Verhältnisses

Im fetten Bereich ist die CO-Emission nahezu linear von der Luftzahl abhängig (**Bild 4**). Der Grund dafür ist der Sauerstoffmangel und die damit verbundene unvollständige Oxidation des Kohlenstoffs.

Im mageren Bereich (bei Luftüberschuss) ist die CO-Emission sehr niedrig und nahezu unabhängig von der Luftzahl. CO entsteht hier nur durch die unvollständige Verbrennung von schlecht homogenisiertem Luft-Kraftstoff-Gemisch.

Einfluss des Zündzeitpunkts

Die CO-Emission ist vom Zündzeitpunkt nahezu unabhängig (**Bild 4**) und fast ausschließlich eine Funktion der Luftzahl λ.

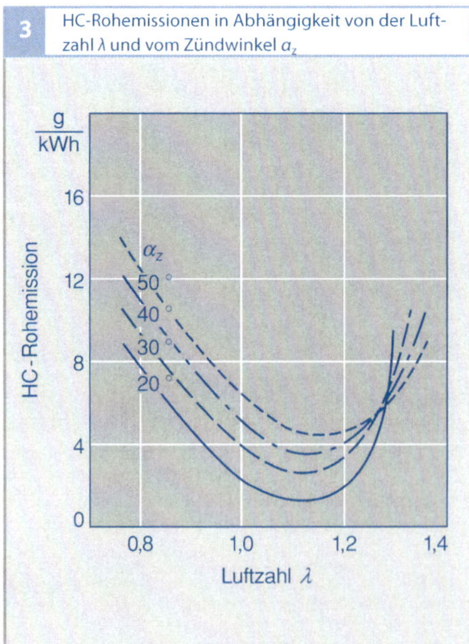

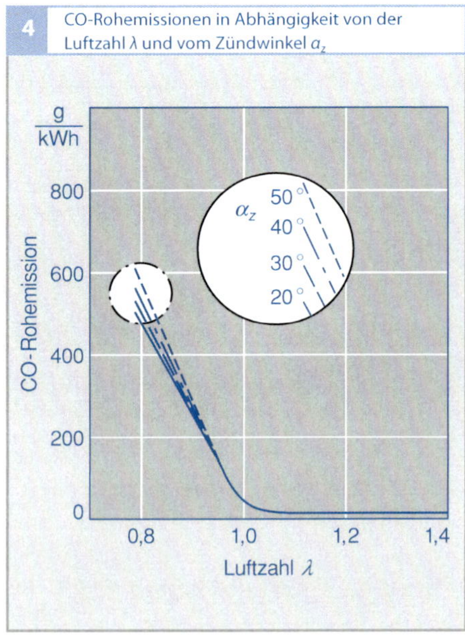

NO_x-Rohemission

Einfluss des Drehmoments

Die mit dem Drehmoment steigende Brenn-
raumtemperatur begünstigt die NO_x-Bil-
dung. Die NO_x-Rohemission nimmt daher
mit dem abgegebenen Drehmoment über-
proportional zu.

Einfluss der Drehzahl

Da die zur Verfügung stehende Reaktions-
zeit zur Bildung von NO_x bei höheren Drehzahlen kleiner ist, nehmen die NO_x-Emissio-
nen mit steigender Drehzahl ab. Zusätzlich
gilt es, den Restgasgehalt im Brennraum zu
berücksichtigen, der zu niedrigeren Spitzentemperaturen führt. Da dieser Restgasgehalt
in der Regel mit steigender Drehzahl abnimmt, ist dieser Effekt zu der oben beschriebenen Abhängigkeit gegenläufig.

Einfluss des Luft-Kraftstoff-Verhältnisses

Das Maximum der NO_x-Emission liegt bei
leichtem Luftüberschuss im Bereich von
$\lambda = 1{,}05\ldots1{,}1$. Im mageren sowie im fetten
Bereich fällt die NO_x-Emission ab, da die
Spitzentemperaturen der Verbrennung sin-
ken. Der Schichtbetrieb bei Motoren mit
Benzin-Direkteinspritzung ist durch große
Luftzahlen gekennzeichnet. Die NO_x-Emis-
sionen sind verglichen mit dem Betriebs-
punkt bei $\lambda = 1$ niedrig, da nur ein Teil des
Gases an der Verbrennung teilnimmt.

Einfluss der Abgasrückführung

Dem Luft-Kraftstoff-Gemisch kann zur Emissionsreduzierung verbranntes Abgas (Inertgas) zugeführt werden. Entweder wird durch
eine geeignete Nockenwellenverstellung Inertgas nach der Verbrennung im Brennraum
zurückgehalten (interne Abgasrückführung)
oder aber es wird durch eine externe Abgasrückführung Abgas entnommen und nach
einer Vermischung mit der Frischluft dem
Brennraum zugeführt. Durch diese Maßnahmen werden die Flammentemperatur im
Brennraum und die NO_x-Emissionen gesenkt. Insbesondere im Schichtbetrieb bei
Motoren mit Benzin-Direkteinspritzung
wird die externe Abgasrückführung eingesetzt. In **Bild 5** ist die Abhängigkeit der NO_x-
Rohemission im Schichtbetrieb von der Abgasrückführrate (AGR) dargestellt. Im
mageren Betrieb können die NO_x-Rohemis-
sionen nicht von einem Dreiwegekatalysator

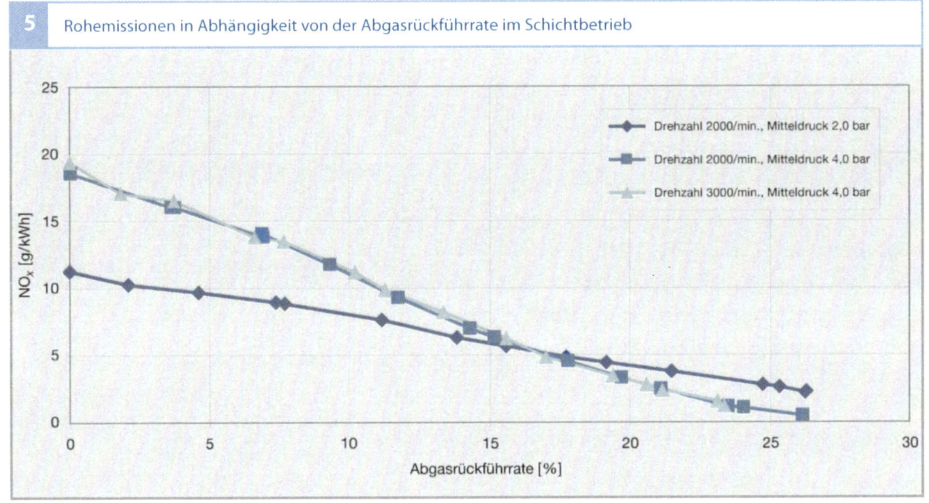

Bild 5
Die interne und die
externe Abgasrückfüh-
rung haben tendenziell
die gleiche Wirkung

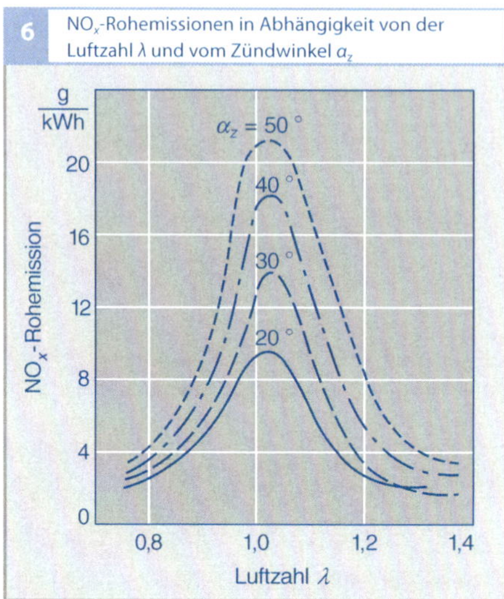

konvertiert werden. Es werden NO$_x$-Speicherkatalysatoren eingesetzt, welche die NO$_x$-Rohemissionen im Schichtbetrieb einspeichern und zyklisch durch eine kurze Anfettung regeneriert werden. Eine Reduktion der NO$_x$-Rohemissionen hat damit einen Einfluss auf den Kraftstoffverbrauch, da sich die NO$_x$-Einspeicherzeiten im Schichtbetrieb verlängern. Die Abgasrückführrate erhöht allerdings die Laufunruhe und die HC-Rohemissionen, so dass in der Applikation ein Kompromiss gefunden werden muss.

Einfluss des Zündzeitpunkts

Im gesamten Bereich der Luftzahl λ nimmt die NO$_x$-Emission mit früherem Zündwinkel α_Z zu (Bild 6). Ursache dafür ist die höhere Brennraumspitzentemperatur bei früherem Zündzeitpunkt, die das chemische Gleichgewicht auf die Seite der NO$_x$-Bildung verschiebt und vor allem die Reaktionsgeschwindigkeit der NO$_x$-Bildung erhöht.

Ruß-Emission

Ottomotoren weisen nahe des stöchiometrischen Luft-Kraftstoff-Gemischs im Gegensatz zu Dieselmotoren nur äußerst geringe Ruß-Emissionen auf. Ruß entsteht lokal bei diffusiver Verbrennung von sehr fettem Luft-Kraftstoff-Gemisch (λ < 0,4) bei hohen Verbrennungstemperaturen von bis zu 2 000 K. Diese Bedingungen können bei Benetzung der Kolben und des Brennraumdaches oder aufgrund von Restkraftstoff an den Einlassventilen und in Quetschspalten sowie unverbrannten Kraftstofftropfen auftreten. Da die Motortemperatur einen wesentlichen Einfluss auf die Ausbildung von benetzenden Kraftstofffilmen hat, beobachtet man hohe Rußemissionen in erster Linie im Kaltstart und während der Warmlaufphase des Motors. Daneben kann auch bei inhomogener Gasphase in lokalen Fettzonen Ruß gebildet werden. Im Schichtbetrieb bei Motoren mit Benzin-Direkteinspritzung kann es bei lokal sehr fetten Zonen oder Kraftstofftropfen zur Rußbildung kommen. Deshalb ist der Schichtbetrieb nur bis zu einer mittleren Drehzahl möglich, um sicherzustellen, dass die Zeit zur Luft-Kraftstoff-Gemischaufbereitung ausreichend groß ist.

Katalytische Abgasreinigung

Die Abgasgesetzgebung legt Grenzwerte für die Schadstoffemissionen von Kraftfahrzeugen fest. Zur Einhaltung dieser Grenzwerte sind motorische Maßnahmen allein nicht ausreichend, vielmehr steht beim Ottomotor die katalytische Nachbehandlung des Abgases zur Konvertierung der Schadstoffe im Vordergrund. Dafür durchströmt das Abgas einen oder mehrere im Abgastrakt sitzende Katalysatoren, bevor es ins Freie gelangt. An der Katalysatoroberfläche werden die im Abgas vorliegenden Schadstoffe durch chemische Reaktionen in ungiftige Stoffe umgewandelt.

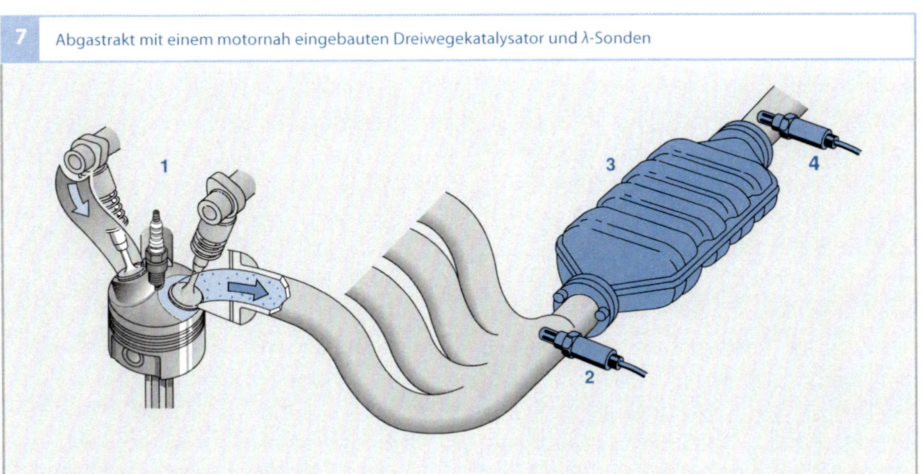

Bild 7
1　Motor
2　λ-Sonde vor dem
　　Katalysator (Zwei-
　　punkt-Sonde oder
　　Breitband-λ-Sonde,
　　je nach System)
3　Dreiwegekatalysator
4　Zweipunkt-λ-Sonde
　　hinter dem Katalysa-
　　tor (nur für Systeme
　　mit Zwei-Sonden-λ-
　　Regelung)

Übersicht

Die katalytische Nachbehandlung des Abgases mithilfe des Dreiwegekatalysators ist derzeit das wirkungsvollste Abgasreinigungsverfahren für Ottomotoren. Der Dreiwegekatalysator ist sowohl für Motoren mit Saugrohreinspritzung als auch mit Benzin-Direkteinspritzung ein Bestandteil des Abgasreinigungssystems (Bild 7).

Bei homogener Luft-Kraftstoff-Gemischverteilung mit stöchiometrischem Luft-Kraftstoff-Verhältnis ($\lambda = 1$) kann der betriebswarme Dreiwegekatalysator die Schadstoffe Kohlenmonoxid (CO), Kohlenwasserstoffe (HC) und Stickoxide (NO_x) nahezu vollständig umwandeln. Die genaue Einhaltung von $\lambda = 1$ erfordert jedoch eine Luft-Kraftstoff-Gemischbildung mittels elektronisch geregelter Benzineinspritzung; diese hat den bis zur Einführung des Dreiwegekatalysators hauptsächlich verwendeten Vergaser heute vollständig ersetzt. Eine präzise λ-Regelung überwacht die Zusammensetzung des Luft-Kraftstoff-Gemischs und regelt sie auf den Wert $\lambda = 1$. Obwohl diese idealen Bedingungen nicht in allen Betriebszuständen eingehalten werden können, kann im Mittel eine Schadstoffreduzierung um mehr als 98 % erreicht werden.

Da der Dreiwegekatalysator im mageren Betrieb (bei $\lambda > 1$) die Stickoxide nicht umsetzen kann, wird bei Motoren mit magerer Betriebsart zusätzlich ein NO_x-Speicherkatalysator eingesetzt. Eine andere Möglichkeit der NO_x-Minderung bei $\lambda > 1$ ist die selektive katalytische Reduktion (SCR, siehe z. B. [1, 2]). Dieses Verfahren wird bereits bei Diesel-Nfz und Diesel-Pkw eingesetzt. Die SCR-Technik findet jedoch bei Ottomotoren bisher keine Anwendung.

Der separate Oxidationskatalysator, der bei Dieselmotoren zur Oxidation von HC und CO angewendet wird, wird bei Ottomotoren nicht eingesetzt, da der Dreiwegekatalysator diese Funktion erfüllt.

Entwicklungsziele

Angesichts immer weiter herabgesetzter Emissionsgrenzwerte bleibt die Verringerung des Schadstoffausstoßes ein wichtiges Ziel der Motorenentwicklung. Während ein betriebswarmer Katalysator inzwischen sehr hohe Konvertierungsraten nahe 100 % erreicht, werden in der Kaltstart- und Aufwärmphase erheblich größere Mengen an Schadstoffen ausgestoßen als mit betriebswarmem Katalysator: Der Anteil der emittierten Schadstoffe aus dem Startprozess und der nachfolgenden Nachstartphase kann sowohl im europäischen als auch im amerikanischen Testzyklus (NEFZ bzw. FTP 75) bis zu 90 % der Gesamtemissionen ausmachen. Für eine Reduzierung der Emissionen ist es daher zwingend, sowohl ein schnelles Aufheizen des Katalysators zu erreichen, als auch möglichst niedrige Rohemissionen in der Startphase und während des Heizens des Katalysators zu erzeugen. Dies wird zum einen durch optimierte Softwaremaßnahmen, zum anderen aber auch durch eine Optimierung der Komponenten Katalysator und λ-Sonde erreicht. Das Anspringen des Katalysators im Kaltstart hängt maßgeblich von der Washcoattechnologie und der darauf abgestimmten Edelmetallbeladung ab. Eine frühe Betriebsbereitschaft der λ-Sonde ermöglicht ein schnelles Erreichen des λ-geregelten Betriebs verbunden mit einer Reduzierung der Emissionen auf Grund geringerer Abweichungen der Zusammensetzung des Luft-Kraftstoff-Gemischs vom Sollwert als bei rein gesteuertem Betrieb.

Katalysatorkonzepte

Katalysatoren lassen sich in kontinuierlich arbeitende Katalysatoren und diskontinuierlich arbeitende Katalysatoren unterteilen.

Kontinuierlich arbeitende Katalysatoren setzen die Schadstoffe ununterbrochen und ohne aktiven Eingriff in die Betriebsbedingungen des Motors um. Kontinuierlich arbeitende Systeme sind der Dreiwegekatalysator, der Oxidationskatalysator und der SCR-Katalysator (selektive katalytische Reduktion; Einsatz nur bei Dieselmotoren, siehe z. B. [1, 2]). Bei diskontinuierlich arbeitenden Katalysatoren gliedert sich der Betrieb in unterschiedliche Phasen, die jeweils durch eine aktive Änderung der Randbedingungen durch die Motorsteuerung eingeleitet werden. Der NO_x-Speicherkatalysator arbeitet diskontinuierlich: Bei

Sauerstoffüberschuss im Abgas wird NO_x eingespeichert, für die anschließende Regenerationsphase wird kurzfristig auf fetten Betrieb (Sauerstoffmangel) umgeschaltet.

Katalysator-Konfigurationen
Randbedingungen
Die Auslegung der Abgasanlage wird durch mehrere Randbedingungen definiert: Aufheizverhalten im Kaltstart, Temperaturbelastung in der Volllast, Bauraum im Fahrzeug sowie Drehmoment und Leistungsentfaltung des Motors.

Die erforderliche Betriebstemperatur des Dreiwegekatalysators begrenzt die Einbaumöglichkeit. Motornahe Katalysatoren kommen in der Nachstartphase schnell auf Betriebstemperatur, können aber bei hoher Last und hoher Drehzahl sehr hoher thermischer Belastung ausgesetzt sein. Motorferne Katalysatoren sind diesen Temperaturbelastungen weniger ausgesetzt. Sie benötigen in der Aufheizphase aber mehr Zeit, um die Betriebstemperatur zu erreichen, sofern dies nicht durch eine optimierte Strategie zur Aufheizung des Katalysators (z. B. Sekundärlufteinblasung) beschleunigt wird.

Strenge Abgasvorschriften verlangen spezielle Konzepte zur Aufheizung des Katalysators beim Motorstart. Je geringer der Wärmestrom ist, der zum Aufheizen des Katalysators erzeugt werden kann, und je niedriger die Emissionsgrenzwerte liegen, desto näher am Motor sollte der Katalysator angeordnet sein – sofern keine zusätzlichen Maßnahmen zur Verbesserung des Aufheizverhaltens getroffen werden. Oft werden luftspaltisolierte Krümmer eingesetzt, die geringere Wärmeverluste bis zum Katalysator aufweisen, um damit eine größere Wärmemenge zum Aufheizen des Katalysators zur Verfügung zu stellen.

Vor- und Hauptkatalysator

Eine verbreitete Konfiguration beim Dreiwegekatalysator ist die geteilte Anordnung mit einem motornahen Vorkatalysator und einem Unterflurkatalysator (Hauptkatalysator). Motornahe Katalysatoren verlangen eine Optimierung der Beschichtung bezüglich der Hochtemperaturstabilität, Unterflurkatalysatoren hingegen werden hinsichtlich niedrige Anspringtemperatur (Low Temperature Light off) sowie einer guten NO_x-Konvertierung optimiert. Für eine schnellere Aufheizung und Schadstoffumwandlung ist der Vorkatalysator in der Regel kleiner und besitzt eine höhere Zelldichte sowie eine größere Edelmetallbeladung.

NO_x-Speicherkatalysatoren sind aufgrund ihrer geringeren maximal zulässigen Betriebstemperatur im Unterflurbereich angeordnet. Alternativ zu der klassischen Aufteilung in zwei separate Gehäuse und Anbaupositionen gibt es auch zweistufige Katalysatoranordnungen (Kaskadenkatalysatoren), in denen zwei Katalysatorträger in einem gemeinsamen Gehäuse hintereinander untergebracht sind. Damit kann das System kostengünstiger dargestellt werden. Die beiden Träger sind zur thermischen Entkopplung durch einen kleinen Luftspalt voneinander getrennt. Beim Kaskadenkatalysator ist die thermische Belastung des zweiten Katalysators aufgrund der räumlichen Nähe vergleichbar mit der des ersten Katalysators. Dennoch gestattet diese Anordnung eine unabhängige Optimierung der beiden Katalysatoren bezüglich Edelmetallbeladung, Zelldichte und Wandstärke. Der erste Katalysator besitzt im Allgemeinen eine größere Edelmetallbeladung und höhere Zelldichte für ein gutes Anspringverhalten im Kaltstart. Zwischen den beiden Trägern kann eine λ-Sonde für die Regelung und Überwachung der Abgasnachbehandlung angebracht sein.

Auch Konzepte mit nur einem Gesamtkatalysator kommen zum Einsatz. Mit modernen Beschichtungsverfahren ist es möglich, unterschiedliche Edelmetallbeladungen im vorderen und hinteren Teil des Katalysators zu erzeugen. Diese Konfiguration hat zwar geringere Auslegungsfreiheiten, ist jedoch mit vergleichsweise niedrigen Kosten umsetzbar. Sofern das zur Verfügung stehende Platzangebot es erlaubt, wird der Katalysator möglichst motornah angebracht. Bei Einsatz eines effektiven Katalysator-Aufheizverfahrens ist aber auch eine motorferne Positionierung möglich.

Mehrflutige Konfigurationen

Die Abgasstränge der einzelnen Zylinder werden vor dem Katalysator zumindest teilweise durch den Abgaskrümmer zusammengeführt. Bei Vierzylindermotoren kommen häufig Abgaskrümmer zum Einsatz, die alle vier Zylinder nach einer kurzen Strecke zusammenführen. Dies ermöglicht den Einsatz eines motornahen Katalysators, der bezüglich des Aufheizverhaltens günstig positioniert werden kann (Bild 8a).

Für eine leistungsoptimierte Motorauslegung werden bei Vierzylindermotoren bevorzugt 4-in-2-Abgaskrümmer eingesetzt, bei denen zunächst nur jeweils zwei Abgasstränge zusammengefasst werden. Damit kann der Abgasgegendruck reduziert werden. Die Positionierung eines Katalysators erst nach der zweiten Zusammenführung zu einem einzigen Gesamtabgasstrang ist für das Aufheizverhalten recht ungünstig. Daher werden teilweise bereits nach der ersten Zusammenführung zwei motornahe (Vor-)Katalysatoren eingebaut und ggf. nach der zweiten Zusammenführung noch ein weiterer (Haupt-)Katalysator eingesetzt (Bild 8b). Ähnlich stellt sich die Situation bei Motoren mit mehr als vier Zylindern dar, insbesondere bei Motoren mit mehr als einer Zylinderbank (V-Motoren). Auf jeder Bank können Vor- und Hauptkatalysatoren entsprechend der bisherigen Beschreibungen eingesetzt werden. Zu unterscheiden ist, ob die Abgasanlage komplett zweiflutig verläuft (Bild 8c) oder ob im Unterflurbereich eine Y-förmige Zusammenführung zu einem Gesamtabgasstrang erfolgt. Im letztgenannten Fall kann bei einer Konfiguration mit Vor- und Hauptkatalysatoren ein gemeinsamer Hauptkatalysator für beide Bänke zum Einsatz kommen (Bild 8d).

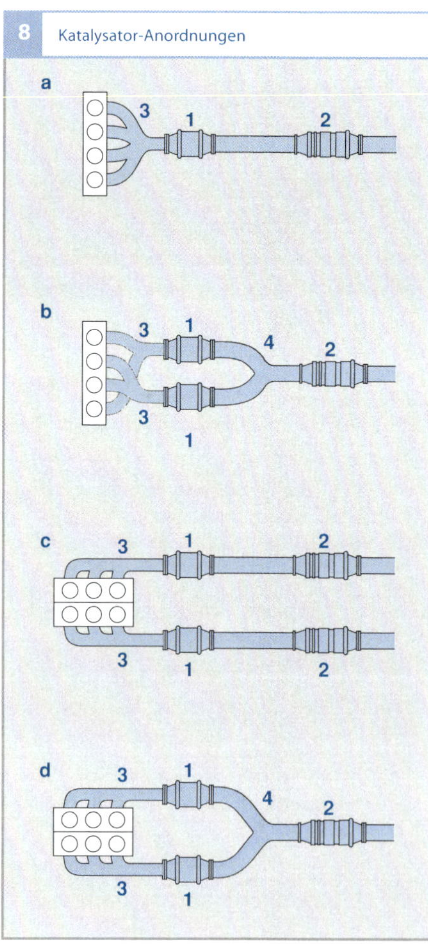

Katalysatorheizkonzepte

Eine nennenswerte Konvertierung erreichen Katalysatoren erst ab einer bestimmten Betriebstemperatur (Anspringtemperatur, Light-off-Temperatur). Beim Dreiwegekatalysator beträgt sie ca. 300 °C, bei gealterten Katalysatoren kann diese Temperaturschwelle höher liegen. Bei zunächst kaltem Motor und kalter Abgasanlage muss der Katalysator daher möglichst schnell auf Betriebstemperatur aufgeheizt werden. Hierzu ist kurzfristig eine Wärmezufuhr erforderlich, die durch unterschiedliche Konzepte bereitgestellt werden kann.

Rein motorische Maßnahmen

Für ein effektives Heizen des Katalysators mit motorischen Maßnahmen muss sowohl die Abgastemperatur angehoben als auch der Abgasmassenstrom erhöht werden. Dies wird durch verschiedene Maßnahmen erreicht, die alle den motorischen Wirkungsgrad verschlechtern und somit einen erhöhten Abgaswärmestrom erzeugen.

Die Wärmestromanforderung an den Motor ist abhängig von der Katalysatorposition und der Auslegung der Abgasanlage, da bei kalter Abgasanlage das Abgas auf dem Weg zum Katalysator abkühlt.

Zündwinkelverstellung
Die zentrale Maßnahme zur Erhöhung des Abgaswärmestroms ist die Zündwinkelverstellung in Richtung „spät". Die Verbrennung wird möglichst spät eingeleitet und findet in der Expansionsphase statt. Am Ende der Expansionsphase hat das Abgas dann noch eine relativ hohe Temperatur. Auf den Motorwirkungsgrad wirkt sich die späte Verbrennung ungünstig aus.

Leerlaufdrehzahl
Als unterstützende Maßnahme wird i. A. zusätzlich die Leerlaufdrehzahl angehoben und

damit der Abgasmassenstrom erhöht. Die höhere Drehzahl gestattet eine stärkere Spätverstellung des Zündwinkels; um eine sichere Entflammung zu gewährleisten, sind die Zündwinkel jedoch ohne weitere Maßnahmen auf etwa 10 ° bis 15 ° nach dem oberen Totpunkt begrenzt. Die dadurch begrenzte Heizleistung genügt nicht immer, um die aktuellen Emissionsgrenzwerte zu erreichen.

Auslassnockenwellenverstellung
Ein weiterer Beitrag zur Erhöhung des Wärmestroms kann ggf. durch eine Auslassnockenwellenverstellung erreicht werden. Durch ein möglichst frühes Öffnen der Auslassventile wird die ohnehin spät stattfindende Verbrennung frühzeitig abgebrochen und damit die erzeugte mechanische Energie weiter reduziert. Die entsprechende Energiemenge steht als Wärmemenge im Abgas zur Verfügung.

Homogen-Split
Bei der Benzin-Direkteinspritzung gibt es grundsätzlich die Möglichkeit der Mehrfacheinspritzung. Dies erlaubt es, ohne zusätzliche Komponenten, den Katalysator schnell auf Betriebstemperatur aufheizen zu können. Bei der Maßnahme „Homogen-Split" wird zunächst durch Einspritzen während des Ansaugtakts ein homogenes mageres Grundgemisch erzeugt. Eine anschließende kleine Einspritzung während des Verdichtungstakts oder auch nahe der Zündung nach OT ermöglicht sehr späte Zündzeitpunkte (etwa 20 ° bis 30 ° nach OT) und führt zu hohen Abgaswärmeströmen. Die erreichbaren Abgaswärmeströme sind vergleichbar mit denen einer Sekundärlufteinblasung.

Sekundärlufteinblasung
Durch thermische Nachverbrennung von unverbrannten Kraftstoffbestandteilen lässt sich die Temperatur im Abgassystem erhö-

hen. Hierzu wird ein fettes ($\lambda = 0{,}9$) bis sehr fettes ($\lambda = 0{,}6$) Grundgemisch eingestellt. Über eine Sekundärluftpumpe wird dem Abgassystem Sauerstoff zugeführt, sodass sich eine magere Zusammensetzung im Abgas ergibt.

Bei sehr fettem Grundgemisch ($\lambda = 0{,}6$) oxidieren die unverbrannten Kraftstoffbestandteile oberhalb einer bestimmten Temperaturschwelle exotherm. Um diese Temperatur zu erreichen, muss einerseits mit späten Zündwinkeln das Temperaturniveau erhöht werden und andererseits die Sekundärluft möglichst nahe an den Auslassventilen eingeleitet werden. Die exotherme Reaktion im Abgassystem erhöht den Wärmestrom in den Katalysator und verkürzt somit die Aufheizdauer. Zudem werden die HC- und CO-Emissionen im Vergleich zu rein motorischen Maßnahmen noch vor Eintritt in den Katalysator reduziert.

Bei weniger fettem Grundgemisch ($\lambda = 0{,}9$) findet vor dem Katalysator keine nennenswerte Reaktion statt. Die unverbrannten Kraftstoffbestandteile oxidieren erst im Katalysator und heizen diesen somit von innen auf. Dazu muss jedoch zunächst die Stirnfläche des Katalysators durch konventionelle Maßnahmen (wie Zündwinkelspätverstellung) auf Betriebstemperatur gebracht werden. In der Regel wird ein weniger fettes Grundgemisch eingestellt, da bei einem sehr fetten Grundgemisch die exotherme Reaktion vor dem Katalysator nur unter stabilen Randbedingungen zuverlässig abläuft.

Die Sekundärlufteinblasung erfolgt mit einer elektrischen Sekundärluftpumpe (**Bild 9**, Pos. 1), die aufgrund des hohen Strombedarfs über ein Relais (3) geschaltet wird. Das Sekundärluftventil (5) verhindert das Rückströmen von Abgas in die Pumpe und muss bei ausgeschalteter Pumpe geschlossen sein. Es ist entweder ein passives

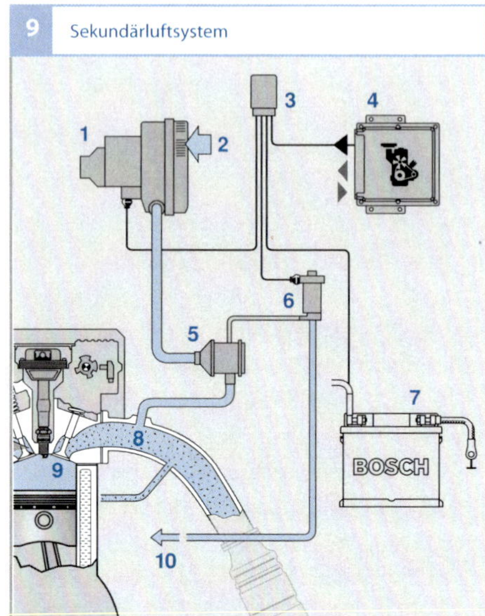

Rückschlagventil oder es wird rein elektrisch oder pneumatisch angesteuert. Im letzten Fall wird wie hier dargestellt ein elektrisch betätigtes Steuerventil (6) benötigt. Bei betätigtem Steuerventil öffnet das Sekundärluftventil durch den Saugrohrunterdruck. Die Koordination des Sekundärluftsystems wird von dem Motorsteuergerät (4) übernommen.

λ-Regelkreis

Aufgabe

Damit die Konvertierungsraten des Dreiwegekatalysators für die Schadstoffkomponenten HC, CO und NO_x möglichst hoch sind, müssen die Reaktionskomponenten im stöchiometrischen Verhältnis vorliegen. Das erfordert, dass das stöchiometrische Luft-Kraftstoff-Verhältnis sehr genau eingehalten wird und eine Luft-Kraftstoff-Gemischzusammensetzung mit $\lambda = 1,0$ vorliegt. Um bei der Luft-Kraftstoff-Gemischbildung diesen Sollwert im Motorbetrieb einstellen zu können, wird der Vorsteuerung des Luft-Kraftstoff-Gemischs ein Regelkreis überlagert, da

allein mit einer Steuerung der Kraftstoffzumessung keine ausreichende Genauigkeit erzielt wird.

Arbeitsweise

Mit dem λ-Regelkreis können Abweichungen von einem bestimmten Luft-Kraftstoff-Verhältnis erkannt und über die Menge des eingespritzten Kraftstoffs korrigiert werden. Als Maß für die Zusammensetzung des Luft-Kraftstoff-Gemischs dient der Restsauerstoffgehalt im Abgas, der mittels λ-Sonden gemessen wird.

Das Funktionsschema der λ-Regelung ist in **Bild 10** dargestellt. In Abhängigkeit von der Art der Sonde vor dem Katalysator (Pos. 3a) wird zwischen einer Zweipunkt-λ-Regelung oder einer stetigen λ-Regelung unterschieden.

Bei der Zweipunkt-λ-Regelung, die nur auf den Wert $\lambda = 1$ regeln kann, sitzt eine Zweipunkt-λ-Sonde im Abgastrakt vor dem Vorkatalysator (4). Der Einsatz einer Breitband-λ-Sonde vor dem Vorkatalysator hingegen erlaubt eine stetige λ-Regelung auch auf λ-Werte, die vom Wert 1 abweichen.

Eine größere Genauigkeit wird durch eine Zweisonden-Regelung erreicht, bei der sich hinter dem Vorkatalysator (4) eine zweite λ-Sonde (3b) befindet. Der erste λ-Regelkreis basierend auf dem Signal der Sonde vor dem Katalysator wird durch eine zweite λ-Regelschleife basierend auf dem Signal der λ-Sonde hinter dem Katalysator korrigiert.

Zweipunkt-Regelung

Die Zweipunkt-λ-Regelung regelt die Luftzahl auf $\lambda = 1$ ein. Eine Zweipunkt-λ-Sonde als Messsensor im Abgasrohr liefert kontinuierlich Informationen darüber, ob das Luft-Kraftstoff-Gemisch fetter oder magerer als $\lambda = 1$ ist. Eine hohe Sondenspannung (z. B. 800 mV) zeigt ein fettes, eine niedrige Son-

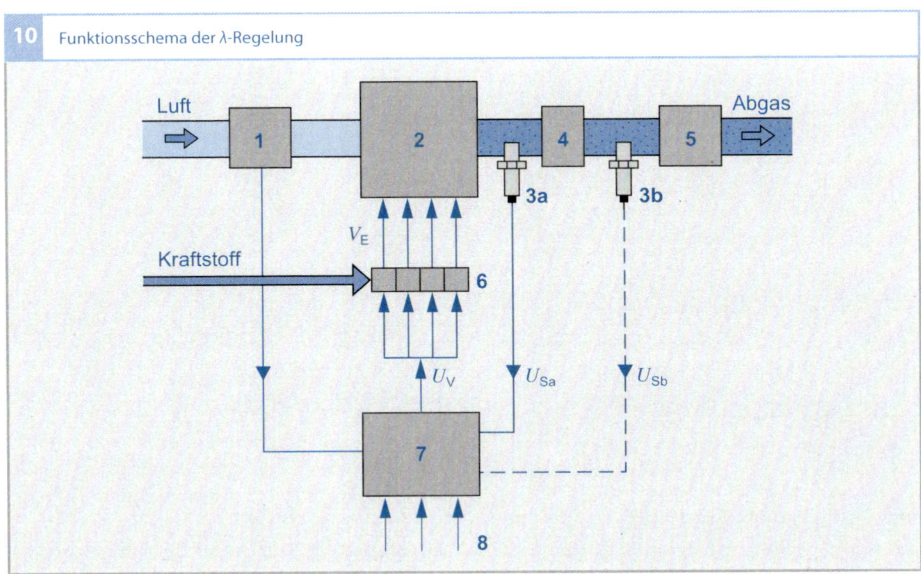

10 Funktionsschema der λ-Regelung

Bild 10
1 Luftmassenmesser
2 Motor
3a λ-Sonde vor dem
   Vorkatalysator
   (Zweipunkt-λ-Sonde
   oder Breitband-λ-
   Sonde)
3b Zweipunkt-λ-Sonde
   hinter dem Vor-
   katalysator
4 Vorkatalysator (Drei-
   wegekatalysator)
5 Hauptkatalysator
   (Dreiwegekataly-
   sator)
6 Einspritzventile
7 Motorsteuergerät
8 Eingangssignale
U_S Sondenspannung
U_V Ventilsteuerspan-
   nung
V_E Einspritzmenge

denspannung (z. B. 200 mV) ein mageres
Luft-Kraftstoff-Gemisch an.

Bei jedem Übergang von fettem zu magerem sowie von magerem zu fettem Luft-
Kraftstoff-Gemisch weist das Ausgangssignal
der Sonde einen Spannungssprung auf, der
von einer Regelschaltung ausgewertet wird.
Bei jedem Spannungssprung ändert die
Stellgröße ihre Stellrichtung. Die Stellgröße
(Regelfaktor) korrigiert multiplikativ die Ge-
mischvorsteuerung und erhöht oder vermindert damit die Einspritzmenge.

Die Stellgröße ist aus einem Sprung und
einer Rampe (Bild 11) zusammengesetzt.
Das bedeutet, dass bei einem Sprung des
Sondensignals das Luft-Kraftstoff-Gemisch
zunächst um einen bestimmten Betrag sofort
sprunghaft verändert wird, um möglichst
schnell eine Gemischkorrektur herbeizufüh-
ren. Anschließend folgt die Stellgröße einer
rampenförmigen Anpassungsfunktion, bis
erneut ein Spannungssprung des Sondensignals erfolgt. Die Amplitude dieser Stellgröße wird hierbei typisch im Bereich von
2…3 % festgelegt. Das Luft-Kraftstoff-Ge-

misch wechselt somit ständig seine Zusammensetzung in einem sehr engen Bereich
um $\lambda = 1$. Hierdurch ergibt sich eine be-
schränkte Reglerdynamik, welche durch die
Totzeit im System (die im wesentlichen aus
der Gaslaufzeit besteht) und die Gemischkorrektur (in Form der Steigung der Rampe)
bestimmt ist.

Die typische Abweichung des Sauerstoff-
nulldurchgangs und damit des Sprungs der
λ-Sonde vom theoretischen Wert bei $\lambda = 1$
bedingt durch die Variation der Abgaszusammensetzung, kann kompensiert werden,
indem der Stellgrößenverlauf asymmetrisch
gestaltet wird (Fett- oder Mager-Verschie-
bung). Bevorzugt wird hierbei das Festhalten
des Rampenendwerts für eine gesteuerte
Verweilzeit t_V nach dem Sondensprung
(Bild 11): Bei der Verschiebung nach „fett"
verharrt die Stellgröße für eine Verweilzeit t_V
noch auf Fettstellung, obwohl das Sondensignal bereits in Richtung fett gesprungen ist.
Erst nach Ablauf der Verweilzeit schließen
sich Sprung und Rampe der Stellgröße in
Richtung „mager" an. Springt das Sondensi-

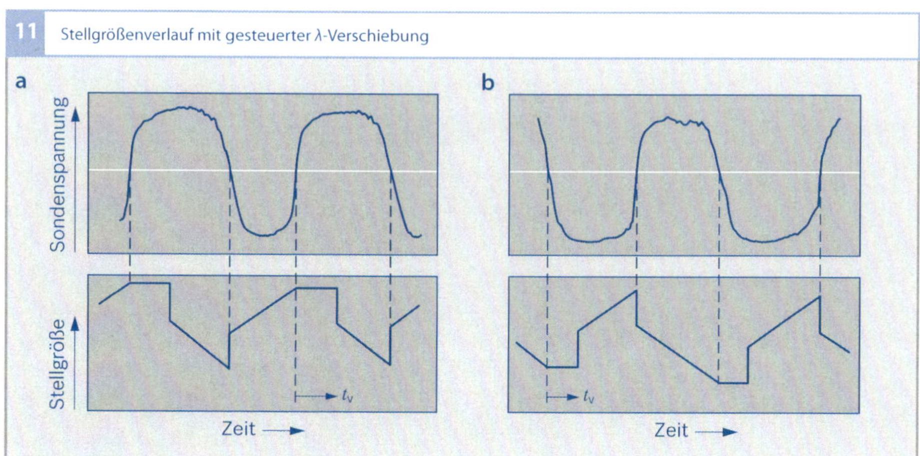

Bild 11
t_V Verweilzeit nach
    Sondensprung
a) Fettverschiebung
b) Magerverschiebung

gnal anschließend in Richtung „mager", regelt die Stellgröße direkt dagegen (mit Sprung und Rampe), ohne auf der Magerstellung zu verharren.

Bei der Verschiebung nach „mager" verhält es sich umgekehrt: Zeigt das Sondensignal mageres Luft-Kraftstoff-Gemisch an, so verharrt die Stellgröße für die Verweilzeit t_V auf Magerstellung und regelt dann erst in Richtung „fett". Beim Sprung des Sondensignals von „mager" nach „fett" wird hingegen sofort entgegengesteuert.

Stetige λ-Regelung
Die Dynamik einer Zweipunkt-λ-Regelung kann verbessert werden, wenn die Abweichung von λ = 1 tatsächlich gemessen wird. Die Breitband-λ-Sonde liefert ein stetiges Signal. Damit kann auch die Abweichung von λ = 1 gemessen und direkt bewertet werden. Mit der Breitbandsonde lässt sich damit eine kontinuierliche Regelung auf den Sollwert λ = 1 mit stationär sehr kleiner Amplitude in Verbindung mit hoher Dynamik erreichen. Die Parameter dieser Regelung werden in Abhängigkeit von den Betriebspunkten des Motors berechnet und angepasst. Vor allem die unvermeidlichen Restfehler der stationären und instationären

Vorsteuerung können mit dieser Art der λ-Regelung deutlich schneller kompensiert werden.

Die Breitband-λ-Sonde ermöglicht es darüber hinaus, auch auf Soll-Gemischzusammensetzungen zu regeln, die von λ = 1 abweichen. Der Messbereich erstreckt sich auf λ-Werte im Bereich von λ = 0,7 bis „reine Luft" (theoretisch λ → ∞), der Bereich der aktiven λ-Regelung ist je nach Anwendungsfall begrenzt. Damit lässt sich eine geregelte Anfettung (λ < 1) z. B. für den Bauteileschutz wie auch eine geregelte Abmagerung (λ > 1) z. B. für einen mageren Warmlauf beim Katalysatorheizen realisieren. Entsprechend **Bild 3** können dadurch die HC-Emissionen bei noch nicht erreichter Anspringtemperatur des Katalysators reduziert werden. Die stetige λ-Regelung ist damit für den mageren und fetten Betrieb geeignet.

Zweisonden-Regelung
Die λ-Regelung mit der λ-Sonde vor dem Katalysator hat eine eingeschränkte Genauigkeit, da die Sonde starken Belastungen (Vergiftungen, ungereinigtes Abgas) ausgesetzt ist. Der Sprungpunkt einer Zweipunktsonde bzw. die Kennlinie einer Breitbandsonde können sich z. B. durch geänderte

Abgaszusammensetzungen verschieben.
Eine λ-Sonde hinter dem Katalysator ist diesen Einflüssen in wesentlich geringerem
Maße ausgesetzt. Eine λ-Regelung, die alleine auf der Sonde hinter dem Katalysator
basiert, hat jedoch wegen der langen Gaslaufzeiten Nachteile in der Dynamik, insbesondere reagiert sie auf Luft-Kraftstoff-Gemischänderungen träger.

Eine größere Genauigkeit wird mit der
Zweisonden-Regelung (wie in Bild 10 dargestellt) erreicht. Dabei wird der beschriebenen schnellen Zweipunkt- oder der stetigen
λ-Regelung über eine zusätzliche Zweipunkt-λ-Sonde hinter dem Katalysator (Bild 12a)
eine langsamere Korrekturregelschleife überlagert. Bei der so entstandenen Kaskadenregelung wird die Sondenspannung der Zweipunkt-Sonde hinter dem Katalysator mit
einem Sollwert (z. B. 600 mV) verglichen.
Darauf basierend wertet die Regelung die
Abweichungen vom Sollwert aus und verändert additiv zur vorgesteuerten Verweilzeit
t_V die Fett- bzw. Magerverschiebung der inneren Regelschleife einer Zweipunktregelung
oder den Sollwert einer stetigen Regelung.

Dreisonden-Regelung
Sowohl aus Sicht der Katalysatordiagnose
(zur getrennten Überwachung des Vor- und
des Hauptkatalysators) als auch der Abgaskonstanz ist zur Erfüllung der strengen US-Abgasvorschrift SULEV (Super Ultra Low
Emission Vehicle, Kategorie der kalifornischen Abgasgesetzgebung) der Einsatz einer
dritten Sonde hinter dem Hauptkatalysator
empfehlenswert (Bild 12b). Das Zweisondenregelsystem (mit einer Einfachkaskade)
wird durch eine extrem langsame Regelung
mit der dritten Sonde hinter dem Hauptkatalysator erweitert.

Da die Anforderungen an die Einhaltung
der SULEV-Grenzwerte für eine Laufleistung
von 150 000 Meilen gelten, kann die Alterung des Vorkatalysators dazu führen, dass

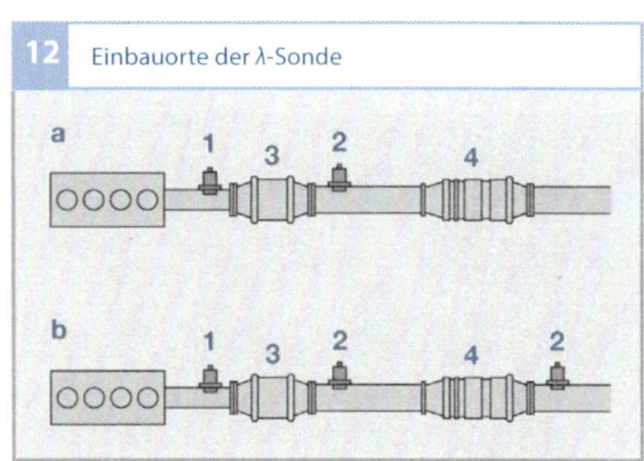

Bild 12
a) Zweisonden-Regelung
b) Dreisonden-Regelung

1   Zweipunkt- oder Breitband-λ-Sonde
2   Zweipunkt-λ-Sonde
3   Vorkatalysator
4   Hauptkatalysator

die λ-Messung mit der Zweipunkt-Sonde
hinter dem Vorkatalysator an Genauigkeit
verliert. Dies wird durch die Regelung mit
der Zweipunkt-Sonde hinter dem Hauptkatalysator kompensiert.

Regelung des NO_x-Speicherkatalysators
λ-Regelung bei der Benzin-Direkteinspritzung
Bei Systemen mit Benzin-Direkteinspritzung
können unterschiedliche Betriebsarten realisiert werden. Die Auswahl der jeweiligen Betriebsart erfolgt in Abhängigkeit vom Betriebspunkt des Motors und wird von der
Motorsteuerung eingestellt. Im Homogenbetrieb unterscheidet sich die λ-Regelung nicht
von den bisher aufgeführten Regelstrategien.
In den Schichtbetriebsarten ($\lambda > 1$) ist eine
Abgasnachbehandlung mit einem NO_x-Speicherkatalysator notwendig. Der Dreiwegekatalysator kann die NO_x-Emissionen im
mageren Betrieb nicht konvertieren. Die
λ-Regelung ist in diesen Betriebsarten deaktiviert.

Regelung des NO_x-Speicherkatalysators
Für Systeme, die zusätzlich einen mageren
Motorbetrieb ($\lambda > 1$) unterstützen, ist eine
Regelung des NO_x-Speicherkatalysators
(Bild 13) notwendig.

Der NO_x-Speicherkatalysator ist ein diskontinuierlich arbeitender Katalysator. In
einer ersten Betriebsphase mit Magerbetrieb
werden die NO_x-Emissionen eingespei-

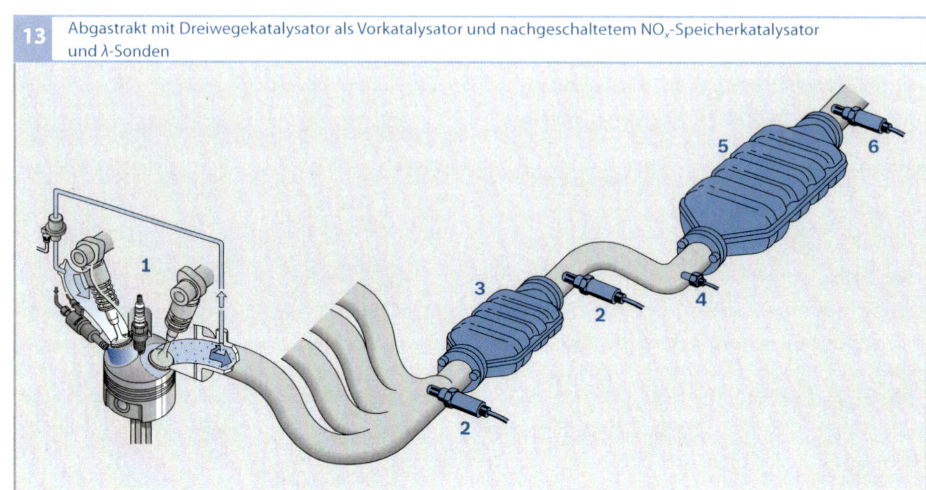

Bild 13
1   Motor mit Abgas-
    rückführsystem
2   λ-Sonde
3   Dreiwegekatalysator
    (Vorkatalysator)
4   Temperatursensor
5   NO$_x$-Speicherkata-
    lysator (Hauptkata-
    lysator)
6   NO$_x$-Sensor mit inte-
    grierter Zweipunkt-
    λ-Sonde

chert. Ist die NO$_x$-Speicherfähigkeit des Katalysators erschöpft, wird durch einen aktiven Eingriff in der Motorsteuerung in eine zweite Betriebsphase umgeschaltet, welche kurzzeitig fetten Motorbetrieb zur Regeneration des NO$_x$-Speichers liefert. Die Aufgabe der Regelung des NO$_x$-Speicherkatalysators besteht darin, den Füllstand des NO$_x$-Speicherkatalysators zu beschreiben und zu entscheiden, ab wann die Regeneration durchgeführt werden muss. Des Weiteren muss entschieden werden, ab wann wieder in den Magerbetrieb umgeschaltet werden kann. Der Kraftstoffverbrauchsvor-

teil durch die Schichtbetriebsart überwiegt in Summe deutlich dem Kraftstoffverbrauchsnachteil durch die Regeneration mit fettem Luft-Kraftstoff-Gemisch. In Bild 14 sind schematisch die NO$_x$-Massenströme vor und nach dem NO$_x$-Speicherkatalysator dargestellt.

NO$_x$-Einspeicherphase
Zur Regelung des NO$_x$-Speicherkatalysators wird der NO$_x$-Rohmassenstrom in Abhängigkeit von Betriebsparametern modelliert; er ist in Bild 14 beispielhaft als konstant dargestellt. Dieser Massenstrom dient als Eingang in ein NO$_x$-Einspeichermodell, welches sowohl den Füllstand als auch die NO$_x$-Emissionen hinter dem Katalysator modelliert. Zu Beginn der Einspeicherphase wird die NO$_x$-Rohemission nahezu vollständig eingespeichert, der modellierte NO$_x$-Massenstrom hinter Katalysator ist nahezu null. Mit zunehmender Einspeicherung steigen die NO$_x$-Emissionen hinter NO$_x$-Speicherkatalysator an. Die Regelung entscheidet, zu welchem Zeitpunkt der Wirkungsgrad der Einspeicherung nicht mehr ausreicht, und triggert eine NO$_x$-Regeneration. Das Modell kann durch den dem NO$_x$ Speicherkatalysa-

Bild 14
NO$_x$-Emissionen vor und nach dem NO$_x$-Speicherkatalysator in der Einspeicherphase
1   NO$_x$-Rohemission
2   modellierter NO$_x$-Massenstrom hinter dem NO$_x$-Speicherkatalysator

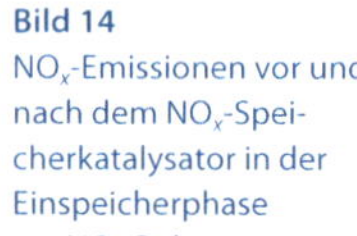

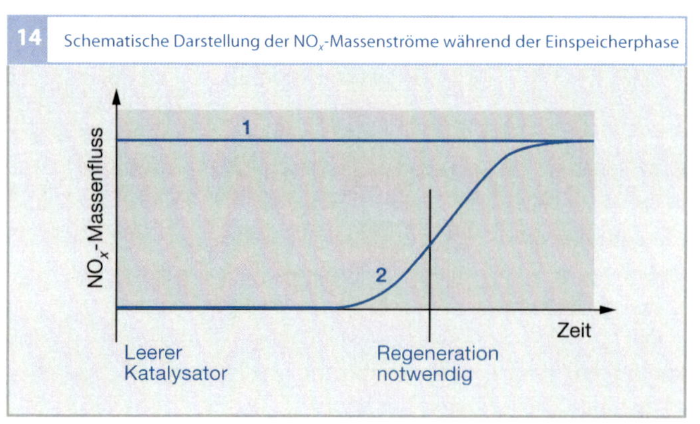

tor nachgeschalteten NO_x-Sensor adaptiert werden.

NO_x-Regenerationsphase
Die Regenerationsphase wird auch Ausspeicherphase genannt. Zur Regeneration des NO_x-Speicherkatalysators wird von der Schichtbetriebsart in den Homogenbetrieb umgeschaltet und angefettet ($\lambda = 0{,}8\dots0{,}9$), um die eingespeicherten NO_x-Emissionen durch Fettgas konvertieren zu können. Das Ende der Regenerationsphase und damit der Trigger für die Umschaltung in die Schichtbetriebsart, wird durch zwei Verfahren bestimmt: Beim ersten, modellgestützten Verfahren erreicht die berechnete Menge des noch im Speicherkatalysator vorhandenen NO_x eine untere Grenze. Beim zweiten Verfahren misst die im NO_x-Sensor integrierte λ-Sonde die Sauerstoffkonzentration im Abgas hinter dem NO_x-Speicherkatalysator und zeigt einen Spannungssprung von „mager" nach „fett", wenn die Regeneration beendet ist.

Literatur

[1] Konrad Reif: *Automobilelektronik – Eine Einführung für Ingenieure.* 5., überarbeitete Auflage, Springer Vieweg Verlag, Wiesbaden 2015, ISBN 978-3-658-05047-4

[2] Konrad Reif (Hrsg.): *Dieselmotor-Management: Systeme, Komponenten, Steuerung und Regelung.* 5., überarbeitete und erweiterte Auflage, Springer Vieweg, Wiesbaden 2012, ISBN 978-3-8348-1715-0

Sensoren

Sensoren erfassen einerseits den Fahrerwunsch als Sollwert und andererseits den Betriebszustand des Motors. Dabei wandeln sie physikalische oder chemische Größen in elektrische Signale um, die vom Motorsteuergerät ausgewertet werden können.

Einsatz im Kraftfahrzeug

Sensoren und Aktoren bilden die Schnittstelle zwischen dem Fahrzeug mit seinen komplexen Antriebs-, Brems,- Fahrwerk- und Karosseriefunktionen und den elektronischen Steuergeräten als Verarbeitungseinheiten (z. B. Motorsteuerung, ESP, Klimasteuerung). Ein Sensorelement wandelt dabei die zu erfassende Größe in eine elektrische Größe wie z. B. eine Widerstands- oder Kapazitätsänderung um. In der Regel bereitet eine Auswerteschaltung im Sensor diese Größen in ein elektrisches Ausgangssignal auf, das vom Steuergerät eingelesen werden kann. Je nach Partitionierung der Funktionen werden unterschiedliche Integrationsstufen von Sensoren unterschieden (Bild 1).

Die Ausgangssignale von Sensoren beeinflussen direkt Leistung, Drehmoment und Emissionen des Motors, das Fahrverhalten und die Sicherheit des Fahrzeugs. Daraus ergibt sich die Forderung nach präzisen und zuverlässigen Sensoren, die auch unter extremen Einsatzbedingungen sicher funktionieren:

- typischer Temperaturbereich –40 … +140 °C, teilweise bis 150 °C, im Abgasbereich bis 1 000 °C,
- Schüttelbeanspruchung über einen weiten Frequenzbereich mit Beschleunigungsamplituden bis zu 70 g,
- aggressive Umgebungsbedingungen hervorgerufen durch Wasser, Salz, Kraftstoff und Abgase,
- hohe elektromagnetische Einstrahlung und Einkopplung über den Kabelbaum.

Mit der Funktionalität des Motormanagements steigt der Umfang beteiligter Sensoren. Sensoren müssen deshalb zum einen geringe Abmessungen und Leistungsaufnahmen besitzen und zum anderen zu geringen Preisen verfügbar sein. Eine Möglichkeit, diese Anforderungen zu erfüllen, bietet die Mikromechanik, weshalb viele der derzeit

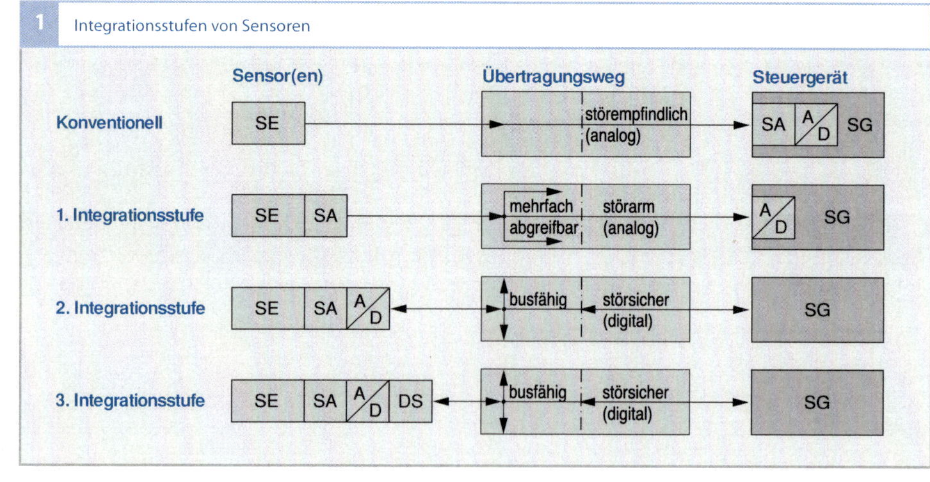

Bild 1
SE   Sensorelement
SA   analoge Signalaufbereitung
A/D   Analog-Digital-Wandler
DS   digitale Signalverarbeitung
SG   Steuergerät

eingesetzten Sensoren mikromechanische Sensoren sind. Durch eine Integration mikromechanischer Sensorelemente und mikroelektronischer Auswerteschaltungen können Sensorelement, Signalaufbereitung, Analog-Digital-Wandlung und Selbstkalibrierungsfunktionen kostengünstig in einem Chip integriert werden.

Durch die Kombination verschiedener Sensoren, wie z. B. Druck-, Feuchte-, Temperatur- und Durchflusssensoren, in so genannten Sensormodulen ergeben sich darüber hinaus Synergieeffekte hinsichtlich Funktion, Bauraum und Kommunikation vom Sensormodul zum Steuergerät.

Temperatursensoren

Beim Motormanagement kommt eine Vielzahl von Temperatursensoren zum Einsatz. Die wichtigsten Sensorgruppen werden im Folgenden beschrieben.

Anwendung

Motortemperatursensor

Dieser Sensor ist im Kühlmittelkreislauf eingebaut (Bild 2), um für die Motorsteuerung von der Kühlmitteltemperatur auf die Motortemperatur schließen zu können (Messbereich −40 … +130 °C).

Lufttemperatursensor

Dieser Sensor erfasst die Ansauglufttemperatur im Ansaugtrakt, mit der sich in Verbindung mit einem Ladedrucksensor die angesaugte Luftmasse berechnen lässt. Außerdem können Sollwerte für Regelkreise (z. B. Abgasrückführung, Ladedruckregelung) an die Lufttemperatur angepasst werden (Messbereich −40 … +130 °C).

Motoröltemperatursensor

Das Signal des Motoröltemperatursensors wird unter anderem bei der Berechnung des

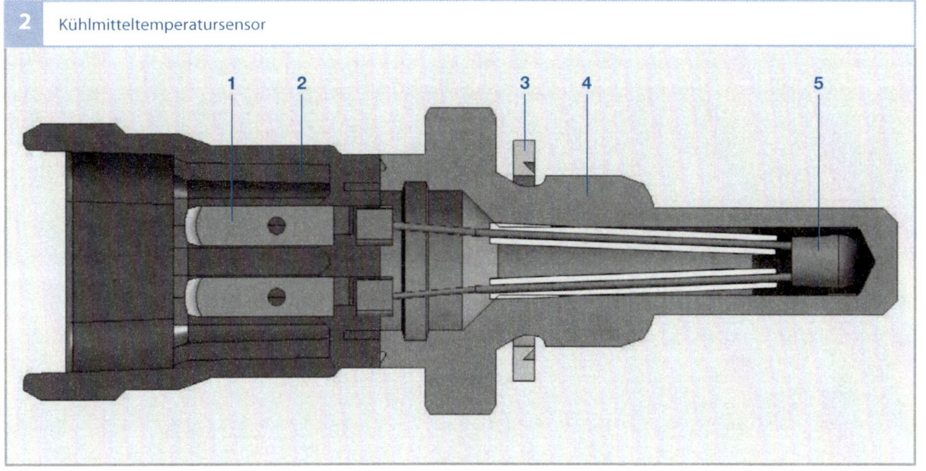

2   Kühlmitteltemperatursensor

Bild 2
1   elektrischer Anschluss
2   Gehäuse
3   Dichtring
4   Einschraubgewinde
5   Messwiderstand

Service-Intervalls verwendet (Messbereich –40 … +170 °C).

Kraftstofftemperatursensor

Er ist z. B. im Dieselkraftstoff-Niederdruckteil eingebaut. Mit der Kraftstofftemperatur kann die eingespritzte Kraftstoffmenge genau berechnet und Dichteschwakungen entsprechend korrigiert werden (Messbereich –40 … +120 °C).

Abgastemperatursensor

Dieser Sensor wird an temperaturkritischen Stellen im Abgassystem montiert. Er wird für die Regelung der Systeme zur Abgasnachbehandlung eingesetzt. Der Messwiderstand besteht meist aus Platin (Messbereich –40 … +1 000 °C).

Temperatursensoren in Sensormodulen

Oft wird der Temperatursensor mit anderen Sensoren in Sensormodulen verbaut. Beispielsweise werden Drucksensoren in Kombination mit Temperatursensoren angeboten. Es ergeben sich Synergien hinsichtlich des mechanischen Aufbaus und der elektrischen Kontaktierung.

Aufbau und Arbeitsweise

Temperatursensoren werden je nach Anwendungsgebiet in unterschiedlichen Bauformen angeboten. In einem Gehäuse ist ein temperaturabhängiger Messwiderstand aus Halbleitermaterial eingebaut. Dieser hat üblicherweise einen negativen Temperaturkoeffizienten (NTC, Negative Temperature Coefficient, **Bild 3**). Sein Widerstand verringert sich bei steigender Temperatur stark.

Der Messwiderstand ist Teil einer Spannungsteilerschaltung, die mit einer Referenzspannung versorgt wird. Die am Messwiderstand gemessene Spannung ist damit temperaturabhängig. Sie wird im Steuergerät über einen Analog-Digital-Wandler eingelesen und ist ein Maß für die Temperatur am Sensor. Im Motorsteuergerät ist eine Kennlinie gespeichert, die der Ausgangspannung eine entsprechende Temperatur zuweist.

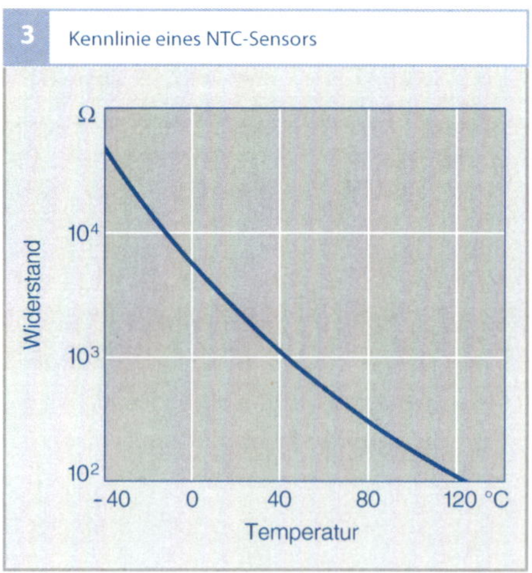

3   Kennlinie eines NTC-Sensors

Motordrehzahlsensoren

Anwendung

Motordrehzahlsensoren, auch Drehzahlgeber genannt, werden beim Motor-Management eingesetzt zum

- Messen der Motordrehzahl,
- Ermitteln der Winkellage der Kurbelwelle (Stellung der Motorkolben),
- Ermitteln der Arbeitsspielposition von 4-Takt-Motoren (0–720° Kurbelwellenwinkel) durch Lageerkennung der Nockenwelle in Bezug zur Kurbelwelle,
- Notbetrieb des Motors bei Ausfall des Phasengebers.

Über Impulsräder werden magnetische Feldänderungen erzeugt. Mit steigender Drehzahl steigt die Anzahl der erzeugten Impulse. Die Drehzahl wird im Steuergerät über den Zeitabstand zweier Impulse berechnet.

Induktive Drehzahlsensoren

Aufbau und Arbeitsweise

Der Sensor ist – durch einen Luftspalt getrennt – direkt gegenüber einem ferromagnetischen Impulsrad montiert (Bild 4, Pos. 7). Er enthält einen Weicheisenkern (Polstift, Pos. 4), der von einer Wicklung (5) umgeben ist. Der Polstift ist mit einem Dauermagneten (1) verbunden. Der magnetische Fluss erstreckt sich über den Polstift bis hinein in das Impulsrad. Der magnetische Fluss durch die Spule hängt davon ab, ob dem Sensor eine Lücke oder ein Zahn des Impulsrads gegenübersteht. Ein Zahn bündelt den Streufluss des Magneten. Es kommt zu einer Verstärkung des Magnetflusses durch die Spule. Eine Lücke dagegen schwächt den Magnetfluss. Diese Magnetflussänderungen induzieren beim Drehen des Impulsrads in der Spule eine zur Änderungsgeschwindigkeit und damit zur Motordrehzahl proportionale periodische Ausgangsspannung

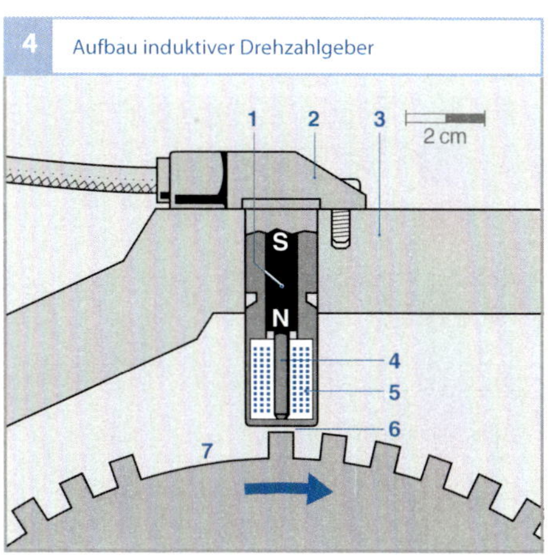

Bild 4
1 Dauermagnet
2 Sensorgehäuse
3 Motorgehäuse
4 Polstift
5 Wicklung
6 Luftspalt
7 Impulsrad mit Bezugsmarke
N Nordpol des Dauermagneten
S Südpol des Dauermagneten

(Bild 5). Die Amplitude der Wechselspannung wächst mit steigender Drehzahl stark an (von wenigen Millivolt bis über hundert Volt). Eine ausreichende Amplitude ist ab einer Mindestdrehzahl von ca. 20 Umdrehungen pro Minute vorhanden.

Die Anzahl der Zähne des Impulsrads hängt vom Anwendungsfall ab. Für die Motorsteuerung kommen Impulsräder mit 60er-Teilung zum Einsatz, wobei zwei Zähne ausgelassen sind (siehe Bild 4, Pos. 7). Das Impulsrad hat somit 60 − 2 = 58 Zähne. Die Lücke bei den fehlenden Zähnen stellt eine

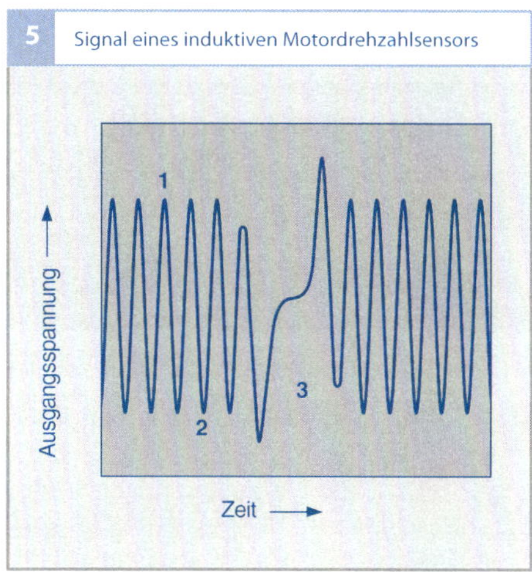

Bild 5
1 Zahn
2 Zahnlücke
3 Bezugsmarke

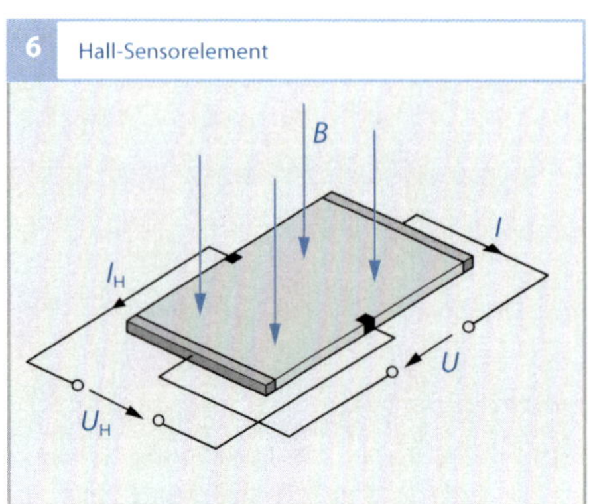

Bezugsmarke dar und ist einer definierten Kurbelwellenstellung zugeordnet. Sie dient zur Synchronisation des Steuergeräts.

Zahn- und Polgeometrie müssen aneinander angepasst sein. Eine Auswerteschaltung im Steuergerät formt die sinusähnliche Spannung mit stark unterschiedlicher Amplitude in eine Rechteckspannung mit konstanter Amplitude um. Dieses Signal wird im Mikrocontroller des Steuergeräts ausgewertet.

Aktive Drehzahlsensoren

Aktive Drehzahlsensoren arbeiten nach dem magnetostatischen Prinzip. Damit ist eine Drehzahlerfassung auch bei sehr kleinen Drehzahlen möglich. Es erfolgt also eine quasistatische Drehzahlerfassung. Das aufgenommene Rohsignal wird durch eine Auswerteschaltung im Sensor aufbereitet, die Amplitude des Ausgangssignals ist damit nicht von der Drehzahl abhängig.

Differential-Hall-Sensor

An einem stromdurchflossenen Plättchen, das senkrecht von einer magnetischen Induktion B durchsetzt wird, kann quer zur Stromrichtung eine zum Magnetfeld proportionale Spannung U_H (Hall-Spannung) abgegriffen werden (Bild 6). Beim Differential-Hall-Sensor wird das Magnetfeld von einem Permanentmagneten im Sensor erzeugt (Bild 7, Pos. 1). Zwischen dem Magneten und dem Impulsrad (4) befinden sich zwei Hall-Sensorelemente (2 und 3). Der magnetische Fluss, von dem diese durchsetzt werden, hängt davon ab, ob dem Drehzahlsensor ein Zahn oder eine Lücke gegenübersteht. Mit Differenzbildung der Signale aus beiden Sensoren wird eine Reduzierung magnetischer Störsignale und ein verbessertes Signal-Rausch-Verhältnis erreicht.

Die Flanken des Sensorsignals können ohne Digitalisierung direkt im Steuergerät verarbeitet werden. Anstelle des ferromagnetischen Impulsrads werden auch Multipolräder eingesetzt (Bild 8). Hier ist auf einem nichtmagnetischen metallischen Träger ein magnetisierbarer Kunststoff aufgebracht und wechselweise magnetisiert. Diese Nord- und Südpole übernehmen die Funktion der Zähne des Impulsrads. Bei Einsatz eines Multipol-Geberrades werden keine Permanent-Magnete im Sensor benötigt.

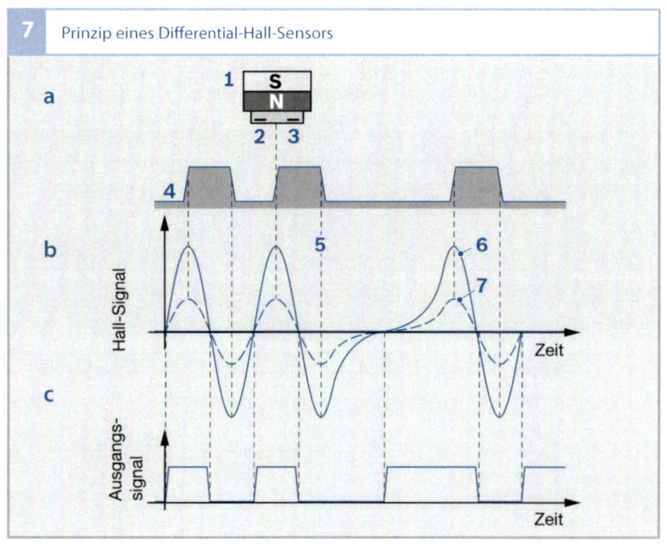

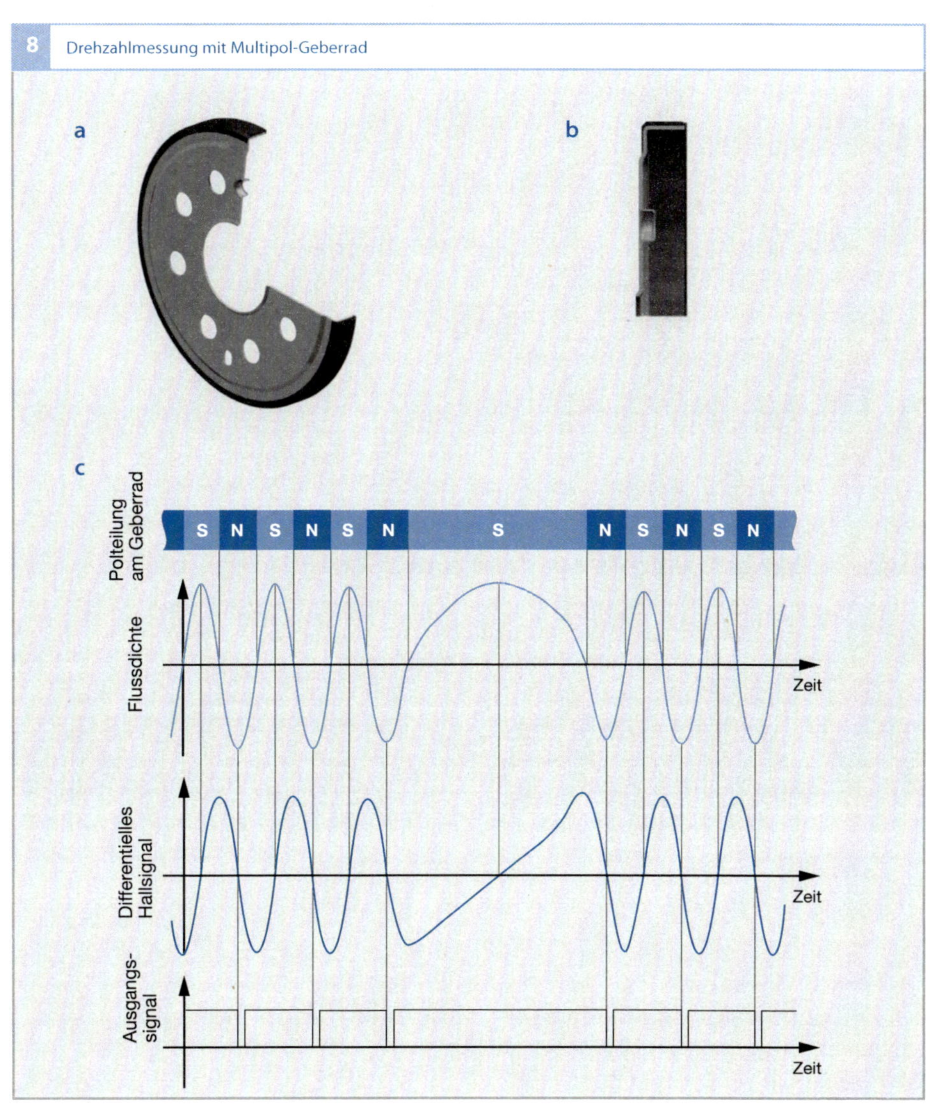

Bild 8
a, b Multipol-Geberrad
c Sensorsignale

AMR-Sensoren

Der elektrische Widerstand von magnetoresistivem Material ist anisotrop. Das heißt, er hängt von der Richtung des ihm ausgesetzten Magnetfelds ab. Diese Eigenschaft wird im AMR-Sensor (Anisotropic Magnetoresistance Sensor) ausgenutzt. Der Sensor sitzt zwischen einem Magneten und dem Impulsrad. Die Feldlinien ändern ihre Richtung, wenn sich das Impulsrad dreht. Daraus ergibt sich eine sinusförmige Spannung, die in einer Auswerteschaltung im Sensor verstärkt und in ein Rechtecksignal umgewandelt wird.

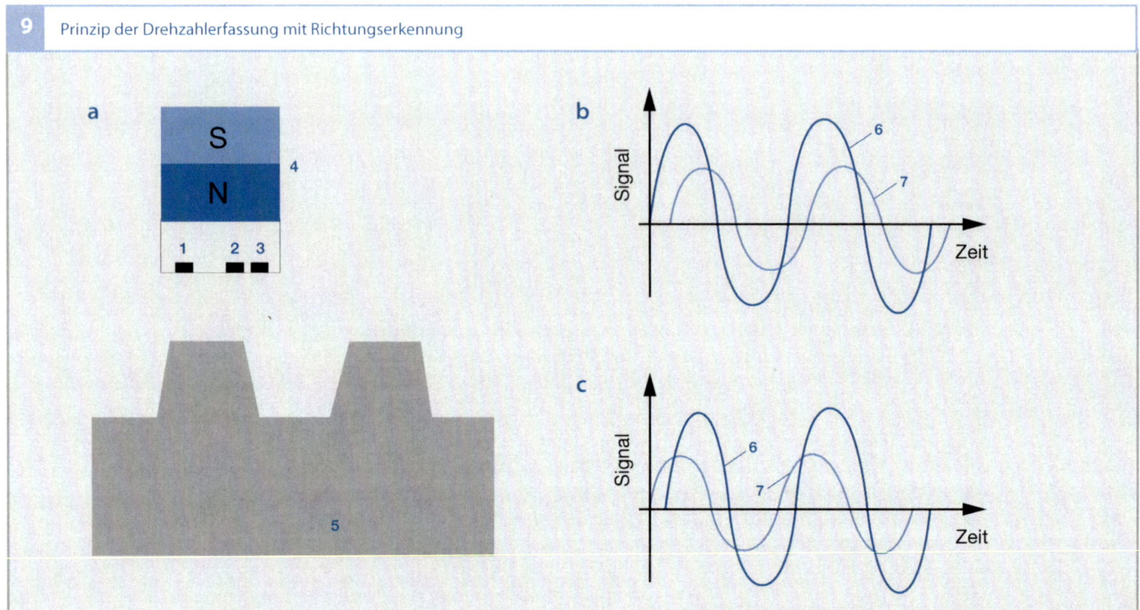

Bild 9
a   Anordnung
b   Sensorsignale bei Drehrichtung vorwärts
c   Sensorsignale bei Drehrichtung rückwärts

1, 2, 3 Hall-Sensoren (der erste Differential-Hall-Sensor besteht aus den Hall-Sensoren 1 und 2, der zweite Differential-Hall-Sensor besteht aus den Hall-Sensoren 2 und 3)
4   Permanentmagnet
5   Impulsrad
6   Signal des ersten Differential-Hall-Sensors
7   Signal des zweiten Differential-Hall-Sensors

Sensoren mit Drehrichtungserkennung

Insbesondere bei Motoren mit Start-Stopp-Funktion ist nach Abschalten des Motors die genaue Kenntnis von der Position der Kurbelwelle notwendig, um einen schnellen Motorstart zu ermöglichen. Dazu muss eine Pendelbewegung der Kurbelwelle erkannt werden, die bei Abstellen des Motors entsteht. Neben der Bestimmung der Drehzahl muss dazu die Drehrichtung detektiert werden. Die Bestimmung der Drehrichtung erfolgt über zwei verschoben angeordnete Differential-Hall-Sensoren (Bild 9). Die Phasenverschiebung zwischen den beiden Signalen gibt die Drehrichtung an. Beide Sensorelemente sind in einem Gehäuse untergebracht.

Hall-Phasensensoren

Anwendung

Die Nockenwelle ist bei 4-Takt-Motoren gegenüber der Kurbelwelle um 1:2 untersetzt. Ihre Stellung zeigt an, ob sich ein zum oberen Totpunkt bewegender Motorkolben im Verdichtungs- oder im Ausstoßtakt befindet. Der Phasensensor an der Nockenwelle (auch Phasengeber genannt) gibt diese Information an das Steuergerät. Sie wird bei Zündanlagen mit Einzelfunken-Zündspulen und mit sequentieller Einspritzung (SEFI) für die Ermittlung des Verstellwinkels der Nockenwelle (bei Nockenwellenverstellung) und für den Notbetrieb des Motors beim Ausfall des Drehzahlgebers benötigt.

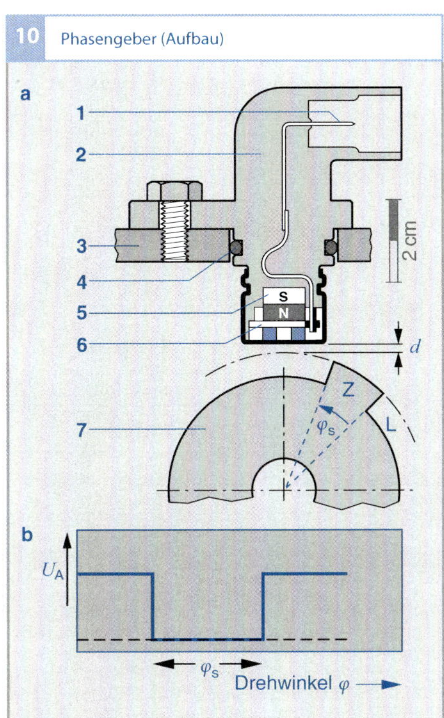

Der in **Bild 10** gezeigte Sensor kann beliebig um die Sensorachse gedreht werden, ohne an Genauigkeit zu verlieren. Durch diese flexibel drehbare Einbaulage (Twist Insensitive Mounting) kann er mit der gleichen Geometrie und den gleichen Befestigungsflanschen in unterschiedlichen Anwendungen und Einbausituationen verbaut werden, die Variantenvielfalt wird reduziert.

Außerdem erkennt der Sensor in **Bild 10** direkt beim Einschalten, ob er über einem Zahn oder einer Lücke steht. Diese Eigenschaft wird „True Power on" genannt. Sie reduziert Synchronisierzeiten zwischen Kurbelwellen- und Nockenwellensignal, was insbesondere bei Start-Stopp-Systemen von Bedeutung ist.

Bild 10
a Positionierung von Sensor und Impulsrad
b Ausgangsspannungsverlauf U_A

1 elektrischer Anschluss (Stecker)
2 Sensorgehäuse
3 Motorgehäuse
4 Dichtring
5 Dauermagnet
6 Hall-IC
7 Impulsrad mit Zahn (Z) und Lücke (L)
d Luftspalt
φ Drehwinkel
$φ_S$ vom Zahn überdeckter Winkel
U_A Ausgangsspannung

Aufbau und Arbeitsweise

Hallsensoren (**Bild 10**) nutzen den Hall-Effekt: Mit der Nockenwelle rotiert ein Impulsrad (**Bild 10**, Pos. 7) mit Zähnen, Segmenten oder einer Lochblende aus ferromagnetischem Material. Der Hall-IC (6) befindet sich zwischen Rotor und einem Dauermagneten (5), der ein Magnetfeld senkrecht zum Hall-Element liefert.

Passiert ein Zahn (Z) das stromdurchflossene Sensorelement (Halbleiterplättchen) des Phasengebers, verändert er die Feldstärke des Magnetfelds senkrecht zum Hall-Element. Dadurch entsteht ein Spannungssignal (eine Hall-Spannung), das unabhängig von der Relativgeschwindigkeit zwischen dem Sensor und dem Impulsrad ist. Die im Hall-IC integrierte Auswerteelektronik des Sensors bereitet das Signal auf und gibt es als Rechtecksignal aus (**Bild 10**).

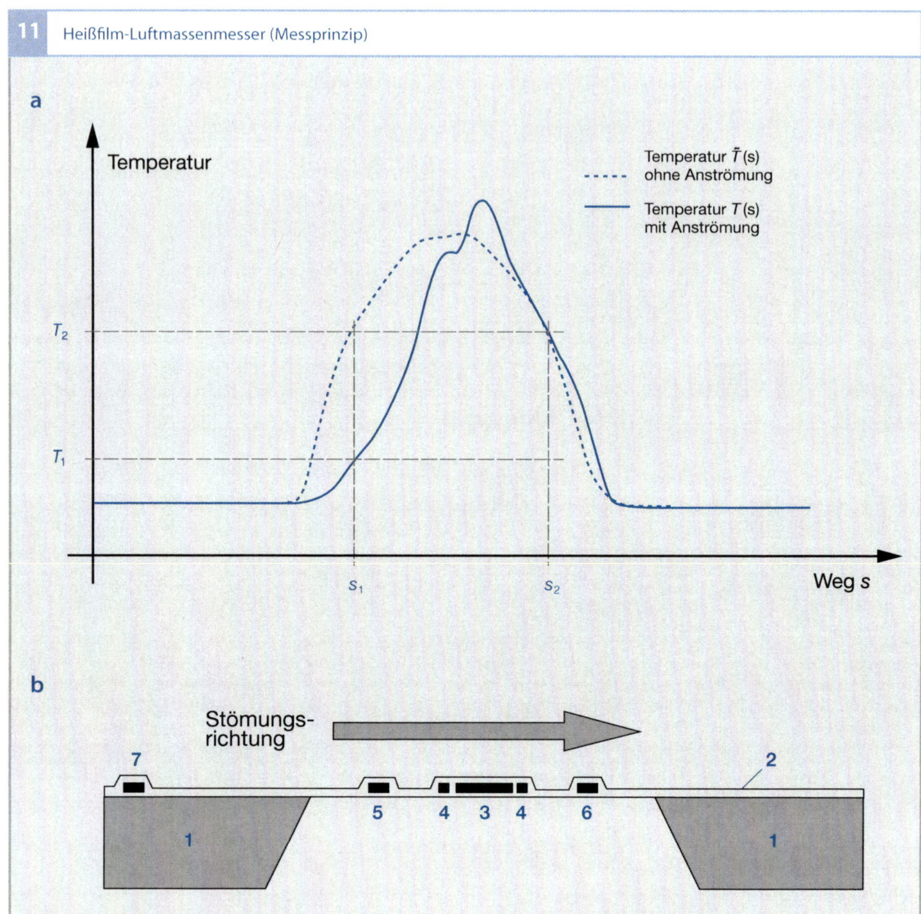

Bild 11

a   Temperaturprofil
entlang der Strö-
mungsrichtung
b   Querschnitt durch
das mikromechani-
sche Sensorelement

1   Siliziumrahmen
2   Membran
3   Heizwiderstand
4   Heizungs-
temperatursensor
5, 6 Temperatur-
sensoren
7   Ansaugluft-
temperatursensor

Heißfilm-Luftmassenmesser

Anwendung

Eine genaue Vorsteuerung des Luft-Kraftstoff-Verhältnisses setzt voraus, dass die im
jeweiligen Betriebszustand zugeführte Luftmasse präzise bestimmt wird. Zu diesem
Zweck misst der Heißfilm-Luftmassenmesser einen Teilstrom des tatsächlich angesaugten Luftmassenstroms. Er berücksichtigt
auch die durch das Öffnen und Schließen
der Ein- und Auslassventile hervorgerufenen
Pulsationen und Rückströmungen. Ände-
rungen der Ansauglufttemperatur oder des

Luftdrucks haben keinen Einfluss auf die
Messgenauigkeit.

Aufbau und Arbeitsweise

Heißfilm-Luftmassenmesser (HFM) arbeiten
nach einem thermischen Messprinzip. Der
Heißfilm-Luftmassenmesser in **Bild 11b** enthält ein mikromechanisches Sensorelement,
das auf einem Silizium-Rahmen (1) eine
Sensor-Membran (2) aufspannt. In der Mitte
der Sensor-Membran befindet sich ein Heizbereich, der mit Hilfe eines Heizwiderstands
(3) und eines Temperaturfühlers (4) auf eine
Temperatur geregelt wird, die deutlich über

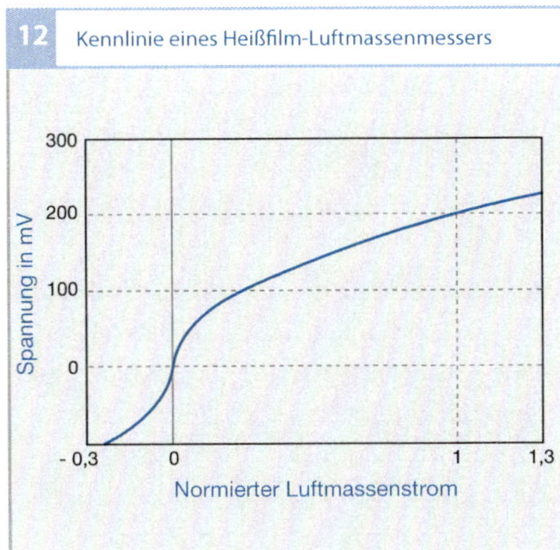

12   Kennlinie eines Heißfilm-Luftmassenmessers

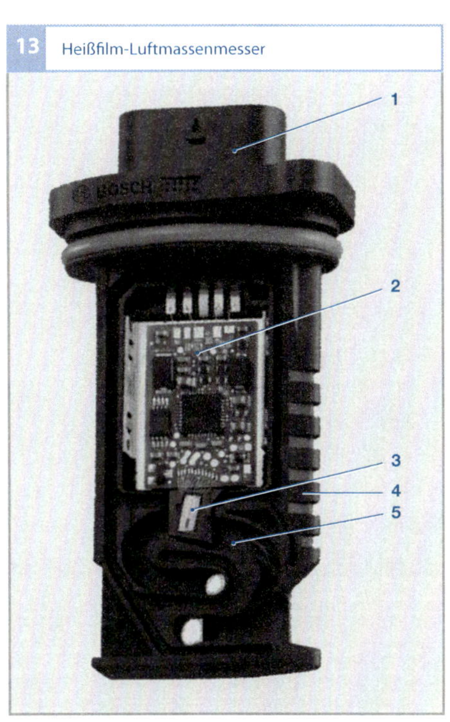

13   Heißfilm-Luftmassenmesser

Bild 13
1 elektrische An-
  schlüsse (Stecker)
2 Auswertelektronik
3 Sensorelement
4 Sensorgehäuse
5 Messkanal

der Temperatur der Ansaugluft liegt. Ein auf
dem Silizium-Rahmen liegender Temperatursensor (7) erfasst die Temperatur der angesaugten Luft als Referenz. Durch die im-
plementierte analoge Regelung wird die
Membran auf eine Temperatur geregelt, die
ca. 100 K höher ist als die angesaugte Luft.

Ohne Anströmung fällt die Temperatur $\tilde{T}$
vom Heizbereich zu den Membranrändern
hin symmetrisch ab (Bild 11a). Stromauf
und stromab des Heizbereichs befinden sich
Messpunkte s_1 und s_2, die in diesem Fall auf
demselben Temperaturniveau liegen, d. h.

$$\tilde{T}(s_1) = \tilde{T}(s_2) = T_2 .$$

Mit der Anströmung wird durch die Wär-
meübertragung von der heißen Membran
an den kälteren Luftmassenstrom der
stromauf des Heizbereiches liegende Teil
der Membran abgekühlt und die Tempera-
tur an der Stelle s_1 sinkt auf $T(s_1) = T_1$, wie
Bild 11a zeigt. Die vorbeiströmende Luft
heizt sich über dem Heizbereich auf. Der
stromab liegende Temperaturfühler behält
durch die Erwärmung der Luft im Heizbereich seine Temperatur $T(s_2) = T_2$ näherungsweise bei. Die Temperaturfühler weisen damit eine Temperaturdifferenz auf,
die in Betrag und Richtung von der Anströmung abhängt. Die Temperaturdiffe-

renz wird über eine Messbrücke erfasst
und repräsentiert die Luftmasseninforma-
tion. Die Ausgangsspannung ist in Bild 12
als Funktion des Luftmassenstroms dargestellt.

Auf Grund der sehr dünnen mikromechanischen Membran reagiert der Sensor sehr
schnell auf Veränderungen (die Zeitkonstan-
te liegt unter 15 ms). Dies ist besonders bei
stark pulsierenden Luftströmungen wichtig.
Eine Kontamination der Sensormembran
mit Staub, Schmutzwasser oder Öl führt zu
Fehlanzeigen der Luftmasse und muss deshalb vermieden werden.

Der Heißfilm-Luftmassenmesser in
Bild 13 ragt mit seinem Gehäuse in ein
Messrohr, das je nach der für den Motor be-
nötigten Luftmasse unterschiedliche Durch-
messer haben kann. In den Sensor ist ein
Elektronikmodul integriert, das die Auswer-
teelektronik (2) und das mikromechanische
Sensorelement (3) trägt. Die Auswerteelekt-

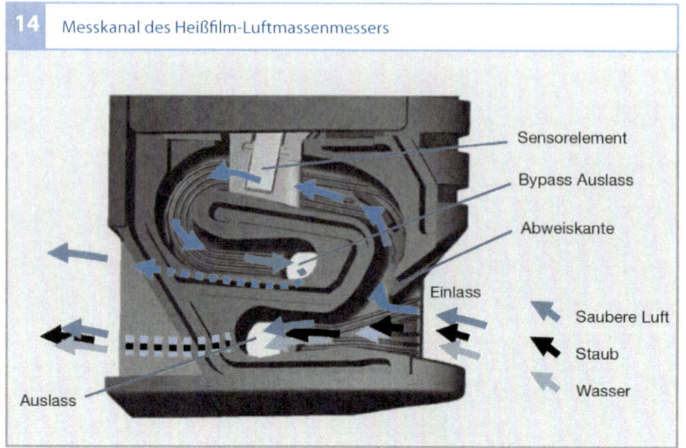

ronik ist über elektrische Anschlüsse (1) mit dem Steuergerät verbunden.

Zur Verbesserung des Kontaminationsschutzes wird der Messkanal (Bild 13, Pos. 5 und Bild 14) zweiteilig ausgeführt. Der Kanal, der am Sensorelement vorbeiführt, weist eine scharfe Kante auf, die von der Luft umströmt werden muss. Schwere Partikel und Schmutzwassertropfen können dieser Umlenkung nicht folgen und werden aus dem Teilstrom ausgeschieden. Sie verlassen den Sensor über einen zweiten Kanal. Dadurch gelangen deutlich weniger Schmutzpartikel und Tropfen zum Sensorelement, sodass die Kontamination reduziert wird und die Lebensdauer des Luftmassenmessers auch bei Betrieb mit kontaminierter Luft deutlich verlängert wird.

Der Heißfilm-Luftmassenmesser als Sensormodul

Der Heißfilm-Luftmassenmesser wird bei einigen Anwendungen als Sensormodul verwendet (Bild 15), das den Luftmassenstrom, den Ansaugdruck, die Ansaugtemperatur und die Luftfeuchte der Ansaugluft bestimmt. Damit werden im Luftmassenmesser alle für die Füllungserfassung und Füllungsdiagnose relevanten Größen bestimmt.

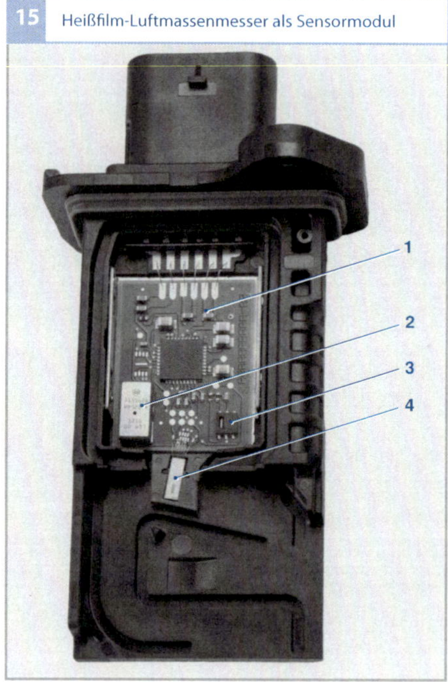

Bild 15
1 Standard-Heißfilm-
  Luftmassenmesser
2 Drucksensor
3 Feuchtesensor
4 Sensorelement mit
  integriertem Temperatursensor

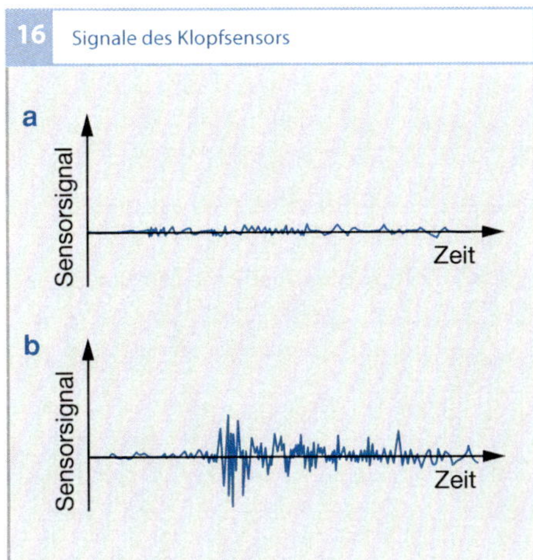

16 Signale des Klopfsensors

a

b

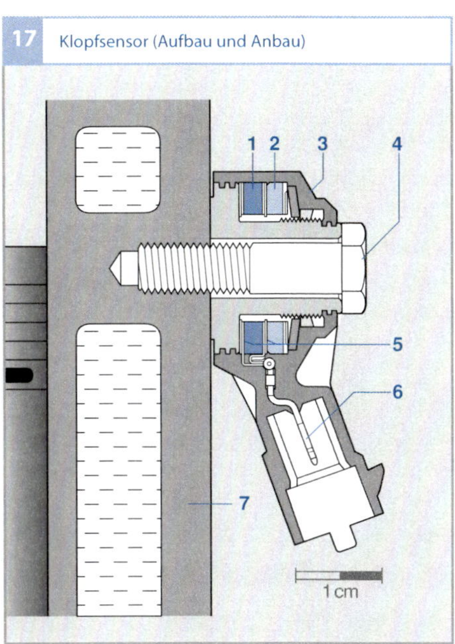

17 Klopfsensor (Aufbau und Anbau)

Piezoelektrische Klopfsensoren

Anwendung

Klopfsensoren sind vom Funktionsprinzip Vibrationssensoren und eignen sich zum Erfassen von Körperschallschwingungen. Diese treten z. B. in Ottomotoren bei unkontrollierten Verbrennungen als „Klopfen" auf. Sie werden vom Klopfsensor in elektrische Signale umgewandelt (Bild 16) und dem Motorsteuergerät zugeführt, das durch Verstellen des Zündwinkels dem Motorklopfen entgegenwirkt.

Aufbau und Arbeitsweise

Eine vom Gehäuse entkoppelte (seismische) Masse (Bild 17, Pos. 2) übt aufgrund ihrer Trägheit Druckkräfte im Rhythmus der anregenden Schwingungen auf eine ringförmige Piezokeramik (1) aus. Diese Kräfte bewirken innerhalb der Keramik eine Ladungsverschiebung. Zwischen der Keramikober- und -unterseite (bezogen auf die Richtung der Befestigungsschraube) entsteht eine elektrische Spannung, die über Kontaktscheiben (5) ab-

gegriffen und im Motorsteuergerät weiterverarbeitet wird.

Anbau

Für 4-Zylinder-Motoren ist ein Klopfsensor ausreichend, um die Klopfsignale für alle Zylinder zu erfassen. Höhere Zylinderzahlen erfordern zwei oder mehr Klopfsensoren. Der Anbauort der Klopfsensoren am Motor ist so ausgewählt, dass das Klopfen aus jedem Zylinder sicher erkannt werden kann. Er liegt meist auf der Breitseite des Motorblocks. Die entstehenden Signale (Körperschallschwingungen) müssen vom Messort am Motorblock resonanzfrei in den Klopfsensor eingeleitet werden können. Hierzu ist eine feste Schraubverbindung mit einem definierten Drehmoment erforderlich. Die Auflagefläche und die Bohrung im Motor müssen eine vorgeschriebene Güte aufweisen und es dürfen keine Unterleg- oder Federscheiben zur Sicherung verwendet werden.

Mikromechanische Drucksensoren

Anwendung

Mikromechanische Drucksensoren erfassen den Druck verschiedener Medien im Fahrzeug, z. B.:

- den Saugrohrdruck, z. B. für die Lasterfassung in Motormanagementsystemen,
- den Ladedruck für die Ladedruckregelung,
- den Umgebungsdruck für die Berücksichtigung der Luftdichte z. B. in der Ladedruckregelung,
- den Öldruck für die Kontrolle der Motorschmierung (und ggf. Warnung über die Kontrollleuchte),
- den Kraftstoffdruck für die Überwachung des Verschmutzungsgrads des Kraftstofffilters und zur Erfassung des Füllstandes von Kraftstofftanks,
- den Differenzdruck, z. B. zur Überwachung des Beladungszustandes von Diesel-Partikelfiltern.

Arbeitsweise von Drucksensoren

Die Messzelle mikromechanischer Drucksensoren besteht aus einem Silizium-Chip (Bild 18a, Pos. 2), in den mit Hilfe von mikromechanischen Prozessen eine dünne Membran eingeätzt ist (1). Auf der Membran sind vier Messwiderstände eindiffundiert, deren elektrischer Widerstand sich bei mechanischer Dehnung ändert.

Abhängig von der anliegenden Druckdifferenz wird die Membran der Sensorzelle durchgebogen. Die Verschiebung der Membranmitte liegt dabei im Bereich von 10 … 1 000 µm und nimmt mit steigendem Differenzdruck zu. Die vier Messwiderstände auf der Membran ändern (gemäß dem piezoresistiven Effekt) aufgrund der Durchbiegung und den damit verbundenen mechanischen Dehnungen oder Stauchungen ihren elektrischen Widerstand.

Die Messwiderstände sind auf dem Silizium-Chip so angeordnet, dass der elektrische Widerstand von zwei Messwiderständen zunimmt und von den beiden anderen abnimmt. Sie werden als Brückenschaltung angeordnet (Bild 18b). Diese Messspannung U_M ist damit ein Maß für den an der Membran anliegenden Differenzdruck.

Die Elektronik für die Signalaufbereitung ist auf dem Chip integriert (Bild 19) und hat die Aufgabe, die Brückenspannung zu verstärken, Temperatureinflüsse zu kompensieren und die Druckkennlinie zu linearisieren. Die Ausgangsspannung liegt typischerweise im Bereich von 0 … 5 V und wird über elektrische Anschlüsse dem Motorsteuergerät zugeführt. Das Steuergerät berechnet aus dieser Ausgangsspannung den gemessenen Druck.

Drucksensoren zur Messung eines Absolutdruckes sind ähnlich aufgebaut wie Drucksensoren zur Differenzdruckmessung. Der zur Durchbiegung der Sensormembran erforderliche Differenzdruck ergibt sich in diesem Fall aus dem zu messenden Absolutdruck und einem Referenzvakuum. Das Referenzvakuum wurde in der Vergangen-

Bild 18
a   Schnittbild
b   Brückenschaltung

1   Membran
2   Silizium-Chip
3   Träger
p   Messdruck
U_0 Versorgungsspannung
U_M Messspannung
R_1 Dehnwiderstand (gestaucht)
R_2 Dehnwiderstand (gedehnt)

18   Messzelle des Drucksensors

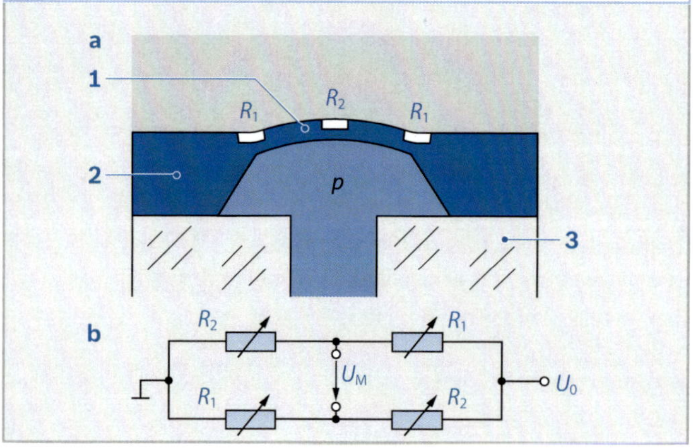

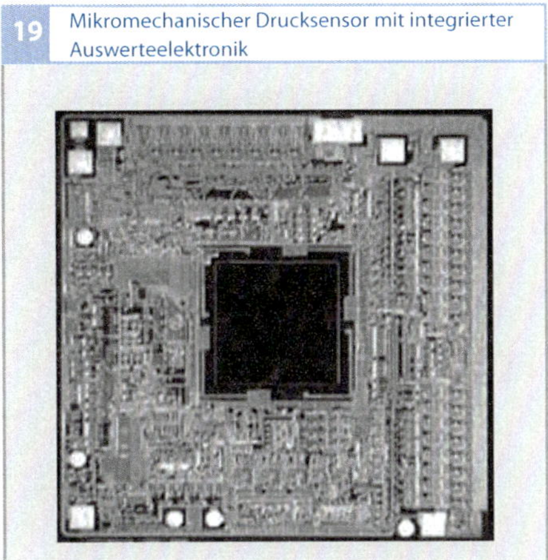

19 Mikromechanischer Drucksensor mit integrierter Auswerteelektronik

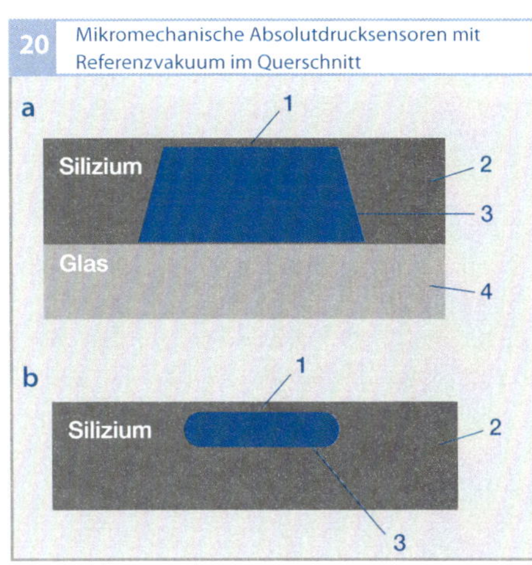

20 Mikromechanische Absolutdrucksensoren mit Referenzvakuum im Querschnitt

Bild 20
a Referenzvakuum in einer Kaverne
b Absolutdrucksensor in Oberflächen-Mikromechanik

1 Membran
2 Silizium-Chip
3 Referenzvakuum
4 Glasträger

heit in einem Sensorgehäuse mit Kappe realisiert. Ein erster Kostenfortschritt wurde durch Konzepte erreicht, die ein Referenzvakuum direkt unter der Sensormembran einschließen (Bild 20a). Bei aktuellen Absolutdrucksensoren wird die Sensormembran und das Referenzvakuum durch Prozesse der Oberflächen-Mikromechanik direkt auf dem Sensor-Chip realisiert (Bild 20b). Durch die höhere Integrationsdichte und die einfacheren Aufbau- und Verbindungsprozesse ergibt sich ein weiterer Kostenvorteil.

Aufbau von Drucksensoren

Der Aufbau der Drucksensoren ist abhängig von der jeweiligen Anwendung. Ausgangspunkt ist eine Messzelle (Bild 21). Die Kontakte des Sensor-Chips werden auf das Lead-Frame eines Premold-Gehäuses gebondet. Die so entstehende Messzelle wird in ein Gehäuse montiert, wobei die Kontaktierung von der Messzelle zu den Kontakten des Steckers über Bond- oder Schweißprozesse erfolgt. Nach Montage und Kontaktierung wird das Sensorgehäuse mit Deckeln verschlossen. Zur Steigerung der Sensor-Robustheit wird die Oberseite des Sensor-Chips mit einem speziellen Gel gegen Umwelteinflüsse geschützt.

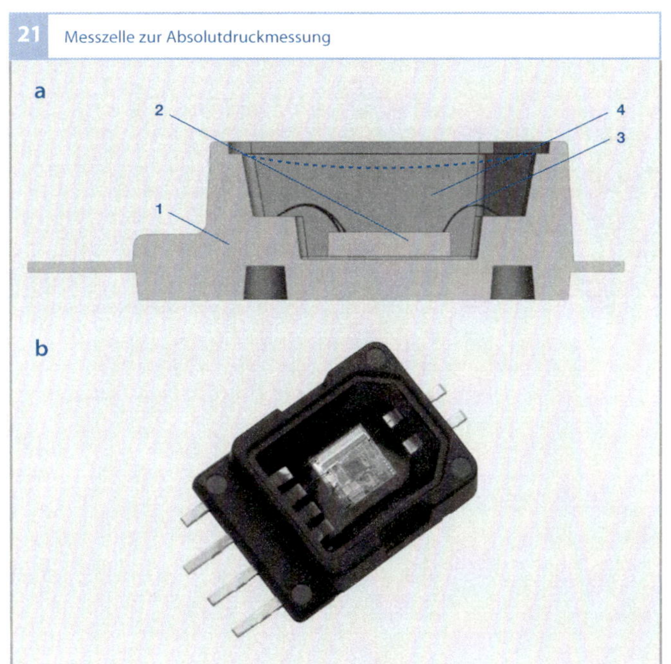

21 Messzelle zur Absolutdruckmessung

Bild 21
a Aufbau
b Ausführungsform

1 Premould-Gehäuse mit Lead-Frame
2 Sensor-Chip mit Auswerteschaltung
3 Dünndraht-Bond-Verbindung
4 Schutzgel

Absolutdrucksensoren (Bild 22) und Differenzdrucksensoren (Bild 23) unterscheiden sich in der Messzelle und in dem konstruktiven Aufbau. Bei der Absolutdruckmessung wird die Sensormembran einseitig mit dem zu messenden Druck beaufschlagt, der erforderliche Gegendruck ergibt sich aus dem eingeschlossenen Referenz-Vakuum. Bei Differenzdrucksensoren, die die Druckdifferenz $p_1 - p_2$ bestimmen sollen, wird der Druck p_1 zur Membran-Oberseite und der Druck p_2 zur Membran-Unterseite zugeführt. Weiteres Ziel der Konstruktion ist der Schutz des Sensors vor schädigenden Umwelteinflüssen, wobei hier ein Kompromiss zwischen geeigneter Zu-

gänglichkeit für den Druck und Schutz des Sensors eingegangen werden muss.

Im Gehäuse des Drucksensors kann zusätzlich ein Temperatursensor integriert sein, dessen Signale unabhängig ausgewertet werden können.

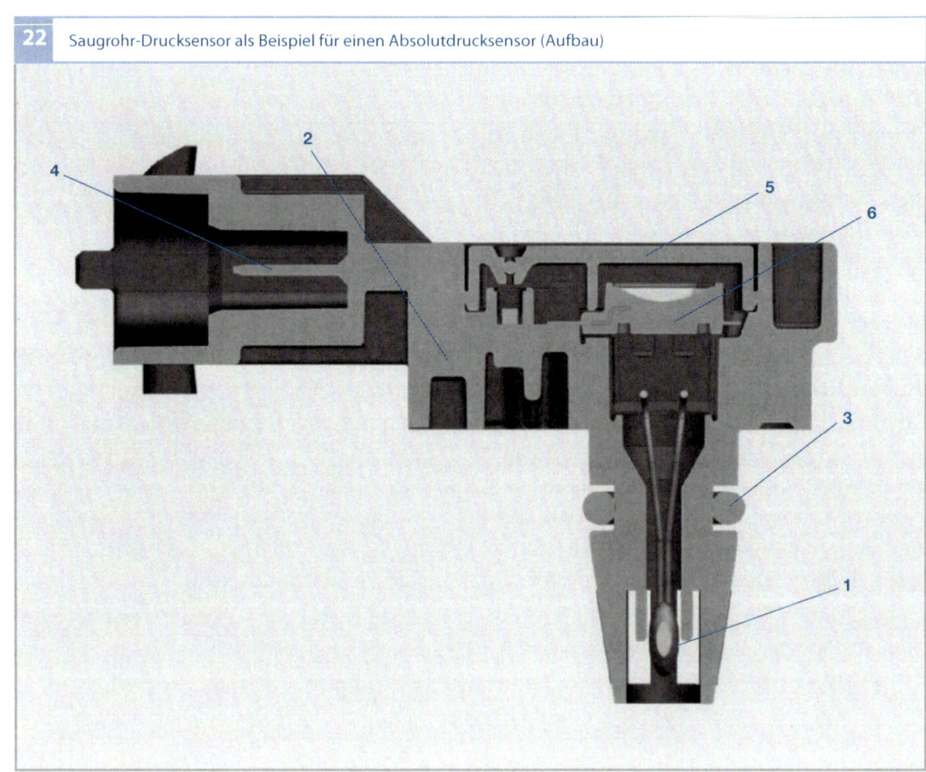

22 Saugrohr-Drucksensor als Beispiel für einen Absolutdrucksensor (Aufbau)

Bild 22
1 Temperatursensor (NTC)
2 Gehäuseunterteil
3 Dichtring
4 elektrischer Anschluss (Stecker)
5 Gehäusedeckel
6 Messzelle zur Absolutdruckmessung

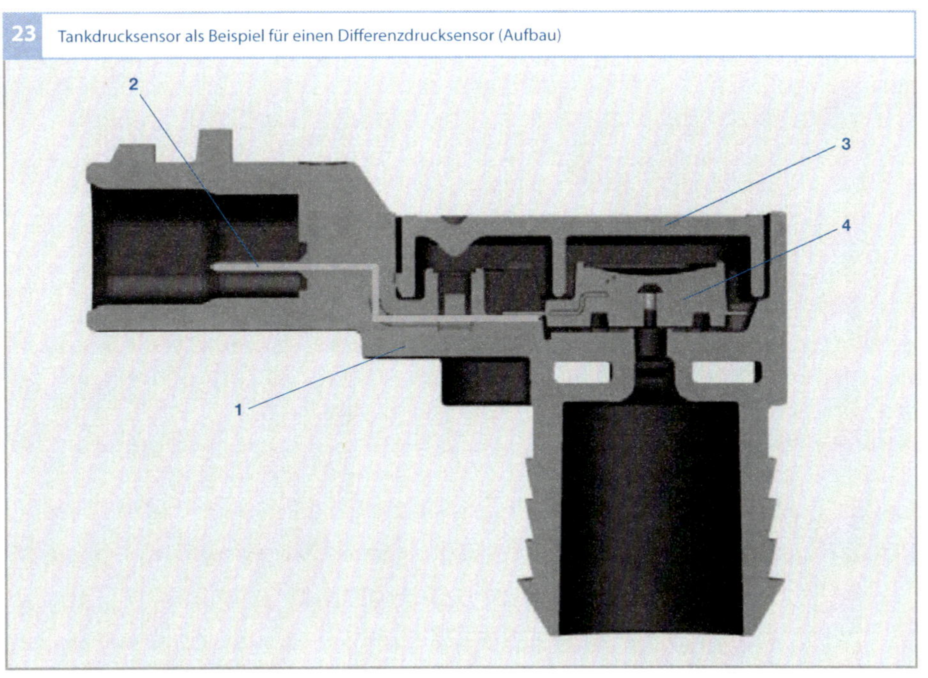

23   Tankdrucksensor als Beispiel für einen Differenzdrucksensor (Aufbau)

Bild 23
1 Gehäuseunterteil
2 elektrischer Anschluss (Stecker)
3 Gehäusedeckel
4 Messzelle zur Differenzdruckmessung

Hochdrucksensoren

Anwendung

Hochdrucksensoren werden im Kraftfahrzeug zur Messung von Kraftstoffdruck und Bremsflüssigkeitsdruck eingesetzt, z. B. als Raildrucksensor für ein Benzin-Direkteinspritzsystem (mit einem Druck bis 200 bar) oder für ein Dieseleinspritzsystem mit Common Rail (mit einem Druck bis 2 000 bar) und als Bremsflüssigkeitsdrucksensor im Hydroaggregat des elektronischen Stabilitätsprogramms (mit einem Druck bis 350 bar).

Aufbau und Arbeitsweise

Hochdrucksensoren arbeiten nach dem gleichen Prinzip wie mikromechanische Drucksensoren. Den Kern des Sensors bildet eine Stahlmembran, auf der Dehnwiderstände in Brückenschaltung aufgedampft sind (Bild 24, Pos. 3). Der Messbereich des Sensors hängt von der Dicke der Membran ab. Je dicker die

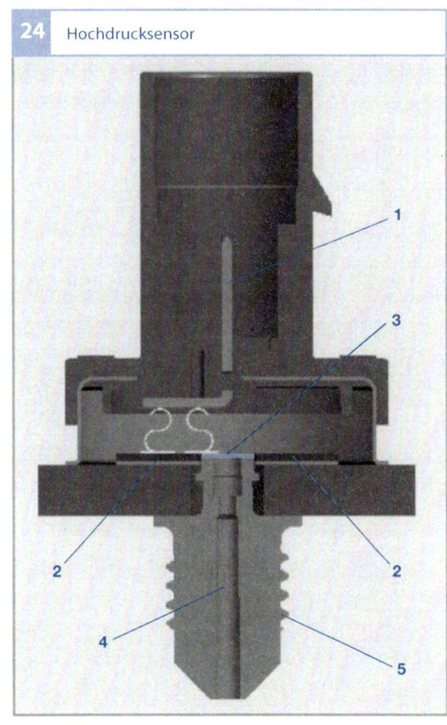

24   Hochdrucksensor

Bild 24
1 Elektrischer Anschluss (Stecker)
2 Auswerteschaltung
3 Stahlmembran mit Dehnwiderständen
4 Druckanschluss
5 Befestigungsgewinde

Membran ist, desto höhere Drücke können gemessen werden. Sobald der zu messende Druck über den Druckanschluss (4) auf die eine Seite der Membran wirkt, ändern die Dehnwiderstände aufgrund der Membrandurchbiegung ihren Widerstandswert. Die von der Brückenschaltung erzeugte Ausgangsspannung ist proportional zum anliegenden Druck. Sie wird über Verbindungsleitungen (Bonddrähte) zu einer Auswerteschaltung (2) im Sensor geleitet. Diese verstärkt das Brückensignal auf 0 ... 5 V und leitet es dem Steuergerät zu, das daraus mithilfe einer Kennlinie den Druck berechnet.

λ-Sonden

Grundlagen

λ-Sonden messen den Sauerstoffgehalt im Abgas. Sie werden zur Regelung des Luft-Kraftstoff-Verhältnisses in Kraftfahrzeugen eingesetzt. Der Name leitet sich von der Luftzahl λ ab. Sie gibt das Verhältnis der aktuellen Luftmenge zur theoretischen Luftmenge an, die für eine vollständige Verbrennung des Kraftstoffs benötigt wird. Sie kann im Abgas nicht direkt bestimmt werden, sondern nur indirekt über den Sauerstoffgehalt im Abgas oder über die benötigte Sauerstoffmenge zum vollständigen Umsatz der brennbaren Komponenten. λ-Sonden bestehen aus Platinelektroden, die auf einem Sauerstoffionen leitenden, keramischen Fest-

elektrolyten (z. B. ZrO_2) angebracht sind. Das Signal von allen λ-Sonden beruht auf elektrochemischen Reaktionen unter Beteiligung von Sauerstoff.

Die eingesetzten Platinelektroden katalysieren die Reaktion von Resten der oxidierbaren Anteile im Angas (CO, H_2 und Kohlenwasserstoffe $C_xH_yO_2$) mit Restsauerstoff. λ-Sonden messen folglich nicht den realen Sauerstoff im Abgas, sondern den, der dem chemischen Gleichgewicht des Abgases entspricht. Sie setzen sich aus Nernst- und Pumpzellen zusammen.

Nernstzelle

Der Ein- und Ausbau von Sauerstoffionen in das Festelektrolytgitter ist abhängig vom Sauerstoffpartialdruck an der Oberfläche der Elektrode (Bild 25). So treten bei niedrigem Partialdruck mehr Sauerstoffionen aus als ein. Die frei werdenden Leerstellen im Gitter werden von nachrückenden Sauerstoffionen wieder besetzt. Aufgrund der dadurch resultierenden Ladungstrennung bei unterschiedlichen Sauerstoffpartialdrücken an den zwei Elektroden entsteht ein elektrisches Feld. Die elektrischen Feldkräfte drängen nachrückende Sauerstoffionen zurück und es bildet sich ein Gleichgewicht aus, dem die so genannte Nernstspannung entspricht.

Pumpzelle

Durch Anlegen einer Spannung, die kleiner oder größer als die sich ausbildende Nernstspannung ist, kann dieser Gleichgewichtszustand verändert und Sauerstoffionen aktiv durch die Keramik transportiert werden. Zwischen den Elektroden entsteht damit ein Strom, getragen von Sauerstoffionen. Entscheidend für die Richtung und Stärke ist dabei die Differenz zwischen angelegter Spannung U_P und sich ausbildender Nernstspannung. Dieser Vorgang wird elektrochemisches Pumpen genannt.

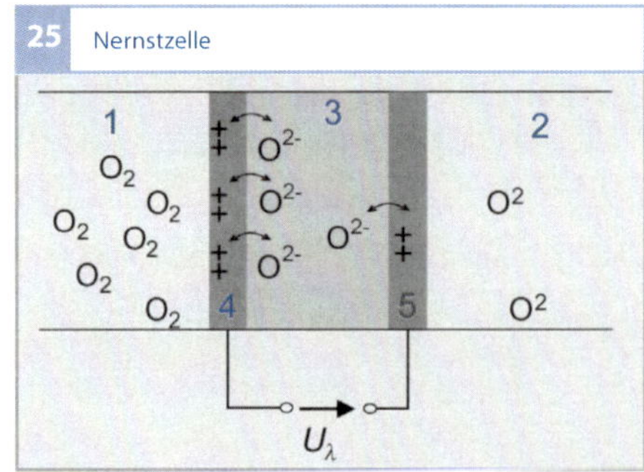

Zweipunkt-λ-Sonden

Anwendung

Zweipunkt-λ-Sonden zeigen an, ob ein fettes
($\lambda < 1$, Kraftstoffüberschuss) oder ein mageres Luft-Kraftstoff-Gemisch ($\lambda > 1$, Luftüberschuss) vorliegt. Mit ihrer Hilfe kann aufgrund des steilen Teils der Kennlinie der
Sauerstoffpartialdruck von stöchiometrischen Luft-Kraftstoff-Gemischen sehr genau
gemessen werden. Durch die Regelung der
Kraftstoffmenge wird ein möglichst schad-
stoffarmes Abgas erzielt.

Wirkungsweise

Die Wirkungsweise beruht auf dem Prinzip
einer Nernstzelle (NZ, Bild 25). Das Nutzsignal ist die Nernstspannung U_λ, die sich zwischen je einer dem Abgas und einer dem Referenzgas ausgesetzten Elektrode ausbildet.
Sie ist proportional zum Logarithmus aus
dem Verhältnis zwischen dem Partialdruck
des Referenzgases $p_R(O_2)$ und dem Partialdruck des Abgases $p_A(O_2)$. Die Proportiona-
litätskonstante setzt sich aus der Faraday-
konstante F, der allgemeinen Gaskonstante R
und der absoluten Temperatur T zusammen
und ergibt (siehe z. B. [3]):

$$U_\lambda = \frac{RT}{4F} \ln \frac{p_R(O_2)}{p_A(O_2)}.$$

Die Kennlinie der Nernstspannung ist sehr
steil bei $\lambda = 1$ (Bild 26).

In mageren Luft-Kraftstoff-Gemischen
steigt die Nernstspannung linear mit der
Temperatur an. In fetten Luft-Kraftstoff-Gemischen dagegen dominiert der Einfluss der
Temperatur auf den Gleichgewichtssauer-
stoffpartialdruck. Die Gleichgewichtseinstellung an der Abgaselektrode ist auch die Ursache für sehr kleine Abweichungen des
λ-Sprungs vom exakten Wert. Zum Schutz
vor Verschmutzungen und zur Förderung
der Gleichgewichtseinstellung durch Begrenzung der Zahl der ankommenden Gasteil-
chen ist die Abgaselektrode mit einer porö-

Bild 26
U_λ Sonden-
         spannung
$p_A(O_2)$ Sauerstoff-
         partialdruck im
         Abgas
λ Luftzahl

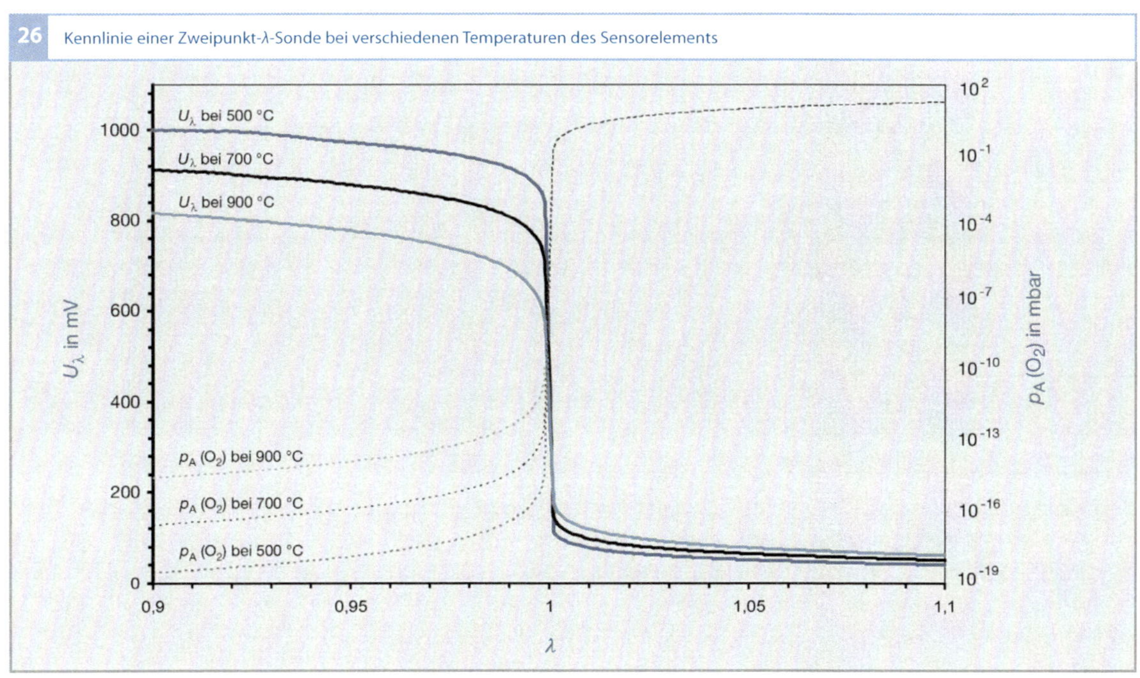

26   Kennlinie einer Zweipunkt-λ-Sonde bei verschiedenen Temperaturen des Sensorelements

sen Keramikschutzschicht abgedeckt. Wasserstoff und Sauerstoff diffundieren durch die poröse Schutzschicht und werden an der Elektrode umgesetzt. Zum vollständigen Umsatz des schneller diffundierenden Wasserstoffs an der Elektrode muss mehr Sauerstoff an der Schutzschicht zur Verfügung stehen; im Abgas muss ein insgesamt leicht mageres Luft-Kraftstoff-Gemisch vorliegen.

Die Kennlinie ist daher in Richtung mager verschoben. Dieser „λ-Shift" wird bei der Regelung elektronisch kompensiert. Zur Ausbildung des Signals wird ein Referenzgas benötigt, das vom Abgas durch die ZrO_2-Keramik gasdicht abgetrennt ist. In Bild 27 ist der Aufbau eines planaren Sensorelements mit Referenzluftkanal dargestellt. Bei diesem Typ wird als Referenzgas Luft aus der Umgebung verwendet.

Bild 28 zeigt das Element im Sensorgehäuse. Abgas- und Referenzgasseite sind über die Dichtpackung gasdicht voneinander getrennt. Die Referenzgasseite im Gehäuse wird entlang der elektrischen Zuleitungen ständig mit Referenzluft versorgt. Als Alternative zur Referenzluft werden verstärkt Systeme mit „gepumpter" Referenz verwendet. Unter Pumpen versteht man hier den aktiven Transport von Sauerstoff in der ZrO_2-Keramik durch Einprägen eines Stroms, wobei der so gering gewählt wird, dass die eigentliche Messung nicht gestört wird. Die Referenzelektrode selbst ist über einen dichteren Ausgang im Element an den Referenzgasraum angebunden. Dadurch baut sich ein Sauerstoffüberdruck an der Referenzelektrode auf. Dieses System bietet einen zusätzlichen Schutz gegen in den Referenzgasraum vordringende Gaskomponenten.

Robustheit

Das keramische Sensorelement ist durch ein Schutzrohr vor dem direkten Abgasstrom

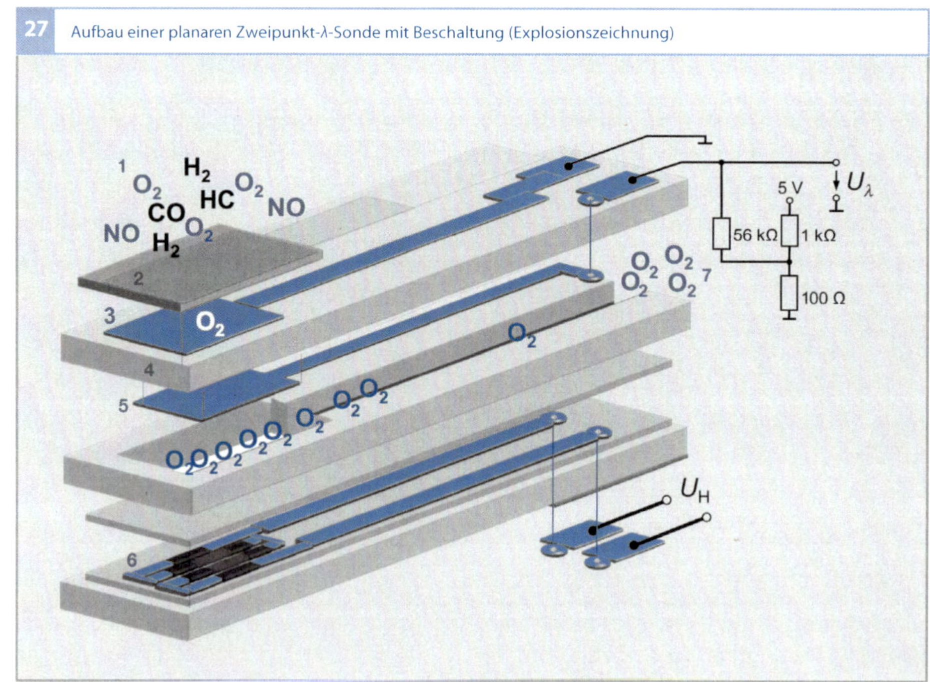

27   Aufbau einer planaren Zweipunkt-λ-Sonde mit Beschaltung (Explosionszeichnung)

Bild 27
Die senkrechten blauen Linien symbolisieren leitende Verbindungen
1   Abgas
2   Schutzschicht
3   Außenelektrode
4   Nernstzelle
5   Referenzelektrode
6   Heizer
7   Referenzluft

geschützt (Bild 28). Dieses enthält Öffnungen, durch die nur ein geringer Anteil des Abgases zum Sensorelement geführt wird. Es verhindert starke thermische Beanspruchungen durch den Abgasstrom und bietet gleichzeitig einen mechanischen Schutz für das keramische Element.

Die meisten Zweipunkt-λ-Sonden sind zusätzlich mit einem Heizer ausgerüstet (Bild 27). Dieser erlaubt das schnelle Aufheizen (Fast-Light-Off, FLO) des Sensorelements auf die Betriebstemperatur und ermöglicht eine früh verfügbare Regelbereitschaft.

In der Praxis wird die λ-Sonde nach dem Motorstart häufig erst verzögert eingeschaltet. Wasser, das als Verbrennungsprodukt entsteht und im kalten Abgastrakt wieder kondensiert, wird vom Abgas transportiert und kann zum Sensorelement gelangen. Trifft ein derartiger Tropfen auf ein heißes Sensorelement, so verdampft er augenblicklich und entzieht dem Sensorelement lokal sehr viel Wärme; es entsteht ein Thermoschock. Die dabei auftretenden starken mechanischen Spannungen können zum Bruch des keramischen Sensorelements führen. In vielen Motorapplikationen wird der Sensor deshalb erst nach ausreichender Erwärmung des Abgastraktes eingeschaltet. In neueren Entwicklungen werden die Keramikelemente mit einer porösen keramischen Schicht (Thermal Shock Protection, TSP) umgeben, die zu einer deutlichen Robustheitssteigerung hinsichtlich des Thermoschocks führt (Bild 29). Beim Auftreffen eines Wassertropfens verteilt sich dieser in der porösen Schicht. Die lokale Auskühlung wird breiter verteilt und mechanische Spannungen vermindert.

An das Gehäuse (Bild 28) werden hohe Temperaturanforderungen gestellt, die den Einsatz hochwertiger Materialien erfordern. Im Abgas können Temperaturen von über

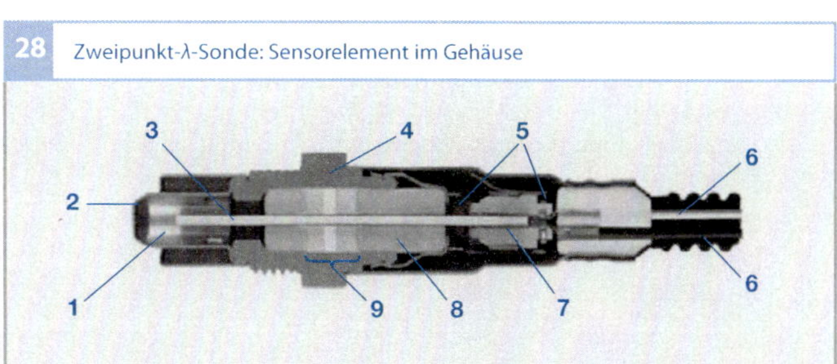

28 Zweipunkt-λ-Sonde: Sensorelement im Gehäuse

1 000 °C auftreten, am Sechskant noch 700 °C und am Kabelabgang bis zu 280 °C. Aus diesem Grund kommen im heißen Bereich des Sensors nur keramische und metallische Werkstoffe zum Einsatz.

Beschaltung

In Bild 27 ist die Beschaltung einer Zweipunkt-λ-Sonde gezeigt. Da sie im kalten Zustand wegen der fehlenden Leitfähigkeit der ZrO_2-Keramik kein Signal generieren kann, ist sie über einen Widerstand an einen Spannungsteiler gekoppelt. Im kalten Zustand liegt das Sensorsignal auf ca. 450 mV, dem Wert eines stöchiometrisch verbrannten Gases (mit $\lambda = 1$). Mit zunehmender Temperatur ist der Sensor in der Lage, die Nernstspannung auszubilden. Bild 30 zeigt dazu den Aufheizvorgang. Nach ca. 10 s ist die λ-Sonde auf ausreichend hoher Temperatur, um extern vorgegebene Mager-Fett-Wechsel anzuzeigen. Im

Bild 28
1 Abgasseite
2 Schutzrohr
3 Sensorelement
4 Sechskant
5 Referenzgas
6 elektrische Zuleitung
7 Kontaktierung
8 Stützkeramik
9 Dichtpackung

Bild 29
1 Wassertropfen
2 poröse Schutzschicht
3 Sensorelement

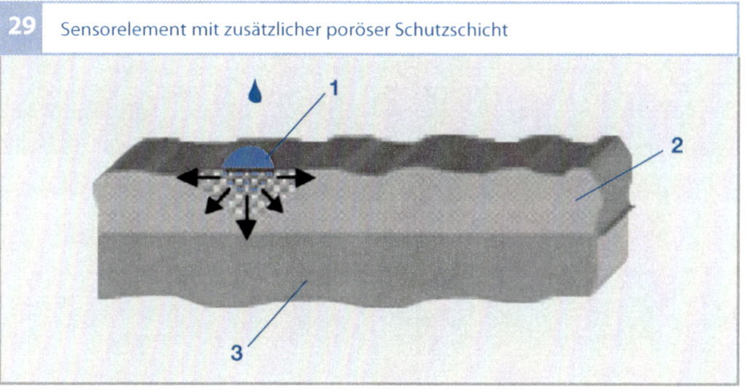

29 Sensorelement mit zusätzlicher poröser Schutzschicht

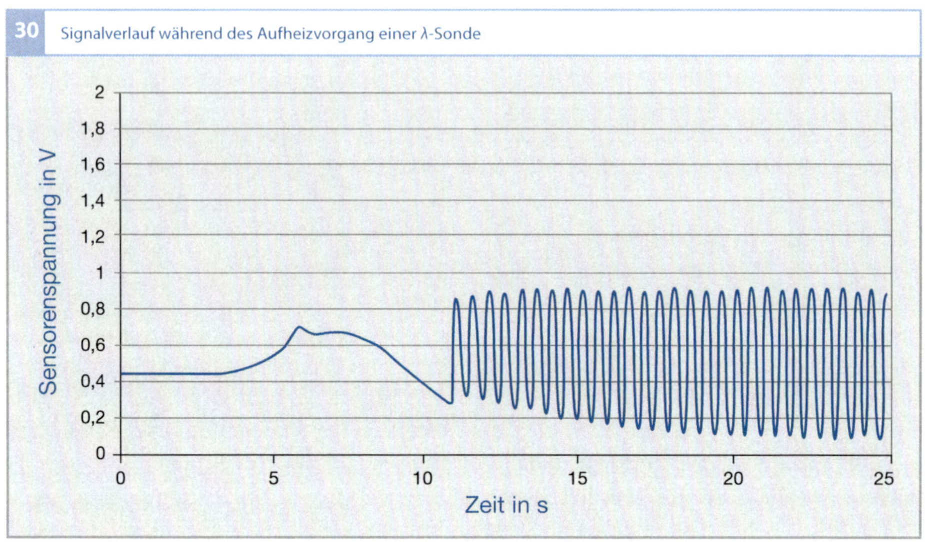

30 Signalverlauf während des Aufheizvorgang einer λ-Sonde

Fahrzeug kann dann auf Regelbetrieb umgeschaltet werden.

Ausführungsformen

Von den Zweipunkt-λ-Sonden gibt es verschiedene Ausführungsformen. Die Sensorelemente können in Form eines Fingers mit
separatem Heizelement (**Bild 31**) oder als
planares Element mit integriertem Heizer
(**Bild 27**) ausgestaltet sein, das in Folientech-
nik hergestellt wird (siehe z. B. [2]).

Bild 31
1 Fingerelement
2 Heizelement
3 Dichtung
4 Stützkeramik

31 Zweipunkt-λ-Sonde mit keramischem Fingerelement

Breitband-λ-Sonde

Anwendung

Mit dem Sprungsensor kann der Sauerstoffpartialdruck von stöchiometrischen Luft-
Kraftstoff-Gemischen im steilen Teil der
Kennlinie sehr genau gemessen werden. Bei
Luftüberschuss ($\lambda > 1$) oder Kraftstoffüberschuss verläuft die Kennlinie allerdings sehr
flach (**Bild 26**).

Der große Messbereich von Breitband-λ-
Sonden ($0,6 < \lambda < \infty$) ermöglicht erst den
Einsatz in Systemen mit Direkteinspritzung
und Schichtbetrieb sowie in Dieselmotoren.
Durch ein mit der Breitband-λ-Sonde dar-
stellbares stetiges Regelkonzept ergeben sich
erhebliche Systemvorteile wie z. B. ein geregelter Bauteilschutz. Die hohe Signaldyna-
mik von Breitband- λ-Sonden (Zeitkonstan-
te $t_{63} < 100$ ms, Zeit bis zum Anwachsen auf
63 % des Maximalwerts) ermöglicht eine
Verbesserung des Abgases in emissionsar-
men Fahrzeugen, z. B. durch Einzelzylinder-
regelung.

Aufbau und Funktion

Die Breitband-λ-Sonde ist in einer einfachen
Bauform (Einzeller) nur aus einer Pumpzelle
aufgebaut, mit einer Elektrode im Abgas und
einer zweiten in einem Referenzgasraum. In
einer optimierten Bauform (Zweizeller) sind
eine Nernstzelle und eine Pumpzelle kombiniert. Dabei ist die erste Elektrode der Pumpzelle dem Abgas zugewandt, die zweite befindet sich in einem Hohlraum in der Sauer-
stoffionenleitenden Keramik. In der optimierten Bauform ist darin auch eine Elektrode der Nernstzelle untergebracht, die zweite
wie bei der Zweipunkt-λ-Sonde in einem Referenzgas. Der Abgaszutritt zum Hohlraum
ist durch eine poröse keramische Struktur mit
gezielt eingestellten Porenradien, die so genannte Diffusionsbarriere (DB), begrenzt.

Einzeller

Die Pumpzelle entfernt durch elektrochemisches Pumpen den Sauerstoff aus dem Hohlraum solange, bis Pumpspannung und
Nernstspannung über den Elektroden der
Pumpzelle gleich groß sind. Bei ausreichender Pumpspannung ist in diesem stationären
Gleichgewicht der aus dem Abgas eindiffun-
dierende Sauerstoffmolekülstrom I_M proportional zum Pumpstrom I_p der Pumpzelle
und aufgrund des Diffusionsgesetzes direkt
proportional dem Partialdruck im Abgas
$p_A(O_2)$. Es ergibt sich [1]:

$$\frac{I_p}{4F} = I_M = \frac{A\,D(T)}{R\,T\,l}\left[p_A(O_2) - p_H(O_2)\right].$$

Hierbei ist $p_H(O_2)$ der vernachlässigbar geringe Sauerstoffpartialdruck im Hohlraum,
T die Temperatur, $D(T)$ die temperaturabhängige Diffusionskonstante, l die Länge
und A die Querschnittsfläche der Diffusionsbarriere (siehe Bild 32a).

Falls fettes Abgas vorhanden ist, entsteht
eine Nernstspannung von ca. 1 000 mV, sodass aufgrund der resultierenden negativen

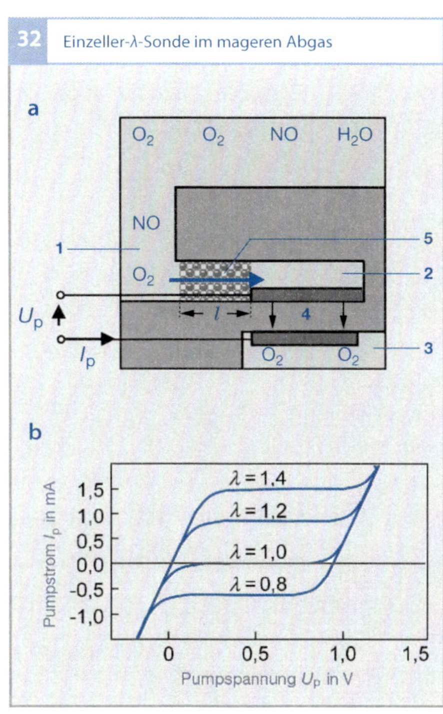

Bild 32
a Querschnitt
b Kennlinien

1 mageres Abgas
2 Hohlraum
3 Referenzluft
4 Pumpzelle
5 Diffusionsbarriere
   mit Fläche A und der
   Länge l

Die Pfeile in der
Pumpzelle geben die
Pumprichtung an.

Spannung Sauerstoff in den Hohlraum gepumpt und damit der lineare Verlauf der
Kennlinie in den fetten Bereich erweitert
wird. Der Sauerstoff dafür wird an der ab-
gasseitigen Elektrode aus der Reduktion von
Wasser und CO_2 gewonnen.

Nachteilig an dieser einfachen Bauform
einer Breitband-λ-Sonde ist, dass die feste
Pumpspannung von z. B. 500 mV ausreichen
muss, um im fetten Abgas Sauerstoff in den
Hohlraum hinein und im mageren Abgas
Sauerstoff aus ihm heraus zu pumpen. Daher
muss der Innenwiderstand der Pumpzelle
sehr niedrig sein. Daneben ist der Messbereich bei Luftmangel durch den Molekül-
strom im Referenzkanal eingeschränkt. Beim
Wechsel ist die Dynamik des einzelligen
Sensors durch die Umladung der Elektro-
denkapazitäten bei Änderung der Pumpspannung eingeschränkt.

Zweizeller

Um die Nachteile des Einzellers zu beheben, wird über eine ebenfalls an den Hohlraum gekoppelte Nernstzelle der Sauerstoffpartialdruck im Hohlraum gemessen und die Pumpspannung mittels eines Reglers (siehe Bilder 33 und 34) so nachgeführt, dass im Hohlraum ein Sauerstoffpartialdruck von ca. 10^{-2} Pa vorliegt, welches einer vorgegebenen Nernstspannung von z. B. 450 mV entspricht (Bild 33b).

Im Fall fetten Abgases (Bild 33a) wird durch Umpolen der Spannung an der Außenpumpelektrode Sauerstoff aus H_2O und CO_2 generiert, durch die Keramik transportiert und im Hohlraum wieder abgegeben. Dort reagiert der Sauerstoff mit dem eindiffundierenden fetten Abgas. Die entstandenen inerten Reaktionsprodukte H_2O und CO_2 diffundieren durch die Diffusionsbarriere nach außen. Da der Diffusionsgrenzstrom mit der Temperatur des Sensors an-

steigt, muss sie möglichst konstant gehalten werden. Hierzu wird der stark temperaturabhängige Widerstand der Nernstzelle gemessen. Der Sensor wird durch pulsweitenmodulierte Spannungspulse beheizt und die Betriebselektronik regelt den Widerstand der Nernstzelle und damit die Temperatur.

Bei fettem Abgas machen sich die unterschiedlichen Diffusionskoeffizienten der Abgasbestandteile (H_2, CO, $C_xH_yO_z$), die mit den Massen der Gasmoleküle korrelieren, bemerkbar. Sie diffundieren unterschiedlich schnell in den Hohlraum und besitzen darüber hinaus noch unterschiedliche Sauerstoffbedarfe zu deren Oxidation. Die Kennlinien sind deshalb unterschiedlich steil (siehe Bild 33c). Daher wird das Signal über eine für die jeweilige Gaszusammensetzung applizierte Kennlinie im Steuergerät berechnet.

Der Diffusionsgrenzstrom des Sensors und damit die Empfindlichkeit hängen von der Geometrie der Diffusionsbarriere ab.

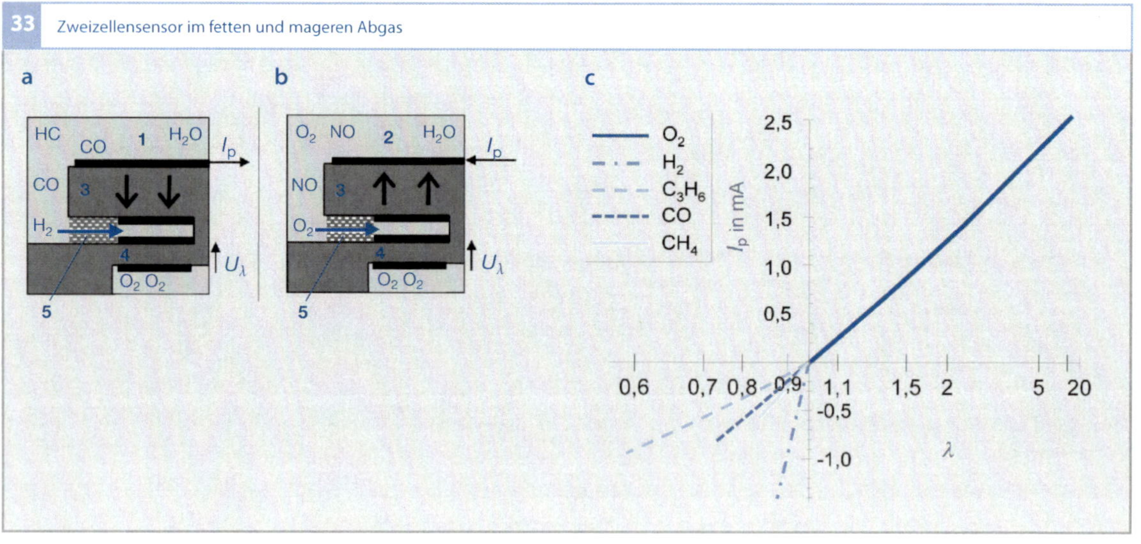

Bild 33

a, b Querschnitt
c   Kennlinie.
Je nach Polarität des Pumpstroms I_p diffundieren überwiegend reduzierende Abgasbestandteile (Teil-

bild a) oder Sauerstoff (Teilbild b) durch die Diffusionsbarriere. Für λ < 1 hängt die Kennlinie (Teilbild c) von der Abgaszusammensetzung ab, hier sind die Kennlinien

einzelner Abgaskomponenten eingetragen.

1 fettes Abgas
2 mageres Abgas
3 Pumpzelle
4 Nernstzelle
5 Diffusionsbarriere

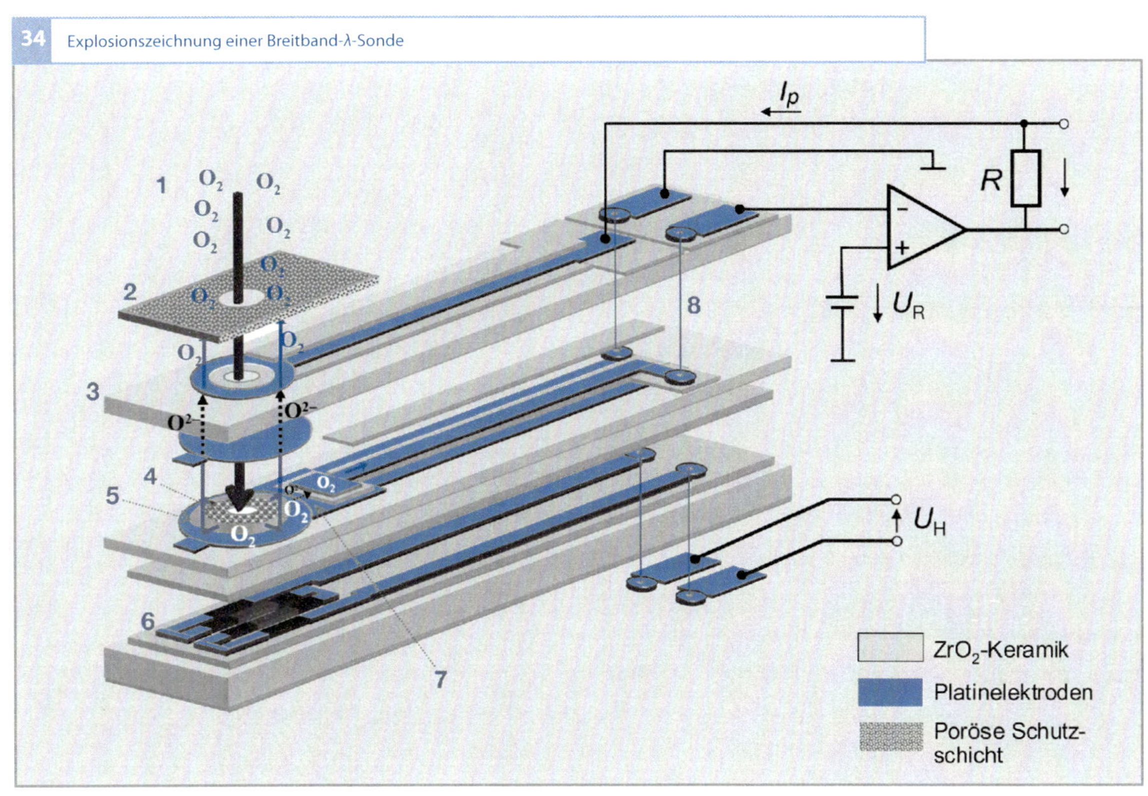

Um in der Fertigung die hohe geforderte Genauigkeit zu erreichen, ist ein Abgleich des Pumpstroms notwendig. Oft geschieht dies durch einen Widerstand im Sensorstecker, der zusammen mit dem Messwiderstand als Stromteiler wirkt. Alternativ kann der Diffusionsgrenzstrom schon im Fertigungsprozess des Sensorelements durch gezielte Öffnungen eingestellt werden, so dass ein Abgleich nicht notwendig ist. Zur nachträglichen Kalibrierung des Sensors im Fahrzeug kann im Schubbetrieb die Sauerstoffkonzentration der Luft gemessen und im Steuergerät die Kennlinie damit korrigiert werden. Das Sensorelement wird analog zur Zweipunkt-λ-Sonde in einem Gehäuse verbaut (**Bild 28**).

NO$_x$-Sensor

Anwendung

NO$_x$-Sensoren finden in Systemen zur Reduzierung von Stickoxidemissionen von Diesel- und Ottomotoren Anwendung. Bei Systemen mit Dieselmotoren werden sie vor und hinter SCR-Katalysatoren (Selective Catalytic Reduction, selektive katalytische Reduktion) sowie hinter NO$_x$-Speicherkatalysatoren (NO$_x$ Storage Catalysts, NSC) verbaut. Bei Systemen mit Ottomotoren kommen sie nur hinter NO$_x$-Speicherkatalysatoren zum Einsatz. An diesen Positionen bestimmen die NO$_x$-Sensoren die Stickoxid- und die Sauerstoffkonzentration im Abgas sowie hinter SCR-Katalysatoren zusätzlich die Ammoniakkonzentration als Summensignal.

Bild 34
I_p Pumpstrom
U_R Referenzspannung
U_H Heizspannung
R Widerstand

1   Abgas
2   Schutzschicht
3   Pumpzelle
4   Diffusionsbarriere
5   Hohlraum
6   Heizer
7   Nernstzelle
8   leitende Verbindung

So erhält das Motormanagement den Wert über die aktuelle Restkonzentration an Stickoxiden und sorgt für die exakte Dosierung der Harnstoffwasserlösung bei SCR-Katalysatoren und detektiert etwaige Fehler im Abgassystem. Die Stickoxide reagieren kontinuierlich mit im SCR-Katalysator eingespeichertem Ammoniak:

$$2\,NH_3 + NO_2 + NO \rightarrow 3\,H_2O + 2\,N_2. \qquad (1)$$

Bei den NO_x-Speicherkatalysatoren werden Stickoxide als Nitrat eingelagert:

$$BaCO_3 + 2\,NO + O_2 \rightarrow Ba(NO_3)_2 + CO_2. \qquad (2)$$

Der NO_x-Sensor detektiert dabei das Ende der Einspeichermöglichkeit anhand eines rasch ansteigenden NO_x-Signals. In kurzen Fettphasen wird der Katalysator regeneriert, indem die Nitrate mit Hilfe von Kohlenmonoxid oder Wasserstoff zu Stickstoff reduziert werden (hier am Beispiel von CO):

$$Ba(NO_3)_2 + 3\,CO$$
$$\rightarrow BaCO_3 + 2\,NO + 2\,CO_2 \qquad (3)$$
$$2\,NO + 2\,CO \rightarrow N_2 + 2\,CO_2 \qquad (4)$$

Aufbau und Arbeitsweise

Der NO_x-Sensor in **Bild 35** ist ein planarer Dreizellen-Grenzstromsensor. Eine Nernst-Konzentrationszelle und zwei modifizierte Sauerstoff-Pumpzellen (Sauerstoff-Pumpzelle und NO_x-Zelle), wie sie von den Breitbandsensoren bekannt sind, bilden das Gesamtsensorsystem. Das Sensorelement besteht aus mehreren gegeneinander isolierten, Sauerstoffionen leitenden, keramischen Festelektrolytschichten (dunkel dargestellt), auf denen sechs Elektroden aufgebracht sind. Der Sensor ist mit einem integrierten Heizer versehen, der die Keramik auf eine Betriebstemperatur von 600 … 800 °C aufheizt.

Die dem Abgas ausgesetzte äußere Pumpelektrode und die innere Pumpelektrode im ersten Hohlraum, der vom Abgas durch eine Diffusionsbarriere getrennt ist, bilden die Sauerstoffpumpzelle. Im ersten Hohlraum befindet sich auch die Nernstelektrode. In einem Referenzgasraum befindet sich die Referenzelektrode. Dieses Paar bildet die Nernstzelle. Das sind die Funktionskomponenten, die identisch zu denen von Breitband-λ-Sonden sind.

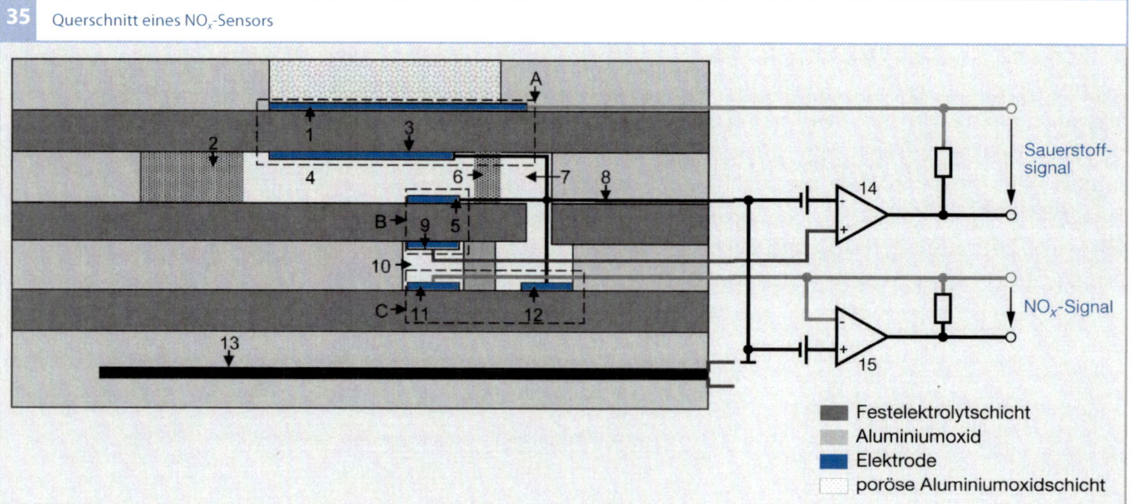
35   Querschnitt eines NO_x-Sensors

Zusätzlich gibt es eine dritte Zelle, nämlich die NO_x-Pumpelektrode und ihre Gegenelektrode. Erstere liegt in einem zweiten Hohlraum, der vom ersten durch eine weitere Diffusionsbarriere getrennt ist, letztere befindet sich im Referenzgasraum. Alle Elektroden im ersten und zweiten Hohlraum haben einen gemeinsamen Rückleiter.

Die innere Pumpelektrode ist hier im Gegensatz zur inneren Pumpelektrode der Breitband-λ-Sonde durch die Legierung von Platin mit Gold in ihrer katalytischen Aktivität stark eingeschränkt. Die angelegte Pumpspannung U_p genügt nur, um Sauerstoffmoleküle, nicht aber um NO zu spalten (dissoziieren). NO wird bei der eingeregelten Pumpspannung nur wenig dissoziiert und passiert den ersten Hohlraum mit geringen Verlusten. NO_2 als starkes Oxidationsmittel wird an der inneren Pumpelektrode unmittelbar in NO umgewandelt. Ammoniak reagiert an der inneren Pumpelektrode in Anwesenheit von Sauerstoff und bei Temperaturen von 650 °C zu NO und Wasser. Das in der Konzentration nahezu unveränderte NO und das NO aus der NO_2-Reduktion sowie aus der Ammoniakoxidation gelangen über die zweite Diffusionsbarriere in den zweiten Hohlraum. Aufgrund der höheren Spannung an der NO-Pumpelektrode und ihrer durch Beimengung von Rhodium katalytisch verbesserten Aktivität wird an dieser Elektrode NO vollständig dissoziiert und der entstehende Sauerstoff durch den Festelektrolyten abgepumpt.

Elektronik

Im Gegensatz zu anderen keramischen Abgassensoren ist der NO_x-Sensor mit einer Auswerteelektronik (Sensor Control Unit, SCU) versehen. Sie liefert via CAN-Bus das Sauerstoff-Signal, das NO_x-Signal sowie jeweils den Status dieser Signale. In dieser Auswerteelektronik befinden sich ein Mikro-

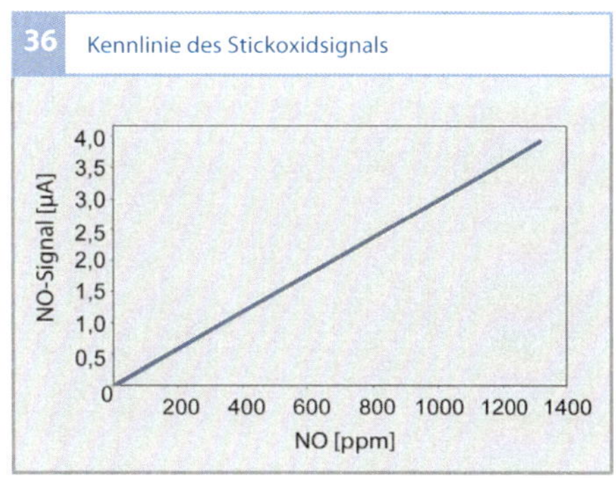

36 Kennlinie des Stickoxidsignals

controller und ein ASIC (Application Specific Integrated Circuit) zum Betrieb der Sauerstoffpumpzelle und zur Verstärkung der sehr kleinen NO-Signalströme. Daneben befinden sich noch ein Spannungsregler und ein CAN-Treiber sowie die Heizerendstufe in der Elektronik.

Kennlinien

Das Sauerstoffsignal liegt bei 3,7 mA für Luft. Die Sauerstoffkennlinie ist nahezu identisch mit der einer Breitband-λ-Sonde (siehe Bild 33). Die NO_x-Kennlinie ist in Bild 36 dargestellt.

Literatur

[1] Thorsten Baunach, Katharina Schänzlin und Lothar Diehl. Sauberes Abgas durch Keramiksensoren. Physik Journal 5 (2006) Nr. 5.

[2] Robert Bosch GmbH (Hrsg.); Konrad Reif (Autor), Karl-Heinz Dietsche (Autor) und über 200 weitere Autoren: Kraftfahrtechnisches Taschenbuch. 28., überarbeitete und erweiterte Auflage, Springer Vieweg Verlag, Wiesbaden 2014, ISBN 978-3-658-03800-7

[3] H. Czichos (Herausgeber), M. Hennecke (Herausgeber). Hütte. Das Ingenieurwissen, Gebundene Ausgabe: 1566 Seiten; Verlag: Springer; Auflage: 33 (2007); ISBN-10: 3540203257; ISBN-13: 978-3540203254

Elektronische Steuerung und Regelung

Übersicht

Die Aufgabe des elektronischen Motorsteuergeräts besteht darin, alle Aktoren des Motor-Managementsystems so anzusteuern, dass sich ein bestmöglicher Motorbetrieb bezüglich Kraftstoffverbrauch, Abgasemissionen, Leistung und Fahrkomfort ergibt. Um dies zu erreichen, müssen viele Betriebsparameter mit Sensoren erfasst und mit Algorithmen – das sind nach einem festgelegten Schema ablaufende Rechenvorgänge – verarbeitet werden. Als Ergebnis ergeben sich Signalverläufe, mit denen die Aktoren angesteuert werden.

Das Motor-Managementsystem umfasst sämtliche Komponenten, die den Ottomotor steuern (Bild 1, Beispiel Benzin-Direkteinspritzung). Das vom Fahrer geforderte Drehmoment wird über Aktoren und Wandler eingestellt. Im Wesentlichen sind dies

- die elektrisch ansteuerbare Drosselklappe zur Steuerung des Luftsystems: sie steuert den Luftmassenstrom in die Zylinder und damit die Zylinderfüllung,
- die Einspritzventile zur Steuerung des Kraftstoffsystems: sie messen die zur Zylinderfüllung passende Kraftstoffmenge zu,
- die Zündspulen und Zündkerzen zur Steuerung des Zündsystems: sie sorgen für die zeitgerechte Entzündung des im Zylinder vorhandenen Luft-Kraftstoff-Gemischs.

An einen modernen Motor werden auch hohe Anforderungen bezüglich Abgasverhalten, Leistung, Kraftstoffverbrauch, Diagnostizierbarkeit und Komfort gestellt. Hierzu sind im Motor gegebenenfalls weitere Aktoren und Sensoren integriert. Im elektronischen Motorsteuergerät werden alle Stellgrößen nach vorgegebenen Algorithmen berechnet. Daraus werden die Ansteuersignale für die Aktoren erzeugt.

Betriebsdatenerfassung und -verarbeitung

Betriebsdatenerfassung

Sensoren und Sollwertgeber
Das elektronische Motorsteuergerät erfasst über Sensoren und Sollwertgeber die für die Steuerung und Regelung des Motors erforderlichen Betriebsdaten (Bild 1). Sollwertgeber (z. B. Schalter) erfassen vom Fahrer vorgenommene Einstellungen, wie z. B. die Stellung des Zündschlüssels im Zündschloss (Klemme 15), die Schalterstellung der Klimasteuerung oder die Stellung des Bedienhebels für die Fahrgeschwindigkeitsregelung.

Sensoren erfassen physikalische und chemische Größen und geben damit Aufschluss über den aktuellen Betriebszustand des Motors. Beispiele für solche Sensoren sind:
- Drehzahlsensor für das Erkennen der Kurbelwellenstellung und die Berechnung der Motordrehzahl,
- Phasensensor zum Erkennen der Phasenlage (Arbeitsspiel des Motors) und der Nockenwellenposition bei Motoren mit Nockenwellen-Phasenstellern zur Verstellung der Nockenwellenposition,
- Motortemperatur- und Ansauglufttemperatursensor zum Berechnen von temperaturabhängigen Korrekturgrößen,
- Klopfsensor zum Erkennen von Motorklopfen,
- Luftmassenmesser und Saugrohrdrucksensor für die Füllungserfassung,
- λ-Sonde für die λ-Regelung.

Signalverarbeitung im Steuergerät
Bei den Signalen der Sensoren kann es sich um digitale, pulsförmige oder analoge Spannungen handeln. Eingangsschaltungen im Steuergerät oder zukünftig auch vermehrt im Sensor bereiten alle diese Signale auf. Sie nehmen eine Anpassung des Spannungspegels vor und passen damit die Signale für die Weiterverarbeitung im Mikrocontroller des

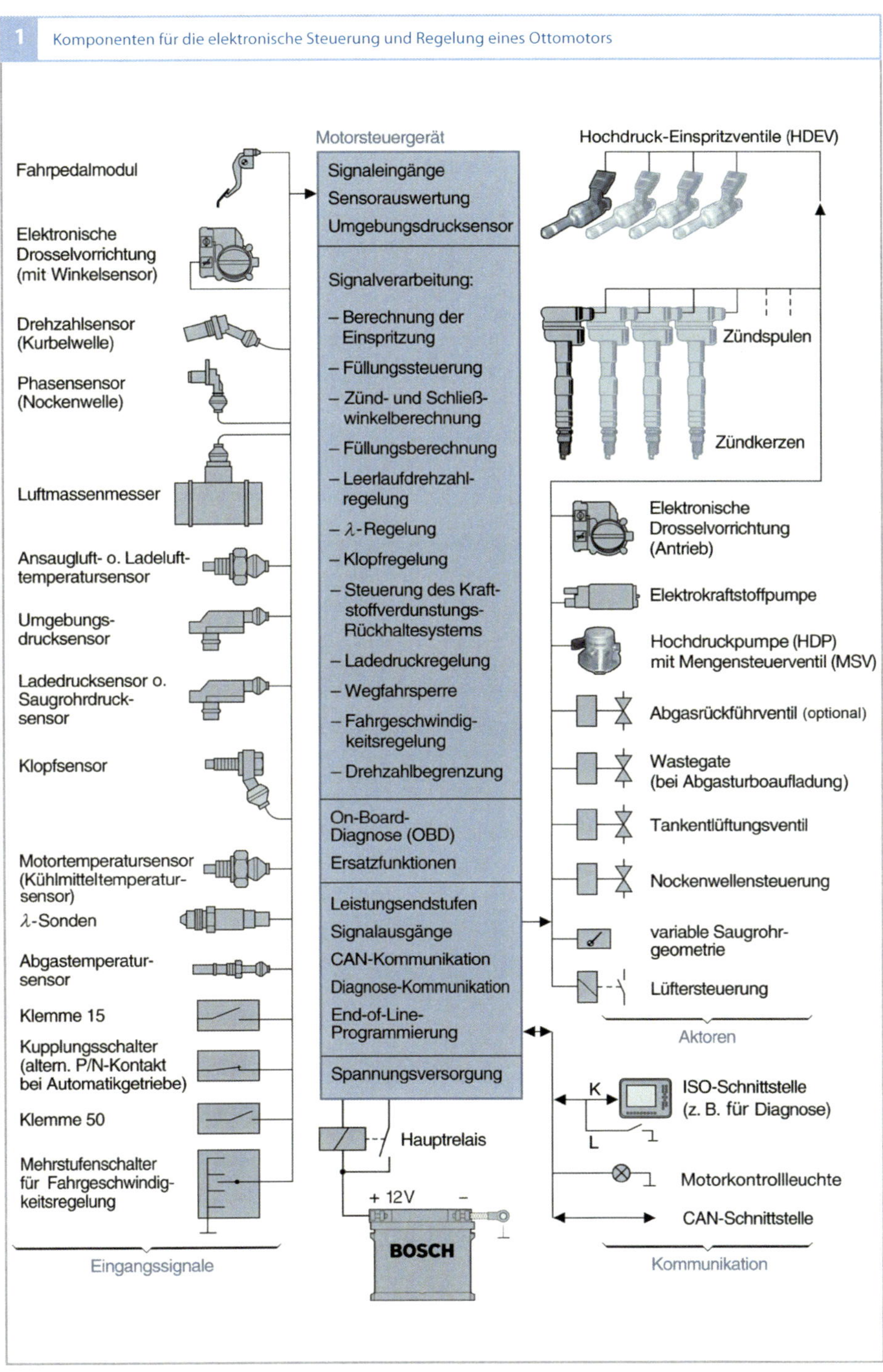
1   Komponenten für die elektronische Steuerung und Regelung eines Ottomotors

Fahrpedalmodul

Elektronische
Drosselvorrichtung
(mit Winkelsensor)

Drehzahlsensor
(Kurbelwelle)

Phasensensor
(Nockenwelle)

Luftmassenmesser

Ansaugluft- o. Ladeluft-
temperatursensor

Umgebungs-
drucksensor

Ladedrucksensor o.
Saugrohrdruck-
sensor

Klopfsensor

Motortemperatursensor
(Kühlmitteltemperatur-
sensor)

λ-Sonden

Abgastemperatur-
sensor

Klemme 15

Kupplungsschalter
(altern. P/N-Kontakt
bei Automatikgetriebe)

Klemme 50

Mehrstufenschalter
für Fahrgeschwindig-
keitsregelung

Eingangssignale

Motorsteuergerät

Signaleingänge
Sensorauswertung
Umgebungsdrucksensor

Signalverarbeitung:

– Berechnung der
  Einspritzung
– Füllungssteuerung
– Zünd- und Schließ-
  winkelberechnung
– Füllungsberechnung
– Leerlaufdrehzahl-
  regelung
– λ-Regelung
– Klopfregelung
– Steuerung des Kraft-
  stoffverdunstungs-
  Rückhaltesystems
– Ladedruckregelung
– Wegfahrsperre
– Fahrgeschwindig-
  keitsregelung
– Drehzahlbegrenzung

On-Board-
Diagnose (OBD)
Ersatzfunktionen

Leistungsendstufen
Signalausgänge
CAN-Kommunikation
Diagnose-Kommunikation
End-of-Line-
Programmierung

Spannungsversorgung

Hauptrelais

+ 12V   –

BOSCH

Hochdruck-Einspritzventile (HDEV)

Zündspulen

Zündkerzen

Elektronische
Drosselvorrichtung
(Antrieb)

Elektrokraftstoffpumpe

Hochdruckpumpe (HDP)
mit Mengensteuerventil (MSV)

Abgasrückführventil (optional)

Wastegate
(bei Abgasturboaufladung)

Tankentlüftungsventil

Nockenwellensteuerung

variable Saugrohr-
geometrie

Lüftersteuerung

Aktoren

K
L
ISO-Schnittstelle
(z. B. für Diagnose)

Motorkontrollleuchte

CAN-Schnittstelle

Kommunikation

Steuergeräts an. Digitale Eingangssignale werden im Mikrocontroller direkt eingelesen und als digitale Information gespeichert. Die analogen Signale werden vom Analog-Digital-Wandler (ADW) in digitale Werte umgesetzt.

Betriebsdatenverarbeitung

Aus den Eingangssignalen erkennt das elektronische Motorsteuergerät die Anforderungen des Fahrers über den Fahrpedalsensor und über die Bedienschalter, die Anforderungen von Nebenaggregaten und den aktuellen Betriebszustand des Motors und berechnet daraus die Stellsignale für die Aktoren. Die Aufgaben des Motorsteuergeräts sind in Funktionen gegliedert. Die Algorithmen sind als Software im Programmspeicher des Steuergeräts abgelegt.

Steuergerätefunktionen
Die Zumessung der zur angesaugten Luftmasse zugehörenden Kraftstoffmasse und die Auslösung des Zündfunkens zum bestmöglichen Zeitpunkt sind die Grundfunktionen der Motorsteuerung. Die Einspritzung und die Zündung können so optimal aufeinander abgestimmt werden.

Die Leistungsfähigkeit der für die Motorsteuerung eingesetzten Mikrocontroller ermöglicht es, eine Vielzahl weiterer Steuerungs- und Regelungsfunktionen zu integrieren. Die immer strengeren Forderungen aus der Abgasgesetzgebung verlangen nach Funktionen, die das Abgasverhalten des Motors sowie die Abgasnachbehandlung verbessern. Funktionen, die hierzu einen Beitrag leisten können, sind z. B.:
- Leerlaufdrehzahlregelung,
- λ-Regelung,
- Steuerung des Kraftstoffverdunstungs-Rückhaltesystems für die Tankentlüftung,
- Klopfregelung,

- Abgasrückführung zur Senkung von NO_x-Emissionen,
- Steuerung des Sekundärluftsystems zur Sicherstellung der schnellen Betriebsbereitschaft des Katalysators.

Bei erhöhten Anforderungen an den Antriebsstrang kann das System zusätzlich noch durch folgende Funktionen ergänzt werden:
- Steuerung des Abgasturboladers sowie der Saugrohrumschaltung zur Steigerung der Motorleistung und des Motordrehmoments,
- Nockenwellensteuerung zur Reduzierung der Abgasemissionen und des Kraftstoffverbrauchs sowie zur Steigerung von Motorleistung und -drehmoment,
- Drehzahl- und Geschwindigkeitsbegrenzung zum Schutz von Motor und Fahrzeug.

Immer wichtiger bei der Entwicklung von Fahrzeugen wird der Komfort für den Fahrer. Das hat auch Auswirkungen auf die Motorsteuerung. Beispiele für typische Komfortfunktionen sind Fahrgeschwindigkeitsregelung (Tempomat) und ACC (Adaptive Cruise Control, adaptive Fahrgeschwindigkeitsregelung), Drehmomentanpassung bei Schaltvorgängen von Automatikgetrieben sowie Lastschlagdämpfung (Glättung des Fahrerwunschs), Einparkhilfe und Parkassistent.

Ansteuerung von Aktoren
Die Steuergerätefunktionen werden nach den im Programmspeicher des Motorsteuerung-Steuergeräts abgelegten Algorithmen abgearbeitet. Daraus ergeben sich Größen (z. B. einzuspritzende Kraftstoffmasse), die über Aktoren eingestellt werden (z. B. zeitlich definierte Ansteuerung der Einspritzventile). Das Steuergerät erzeugt die elektrischen Ansteuersignale für die Aktoren.

Drehmomentstruktur

Mit der Einführung der elektrisch ansteuerbaren Drosselklappe zur Leistungssteuerung wurde die drehmomentbasierte Systemstruktur (Drehmomentstruktur) eingeführt. Alle Leistungsanforderungen (Bild 2) an den Motor werden koordiniert und in einen Drehmomentwunsch umgerechnet. Im Drehmomentkoordinator werden diese Anforderungen von internen und externen Verbrauchern sowie weitere Vorgaben bezüglich des Motorwirkungsgrads priorisiert. Das resultierende Sollmoment wird auf die Anteile des Luft-, Kraftstoff- und Zündsystems aufgeteilt.

Der Füllungsanteil (für das Luftsystem) wird durch eine Querschnittsänderung der Drosselklappe und bei Turbomotoren zusätzlich durch die Ansteuerung des Wastegate-Ventils realisiert. Der Kraftstoffanteil wird im Wesentlichen durch den eingespritzten Kraftstoff unter Berücksichtigung der Tankentlüftung (Kraftstoffverdunstungs-Rückhaltesystem) bestimmt.

Die Einstellung des Drehmoments geschieht über zwei Pfade. Im Luftpfad (Hauptpfad) wird aus dem umzusetzenden Drehmoment eine Sollfüllung berechnet. Aus dieser Sollfüllung wird der Soll-Drosselklappenwinkel ermittelt. Die einzuspritzende Kraftstoffmasse ist aufgrund des fest vorgegebenen λ-Werts von der Füllung abhängig. Mit dem Luftpfad sind nur langsame Drehmomentänderungen einstellbar (z. B. beim Integralanteil der Leerlaufdrehzahlregelung).

Im kurbelwellensynchronen Pfad wird aus der aktuell vorhandenen Füllung das für diesen Betriebspunktpunkt maximal mögliche Drehmoment berechnet. Ist das gewünschte Drehmoment kleiner als das maximal mögliche, so kann für eine schnelle Drehmomentreduzierung (z. B. beim Differentialanteil der Leerlaufdrehzahlregelung, für die Drehmomentrücknahme beim Schaltvorgang oder zur Ruckeldämpfung) der Zündwinkel in Richtung spät verschoben oder einzelne oder mehrere Zylinder vollständig ausgeblendet werden (durch Einspritzausblendung, z. B. bei ESP-Eingriff oder im Schub).

Bei den früheren Motorsteuerungs-Systemen ohne Momentenstruktur wurde eine Zurücknahme des Drehmoments (z. B. auf Anforderung des automatischen Getriebes beim Schaltvorgang) direkt von der jeweiligen Funktion z. B. durch Spätverstellung des

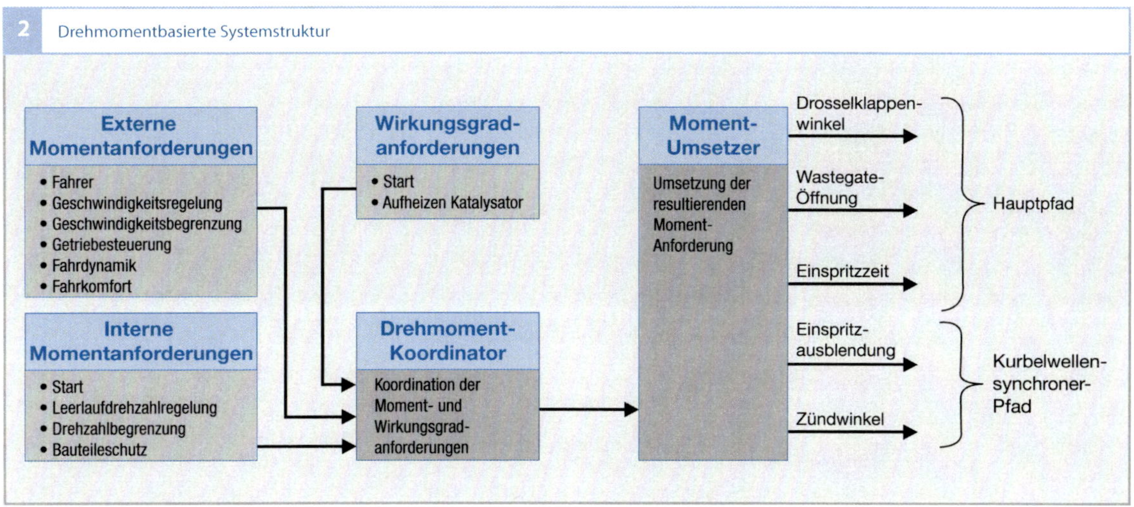

2   Drehmomentbasierte Systemstruktur

Zündwinkels vorgenommen. Eine Koordination der einzelnen Anforderungen und eine koordinierte Umsetzung war nicht gegeben.

Überwachungskonzept

Im Fahrbetrieb darf es unter keinen Umständen zu Zuständen kommen, die zu einer vom Fahrer ungewollten Beschleunigung des Fahrzeugs führen. An das Überwachungskonzept der elektronischen Motorsteuerung werden deshalb hohe Anforderungen gestellt. Hierzu enthält das Steuergerät neben dem Hauptrechner zusätzlich einen Überwachungsrechner; beide überwachen sich gegenseitig.

Diagnose

Die im Steuergerät integrierten Diagnosefunktionen überprüfen das Motorsteuerungs-System (Steuergerät mit Sensoren und Aktoren) auf Fehlverhalten und Störungen, speichern erkannte Fehler im Datenspeicher ab und leiten gegebenenfalls

Ersatzfunktionen ein. Über die Motorkontrollleuchte oder im Display des Kombiinstruments werden dem Fahrer die Fehler angezeigt. Über eine Diagnoseschnittstelle werden in der Kundendienstwerkstatt System-Testgeräte (z. B. Bosch KTS650) angeschlossen. Sie erlauben das Auslesen der im Steuergerät enthaltenen Informationen zu den abgespeicherten Fehlern.

Ursprünglich sollte die Diagnose nur die Fahrzeuginspektion in der Kundendienstwerkstatt erleichtern. Mit Einführung der kalifornischen Abgasgesetzgebung OBD (On-Board-Diagnose) wurden Diagnosefunktionen vorgeschrieben, die das gesamte Motorsystem auf abgasrelevante Fehler prüfen und diese über die Motorkontrollleuchte anzeigen. Beispiele hierfür sind die Katalysatordiagnose, die λ-Sonden-Diagnose sowie die Aussetzererkennung. Diese Forderungen wurden in die europäische Gesetzgebung (EOBD) in abgewandelter Form übernommen.

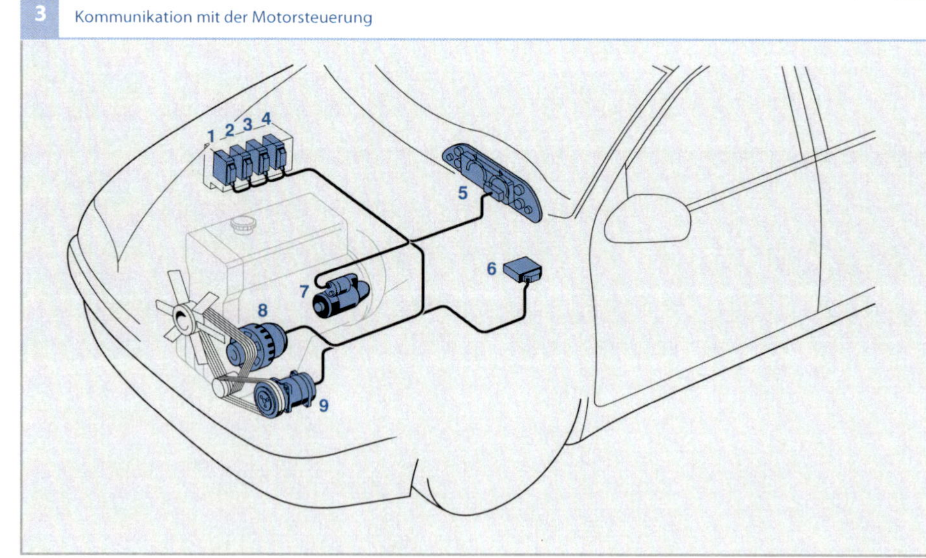

Bild 3
1   Motorsteuergerät
2   ESP-Steuergerät
    (elektronisches Stabilitätsprogramm)
3   Getriebesteuergerät
4   Klimasteuergerät
5   Kombiinstrument
    mit Bordcomputer
6   Steuergerät für Wegfahrsperre
7   Starter
8   Generator
9   Klimakompressor

Vernetzung im Fahrzeug

Über Bussysteme, wie z. B. den CAN-Bus (Controller Area Network), kann die Motorsteuerung mit den Steuergeräten anderer Fahrzeugsysteme kommunizieren. **Bild 3** zeigt hierzu einige Beispiele. Die Steuergeräte können die Daten anderer Systeme in ihren Steuer- und Regelalgorithmen als Eingangssignale verarbeiten. Beispiele sind:

- ESP-Steuergerät: Zur Fahrzeugstabilisierung kann das ESP-Steuergerät eine Drehmomentenreduzierung durch die Motorsteuerung anfordern.
- Getriebesteuergerät: Die Getriebesteuerung kann beim Schaltvorgang eine Drehmomentenreduzierung anfordern, um einen weicheren Schaltvorgang zu ermöglichen.
- Klimasteuergerät: Das Klimasteuergerät liefert an die Motorsteuerung den Leistungsbedarf des Klimakompressors, damit dieser bei der Berechnung des Motormoments berücksichtigt werden kann.
- Kombiinstrument: Die Motorsteuerung liefert an das Kombiinstrument Informationen wie den aktuellen Kraftstoffverbrauch oder die aktuelle Motordrehzahl zur Information des Fahrers.
- Wegfahrsperre: Das Wegfahrsperren-Steuergerät hat die Aufgabe, eine unberechtigte Nutzung des Fahrzeugs zu verhindern. Hierzu wird ein Start der Motorsteuerung durch die Wegfahrsperre so lange blockiert, bis der Fahrer über den Zündschlüssel eine Freigabe erteilt hat und das Wegfahrsperren-Steuergerät den Start freigibt.

Systembeispiele

Die Motorsteuerung umfasst alle Komponenten, die für die Steuerung eines Ottomotors notwendig sind. Der Umfang des Systems wird durch die Anforderungen bezüglich der Motorleistung (z. B. Abgasturboaufladung), des Kraftstoffverbrauchs sowie der jeweils geltenden Abgasgesetzgebung bestimmt. Die kalifornische Abgas- und Diagnosegesetzgebung (CARB) stellt besonders hohe Anforderungen an das Diagnosesystem der Motorsteuerung. Einige abgasrelevante Systeme können nur mithilfe zusätzlicher Komponenten diagnostiziert werden (z. B. das Kraftstoffverdunstungs-Rückhaltesystem).

Im Lauf der Entwicklungsgeschichte entstanden Motorsteuerungs-Generationen (z. B. Bosch M1, M3, ME7, MED17), die sich in erster Linie durch den Hardwareaufbau unterscheiden. Wesentliches Unterscheidungsmerkmal sind die Mikrocontrollerfamilie, die Peripherie- und die Endstufenbausteine (Chipsatz). Aus den Anforderungen verschiedener Fahrzeughersteller ergeben sich verschiedene Hardwarevarianten. Neben den nachfolgend beschriebenen Ausführungen gibt es auch Motorsteuerungs-Systeme mit integrierter Getriebesteuerung (z. B. Bosch MG- und MEG-Motronic). Sie sind aufgrund der hohen Hardware-Anforderungen jedoch nicht verbreitet.

Motorsteuerung mit mechanischer Drosselklappe

Für Ottomotoren mit Saugrohreinspritzung kann die Luftversorgung über eine mechanisch verstellbare Drosselklappe erfolgen. Das Fahrpedal ist über ein Gestänge oder einen Seilzug mit der Drosselklappe verbunden. Die Fahrpedalstellung legt den Öffnungsquerschnitt der Drosselklappe fest und steuert damit den durch das Saugrohr in die Zylinder einströmenden Luftmassenstrom.

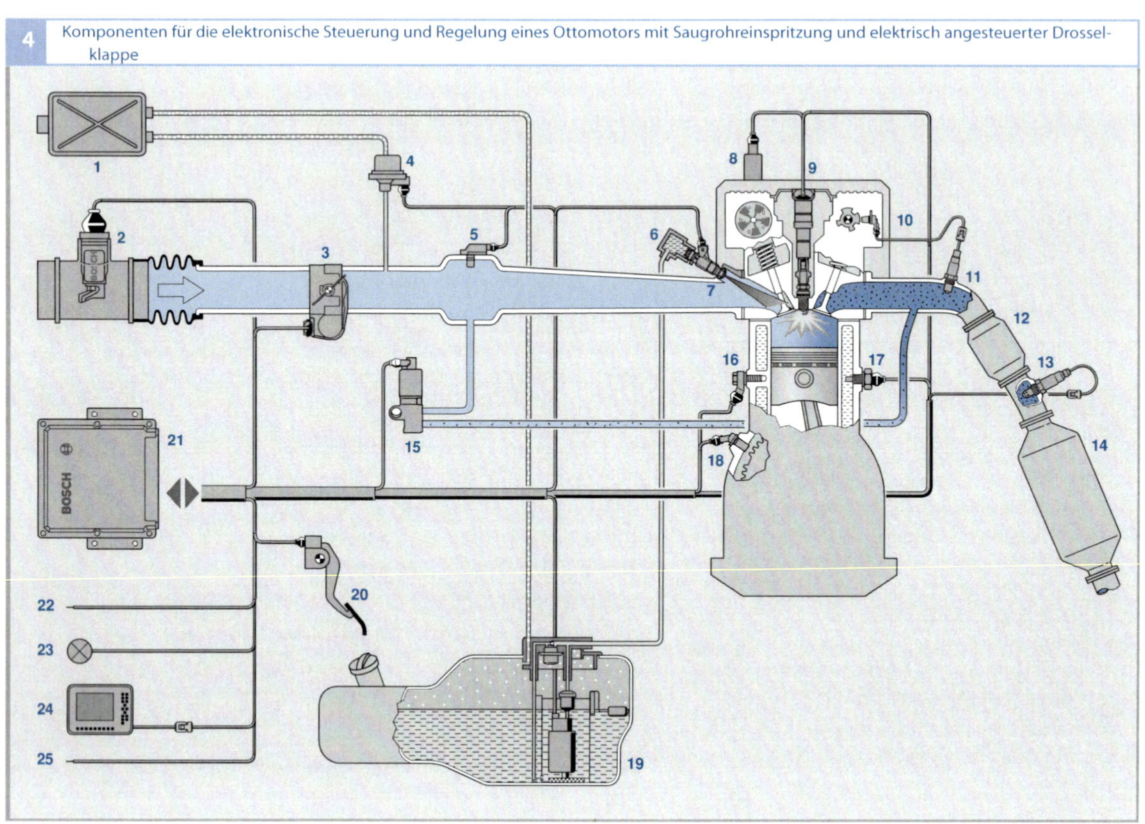

Bild 4

1 Aktivkohlebehälter
2 Heißfilm-Luftmassenmesser
3 elektrisch angesteuerte Drosselklappe
4 Tankentlüftungsventil
5 Saugrohrdrucksensor
6 Kraftstoff-Verteilerrohr
7 Einspritzventil
8 Aktoren und Sensoren für variable
   Nockenwellensteuerung
9 Zündspule mit Zündkerze
10 Nockenwellen-Phasensensor
11 λ-Sonde vor dem Vorkatalysator
12 Vorkatalysator
13 λ-Sonde nach dem Vorkatalysator

14 Hauptkatalysator
15 Abgasrückführventil
16 Klopfsensor
17 Motortemperatursensor
18 Drehzahlsensor
19 Kraftstofffördermodul mit
   Elektrokraftstoffpumpe
20 Fahrpedalmodul
21 Motorsteuergerät
22 CAN-Schnittstelle
23 Motorkontrollleuchte
24 Diagnoseschnittstelle
25 Schnittstelle zur Wegfahrsperre

Über einen Leerlaufsteller (Bypass) kann ein definierter Luftmassenstrom an der Drosselklappe vorbeigeführt werden. Mit dieser Zusatzluft kann im Leerlauf die Drehzahl auf einen konstanten Wert geregelt werden. Das Motorsteuergerät steuert hierzu den Öffnungsquerschnitt des Bypasskanals. Dieses System hat für Neuentwicklungen im europäischen und nordamerikanischen Markt keine Bedeutung mehr, es wurde durch Systeme mit elektrisch angesteuerter Drosselklappe abgelöst.

Motorsteuerung mit elektrisch angesteuerter Drosselklappe

Bei aktuellen Fahrzeugen mit Saugrohreinspritzung erfolgt eine elektronische Motorleistungssteuerung. Zwischen Fahrpedal und

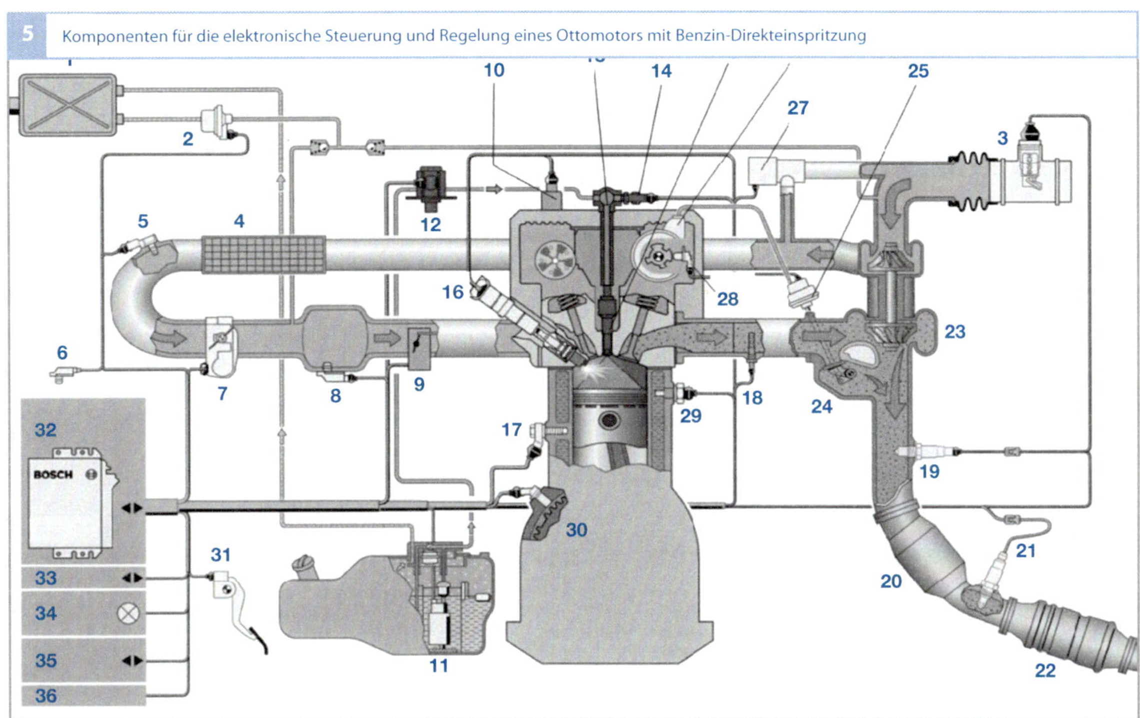

Drosselklappe ist keine mechanische Verbindung mehr vorhanden. Die Stellung des Fahrpedals, d. h. der Fahrerwunsch, wird von einem Potentiometer am Fahrpedal (Pedalwegsensor im Fahrpedalmodul, Bild 4, Pos. 20) erfasst und in Form eines analogen Spannungssignals vom Motorsteuergerät (21) eingelesen. Im Steuergerät werden Signale erzeugt, die den Öffnungsquerschnitt der elektrisch angesteuerten Drosselklappe (3) so einstellen, dass der Verbrennungsmotor das geforderte Drehmoment einstellt.

Motorsteuerung für Benzin-Direkteinspritzung

Mit der Einführung der Direkteinspritzung beim Ottomotor (Benzin-Direkteinspritzung, BDE) wurde ein Steuerungskonzept erforderlich, das verschiedene Betriebsarten in einem Steuergerät koordiniert. Beim Homogenbetrieb wird das Einspritzventil so

Bild 5

1   Aktivkohlebehälter
2   Tankentlüftungsventil
3   Heißfilm-Luftmassenmesser
4   Ladeluftkühler
5   kombinierter Ladedruck- und Ansaug-
      lufttemperatursensor
6   Umgebungsdrucksensor
7   Drosselklappe
8   Saugrohrdrucksensor
9   Ladungsbewegungsklappe
10   Nockenwellenversteller
11   Kraftstofffördermodul mit Elektrokraft-
      stoffpumpe
12   Hochdruckpumpe
13   Kraftstoffverteilerrohr
14   Hochdrucksensor
15   Hochdruck-Einspritzventil
16   Zündspule mit Zündkerze
17   Klopfsensor

18   Abgastemperatursensor
19   λ-Sonde
20   Vorkatalysator
21   λ-Sonde
22   Hauptkatalysator
23   Abgasturbolader
24   Waste-Gate
25   Waste-Gate-Steller
26   Vakuumpumpe
27   Schubumluftventil
28   Nockenwellen-Phasensensor
29   Motortemperatursensor
30   Drehzahlsensor
31   Fahrpedalmodul
32   Motorsteuergerät
33   CAN-Schnittstelle
34   Motorkontrollleuchte
35   Diagnoseschnittstelle
36   Schnittstelle zur Wegfahrsperre

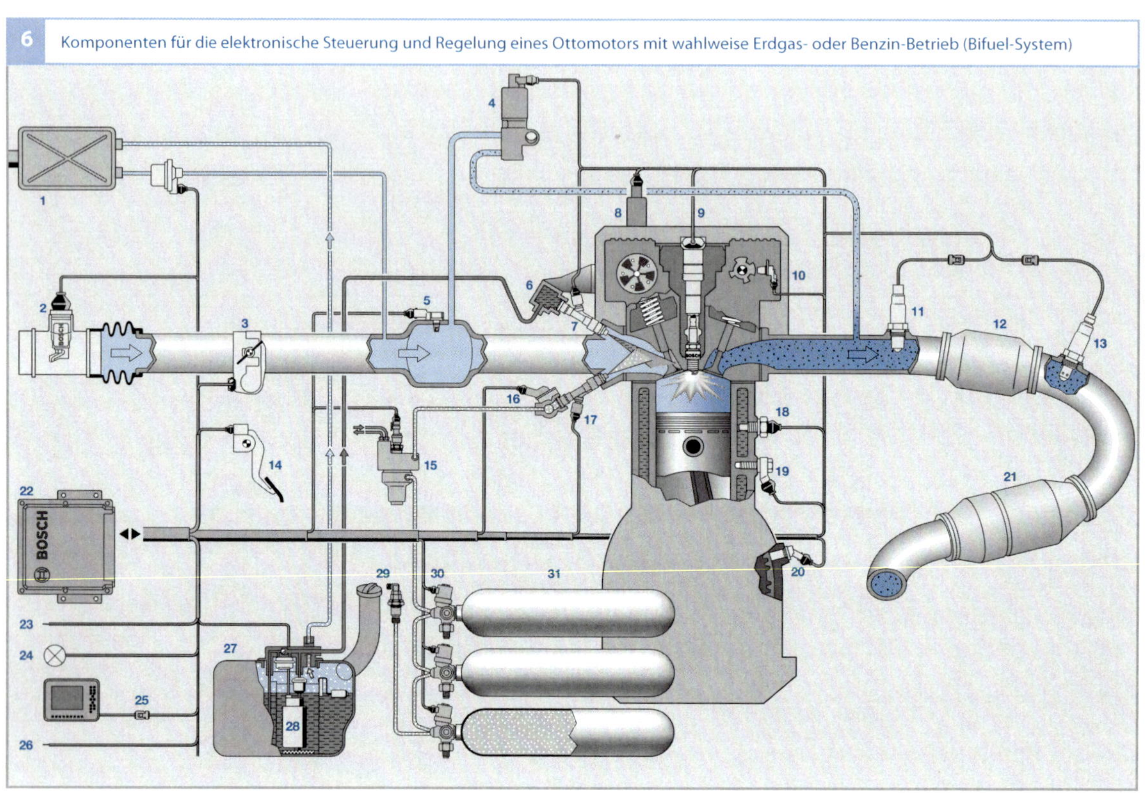

Bild 6

1 Aktivkohlebehälter mit Tankentlüftungsventil
2 Heißfilm-Luftmassenmesser
3 elektrisch angesteuerte Drosselklappe
4 Abgasrückführventil
5 Saugrohrdrucksensor
6 Kraftstoff-Verteilerrohr
7 Benzin-Einspritzventil
8 Aktoren und Sensoren für variable Nockenwellensteuerung
9 Zündspule mit Zündkerze
10 Nockenwellen-Phasensensor
11 λ-Sonde vor dem Vorkatalysator
12 Vorkatalysator
13 λ-Sonde nach dem Vorkatalysator
14 Fahrpedalmodul
15 Erdgas-Druckregler
16 Erdgas-Rail mit Erdgas-Druck- und Temperatursensor
17 Erdgas-Einblasventil
18 Motortemperatursensor
19 Klopfsensor
20 Drehzahlsensor
21 Hauptkatalysator
22 Motorsteuergerät
23 CAN-Schnittstelle
24 Motorkontrollleuchte
25 Diagnoseschnittstelle
26 Schnittstelle zur Wegfahrsperre
27 Kraftstoffbehälter
28 Kraftstofffördermodul mit Elektrokraftstoffpumpe
29 Einfüllstutzen für Benzin und Erdgas
30 Tankabsperrventile
31 Erdgastank

angesteuert, dass sich eine homogene Luft-Kraftstoff-Gemischverteilung im Brennraum ergibt. Dazu wird der Kraftstoff in den Saughub eingespritzt. Beim Schichtbetrieb wird durch eine späte Einspritzung während des Verdichtungshubs, kurz vor der Zündung, eine lokal begrenzte Gemischwolke im Zündkerzenbereich erzeugt.

Seit einigen Jahren finden zunehmend BDE-Konzepte, bei denen der Motor im gesamten Betriebsbereich homogen und stöchiometrisch (mit $\lambda = 1$) betrieben wird, in Verbindung mit Turboaufladung eine immer größere Verbreitung. Bei diesen Konzepten kann der Kraftstoffverbrauch bei vergleichbarer Motorleistung durch eine Verringerung des Hubvolumens (Downsizing) des Motors gesenkt werden.

Beim Schichtbetrieb wird der Motor mit einem mageren Luft-Kraftstoff-Gemisch (bei $\lambda > 1$) betrieben. Hierdurch lässt sich insbesondere im Teillastbereich der Kraftstoffverbrauch verringern. Durch den Magerbetrieb ist bei dieser Betriebsart eine aufwendigere Abgasnachbehandlung zur Reduktion der NO_x-Emissionen notwendig.

Bild 5 zeigt ein Beispiel der Steuerung eines BDE-Systems mit Turboaufladung und stöchiometrischem Homogenbetrieb. Dieses System besitzt ein Hochdruck-Einspritzsystem bestehend aus Hochdruckpumpe mit Mengensteuerventil (12), Kraftstoff-Verteilerrrohr (13) mit Hochdrucksensor (14) und Hochdruck-Einspritzventil (15). Der Kraftstoffdruck wird in Abhängikeit vom Betriebspunkt in Bereichen zwischen 3 und 20 MPa geregelt. Der Ist-Druck wird mit dem Hochdrucksensor erfasst. Die Regelung auf den Sollwert erfolgt durch das Mengensteuerventil.

Motorsteuerung für Erdgas-Systeme

Erdgas, auch CNG (Compressed Natural Gas) genannt, gewinnt aufgrund der günstigen CO_2-Emissionen zunehmend an Bedeutung als Kraftstoffalternative für Ottomotoren. Aufgrund der vergleichsweise geringen Tankstellendichte sind heutige Fahrzeuge überwiegend mit Bifuel-Systemen ausgestattet, die einen Betrieb wahlweise mit Erdgas oder Benzin ermöglichen. Bifuel-Systeme gibt es heute für Motoren mit Saugrohreinspritzung und mit Benzin-Direkteinspritzung.

Die Motorsteuerung für Bifuel-Systeme enthält alle Komponenten für die Saugrohreinspritzung bzw. Benzin-Direkteinspritzung. Zusätzlich enthält diese Motorsteuerung die Komponenten für das Erdgassystem (**Bild 6**). Während bei Nachrüstsystemen die Steuerung des Erdgasbetriebs über eine externe Einheit vorgenommen

wird, ist sie bei der Bifuel-Motorsteuerung integriert. Das Sollmoment des Motors und die den Betriebszustand charakterisierenden Größen werden im Bifuel-Steuergerät nur einmal gebildet. Durch die physikalisch basierten Funktionen der Momentenstruktur ist eine einfache Integration der für den Gasbetrieb spezifischen Parameter möglich.

Umschaltung der Kraftstoffart

Je nach Motorauslegung kann es sinnvoll sein, bei hoher Lastanforderung automatisch in die Kraftstoffart zu wechseln, die die maximale Motorleistung ermöglicht. Weitere automatische Umschaltungen können darüber hinaus sinnvoll sein, um z. B. eine spezifische Abgasstrategie zu realisieren und den Katalysator schneller aufzuheizen oder generell ein Kraftstoffmanagement durchzuführen. Bei automatischen Umschaltungen ist es jedoch wichtig, dass diese momentenneutral umgesetzt werden, d. h. für den Fahrer nicht wahrnehmbar sind.

Die Bifuel-Motorsteuerung erlaubt den Betriebsstoffwechsel auf verschiedene Arten. Eine Möglichkeit ist der direkte Wechsel, vergleichbar mit einem Schalter. Dabei darf keine Einspritzung abgebrochen werden, sonst bestünde im befeuerten Betrieb die Gefahr von Aussetzern. Die plötzliche Gaseinblasung hat gegenüber dem Benzinbetrieb jedoch eine größere Volumenverdrängung zur Folge, sodass der Saugrohrdruck ansteigt und die Zylinderfüllung durch die Umschaltung um ca. 5 % abnimmt. Dieser Effekt muss durch eine größere Drosselklappenöffnung berücksichtigt werden. Um das Motormoment bei der Umschaltung unter Last konstant zu halten, ist ein zusätzlicher Eingriff auf die Zündwinkel notwendig, der eine schnelle Änderung des Drehmoments ermöglicht.

Eine weitere Möglichkeit der Umschaltung ist die Überblendung von Benzin- zu

Gasbetrieb. Zum Wechsel in den Gasbetrieb wird die Benzineinspritzung durch einen Aufteilungsfaktor reduziert und die Gaseinblasung entsprechend erhöht. Dadurch werden Sprünge in der Luftfüllung vermieden. Zusätzlich ergibt sich die Möglichkeit, eine veränderte Gasqualität mit der λ-Regelung während der Umschaltung zu korrigieren. Mit diesem Verfahren ist die Umschaltung auch bei hoher Last ohne merkbare Momentenänderung durchführbar.

Bei Nachrüstsystemen besteht häufig keine Möglichkeit, die Betriebsarten für Benzin und Erdgas koordiniert zu wechseln. Zur Vermeidung von Momentensprüngen wird deshalb bei vielen Systemen die Umschaltung nur während der Schubphasen durchgeführt.

Systemstruktur

Die starke Zunahme der Komplexität von Motorsteuerungs-Systemen aufgrund neuer Funktionalitäten erfordert eine strukturierte Systembeschreibung. Basis für die bei Bosch verwendete Systembeschreibung ist die Drehmomentstruktur. Alle Drehmomentanforderungen an den Motor werden von der Motorsteuerung als Sollwerte entgegengenommen und zentral koordiniert. Das geforderte Drehmoment wird berechnet und über folgende Stellgrößen eingestellt:
- den Winkel der elektrisch ansteuerbaren Drosselklappe,
- den Zündwinkel,
- Einspritzausblendungen,
- Ansteuern des Waste-Gates bei Motoren mit Abgasturboaufladung,
- die eingespritzte Kraftstoffmenge bei Motoren im Magerbetrieb.

Bild 7 zeigt die bei Bosch für Motorsteuerungs-Systeme verwendete Systemstruktur

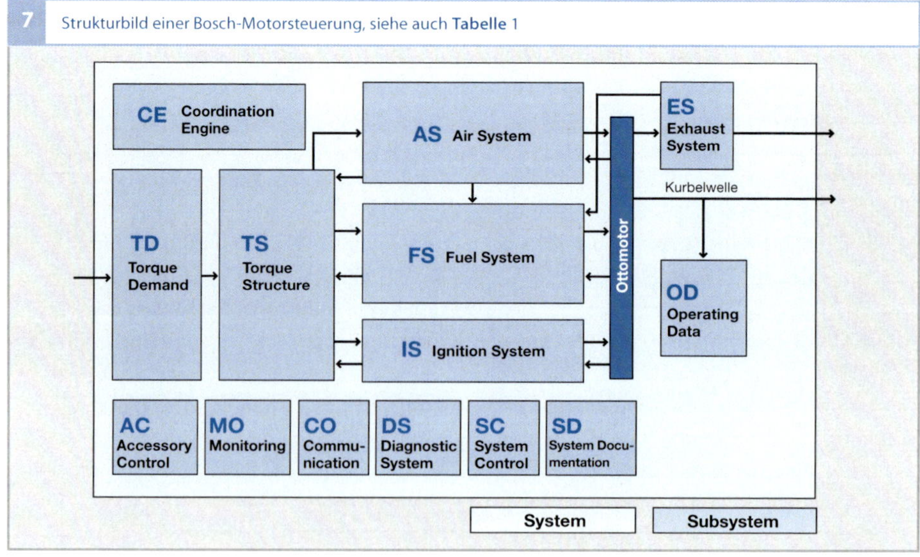

7   Strukturbild einer Bosch-Motorsteuerung, siehe auch **Tabelle 1**

Abkürzung	Englische Bezeichnung	Deutsche Bezeichnung
ABB	Air System Brake Booster	Bremskraftverstärkersteuerung
ABC	Air System Boost Control	Ladedrucksteuerung
AC	Accessory Control	Nebenaggregatesteuerung
ACA	Accessory Control Air Condition	Klimasteuerung
ACE	Accessory Control Electrical Machines	Steuerung elektrische Aggregate
ACF	Accessory Control Fan Control	Lüftersteuerung
ACS	Accessory Control Steering	Ansteuerung Lenkhilfepumpe
ACT	Accessory Control Thermal Management	Thermomanagement
ADC	Air System Determination of Charge	Luftfüllungsberechnung
AEC	Air System Exhaust Gas Recirculation	Abgasrückführungssteuerung
AIC	Air System Intake Manifold Control	Saugrohrsteuerung
AS	Air System	Luftsystem
ATC	Air System Throttle Control	Drosselklappensteuerung
AVC	Air System Valve Control	Ventilsteuerung
CE	Coordination Engine	Koordination Motorbetriebszustände und -arten
CEM	Coordination Engine Operation	Koordination Motorbetriebsarten
CES	Coordination Engine States	Koordination Motorbetriebszustände
CO	Communication	Kommunikation
COS	Communication Security Access	Kommunikation Wegfahrsperre
COU	Communication User-Interface	Kommunikationsschnittstelle
COV	Communication Vehicle Interface	Datenbuskommunikation
DS	Diagnostic System	Diagnosesystem
DSM	Diagnostic System Manager	Diagnosesystemmanager
EAF	Exhaust System Air Fuel Control	λ-Regelung
ECT	Exhaust System Control of Temperature	Abgastemperaturregelung
EDM	Exhaust System Description and Modeling	Beschreibung und Modellierung Abgassystem
ENM	Exhaust System NO_x Main Catalyst	Regelung NO_x-Speicherkatalysator
ES	Exhaust System	Abgassystem
ETF	Exhaust System Three Way Front Catalyst	Regelung Dreiwegevorkatalysator
ETM	Exhaust System Main Catalyst	Regelung Dreiwegehauptkatalysator
FEL	Fuel System Evaporative Leak Detection	Tankleckerkennung
FFC	Fuel System Feed Forward Control	Kraftstoff-Vorsteuerung
FIT	Fuel System Injection Timing	Einspritzausgabe
FMA	Fuel System Mixture Adaptation	Gemischadaption

Tabelle 1
Subsysteme und
Hauptfunktionen einer
Bosch-Motorsteuerung

Abkürzung	Englische Bezeichnung	Deutsche Bezeichnung
FPC	Fuel Purge Control	Tankentlüftung
FS	Fuel System	Kraftstoffsystem
FSS	Fuel Supply System	Kraftstoffversorgungssystem
IGC	Ignition Control	Zündungssteuerung
IKC	Ignition Knock Control	Klopfregelung
IS	Ignition System	Zündsystem
MO	Monitoring	Überwachung
MOC	Microcontroller Monitoring	Rechnerüberwachung
MOF	Function Monitoring	Funktionsüberwachung
MOM	Monitoring Module	Überwachungsmodul
MOX	Extended Monitoring	Erweiterte Funktionsüberwachung
OBV	Operating Data Battery Voltage	Batteriespannungserfassung
OD	Operating Data	Betriebsdaten
OEP	Operating Data Engine Position Management	Erfassung Drehzahl und Winkel
OMI	Misfire Detection	Aussetzererkennung
OTM	Operating Data Temperature Measurement	Temperaturerfassung
OVS	Operating Data Vehicle Speed Control	Fahrgeschwindigkeitserfassung
SC	System Control	Systemsteuerung
SD	System Documentation	Systembeschreibung
SDE	System Documentation Engine Vehicle ECU	Systemdokumentation Motor, Fahrzeug, Motorsteuerung
SDL	System Documentation Libraries	Systemdokumentation Funktionsbibliotheken
SYC	System Control ECU	Systemsteuerung Motorsteuerung
TCD	Torque Coordination	Momentenkoordination
TCV	Torque Conversion	Momentenumsetzung
TD	Torque Demand	Momentenanforderung
TDA	Torque Demand Auxiliary Functions	Momentenanforderung Zusatzfunktionen
TDC	Torque Demand Cruise Control	Momentenanforderung Fahrgeschwindigkeitsregler
TDD	Torque Demand Driver	Fahrerwunschmoment
TDI	Torque Demand Idle Speed Control	Momentenanforderung Leerlaufdrehzahlregelung
TDS	Torque Demand Signal Conditioning	Momentenanforderung Signalaufbereitung
TMO	Torque Modeling	Motordrehmoment-Modell
TS	Torque Structure	Drehmomentenstruktur

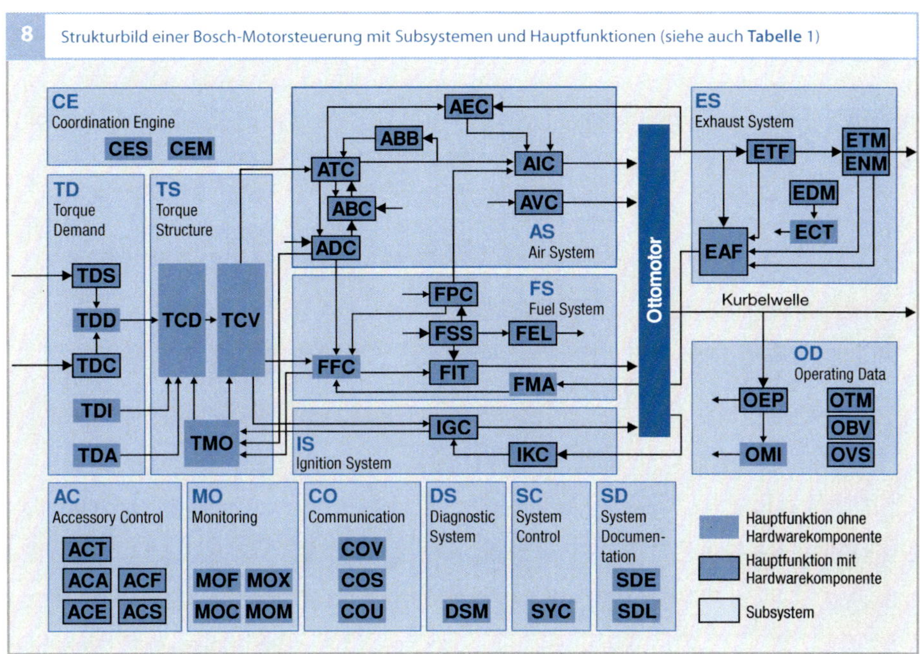

8   Strukturbild einer Bosch-Motorsteuerung mit Subsystemen und Hauptfunktionen (siehe auch **Tabelle** 1)

mit den verschiedenen Subsystemen. Die einzelnen Blöcke und Bezeichnungen (vgl. Tabelle 1) werden im Folgenden näher erläutert.

In Bild 7 ist die Motorsteuerung als System bezeichnet. Als Subsystem werden die verschiedenen Bereiche innerhalb des Systems bezeichnet. Einige Subsysteme sind im Steuergerät rein softwaretechnisch ausgebildet (z. B. die Drehmomentstruktur), andere Subsysteme enthalten auch Hardware-Komponenten (z. B. das Kraftstoffsystem mit den Einspritzventilen). Die Subsysteme sind durch definierte Schnittstellen miteinander verbunden.

Durch die Systemstruktur wird die Motorsteuerung aus der Sicht des funktionalen Ablaufs beschrieben. Das System umfasst das Steuergerät (mit Hardware und Software) sowie externe Komponenten (Aktoren, Sensoren und mechanische Komponenten), die mit dem Steuergerät elektrisch verbunden sein können. Die Systemstruktur (Bild 8)

gliedert dieses System nach funktionalen Kriterien hierarchisch in 14 Subsysteme (z. B. Luftsystem, Kraftstoffsystem), die wiederum in ca. 70 Hauptfunktionen (z. B. Ladedruckregelung, λ-Regelung) unterteilt sind (Tabelle 1).

Seit Einführung der Drehmomentstruktur werden die Drehmomentanforderungen an den Motor in den Subsystemen *Torque Demand* und *Torque Structure* zentral koordiniert. Die Füllungssteuerung durch die elektrisch verstellbare Drosselklappe ermöglicht das Einstellen der vom Fahrer über das Fahrpedal vorgegebenen Drehmomentanforderung (Fahrerwunsch). Gleichzeitig können alle zusätzlichen Drehmomentanforderungen, die sich aus dem Fahrbetrieb ergeben (z. B. beim Zuschalten des Klimakompressors), in der Drehmomentstruktur koordiniert werden. Die Momentenkoordination ist mittlerweile so strukturiert, dass sowohl Benzin- als auch Dieselmotoren damit betrieben werden können.

Subsysteme und Hauptfunktionen

Im Folgenden wird ein Überblick über die wesentlichen Merkmale der in einer Motorsteuerung implementierten Hauptfunktionen gegeben.

System Documentation

Unter *System Documentation* (SD) sind die technischen Unterlagen zur Systembeschreibung zusammengefasst (z. B. Steuergerätebeschreibung, Motor- und Fahrzeugdaten sowie Konfigurationsbeschreibungen).

System Control

Im Subsystem *System Control* (SC, Systemsteuerung) sind die den Rechner steuernden Funktionen zusammengefasst. In der Hauptfunktion *System Control ECU* (SYC, Systemzustandssteuerung), werden die Zustände des Mikrocontrollers beschrieben:

- Initialisierung (Systemhochlauf),
- Running State (Normalzustand, hier werden die Hauptfunktionen abgearbeitet),
- Steuergerätenachlauf (z. B. für Lüfternachlauf oder Hardwaretest).

Coordination Engine

Im Subsystem *Coordination Engine (CE)* werden sowohl der Motorstatus als auch die Motor-Betriebsdaten koordiniert. Dies erfolgt an zentraler Stelle, da abhängig von dieser Koordination viele weitere Funktionalitäten im gesamten System der Motorsteuerung betroffen sind. Die Hauptfunktion *Coordination Engine States* (CES, Koordination Motorstatus), beinhaltet sowohl die verschiedenen Motorzustände wie Start, laufender Betrieb und abgestellter Motor als auch Koordinationsfunktionen für Start-Stopp-Systeme und zur Einspritzaktivierung (Schubabschalten, Wiedereinsetzen).

In der Hauptfunktion *Coordination Engine Operation* (CEM, Koordination Motorbetriebsdaten) werden die Betriebsarten für die Benzin-Direkteinspritzung koordiniert und umgeschaltet. Zur Bestimmung der Soll-Betriebsart werden die Anforderungen unterschiedlicher Funktionalitäten unter Berücksichtigung von festgelegten Prioritäten im Betriebsartenkoordinator koordiniert.

Torque Demand

In der betrachteten Systemstruktur werden alle Drehmomentanforderungen an den Motor konsequent auf Momentenebene koordiniert. Das Subsystem *Torque Demand (TD)* erfasst alle Drehmomentanforderungen und stellt sie dem Subsystem *Torque Structure (TS)* als Eingangsgrößen zur Verfügung (**Bild 8**).

Die Hauptfunktion *Torque Demand Signal Conditioning* (TDS, Momentenanforderung Signalaufbereitung), beinhaltet im Wesentlichen die Erfassung der Fahrpedalstellung. Sie wird mit zwei unabhängigen Winkelsensoren erfasst und in einen normierten Fahrpedalwinkel umgerechnet. Durch verschiedene Plausibilitätsprüfungen wird dabei sichergestellt, dass bei einem Einfachfehler der normierte Fahrpedalwinkel keine höheren Werte annehmen kann, als es der tatsächlichen Fahrpedalstellung entspricht.

Die Hauptfunktion *Torque Demand Driver* (TDD, Fahrerwunsch), berechnet aus der Fahrpedalstellung einen Sollwert für das Motordrehmoment. Darüber hinaus wird die Fahrpedalcharakteristik festgelegt.

Die Hauptfunktion *Torque Demand Cruise Control* (TDC, Fahrgeschwindigkeitsregler) hält die Geschwindigkeit des Fahrzeugs in Abhängigkeit von der über eine Bedieneinrichtung eingestellte Sollgeschwindigkeit bei nicht betätigtem Fahrpedal konstant, sofern dies im Rahmen des einstellbaren Motordrehmoments möglich ist. Zu den wichtigsten Abschaltbedingungen dieser Funktion zählen die Betätigung der „Aus-Taste" an der Bedieneinrichtung, die Betätigung von

Bremse oder Kupplung sowie die Unterschreitung der erforderlichen Minimalgeschwindigkeit.

Die Hauptfunktion *Torque Demand Idle Speed Control* (TDI, Leerlaufdrehzahlregelung) regelt die Drehzahl des Motors bei nicht betätigtem Fahrpedal auf die Leerlaufdrehzahl ein. Der Sollwert der Leerlaufdrehzahl wird so vorgegeben, dass stets ein stabiler und ruhiger Motorlauf gewährleistet ist. Dementsprechend wird der Sollwert bei bestimmten Betriebsbedingungen (z. B. bei kaltem Motor) gegenüber der Nennleerlaufdrehzahl erhöht. Erhöhungen sind auch zur Unterstützung des Katalysator-Heizens, zur Leistungssteigerung des Klimakompressors oder bei ungenügender Ladebilanz der Batterie möglich. Die Hauptfunktion *Torque Demand Auxiliary Functions* (TDA, Drehmomente intern) erzeugt interne Momentenbegrenzungen und -anforderungen (z. B. zur Drehzahlbegrenzung oder zur Dämpfung von Ruckelschwingungen).

Torque Structure

Im Subsystem *Torque Structure* (TS, Drehmomentstruktur, Bild 8) werden alle Drehmomentanforderungen koordiniert. Das Drehmoment wird dann vom Luft-, Kraftstoff- und Zündsystem eingestellt. Die Hauptfunktion *Torque Coordination* (TCD, Momentenkoordination) koordiniert alle Drehmomentanforderungen. Die verschiedenen Anforderungen (z. B. vom Fahrer oder von der Drehzahlbegrenzung) werden priorisiert und abhängig von der aktuellen Betriebsart in Drehmoment-Sollwerte für die Steuerpfade umgerechnet.

Die Hauptfunktion *Torque Conversion* (TCV, Momentenumsetzung), berechnet aus den Sollmoment-Eingangsgrößen die Sollwerte für die relative Luftmasse, das Luftverhältnis λ und den Zündwinkel sowie die Einspritzausblendung (z. B. für das Schubabschalten). Der Luftmassensollwert wird so berechnet, dass sich das geforderte Drehmoment des Motors in Abhängigkeit vom applizierten Luftverhältnis λ und dem applizierten Basiszündwinkel einstellt.

Die Hauptfunktion *Torque Modelling* (TMO, Momentenmodell Drehmoment) berechnet aus den aktuellen Werten für Füllung, Luftverhältnis λ, Zündwinkel, Reduzierstufe (bei Zylinderabschaltung) und Drehzahl ein theoretisch optimales indiziertes Drehmoment des Motors. Das indizierte Moment ist dabei das Drehmoment, das sich aufgrund des auf den Kolben wirkenden Gasdrucks ergibt. Das tatsächliche Moment ist aufgrund von Verlusten geringer als das indizierte Moment. Mittels einer Wirkungsgradkette wird ein indiziertes Ist-Drehmoment gebildet. Die Wirkungsgradkette beinhaltet drei verschiedene Wirkungsgrade: den Ausblendwirkungsgrad (proportional zu der Anzahl der befeuerten Zylinder), den Zündwinkelwirkungsgrad (ergibt sich aus der Verschiebung des Ist-Zündwinkels vom optimalen Zündwinkel) und den λ-Wirkungsgrad (ergibt sich aus der Wirkungsgradkennlinie als Funktion des Luftverhältnisses λ).

Air System

Im Subsystem *Air System* (AS, Luftsystem, Bild 8) wird die für das umzusetzende Moment benötigte Füllung eingestellt. Darüber hinaus sind Abgasrückführung, Ladedruckregelung, Saugrohrumschaltung, Ladungsbewegungssteuerung und Ventilsteuerung Teil des Luftsystems.

In der Hauptfunktion *Air System Throttle Control* (ATC, Drosselklappensteuerung) wird aus dem Soll-Luftmassenstrom die Sollposition für die Drosselklappe gebildet, die den in das Saugrohr einströmenden Luftmassenstrom bestimmt.

Die Hauptfunktion *Air System Determination of Charge* (ADC, Luftfüllungsberechnung) ermittelt mithilfe der zur Verfügung stehenden Lastsensoren die aus Frischluft und Inertgas bestehende Zylinderfüllung. Aus den Luftmassenströmen werden die Druckverhältnisse im Saugrohr mit einem Saugrohrdruckmodell modelliert.

Die Hauptfunktion *Air System Intake Manifold Control* (AIC, Saugrohrsteuerung) berechnet die Sollstellungen für die Saugrohr- und die Ladungsbewegungsklappe.

Der Unterdruck im Saugrohr ermöglicht die Abgasrückführung, die in der Hauptfunktion *Air System Exhaust Gas Recirculation* (AEC, Abgasrückführungssteuerung) berechnet und eingestellt wird.

Die Hauptfunktion *Air System Valve Control* (AVC, Ventilsteuerung) berechnet die Sollwerte für die Einlass- und die Auslassventilpositionen und stellt oder regelt diese ein. Dadurch kann die Menge des intern zurückgeführten Restgases beeinflusst werden.

Die Hauptfunktion *Air System Boost Control* (ABC, Ladedrucksteuerung) übernimmt die Berechnung des Ladedrucks für Motoren mit Abgasturboaufladung und stellt die Stellglieder für dieses System.

Motoren mit Benzin-Direkteinspritzung werden teilweise im unteren Lastbereich mit Schichtladung ungedrosselt gefahren. Im Saugrohr herrscht damit annähernd Umgebungsdruck. Die Hauptfunktion *Air System Brake Booster* (ABB, Bremskraftverstärkersteuerung) sorgt durch Anforderung einer Androsselung dafür, dass im Bremskraftverstärker immer ausreichend Unterdruck herrscht.

Fuel System

Im Subsystem *Fuel System* (FS, Kraftstoffsystem, **Bild 8**) werden kurbelwellensynchron die Ausgabegrößen für die Einspritzung berechnet, also die Zeitpunkte der Einspritzungen und die Menge des einzuspritzenden Kraftstoffs.

Die Hauptfunktion *Fuel System Feed Forward Control* (FFC, Kraftstoff-Vorsteuerung) berechnet die aus der Soll-Füllung, dem

λ-Sollwert, additiven Korrekturen (z. B. Übergangskompensation) und multiplikativen Korrekturen (z. B. Korrekturen für Start, Warmlauf und Wiedereinsetzen) die Soll-Kraftstoffmasse. Weitere Korrekturen kommen von der λ-Regelung, der Tankentlüftung und der Luft-Kraftstoff-Gemischadaption. Bei Systemen mit Benzin-Direkteinspritzung werden für die Betriebsarten spezifische Werte berechnet (z. B. Einspritzung in den Ansaugtakt oder in den Verdichtungstakt, Mehrfacheinspritzung).

Die Hauptfunktion *Fuel System Injection Timing* (FIT, Einspritzausgabe) berechnet die Einspritzdauer und die Kurbelwinkelposition der Einspritzung und sorgt für die winkelsynchrone Ansteuerung der Einspritzventile. Die Einspritzzeit wird auf der Basis der zuvor berechneten Kraftstoffmasse und Zustandsgrößen (z. B. Saugrohrdruck, Batteriespannung, Raildruck, Brennraumdruck) berechnet.

Die Hauptfunktion *Fuel System Mixture Adaptation* (FMA, Gemischadaption), verbessert die Vorsteuergenauigkeit des λ-Werts durch Adaption längerfristiger Abweichungen des λ-Reglers vom Neutralwert. Bei kleinen Füllungen wird aus der Abweichung des λ-Reglers ein additiver Korrekturterm gebildet, der bei Systemen mit Heißfilm-Luftmassenmesser (HFM) in der Regel kleine Saugrohrleckagen widerspiegelt oder bei Systemen mit Saugrohrdrucksensor den Restgas- und den Offset-Fehler des Drucksensors ausgleicht. Bei größeren Füllungen wird ein multiplikativer Korrekturfaktor ermittelt, der im Wesentlichen Steigungsfehler des Heißfilm-Luftmassenmessers, Abweichungen des Raildruckreglers (bei Systemen mit Direkteinspritzung) und Kennlinien-Steigungsfehler der Einspritzventile repräsentiert.

Die Hauptfunktion *Fuel Supply System* (FSS, Kraftstoffversorgungssystem) hat die Aufgabe, den Kraftstoff aus dem Kraftstoffbehälter in der geforderten Menge und mit dem vorgegebenen Druck in das Kraftstoffverteilerrohr zu fördern. Der Druck kann bei bedarfsgesteuerten Systemen zwischen 200 und 600 kPa geregelt werden, die Rückmeldung des Ist-Werts geschieht über einen Drucksensor. Bei der Benzin-Direkteinspritzung enthält das Kraftstoffversorgungssystem zusätzlich einen Hochdruckkreis mit der Hochdruckpumpe und dem Drucksteuerventil oder der bedarfsgesteuerten Hochdruckpumpe mit Mengensteuerventil. Damit kann im Hochdruckkreis der Druck abhängig vom Betriebspunkt variabel zwischen 3 und 20 MPa geregelt werden. Die Sollwertvorgabe wird betriebspunktabhängig berechnet, der Ist-Druck über einen Hochdrucksensor erfasst.

Die Hauptfunktion *Fuel System Purge Control* (FPC, Tankentlüftung) steuert während des Motorbetriebs die Regeneration des im Tank verdampften und im Aktivkohlebehälter des Kraftstoffverdunstungs-Rückhaltesystems gesammelten Kraftstoffs. Basierend auf dem ausgegebenen Tastverhältnis zur Ansteuerung des Tankentlüftungsventils und den Druckverhältnissen wird ein Istwert für den Gesamt-Massenstrom über das Ventil berechnet, der in der Drosselklappensteuerung (ATC) berücksichtigt wird. Ebenso wird ein Ist-Kraftstoffanteil ausgerechnet, der von der Soll-Kraftstoffmasse subtrahiert wird.

Die Hauptfunktion *Fuel System Evaporation Leakage Detection* (FEL, Tankleckerkennung) prüft die Dichtheit des Tanksystems gemäß der kalifornischen OBD-II-Gesetzgebung.

Ignition System

Im *Subsystem Ignition System* (IS, Zündsystem, **Bild 8**) werden die Ausgabegrößen für die Zündung berechnet und die Zündspulen angesteuert.

Die Hauptfunktion *Ignition Control* (IGC, Zündung) ermittelt aus den Betriebsbedingungen des Motors und unter Berücksichtigung von Eingriffen aus der Momentenstruktur den aktuellen Soll-Zündwinkel und erzeugt zum gewünschten Zeitpunkt einen Zündfunken an der Zündkerze. Der resultierende Zündwinkel wird aus dem Grundzündwinkel und betriebspunktabhängigen Zündwinkelkorrekturen und Anforderungen berechnet. Bei der Bestimmung des drehzahl- und lastabhängigen Grundzündwinkels wird – falls vorhanden – auch der Einfluss einer Nockenwellenverstellung, einer Ladungsbewegungsklappe, einer Zylinderbankaufteilung sowie spezieller BDE-Betriebsarten berücksichtigt. Zur Berechnung des frühest möglichen Zündwinkels wird der Grundzündwinkel mit den Verstellwinkeln für Motorwarmlauf, Klopfregelung und – falls vorhanden – Abgasrückführung korrigiert. Aus dem aktuellen Zündwinkel und der notwendigen Ladezeit der Zündspule wird der Einschaltzeitpunkt der Zündungsendstufe berechnet und entsprechend angesteuert.

Die Hauptfunktion *Ignition System Knock Control* (IKC, Klopfregelung) betreibt den Motor wirkungsgradoptimiert an der Klopfgrenze, verhindert aber motorschädigendes Klopfen. Der Verbrennungsvorgang in allen Zylindern wird mittels Klopfsensoren überwacht. Das erfasste Körperschallsignal der Sensoren wird mit einem Referenzpegel verglichen, der über einen Tiefpass zylinderselektiv aus den letzten Verbrennungen gebildet wird. Der Referenzpegel stellt damit das Hintergrundgeräusch des Motors für den klopffreien Betrieb dar. Aus dem Vergleich lässt sich ableiten, um wie viel lauter die aktuelle Verbrennung gegenüber dem Hintergrundgeräusch war. Ab einer bestimmten Schwelle wird Klopfen erkannt. Sowohl bei der Referenzpegelberechnung als auch bei der Klopferkennung können geänderte Betriebsbedingungen (Motordrehzahl, Drehzahldynamik, Lastdynamik) berücksichtigt werden. Die Klopfregelung gibt – für jeden einzelnen Zylinder – einen Differenzzündwinkel zur Spätverstellung aus, der bei der Berechnung des aktuellen Zündwinkels berücksichtigt wird. Bei einer erkannten klopfenden Verbrennung wird dieser Differenzzündwinkel um einen applizierbaren Betrag vergrößert. Die Zündwinkel-Spätverstellung wird anschließend in kleinen Schritten wieder zurückgenommen, wenn über einen applizierbaren Zeitraum keine klopfende Verbrennung auftritt. Bei einem erkannten Fehler in der Hardware wird eine Sicherheitsmaßnahme (Sicherheitsspätverstellung) aktiviert.

Exhaust System

Das Subsystem *Exhaust System* (ES, Abgassystem) greift in die Luft-Kraftstoff-Gemischbildung ein, stellt dabei das Luftverhältnis λ ein und steuert den Füllzustand der Katalysatoren.

Die Hauptaufgaben der Hauptfunktion *Exhaust System Description and Modelling* (EDM, Beschreibung und Modellierung des Abgassystems) sind vornehmlich die Modellierung physikalischer Größen im Abgastrakt, die Signalauswertung und die Diagnose der Abgastemperatursensoren (sofern vorhanden) sowie die Bereitstellung von Kenngrößen des Abgassystems für die Testerausgabe. Die physikalischen Größen, die modelliert werden, sind Temperatur (z. B. für Bauteileschutz), Druck (primär für Restgaserfassung) und Massenstrom (für λ-Regelung und Katalysatordiagnose). Daneben wird das Luftverhältnis des Abgases bestimmt (für NO_x-Speicherkatalysator-Steuerung und -Diagnose).

Das Ziel der Hauptfunktion *Exhaust System Air Fuel Control* (EAF, λ-Regelung) mit der λ-Sonde vor dem Vorkatalysator ist, das λ auf einen vorgegebenen Sollwert zu regeln, um Schadstoffe zu minimieren, Drehmomentschwankungen zu vermeiden und die

Magerlaufgrenze einzuhalten. Die Eingangssignale aus der λ-Sonde hinter dem Hauptkatalysator erlauben eine weitere Minimierung der Emissionen.

Die Hauptfunktion *Exhaust System Three-Way Front Catalyst* (ETF, Steuerung und Regelung des Dreiwegevorkatalysators) verwendet die λ-Sonde hinter dem Vorkatalysator (sofern vorhanden). Deren Signal dient als Grundlage für die Führungsregelung und Katalysatordiagnose. Diese Führungsregelung kann die Luft-Kraftstoff-Gemischregelung wesentlich verbessern und damit ein bestmögliches Konvertierungsverhalten des Katalysators ermöglichen.

Die Hauptfunktion *Exhaust System Three-Way Main Catalyst* (ETM, Steuerung und Regelung des Dreiwegehauptkatalysators) arbeitet im Wesentlichen gleich wie die zuvor beschriebene Hauptfunktion ETF. Die Führungsregelung wird dabei an die jeweilige Katalysatorkonfiguration angepasst.

Die Hauptfunktion *Exhaust System NO_x Main Catalyst* (ENM, Steuerung und Regelung des NO_x-Speicherkatalysators) hat bei Systemen mit Magerbetrieb und NO_x-Speicherkatalysator die Aufgabe, die NO_x-Emissionsvorgaben durch eine an die Erfordernisse des Speicherkatalysators angepasste Regelung des Luft-Kraftstoff-Gemischs einzuhalten.

In Abhängigkeit vom Zustand des Katalysators wird die NO_x-Einspeicherphase beendet und in einen Motorbetrieb mit $\lambda < 1$ übergegangen, der den NO_x-Speicher leert und die gespeicherten NO_x-Emissionen zu N_2 umsetzt.

Die Regenerierung des NO_x-Speicherkatalysators wird in Abhängigkeit vom Sprungsignal der Sonde hinter dem NO_x-Speicherkatalysator beendet. Bei Systemen mit NO_x-Speicherkatalysator sorgt das Umschalten in einen speziellen Modus für die Entschwefelung des Katalysators.

Die Hauptfunktion *Exhaust System Con-*

trol of Temperature (ECT, Abgastemperaturregelung) steuert die Temperatur des Abgastrakts mit dem Ziel, das Aufheizen der Katalysatoren nach dem Motorstart zu beschleunigen, das Auskühlen der Katalysatoren im Betrieb zu verhindern, den NO_x-Speicherkatalysator (falls vorhanden) für die Entschwefelung aufzuheizen und eine thermische Schädigung der Komponenten im Abgassystem zu verhindern. Die Temperaturerhöhung wird z. B. durch eine Verstellung des Zündwinkels in Richtung spät vorgenommen. Im Leerlauf kann der Wärmestrom auch durch eine Anhebung der Leerlaufdrehzahl erhöht werden.

Operating Data

Im Subsystem *Operating Data* (OD, Betriebsdaten) werden alle für den Motorbetrieb wichtigen Betriebsparameter erfasst, plausibilisiert und gegebenenfalls Ersatzwerte bereitgestellt.

Die Hauptfunktion *Operating Data Engine Position Management* (OEP, Winkel- und Drehzahlerfassung) berechnet aus den aufbereiteten Eingangssignalen des Kurbelwellen- und Nockenwellensensors die Position der Kurbel- und der Nockenwelle. Aus diesen Informationen wird die Motordrehzahl berechnet. Aufgrund der Bezugsmarke auf dem Kurbelwellengeberrad (zwei fehlende Zähne) und der Charakteristik des Nockenwellensignals erfolgt die Synchronisation zwischen der Motorposition und dem Steuergerät sowie die Überwachung der Synchronisation im laufenden Betrieb. Zur Optimierung der Startzeit wird das Muster des Nockenwellensignals und die Motorabstellposition ausgewertet. Dadurch ist eine schnelle Synchronisation möglich.

Die Hauptfunktion *Operating Data Temperature Measurement* (OTM, Temperaturerfassung) verarbeitet die von Temperatursensoren zur Verfügung gestellten Messsignale, führt eine Plausibilisierung durch und stellt

im Fehlerfall Ersatzwerte bereit. Neben der Motor- und der Ansauglufttemperatur werden optional auch die Umgebungstemperatur und die Motoröltemperatur erfasst. Mit anschließender Kennlinienumrechnung wird den eingelesenen Spannungswerten ein Temperaturmesswert zugewiesen.

Die Hauptfunktion *Operating Data Battery Voltage* (OBV, Batteriespannungserfassung) ist für die Bereitstellung der Versorgungsspannungssignale und deren Diagnose zuständig. Die Erfassung des Rohsignals erfolgt über die Klemme 15 und gegebenenfalls über das Hauptrelais.

Die Hauptfunktion *Misfire Detection Irregular Running* (OMI, Aussetzererkennung) überwacht den Motor auf Zünd- und Verbrennungsaussetzer.

Die Hauptfunktion *Operating Data Vehicle Speed* (OVS, Erfassung Fahrzeuggeschwindigkeit) ist für die Erfassung, Aufbereitung und Diagnose des Fahrgeschwindigkeitssignals zuständig. Diese Größe wird u. a. für die Fahrgeschwindigkeitsregelung, die Geschwindigkeitsbegrenzung und beim Handschalter für die Gangerkennung benötigt. Je nach Konfiguration besteht die Möglichkeit, die vom Kombiinstrument bzw. vom ABS- oder vom ESP-Steuergerät über den CAN gelieferten Größen zu verwenden.

Communication

Im Subsystem *Communication (CO, Kommunikation)* werden sämtliche Motorsteuerungs-Hauptfunktionen zusammengefasst, die mit anderen Systemen kommunizieren.

Die Hauptfunktion *Communication User Interface* (COU, Kommunikationsschnittstelle) stellt die Verbindung mit Diagnose- (z. B. Motortester) und Applikationsgeräten her. Die Kommunikation erfolgt über die CAN-Schnittstelle oder die K-Leitung. Für die verschiedenen Anwendungen stehen unterschiedliche Kommunikationsprotokolle zur Verfügung (z. B. KWP 2000, McMess).

Die Hauptfunktion *Communication Vehicle Interface* (COV, Datenbuskommunikation) stellt die Kommunikation mit anderen Steuergeräten, Sensoren und Aktoren sicher.

Die Hauptfunktion *Communication Security Access (COS, Kommunikation Wegfahrsperre)* baut die Kommunikation mit der Wegfahrsperre auf und ermöglicht – optional – die Zugriffssteuerung für eine Umprogrammierung des Flash-EPROM.

Accessory Control

Das Subsystem *Accessory Control* (AC) steuert die Nebenaggregate.

Die Hauptfunktion *Accessory Control Air Condition* (ACA, Klimasteuerung) regelt die Ansteuerung des Klimakompressors und wertet das Signal des Drucksensors in der Klimaanlage aus. Der Klimakompressor wird eingeschaltet, wenn z. B. über einen Schalter eine Anforderung vom Fahrer oder vom Klimasteuergerät vorliegt. Dieses meldet der Motorsteuerung, dass der Klimakompressor eingeschaltet werden soll. Kurze Zeit danach wird er eingeschaltet und der Leistungsbedarf des Klimakompressors wird durch die Drehmomentstruktur bei der Bestimmung des Soll-Drehmoments des Motors berücksichtigt.

Die Hauptfunktion *Accessory Control Fan Control* (ACF, Lüftersteuerung) steuert den Lüfter bedarfsgerecht an und erkennt Fehler am Lüfter und an der Ansteuerung. Wenn der Motor nicht läuft, kann es bei Bedarf einen Lüfternachlauf geben.

Die Hauptfunktion *Accessory Control Thermal Management* (ACT, Thermomanagement) regelt die Motortemperatur in Abhängigkeit des Betriebszustands des Motors. Die Soll-Motortemperatur wird in Abhängigkeit der Motorleistung, der Fahrgeschwindigkeit, des Betriebszustands des Motors und der Umgebungstemperatur ermittelt, damit der Motor schneller seine Betriebstemperatur erreicht und dann ausreichend gekühlt wird. In Abhängigkeit des Sollwerts wird der Kühlmittelvolumenstrom durch den Kühler berechnet und z. B. ein Kennfeldthermostat angesteuert.

Die Hauptfunktion *Accessory Control Electrical Machines* (ACE) ist für die Ansteuerung der elektrischen Aggregate (Starter, Generator) zuständig.

Aufgabe der Hauptfunktion *Accessory Control Steering* (ACS) ist die Ansteuerung der Lenkhilfepumpe.

Monitoring

Das Subsystem *Monitoring* (MO) dient zur Überwachung des Motorsteuergeräts.

Die Hauptfunktion *Function Monitoring* (MOF, Funktionsüberwachung) überwacht alle drehmoment- und drehzahlbestimmenden Elemente der Motorsteuerung. Zentraler Bestandteil ist der Momentenvergleich, der das aus dem Fahrerwunsch errechnete zulässige Moment mit dem aus den Motorgrößen berechneten Ist-Moment vergleicht. Bei zu großem Ist-Moment wird durch geeignete Maßnahmen ein beherrschbarer Zustand sichergestellt.

In der Hauptfunktion *Monitoring Module* (MOM, Überwachungsmodul) sind alle Überwachungsfunktionen zusammengefasst, die zur gegenseitigen Überwachung von Funktionsrechner und Überwachungsmodul beitragen oder diese ausführen. Funktionsrechner und Überwachungsmodul sind Bestandteil des Steuergeräts. Ihre gegenseitige Überwachung erfolgt durch eine ständige Frage-und-Antwort-Kommunikation.

In der Hauptfunktion *Microcontroller Monitoring* (MOC, Rechnerüberwachung) sind alle Überwachungsfunktionen zusammengefasst, die einen Defekt oder eine Fehlfunktion des Rechnerkerns mit Peripherie erkennen können. Beispiele hierfür sind:
- Analog-Digital-Wandler-Test,
- Speichertest für RAM und ROM,

- Programmablaufkontrolle,
- Befehlstest.

Die Hauptfunktion *Extended Monitoring* (MOX) beinhaltet Funktionen zur erweiterten Funktionsüberwachung. Diese legen das plausible Maximaldrehmoment fest, das der Motor abgeben kann.

Diagnostic System

Die Komponenten- sowie System-Diagnose wird in den Hauptfunktionen der Subsysteme durchgeführt. Das *Diagnostic System* (DS, Diagnosesystem) übernimmt die Koordination der verschiedenen Diagnoseergebnisse.

Aufgabe des *Diagnostic System Manager* (DSM) ist es,
- die Fehler zusammen mit den Umweltbedingungen zu speichern,
- die Motorkontrollleuchte anzusteuern,
- die Testerkommunikation aufzubauen,
- den Ablauf der verschiedenen Diagnosefunktionen zu koordinieren (Prioritäten und Sperrbedingungen beachten) und Fehler zu bestätigen.

Softwarestruktur

Die funktionalen Anforderungen an die Motorsteuerung werden durch den Einsatz von Elektrik, Elektronik und Software realisiert. Die Software der Motorsteuerung setzt sich aus vielen Programmteilen zusammen. Die Struktur der Programmteile sowie das Zusammenspiel aller Funktionen werden durch die Software-Architektur festgelegt.

Anforderungen an die Software in der Motorsteuerung

Die Anforderungen an die Software in der Motorsteuerung sind sehr vielfältig (Tabelle 2). Viele Funktionen für den Motor

müssen „echtzeitfähig" arbeiten, d. h., die Reaktion der Regelung muss garantiert mit dem physikalischen Prozess Schritt halten. Bei der Regelung sehr schneller physikalischer Prozesse, wie z. B. der Zündung und der Einspritzung muss die Berechnung daher sehr schnell erfolgen. Auch die Anforderungen an die Zuverlässigkeit sind in vielen Bereichen sehr hoch. Besonders gilt dies für sicherheitsrelevante Funktionen wie die elektrische Drosselklappe. Eine komplexe Diagnose überwacht die Software und die Elektronik.

Die Software ist für die entsprechenden Anwendungsfälle der Steuerung und Regelung von Verbrennungsmotoren entwickelt und in das Gesamtsystem eingebunden. Sie wird Embedded Software genannt. Die vielen Funktionen werden oft über einen langen Zeitraum hinweg an vielen Standorten der Welt entwickelt. Da elektronische Steuergeräte als Ersatzteile auch nach dem Produktionsende des Fahrzeugs zur Verfügung stehen müssen, hat die Software im Fahrzeug einen verhältnismäßig langen Lebenszyklus von bis zu 30 Jahren.

Die Software wird über die vielen Varianten eines Motors und Fahrzeugs hinweg eingesetzt. Sie muss dann an das entsprechende Zielsystem anpassbar sein. Dazu enthält sie Applikationsparameter und Kennfelder. Dies können mehrere 1 000 pro Motor sein. Vielfach sind diese Verstellgrößen voneinander abhängig.

Aus Kostengründen kommen in Steuergeräten häufig Mikrocontroller mit begrenzter Rechenleistung und begrenztem Speicherplatz zum Einsatz. Dies erfordert in vielen Fällen Optimierungsmaßnahmen in der Softwareentwicklung, um die erforderlichen Hardware-Ressourcen zu verringern.

Oft wird die Software im Kraftfahrzeug im Entwicklungsverbund entwickelt. Kennzeichnend sind hier die interdisziplinäre Zusammenarbeit (z. B. zwischen der Antriebs- und der Elektronikentwicklung) und die verteilte Entwicklung (z. B. zwischen Zulieferer und Fahrzeughersteller oder an verschiedenen Entwicklungsstandorten). Die aus diesen Anforderungen und Merkmalen resultierende Komplexität gilt es, im Entwicklungsverbund zwischen Fahrzeughersteller und Zulieferer wirtschaftlich zu beherrschen. Dabei muss ein Motorsteuergerät heute oft als vernetztes System im Gesamtfahrzeug betrachtet werden.

Software-Architektur

Eine Software-Architektur beschreibt die Struktur eines oder mehrerer Software-Produkte. Dies umfasst Software-Komponenten, deren nach außen hin sichtbaren Eigenschaften und die Beziehungen zwischen den Software-Komponenten.

Anforderungen an Software-Architekturen
Eine Software-Architektur leitet sich aus den funktionalen Anforderungen und den nicht-funktionalen Anforderungen („Qualities") an die Software-Produkte ab.

Funktionale Anforderungen
Die funktionalen Anforderungen an die Software-Architektur ergeben sich aus dem gewünschten funktionalen Verhalten der Software-Produkte. Dieses Verhalten wird in der Systemstruktur beschrieben und die Software-Architektur kann aus dieser Struktur abgeleitet werden.

Nicht-funktionale Anforderungen
Die nicht-funktionalen Anforderungen ergeben sich aus den gewünschten Eigenschaften der zu erstellenden Software-Produkte. Wesentliche nicht-funktionale Anforderungen sind:
- Wiederverwendbarkeit,
- Hardware-Unabhängigkeit,
- Hardware-Ressourcenverbrauch,
- Erweiterbarkeit,
- Wartbarkeit,
- Testbarkeit,
- Unterstützung von verteilter Entwicklung.

Architektursichten
Da es nicht möglich ist, alle Eigenschaften und Attribute der Software-Architektur in einer Sicht geeignet darzustellen, gibt es in der Software-Architektur den Ansatz, die Software-Architektur in verschiedenen Sichten darzustellen. Die wichtigsten Architektursichten sind:

Anforderungsbereich	Beispiele
Funktionale Anforderungen	Echtzeitfähigkeit durch schnelle Rechenzyklen Übertragung großer Datenmengen Hohe Zuverlässigkeit
Diagnoseanforderungen	Überwachung der sicherheitsrelevanten Funktionen Überwachung der umweltrelevanten Funktionen Diagnosefähigkeit in der Werkstatt
Wirtschaftliche Anforderungen	Wartbarkeit Wiederverwendbarkeit durch Anpassbarkeit Langer Lebenszyklus Speicher- und laufzeitoptimierter Code
Organisatorische Anforderungen	Weltweit verteilte Entwicklung

- statische Sicht (Bild 9),
- dynamische Sicht (Bild 10 und Bild 11),
- funktionale Sicht,
- Verteilungssicht (beschreibt die Verteilung von Software-Komponenten auf Steuergeräte),
- organisatorische Sicht.

Im Folgenden werden die statische und die dynamische Sicht näher beschrieben.

Statische Sicht
Die statische Sicht beinhaltet die Software-Komponenten, deren hierarchische Anordnung und ihre statischen Eigenschaften.

In der Software-Architektur der Motorsteuerung gibt es folgende übergeordnete Software-Komponenten (siehe Bild 9):
- Anwendungssoftware (ASW): Steuerungs- und Regelungsfunktionen,
- Anwendungssupervisor (ASV): überwachende und zentrale Software-Funktionen,
- Device Encapsulation (DE): Software-Funktionen zur Ansteuerung von Sensoren und Aktoren ohne echtzeitkritische Anforderungen,
- Complex Driver (CDrv): echtzeitkritische Software-Funktionen mit exklusivem Hardwarezugriff,
- Basis-Software (BSW): hardwarenahe Software-Funktionen.

Diese übergeordneten Software-Komponenten werden dann immer weiter aufgeteilt. Am Ende der Aufteilung stehen dann nicht mehr weiter aufteilbare Software-Komponenten, die sogenannten Software-Funktionen. Diese beinhalten ausführbaren Code. Die den Software-Funktionen übergeordneten strukturellen Software-Komponenten enthalten dagegen keinen ausführbaren Code und sind nur für den Entwicklungsprozess von Bedeutung.

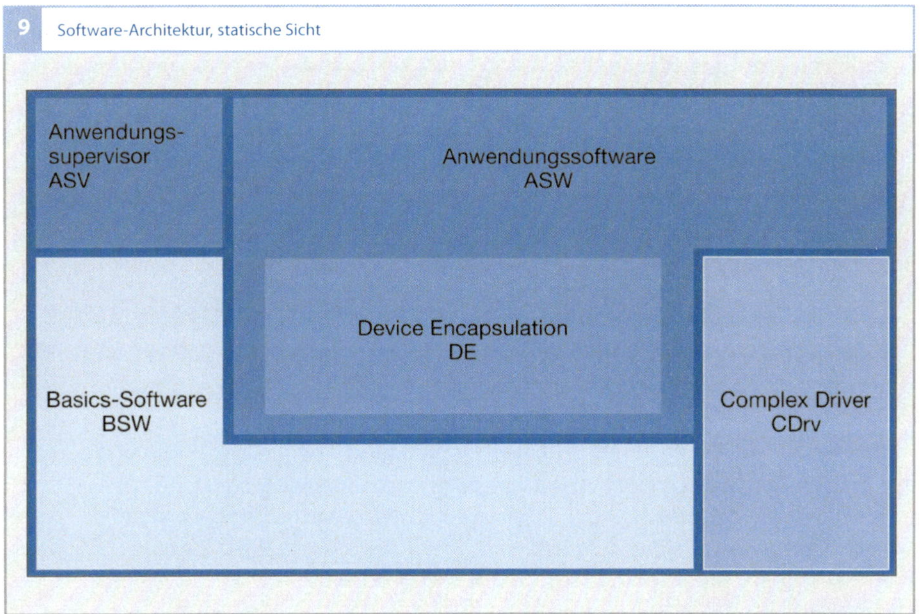

9   Software-Architektur, statische Sicht

Dynamische Sicht

Die dynamische Sicht beschreibt die zeitlichen Abläufe und Abhängigkeiten in der Software. In der Motorsteuerungs-Software hat die dynamische Sicht eine besondere Ausprägung, da es keine fixen Aufrufsequenzen gibt wie in anderen Software Anwendungen.

Viele Regelungen der Motorsteuerung müssen echtzeitfähig sein. Eine echtzeitfähige Regelung muss garantiert innerhalb einer bestimmten Zeitspanne auf eine Anforderung reagieren. Daher müssen einige Steuer- und Regelvorgänge innerhalb kürzester Zeit ausgeführt werden. Zum Beispiel müssen die Einspritz- und Zündvorgänge selbst bei hohen Drehzahlen mit sehr hoher zeitlicher Genauigkeit ausgeführt werden. Bereits kleinste Abweichungen verringern die Motorleistung oder verschlechtern die Geräusch- und Schadstoffemissionen. Um die Echtzeitfähigkeit zu gewährleisten, werden die Programmteile im Steuergerät priorisiert. Sie können sich gegenseitig unterbrechen.

Funktionsprinzip

Der Mikrocontroller im Steuergerät führt einen Befehl nach dem anderen aus. Den Befehlscode holt er sich aus dem Programmspeicher. Die Dauer für das Einlesen des Befehls und die Befehlsausführung hängen vom eingesetzten Mikrocontroller und von der Taktfrequenz ab.

Aufgrund der begrenzten Abarbeitungsgeschwindigkeit des Programms wird eine Softwarestruktur benötigt, die dafür sorgt, dass zeitkritische Funktionen mit hoher Priorität abgearbeitet werden. Dabei kann ein Programm mit niedrigerer Priorität unterbrochen werden. Ist das Programm mit der höheren Priorität abgearbeitet, setzt der Mikrocontroller die Berechnung des niedriger priorisierten Programms fort.

Zum Beispiel muss das Programm der Motorsteuerung auf die Signale des Kurbel-

wellen-Drehzahlsensors, die in kurzen Abständen kommen, sehr schnell reagieren – je nach Drehzahl im Millisekundenbereich. Diese Signale muss das Steuergeräteprogramm mit hoher Priorität auswerten. Andere Funktionen, wie z. B. das Einlesen der Motortemperatur, haben keine hohe Dringlichkeit, da sich die physikalische Größe nur sehr langsam ändert.

Interruptsteuerung

Sobald ein Ereignis eintritt, auf das eine sehr schnelle Reaktion erforderlich ist, kann das laufende Programm mit der Interruptsteuerung des Mikrocontrollers unterbrochen werden. Das Programm springt daraufhin in die Interruptroutine und arbeitet diese ab. Nach Beendigung dieser Routine fährt das Programm wieder an der Stelle fort, an der es zuvor unterbrochen wurde (Bild 10). Ein Interrupt kann z. B. durch ein Signal von außen ausgelöst werden. Andere Interruptquellen sind im Mikrocontroller integrierte Zeitgeber, mit denen zeitgesteuerte Ausgangssignale erzeugt werden können (z. B. das Zündsignal: der Zündungsausgang des Mikrocontrollers wird zu einem im Voraus berechneten Zeitpunkt geschaltet). Der Zeitgeber kann auch interne Zeitraster generieren. Das Steuergeräteprogramm reagiert auf mehrere solcher Interrupts. Eine Interruptquelle kann somit einen Interrupt anfordern, während eine andere Interruptroutine gerade abgearbeitet wird. Hierzu ist jeder Interruptquelle eine Priorität fest zugeordnet. Die Prioritätssteuerung entscheidet, welcher Interrupt welchen unterbrechen kann. Bild 10 zeigt stark vereinfacht die Verteilung der Berechnungen durch eine Interruptsteuerung.

Kurbelwinkelsynchroner Interrupt

Die Ausgabe der Einspritzung und Zündung erfolgt innerhalb eines Kurbelwellenbereichs, abhängig vom entsprechenden berechneten Ausgabewert. Da die vorgegebe-

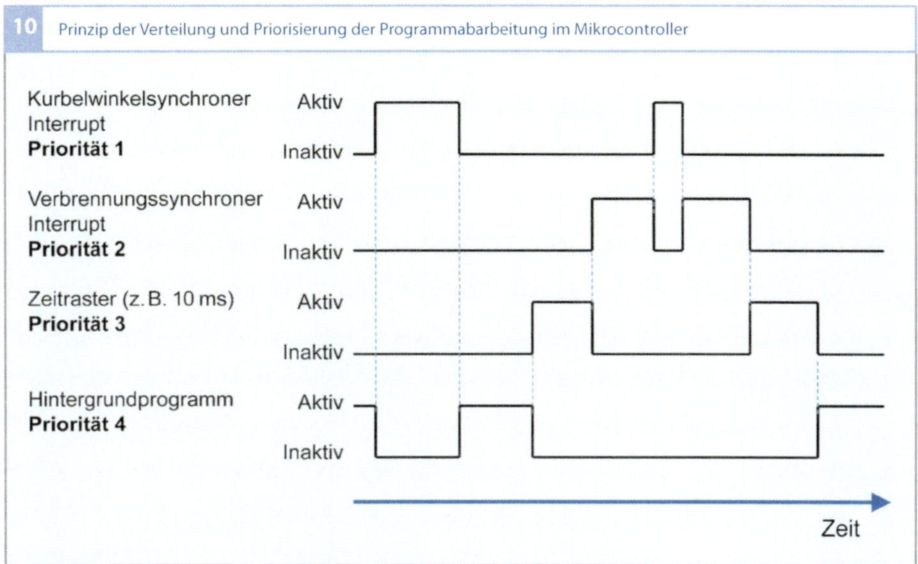

nen Einspritzzeiten und Zündwinkel sehr genau eingehalten werden müssen, wird die Ausgabe von einem Interrupt mit einer sehr hohen Priorität gesteuert.

Verbrennungssynchroner Interrupt
Einige Berechnungen müssen in jedem Verbrennungstakt durchgeführt werden. Zum Beispiel werden Zündwinkel und Einspritzung verbrennungssynchron für jeden Zylinder aktuell berechnet. Hierzu verzweigt das Programm in das „Synchroprogramm". Das Synchroprogramm ist an eine definierte Kurbelwinkelstellung des Motors gebunden und muss mit einer hohen Priorität abgearbeitet werden. Deshalb wird es über einen Interrupt aktiviert, der durch einen Befehl in der kurbelwinkelsynchronen Interruptroutine getriggert wird. Da das Synchroprogramm bei hohen Drehzahlen über mehrere Grad Kurbelwinkel läuft, muss es vom Kurbelwinkelsynchronen Interrupt unterbrochen werden können. Der kurbelwinkelsynchrone Interrupt erhält eine höhere Priorität als das Synchroprogramm.

Zeitraster
Für viele Regelalgorithmen ist es erforderlich, dass sie in einem festen Zeitraster ablaufen. Zum Beispiel muss die λ-Regelung in einem festen Raster (z. B. 10 ms) abgearbeitet werden, damit die Stellgrößen schnell genug berechnet werden.

Hintergrundprogramm
Alle übrigen Aktivitäten, die nicht in einer Interruptroutine oder in einem Zeitraster ablaufen, werden im Hintergrundprogramm abgearbeitet. Bei hohen Drehzahlen wird das Synchroprogramm und der kurbelwinkelsynchrone Interrupt häufig angesprungen, sodass für das Hintergrundprogramm wenig Rechenzeit bleibt. Die Zeitdauer für einen kompletten Durchlauf des Hintergrundprogramms steigt damit mit der Drehzahl stark an. In das Hintergrundprogramm dürfen deshalb nur Funktionen gelegt werden, für die keine hohe Priorität besteht, wie z. B. die Berechnung der Motortemperatur.

Darüber hinaus gibt es Zustandsautomaten in der Motorsteuerung, die z. B. den

Steuergeräte-Hochlauf, die Zustände des Steuergerätes im Fahrbetrieb und das Herunterfahren des Steuergerätes beschreiben. **Bild 11** zeigt beispielhaft die verschiedenen Systemzustände und Übergänge zwischen den Zuständen:

- Steuergerät aus:
  Das Steuergerät ist ausgeschaltet. Hard- und Software sind inaktiv.
- Hochfahren des Steuergerätes:
  Nach dem Einschalten oder nach einem Reset befindet sich das System in der Boot-Phase. Hier wird das Steuergerät hochgefahren und am Ende das Betriebssystem gestartet.
- Initialisierung des Steuergerätes:
  Die Initialisierungs-Phase, d. h. die Initialisierung der Hardware und Software, erfolgt unter der Kontrolle des Betriebssystems.
- Zyklische Programmausführung:
  Nach der Initialisierungs-Phase beginnt die zyklische Programmausführung, d. h. der reguläre Ablauf der Steuergerätesoftware.
- Herunterfahren des Steuergerätes:
  In dieser Phase wird das Steuergerät heruntergefahren und nach Abschluss von Aufgaben, die von der dann aktiven Steuerung ohne Betriebssystemkontrolle ausgeführt werden, schließlich abgeschaltet.

Funktionale Sicht
Die funktionale Sicht beschreibt die funktionalen Zusammenhänge. Dies erfolgt z. B. durch die Darstellung der funktionalen Wirkketten. Eine funktionale Wirkkette beschreibt den Signalfluss eines Eingangssignals, in der Regel von einem Sensorsignal, dessen Verarbeitung in den verschiedenen Software-Funktionen bis zu einem oder mehreren Ausgangssignalen, in der Regel zur Ansteuerung von Aktoren. Ein Beispiel ist die Wirkkette der λ-Regelung. Ausgehend vom Signal der λ-Sonde erfolgt in verschiedenen Funktionen die Signalaufbereitung des Sondensignals, die λ-Regelung sowie die Berechnung der resultierenden Korrektur der Einspritzdauer. Diese Korrektur wird schließlich bei der Ansteuerdauer der Einspritzventile mit berücksichtigt. Die funktionale Sicht weist eine starke Übereinstimmung mit der Systemstruktur auf.

Architekturmechanismen

Architekturmechanismen sind Software-Mechanismen oder Muster von übergreifender Bedeutung. Beispiele für Architekturmechanismen sind:

- Schichtenmodelle,
- Variantenmechanismen,
- Konsistenzsicherung bei Lese- und Schreibzugriffen auf den Hauptspeicher,

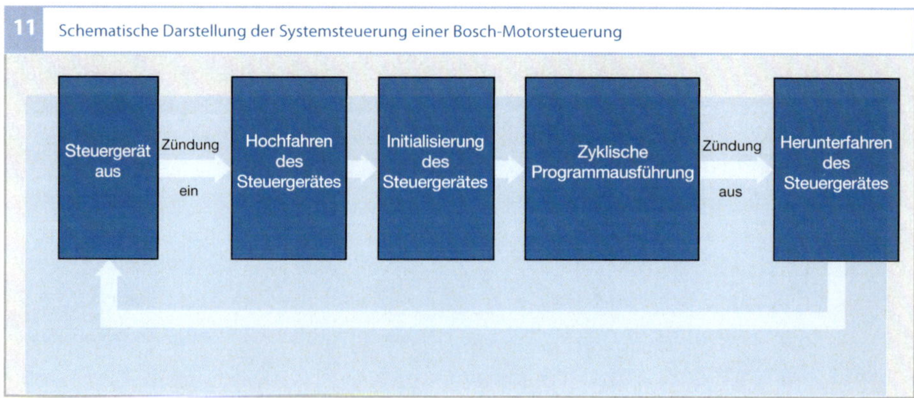

11   Schematische Darstellung der Systemsteuerung einer Bosch-Motorsteuerung

- zentrale Infrastrukturen der Software-Komponenten wie der Diagnose-Manager.

Im Folgenden werden einige dieser Architekturmechanismen näher beschrieben.

Schichtenmodell

Ein Schichtenmodell unterteilt die Software-Architektur in Schichten mit bestimmten Eigenschaften und Aufgaben. In der Motorsteuerung gibt es hierzu die Hardware Encapsulation (HWE), die Device Encapsulation (DE) und die Anwendungssoftware (ASW).

Die Hardware Encapsulation kapselt die Abhängigkeit der Anwendungssoftware von der konkreten Rechner-Hardware und erlaubt den Wechsel der Rechner-Hardware ohne die komplette Software-Architektur zu verändern. Nur die Hardware Encapsulation muss an eine neue Rechner-Hardware angepasst werden.

Die Device Encapsulation beinhaltet Software für Gerätetreiber. Diese kapselt Sensoren und Aktoren und erleichtert damit deren Austausch. In **Bild 12** ist das Entwurfsmuster der Device Encapsulation für Sensoren dargestellt.

Die Anwendungssoftware beinhaltet die funktionale Logik des Software-Produkts und ist unabhängig von den im Software-Produkt verwendeten Sensoren, Aktoren und der Rechner-Hardware. Damit erhöht das Schichtenmodell die Wiederverwendbarkeit von Software-Komponenten in der Anwendungssoftware.

Variantenmechanismen

Variantenmechanismen ermöglichen den Umgang mit funktionalen Varianten in der

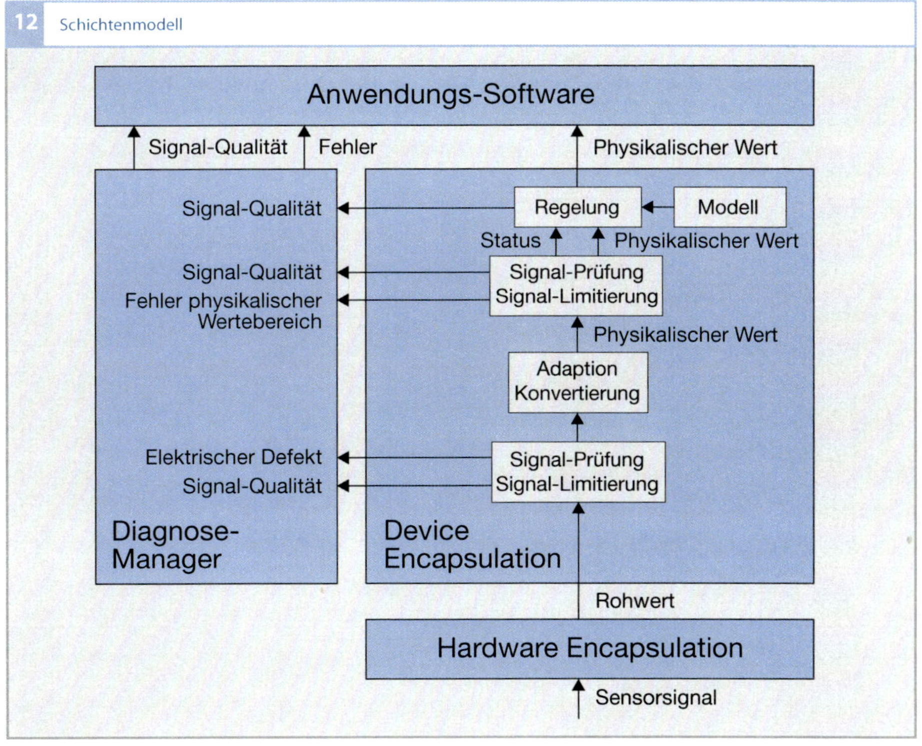

12 Schichtenmodell

Software. Man unterscheidet dabei grundsätzlich die Varianz innerhalb von Software-Komponenten und Varianten von Software-Komponenten. In der Regel werden beide Arten über Schalter abgebildet.

So kann eine Software-Komponente einen internen Schalter besitzen, der es erlaubt, diese Software-Komponente in einem System mit und einem System ohne Turbolader zu verwenden. Oder es gibt zwei verschiedenen Ausprägungen dieser Software-Komponente. Der Schalter sitzt dann außerhalb dieser Software-Komponenten und wählt je nach System die passende Ausprägung der Software-Komponente aus.

Software-Architektur und Entwicklungsprozess

Der Software-Entwicklungsprozess regelt und steuert alle erforderlichen Aktivitäten, Arbeitsprodukte und Rollen, die zur Herstellung von Software-Produkten erforderlich sind.

Es gibt sehr unterschiedliche Darstellungen und Modelle für Software-Entwicklungsprozesse. Ein weitverbreitetes Modell, das auch für die Motorsteuerungs-Software-Entwicklung verwendet wird, ist das V-Modell (siehe Bild 13). Dabei sind auf der linken Seite des „V" die Prozessschritte zur Anforderungsanalyse, zum Entwurf und Design der Software sowie der Implementierung der Software angeordnet. Auf der rechten Seite des V sind die zugehörigen Testaktivitäten zur Validierung abgebildet.

Die Software-Architektur spielt im Software-Entwicklungsprozess eine tragende Rolle. Die Software-Architektur definiert die Menge der zur Verfügung stehenden Software-Komponenten, die Eigenschaften dieser Software-Komponenten wie z. B. deren Schnittstellen und die organisatorischen Zuständigkeiten für Software-Komponenten.

Sie bildet damit die Basis für das Aufteilen der Kundenanforderungen auf Anforderungen für einzelne Software-Funktionen. Au-

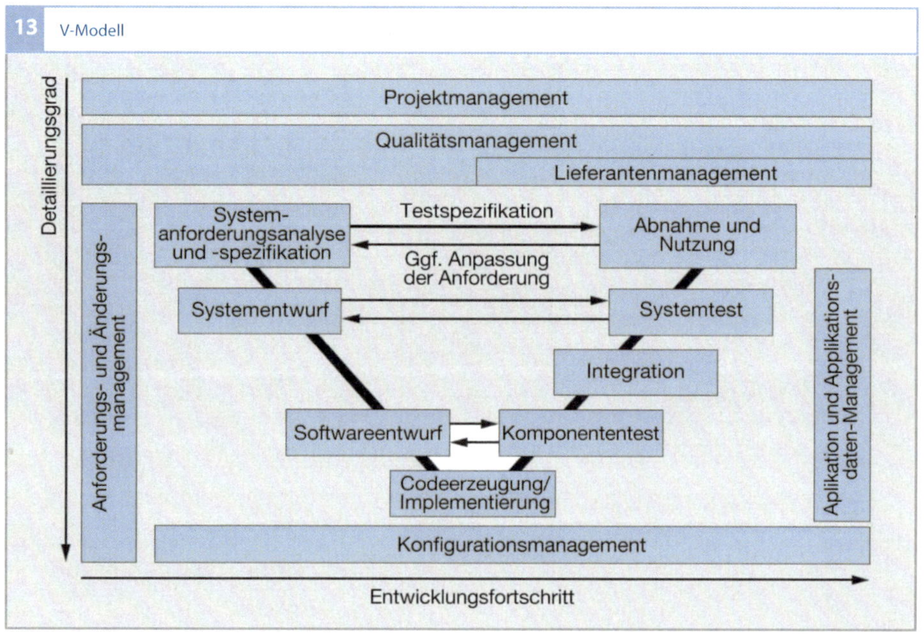

13 V-Modell

ßerdem stellt sie die Vorgaben für den Software-Entwurf zur Verfügung, z. B. welche Software-Komponenten müssen oder dürfen welche Schnittstellen bereitstellen oder nutzen. Ferner definiert sie, welche Software-Komponenten miteinander getestet werden müssen und gibt vor, in welcher Granularität Teilprodukte an die Produktintegration geliefert werden müssen.

AUTOSAR

Zur Modellierung von Architektursichten empfiehlt sich die Verwendung einer formalen und standardisierten Beschreibungssprache. Im Kraftfahrzeugbereich hat sich hier in den letzten Jahren die Automotive Open System Architecture (AUTOSAR) als Standard herausgebildet. Die AUTOSAR-Standardisierungsaktivität ist ein Zusammenschluss von Fahrzeugherstellern, Steuergeräteherstellern sowie Herstellern von Entwicklungswerkzeugen, Basissoftware (BSW) und Mikrocontrollern. Die wesentlichen

Ziele von AUTOSAR sind:
- effizienter Software-Austausch zwischen Steuergeräten,
- Bereitstellung einer einheitlichen Software-Architektur,
- Definition einer Beschreibungssprache für das Verhalten und die Konfiguration von Softwarekomponenten in Steuergeräten.

Die AUTOSAR-Softwarearchitektur (Bild 14) unterscheidet im Wesentlichen zwischen der steuergeräteunabhängigen Anwendungssoftware (ASW), der steuergerätespezifischen Basissoftware (BSW) und dem AUTOSAR Runtime Environment (RTE). Dieses realisiert einerseits die Kommunikation zwischen den einzelnen Software-Komponenten der Anwendungssoftware und andererseits der Anwendungssoftware und der Basissoftware. Das Runtime Environment wird aus dem sogenannten Virtual Function Bus (VFB) per Konfiguration abgeleitet. Im Virtual Function Bus wird für

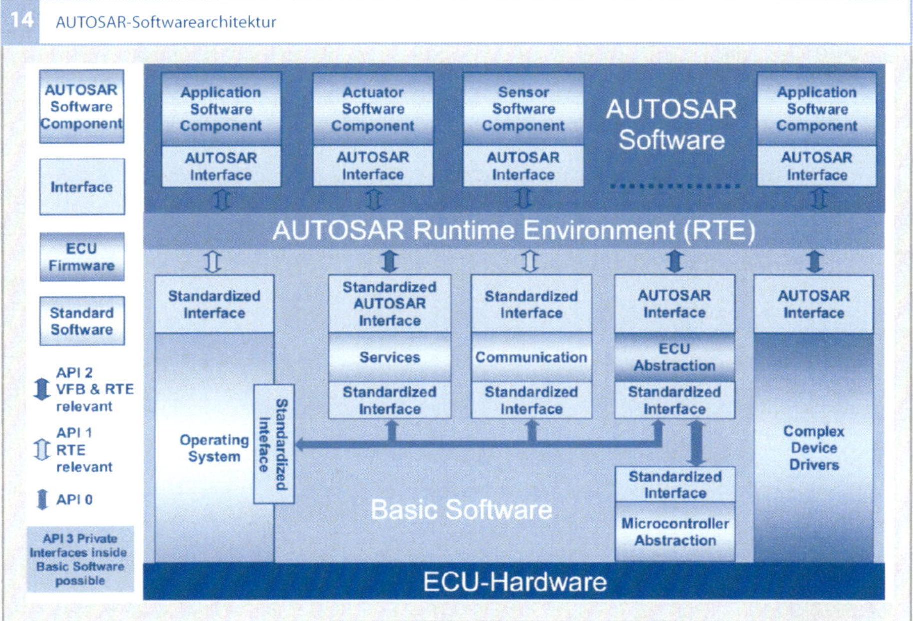

Bild 14
Es wurden die englischen Begriffe verwendet, um konform mit der Spezifikation zu sein.

ECU Steuergerät
API Programmierschnittstelle (Application Programming Interface)

den Steuergeräteverbund im Fahrzeug die Kommunikation zwischen den Software-Komponenten steuergeräteübergreifend modelliert (Bild 15). Basierend auf der Verteilung der Software-Komponenten auf die Steuergeräte wird dann daraus pro Steuergerät ein Runtime Environment generiert. Dieses Runtime Environment realisiert dann für die Software-Komponenten die Kommunikation mit anderen Software-Komponenten unabhängig davon, auf welchem Steuergerät sich diese Komponenten befinden.

Wie in Bild 16 schematisch dargestellt, realisiert das Runtime Environment sowohl die Steuergeräte interne Kommunikation zwischen Software-Komponenten, als auch die externe Kommunikation zwischen Software-Komponenten auf unterschiedlichen Steuergeräten über einen externen Bus (z. B. den CAN).

Bild 15
ECU   Steuergerät
ASW   Anwendungs-
      Software
SWC   Software-Kompo-
      nente
VFB   Virtual Function
      Bus
RTE   Laufzeitumge-
      bung
BSW   Basis-Software
OS   Betriebssystem

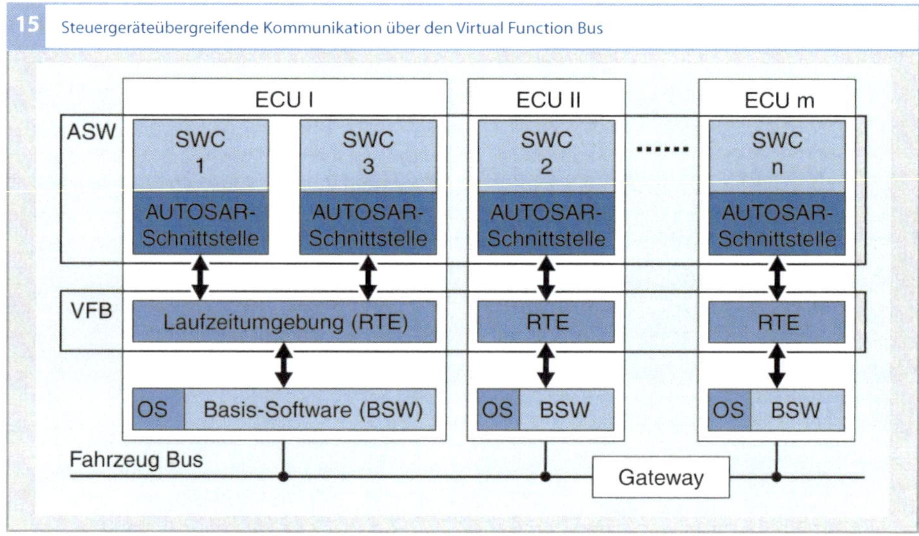

15   Steuergeräteübergreifende Kommunikation über den Virtual Function Bus

Bild 16
ECU   Steuergerät
SWC   Software-Kompo-
      nente
BSW   Basis-Software

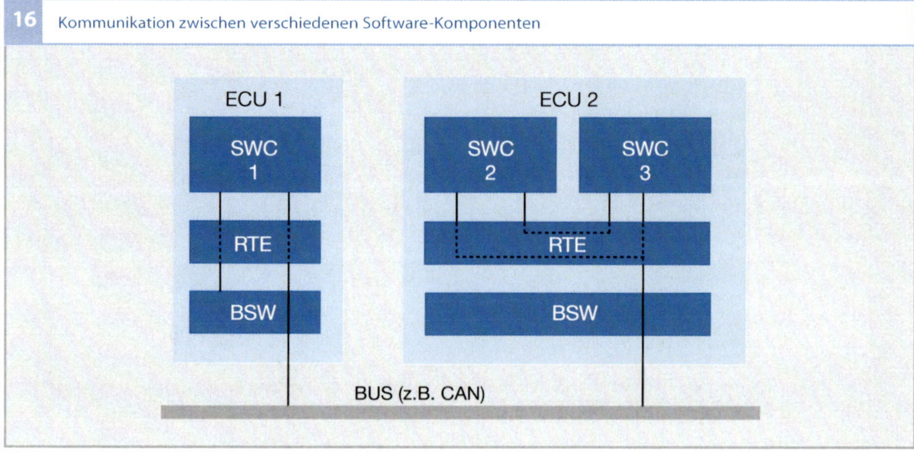

16   Kommunikation zwischen verschiedenen Software-Komponenten

Steuergeräteapplikation

Die Architektur und die Funktionen der
Motorsteuerung erhalten erst durch eine
projektspezifisch (auf den jeweiligen Motor
oder das jeweilige Fahrzeug) angepasste und
optimierte Parametrierung die erforderlichen Eigenschaften zum optimalen Betrieb
des Motors und des Fahrzeuges.

Optimal bedeutet in diesem Zusammenhang der beste Kompromiss zwischen minimalen Emissionen, minimalem Kraftstoffverbrauch und maximaler Leistungsfähigkeit
unter Berücksichtigung der Betriebsgrenzen
von Bauteilen und Komponenten. Dabei gibt
es gesetzlich vorgeschriebene Grenzwerte für
Schadstoffemissionen, Richtlinien für den
Kraftstoffverbrauch sowie Herstellervorga-
ben für die Leistungsfähigkeit und die zulässige Belastung der Bauteile. Weil diese Ziele
häufig durch ein gegensätzliches Verhalten
charakterisiert sind, ist die wesentliche Aufgabe der Applikation die Festlegung des bes-
ten Kompromisses zwischen den genannten
Anforderungen unter Berücksichtigung der
jeweiligen Randbedingungen. Das Ergebnis
des Parametriervorgangs ist somit ein ganz
wesentlicher Bestandteil einer funktionie-
renden Motorsteuerungs-Software.

Die Gesamtheit von Parametrierung, Validierung dieser Parameter, Datenverwaltung
sowie deren Freigabe bezeichnet man als
Applikation.

Ablauf der Applikation

Der Arbeitsablauf einer Applikation kann
entsprechend der üblichen Bearbeitungsrei-
henfolge wie folgt unterteilt werden:

- *Basisanpassung:* Grundanpassung von
  Komponenten, Rechenmodellen, Reglern
  und Sollwerten im stationären Motorbetrieb. Die Daten hierfür werden überwiegend mit Hilfe von Motorprüfstandsver-
  suchen ermittelt.
- *Instationäranpassung:* Übertragung der im
  Motorprüfstandsbetrieb ermittelten Daten
  in das Fahrzeug und Anpassung des transienten Verhaltens, inklusive der Start-,
  Leerlauf,- Emissions- und Fahrverhaltens-
  parametrierung.
- *Diagnose:* Parametrierung der Motor-
  steuerungs-Eigendiagnose, insbesondere
  bezüglich abgasrelevanter Fehler (On-
  Board-Diagnose, OBD).
- *Überwachung:* Applikation sicherheitsrele-
  vanter Motorsteuerungs-Funktionen.
- *Freigabe:* Freigabe der parametrierten Motorsteuerungs-Software und der projekt-
  spezifischen Komponenten des Motor-
  steuerungs-Systems für den Betrieb im
  Serieneinsatz.

Überprüft werden die Gesamtheit aller
Parameter und deren Zusammenspiel im
Rahmen von Erprobungsfahrten, welche die
Tauglichkeit des Gesamtsystems auch unter
extremen Bedingungen, wie z. B. Hitze, Kälte
und Höhe sicherstellen. Die Arbeitsumfänge
können teilweise parallel abgearbeitet werden, bestimmte Aufgaben unterliegen jedoch
einer definierten Reihenfolge.

Klassifizierung der Parametrierungs-aufgaben

Die geeignete Methode für die Ermittlung
der Funktions-Parameter hängt von der zu
bearbeitenden Aufgabe und den Randbedingungen ab. Dabei können die Aufgaben-
gruppen und die damit verbundenen Möglichkeiten zur Parametrierung wir folgt unterschieden werden, wobei hier kein An-
spruch auf Vollständigkeit erhoben wird:

Komponentenparametrierung (Sensoren, Aktoren)

Es gibt einige Parameter, die bereits „am
Schreibtisch" ermittelt werden können, bevor das reale System zur Verfügung steht.

Das sind etwa Sensorkennlinien, geometrische Größen oder Komponentendaten. Darunter fallen auch Parameter, die im Lauf der Entwicklung nicht mehr geändert werden dürfen, da sie die Betriebssicherheit bestimmter Komponenten gewährleisten.

Modellparametrierung (z. B. Füllungsmodell, Drehmoment-Modell etc.)

In der Motorsteuerung gibt es physikalisch basierte Modelle, aus denen Zustandsgrößen berechnet werden, die das System beschreiben. Das sind entweder Größen, die man prinzipbedingt nicht messen kann, oder Größen, auf deren Messung man aus wirtschaftlichen Gründen im Serienfahrzeug gern verzichten möchte. Zur Parametrierung dieser Modelle muss das System entsprechend vermessen werden, wobei die Systemantworten bei der Verstellung der Eingangsparameter erfasst werden. Aus diesem Ein-Ausgangs-Verhalten werden dann toolgestützt die Parameter ermittelt, mit denen sich das Modell im Motorsteuergerät möglichst genauso verhält wie das reale System.

Motoreinstellgrößen (Zündwinkel, Einspritzbeginn, Nockenwellenposition etc.)

Dieser Teil befasst sich mit der klassischen Motoroptimierung, d. h. dem Finden der optimalen Kombination aller Stellgrößen des Motors, wie z. B. Nockenwellenposition, Beginn der Einspritzung, Kraftstoffdruck, Zündwinkel etc. In der Vergangenheit konnten die optimalen Parameter durch eine Vollrasterung, d. h. durch Parametervariation in allen Betriebspunkten ermittelt werden. Mit zunehmender Anzahl an Stellparametern ist die Vollrasterung jedoch nicht mehr praktikabel, sodass man sich neuer Ansätze, wie der statistischen Versuchsplanung (Design of Experiments, wird weiter unten noch erklärt), bedient.

Vorsteuer- und Sollwerte (Verlaufsformungen, Startparameter etc.)

Hier sei als Beispiel die Applikation der Startparameter genannt. Der Motorstart ist nach wie vor ein rein gesteuerter Ablauf. Die dazu nötigen Sollwerte wie z. B. Zündwinkel, Drosselklappenwinkel, Kraftstoffmenge usw. werden in Startversuchen ermittelt, bei denen unter anderem Umgebungstemperatur und Luftdruck, aber auch unterschiedliche Kraftstoffqualitäten eingehen. Ziel ist hierbei, einen sicheren Start unter allen Umgebungsbedingungen bei möglichst geringen Schadstoffemissionen zu erreichen.

Reglerparametrierung (z. B. Leerlaufregelung, Ladedruckregelung, Klopfregelung etc.)

Die Anpassung der Reglerparameter für z. B. die Leerlaufregelung erfolgt durch Sprunganregungen, Schwingversuche und klassische Reglerauslegungsmethoden. Viele Regler in der Motorsteuerung stützen sich auf eine Vorsteuerung und regeln die Differenz zwischen dem Ist- und dem Sollwert aus.

Schwellwerte (Diagnoseschwellen, Umschaltungen, Hysteresen etc.)

Schwellwerte gibt es zum Beispiel im Bereich der Diagnosefunktionen. Hier werden während der Parametrierung definierte Grenzmuster oder Fehlerteile eingebaut oder Fehlerfälle simuliert. Die Schwellen werden dann so angepasst, dass ein gerade noch zulässiges Grenzmuster unterhalb der Auslöseschwelle bleibt, während ein fehlerhaftes Teil sicher als defekt erkannt und eingestuft wird.

Die eigentliche Applikationsarbeit wird durch eine Methoden- und Toolentwicklung unterstützt, die folgende Aufgaben verfolgt:

- Verringerung des Parametrieraufwandes,
- Reduktion der Anzahl benötigter Versuchsträger,

- Erhöhung des Systemverständnisses,
- Beherrschung der weiter steigenden Komplexität,
- ständige Verbesserung der Qualität.

Erst durch eine leistungsfähige Methoden- und Toolentwicklung können die Applikationsaufgaben trotz der ständigen Zunahme von Komplexität und Umfang der Motorsteuerungs-Funktionen in einem überschaubaren Zeitrahmen mit einer hohen Qualität bearbeitet werden.

Die Methoden- und Toolentwicklung unterstützt die Applikation mit Hilfsmitteln, welche den Bearbeiter von Routine-Aufgaben entlasten, ihn bei der Auswahl der optimalen Parameter unterstützen oder ihn durch die Verwendung angepasster Algorithmen in die Lage versetzen, komplexe Umfänge effizient bearbeiten zu können.

Neben den klassischen Applikationstools gibt es leistungsfähige Datenbanken zur Verwaltung der Applikationsdaten, mit deren Hilfe z. B. eine Erstbedatung oder eine Datenplausibilisierung erfolgen kann.

Applikationstools

Ein großer Anteil der Applikationsarbeiten erfolgt mit PC-gestützten Applikationstools (Bild 17). Dabei kann man zwei Arten unterscheiden. Es gibt grundlegende Applikationstools, die die Basisfunktionalitäten wie Messen, Verstellen und Vergleichen zur Verfügung stellen und es gibt Applikationstools, die anwendungs- oder funktionsbezogen arbeiten und eigene Algorithmen z. B. für die Optimierung einer Funktion beinhalten.

Für die grundlegenden Basisfunktionalitäten wird bei Bosch das Applikationstool INCA (Integrated Calibration and Acquisition System) verwendet. Es stellt umfassende Mess- und Kalibrierfunktionen sowie Werkzeuge für die Verwaltung von Applikationsparametern, für die Messdatenauswertung und für die Flash-Programmierung des Steuergeräts zur Verfügung. Eine integrierte Datenbank ermöglicht die einfache und schnelle Wiederverwendung von bereits erstellten Konfigurationen und Experimenten bei neuen Steuergeräteprojekten. Über offene Schnittstellen kann das Applikationstool INCA automatisiert und in den Prüfstand, das Hardware-in-the-Loop-Testsystem oder in andere Werkzeugumgebungen integriert werden. Es unterstützt Steuergerätebeschreibungen für Mess- und Kalibriersysteme, Prüfstandsschnittstellen, den Messdatenaustausch und Protokolle für die Kommunikation mit dem Steuergerät konform zu den ASAM-Standards ASAM MCD-2 MC, ASAP3 und ASAM MCD-3 MC, ASAM MDF, CCP und XCP.

Für eine schnelle Kommunikation in hoher Bandbreite wird für Applikationszwecke ein speziell ausgerüstetes Steuergerät verwendet, welches anstelle des Programmspeichers (EPROM) einen Emulator-Tastkopf (ETK, auch als elektronischer Tastkopf bezeichnet) enthält, in dem das Steuergeräte-EPROM und -RAM nachgebildet wird. Der Emulator-Tastkopf bietet eine Schnittstelle für das Applikationstool auf dem PC. Somit hat das Applikationstool einen direkten Zugriff auf den Speicher. Der Emulator-Tastkopf bildet die derzeit leistungsfähigste Schnittstelle des Steuergeräts zur Ankopplung von Applikationsgeräten.

Eine einfachere Ankopplung von Applikationsgeräten (z. B. Laptop) an das Steuergerät erfolgt über die CAN-Bus-Schnittstelle entsprechend dem ASAM-Standard CCP (CAN Calibration Protokoll). Für spezielle Aufgaben gibt es eine Vielzahl spezifischer Applikationstools, die jeweils eine ganz bestimmte Aufgabe bearbeiten können, wie die Parametrierung des Füllungsmodells, des Abgastemperaturmodells oder der Aussetzererkennung.

Nachfolgend wird der typische Arbeitsablauf einer Applikationsaufgabe beschrieben. Man kann grundsätzlich zwischen zwei Applikationsarten unterscheiden. Die eine erfolgt direkt während der Fahrt oder des Betriebes durch laufendes Messen, Beobachten und Verstellen. Man bezeichnet dieses Vorgehen als Online-Applikation. Dagegen werden in der sogenannten Offline-Applikation Messungen nach einem definierten Versuchsplan gemacht und die Reaktionen des Systems werden aufgezeichnet. Auf Basis dieser aufgezeichneten Messungen werden anschließend bestimmte Auswertungen durchgeführt und Kennfelder, Kennlinien und Festwerte parametriert.

Ablauf einer Softwareapplikation

Definieren des gewünschten Verhaltens

Das gewünschte Verhalten einer Funktion wird entsprechend der oben genannten Klassifizierung festgelegt, z. B. für eine erforderliche Modellgenauigkeit oder ein bestimmtes Einregelverhalten. Entsprechend dieser Ziele und der gegebenen Randbedingen gibt es definierte und standardisierte Vorgehensweisen, wie diese Ziele zu erreichen sind. Dazu sind in der Regel immer Versuche und

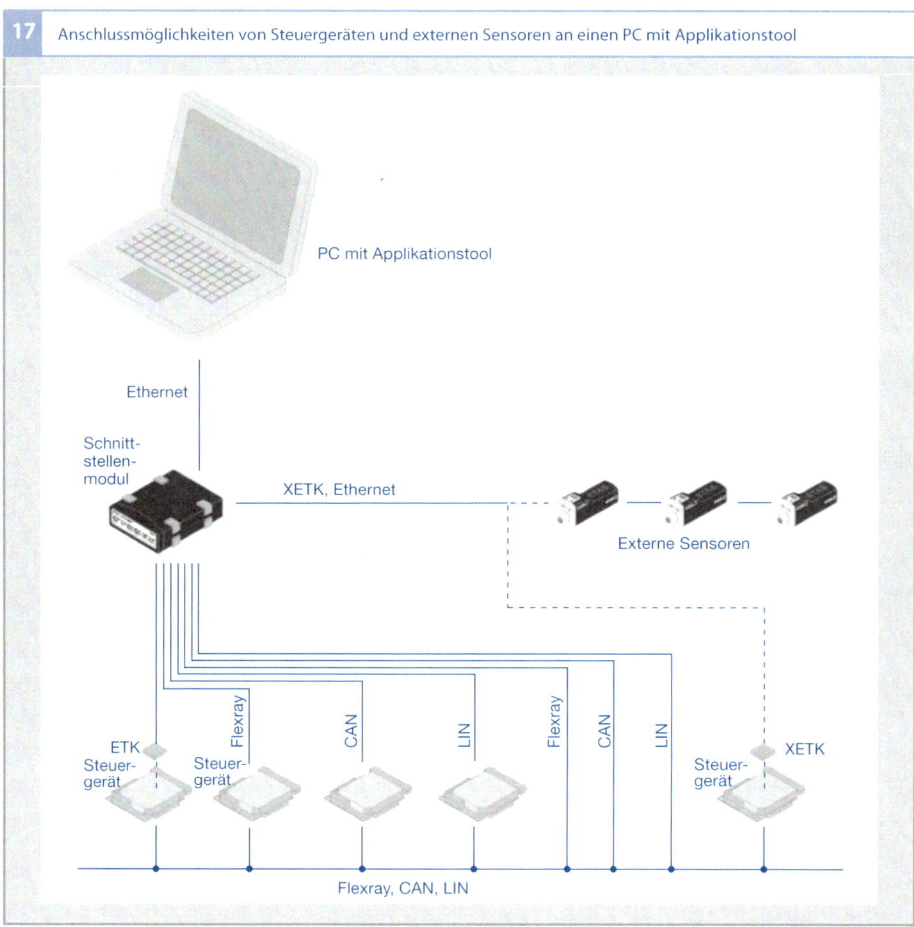

17   Anschlussmöglichkeiten von Steuergeräten und externen Sensoren an einen PC mit Applikationstool

Bild 17
ETK   Emulator-Tastkopf
XETK Tastkopf mit XCP-
      Protokoll

Messungen im Fahrzeug oder am Motorprüfstand erforderlich.

Vorbereitung

Um alle nötigen Informationen über das
System zu erhalten, müssen die relevanten
Mess- und Einflussgrößen bestimmt werden.
Bei einem neuen oder unbekannten System
kann man sich mit Hilfe der Software-Doku-
mentation ein Bild davon machen, wie die
zu applizierende Funktion aufgebaut ist und
welche Ein- und Ausgangsgrößen sowie welche Verstellparameter die Funktion hat.

Die zu messenden Größen können sowohl
Werte aus der Motorsteuerung sein, die von
anderen Funktionen berechnet und zur Verfügung gestellt werden als auch Messwerte
von externen Messgeräten und Sensoren.
Externe Messgeräte oder Sensoren können
über entsprechende Peripheriegeräte (z. B.
Schnittstellenmodule) hinzugefügt werden
(vgl. **Bild 17**). Für die bekannten Funktionen
gibt es im Applikationstool Listen der relevanten Mess- und Verstellgrößen. Abhängig
von der Systemkonfiguration müssen gegebenenfalls weitere Größen hinzugefügt
werden.

Darüber hinaus ist die Verfügbarkeit, die
Einsatzfähigkeit sowie die korrekte und
vollständige Ausrüstung des benötigten
Versuchsträgers (Motor oder Fahrzeug) sicherzustellen oder der Einbau eventuell benötigter zusätzlicher Messgeräte oder Ausrüstung einzuplanen. Weiterhin sind die
benötigten Mess- und Prüfeinrichtungen wie
Motorprüfstand, Teststrecke, Klima- oder
Abgasrolle, Bremsanhänger usw. terminlich
einzuplanen.

Vermessung des tatsächlichen System-
verhaltens

Sind alle Vorbereitungen abgeschlossen,
wird der Versuchsträger entsprechend dem
Applikationsvorgehen vermessen. Dabei

wird der Versuchsträger über das Applikationstool auf verschiedene Arten angeregt und
die Reaktionen des Systems werden aufgezeichnet.

Anpassung der Funktionsparameter

Entsprechend der Zielsetzung und der
Randbedingungen können bei der Online-
Applikation die zu applizierenden Parameter
gleich während der Messung verstellt und so
das Systemverhalten optimiert werden. Dabei kann der Applikateur das Ergebnis der
Verstellung unmittelbar am System erfassen
und so lange ändern, bis sich das gewünschte Verhalten einstellt. Bei der Offline-Applikation werden die Funktionsparameter von
einem Applikationstool verstellt und im Anschluss optimiert, bis sich das gewünschte
Verhalten einstellt.

Dokumentieren der modifizierten Parameter

Werden Funktionsparameter direkt beim
Messen verstellt, dient die Messung später
auch als Dokumentation der verstellten Größen. Im Falle einer Offline-Applikation wird
mit den veränderten Parametern eine Über-
prüfungsmessung gemacht, um das veränderte Verhalten zu verifizieren und zu doku-
mentieren.

Statistische Versuchsplanung in der
Applikation von Motorsteuergeräten

Die Methode der statistischen Versuchsplanung, (DoE, Design of Experiments) wird
verwendet, um einerseits die Anzahl von benötigten Messungen zu reduzieren und andererseits das hochdimensionale, komplexe
Verhalten des Verbrennungsmotors schnell
und genau modellieren zu können. Die Methode umfasst die Versuchsplanung, die Mo-
dellbildung sowie die Modellanalyse.

Kern des Verfahrens ist die Modellbil-
dung. Dabei beruhen die Modelle auf ma-
thematischen Zusammenhängen und bein-

halten keinerlei physikalische Strukturen (Black Box Modeling). Die Parameter der Modelle werden aus Messdaten bestimmt.

Mit Hilfe dieses Modells vom Verhalten des Verbrennungsmotors können nun entweder „synthetische" Messdaten erzeugt werden, um damit die Parameter der Steuergerätefunktionen bestimmen zu können, oder es kann direkt auf dem Modell eine Optimierung erfolgen, um optimale Einstellparameter hinsichtlich Emissionen, Kraftstoffverbrauch und Performance zu bestimmen. Man kann diese beiden Schritte auch kombinieren. Das Modell wird als „virtueller" Motor verwendet und alle relevanten „Messungen" können am Modell und damit in sehr kurzer Zeit durchgeführt werden.

Das Verfahren eignet sich besonders, wenn die Modellierung basierend auf physikalischen Grundgleichungen an die Grenzen von Modellierbarkeit, Genauigkeit oder Rechenzeit stößt. Daher findet man diese Art der Modellierung häufig bei allen Fragen rund um die motorische Verbrennung.

Bei den Modellierungsalgorithmen gibt es verschiedene Methoden wie z. B. Polynom-Modelle, Radiale Basisfunktions-Netzwerke (RBF), lokal lineare Modelle, Support Vector Machines, Gaußprozesse, neuronale Netze etc. Jeder dieser Modellierungsansätze hat spezifische Vor- und Nachteile, am weitesten verbreitet ist der Polynom-Ansatz.

Bei der Versuchsplanung werden die Verteilung und die Anzahl der Messdaten so festgelegt, dass sie optimal auf den verwendeten Modellierungsalgorithmus abgestimmt sind. Die Anzahl der benötigten Messdaten soll so gering wie möglich sein, um teure und aufwendige Messungen an Motoren oder Fahrzeugen zu minimieren. Weiterhin muss der verwendete Modellierungsalgorithmus mit Messrauschen umgehen können und eine hohe Flexibilität besitzen, um auch komplexe Verläufe abbilden zu

können. Idealerweise werden die Modellstruktur und die Modellparameter durch einen geeigneten Modellierungsansatz automatisch während des Modelltrainings ohne das Zutun des Anwenders bestimmt. Das Programm ASCMO der Firma ETAS verwendet beispielsweise Gaußprozesse im Modellierungskern.

Modellbasierte Applikation

Da die Anforderungen und die Komplexität immer weiter steigen und gleichzeitig die Anzahl der zur Verfügung stehenden Versuchsträger abnimmt, werden verschiedene Teile des Applikationsprozesses mit Hilfe von modellbasierten Ansätzen wie z. B. DoE bearbeitet, um die auf Fahrzeugmessungen basierenden Applikationsschritte zu reduzieren. Dabei muss das Systemverhalten durch Modelle genau genug beschrieben werden, wobei der Aufwand für deren Parametrierung aber so gering wie möglich sein muss. Da für viele Aufgaben das Zusammenspiel zwischen Motor bzw. Fahrzeug und der Steuergerätefunktionalität mit den Parametrierdaten abgebildet werden muss, erfolgt die modellbasierte Applikation an einem HIL-Simulator (Hardware in the Loop). Kleinere Anteile können auch durch einen Software-Freischnitt bearbeitet werden. Dabei wird ein kleiner Teil der Funktionssoftware als Programm auf einem PC zusammen mit einem parametrierten Streckenmodell betrieben und optimiert.

Applikationsbeispiel
Optimierung des Zündwinkels
Der Zündwinkel spielt beim Ottomotor eine zentrale Rolle. Mit Hilfe des Zündwinkels kann über die Lage des Verbrennungsschwerpunktes der Wirkungsgrad des Motors beeinflusst werden.

Um den Motor mit seinem maximalen Wirkungsgrad zu betreiben, also einen geringen Kraftstoffverbrauch zu erreichen und ein optimales Drehmoment zur Verfügung zu stellen, wird der Zündwinkel abhängig von folgenden Größen eingestellt:

- Motordrehzahl,
- Zylinderluftfüllung (Motorlast),
- Restgasgehalt im Zylinder,
- Position der Ladungsbewegungsklappe (falls vorhanden),
- Betriebsart (Homogen- oder Schichtladungsbetrieb),
- Luft-Kraftstoff-Gemischverhältnis,
- Motortemperatur,
- Ansauglufttemperatur,
- Kraftstoffsorte,
- Kraftstoffqualität.

Dazu werden automatisierte Messungen am Motorprüfstand gefahren, bei denen die oben genannten Einflussparameter verstellt werden (soweit das möglich ist). Am Schreibtisch werden dann mit Hilfe von Applikationstools die optimalen Werte aus den Messungen ermittelt und in eine Struktur von Kennfeldern und Kennlinien, die die Steuergerätefunktion darstellt, abgelegt. Die Einflüsse, die am Motorprüfstand nicht untersucht wurden, werden auf Versuchsfahrten parametriert.

Bei höheren Lasten und Drehzahlen ist die Zündwinkel-Verstellung beim Ottomotor durch klopfende Verbrennung begrenzt. Der Motor kann dann aus Bauteilschutzgründen nicht mehr mit dem optimalen Zündwinkel betrieben werden. Die Sollwerte für diesen Bereich werden zusammen mit der Klopfregelung appliziert, um einerseits einen sicheren Motorbetrieb zu gewährleisten, andererseits aber möglichst wenig Einbußen bei Drehmoment und Kraftstoffverbrauch zu haben.

Auch der spätest mögliche Zündwinkel muss ermittelt werden, bei dem das Luft-Kraftstoff-Gemisch noch sicher entflammt wird, der Motor aber möglichst wenig Drehmoment abgibt. Diese Bereiche dienen der Begrenzung der Zündwinkelverstellung, welche von anderen Funktionen zur kurzeitigen Drehmomentreduktion angefordert wird, wie Katalysator-Heizen, Schaltvorgänge von Automatik-Getrieben, Fahrverhaltensfunktion etc. Die Abstimmung des spätest möglichen Zündwinkels erfolgt direkt am Motorprüfstand, da eine Spätverstellung des Zündwinkels mit einer deutlichen Erhöhung der Abgastemperatur einhergeht, die sehr schnell über die zulässigen Grenzen gehen kann und somit Bauteile gefährdet werden.

Diese Erhöhung der Abgastemperatur macht man sich zur schnelleren Aufheizung des Katalysators nach einem Kaltstart zu Nutze. Der Wirkungsgrad des Motors wird absichtlich verschlechtert, d. h. der Zündzeitpunkt und damit die Verbrennungsschwerpunktlage werden nach spät verschoben, um eine Erhöhung der Abgastemperatur zu erreichen. Damit der Motor jedoch trotz des verschlechterten Wirkungsgrades noch genügend Drehmoment liefert, wird die Luftmasse im Zylinder (und über die stöchiometrische Bedingung auch die Kraftstoffmasse) erhöht, was zu einem erhöhten Kraftstoffverbrauch führt. Deswegen wird die Phase des Katalysator-Heizens so kurz wie möglich gehalten.

Weitere Anpassungen

Adaptionen

Im Rahmen einer Serienfertigung unterliegen sowohl Motoren als auch Sensoren und Aktoren herstellungsbedingten Schwankungen. Zusätzlich ändert sich das Systemverhalten im Laufe der Zeit durch Verschmutzung, Abnutzung und Alterung. In der Motorsteuerung gibt es Funktionen, die diese Schwankungen ausgleichen. Über Plausibilisierung von verschiedenen berechneten oder gemessen Signalen werden Korrekturwerte berechnet, die dann in die Berechnung der Sollwerte einbezogen werden. Damit ist über die Streuungen in der Produktion sowie über die Alterung des Fahrzeuges sichergestellt, dass die Abgasgrenzwerte sowohl im Neuzustand als auch nach mehr als 100 000 km sicher eingehalten werden.

Sicherheitsanpassungen

Neben den für Emission, Verbrauch und Leistungsfähigkeit maßgebenden Funktionen sind auch zahlreiche Sicherheitsfunktionen anzupassen, um ein definiertes Verhalten des Systems z. B. bei Ausfall eines Sensors oder eines Stellgliedes zu gewährleisten. Die Sicherheitsfunktionen dienen in erster Linie dazu, das Fahrzeug in einen für den Fahrer unkritischen Zustand zu halten und die Betriebssicherheit des Motors und seiner Komponenten zu gewährleisten (z. B. zur Vermeidung von Motorschäden oder Schäden am Abgasnachbehandlungssystem).

Kommunikation

Das Motorsteuergerät ist in der Regel in einen Verbund mehrerer elektronischer Steuergeräte eingebunden. Der Datenaustausch zwischen Fahrzeug-, Getriebe- und sonstigen Steuergeräten erfolgt über einen Datenbus (meist der CAN). Das korrekte Zusammenwirken der beteiligten Steuergeräte wird mit dem Originaleinbau im Fahrzeug überprüft und optimiert.

Ein typisches Beispiel für das Zusammenspiel zweier Steuergeräte im Fahrzeug ist der Ablauf eines Schaltvorgangs mit automatisiertem Getriebe. Das Getriebesteuergerät fordert zum optimalen Zeitpunkt des Gangwechsels über den Datenbus eine Reduzierung des Drehmoments an. Das Motorsteuergerät ergreift dann ohne Beteiligung des Fahrers Maßnahmen, die das abgegebene Drehmoment zurücknehmen und so einen weichen und ruckfreien Gangwechsel ermöglichen. Die Daten, die zu dieser Drehmomentreduzierung führen, müssen appliziert werden.

Diagnose

Aufgrund gesetzlicher Bestimmungen ist es nötig, die Einhaltung von Abgasgrenzwerten während der gesamten Lebensdauer eines Fahrzeuges sicherzustellen. Dazu sind im Motorsteuergerät Funktionen zur Eigendiagnose (On-Board-Diagnose, OBD) enthalten, die Fahrzeugkomponenten mit Abgaseinfluss auf Ihre Funktionsfähigkeit hin überwachen. Dazu gehört die Überwachung von Sensoren, Stellgliedern und des Katalysators sowie die Überwachung des Motors auf Verbrennungsaussetzer.

Das Motorsteuergerät überprüft verschiedene Signale auf Über- oder Unterschreitung von Bereichsgrenzen, auf Wackelkontakte, Kurzschlüsse und Plausibilität mit anderen Signalen. Die Bereichs- und Plausibilitätsgrenzen muss der Applikateur festlegen. Diese werden so gewählt, dass auch bei Extrembedingungen (Sommer, Winter, Höhe) keine Fehldiagnosen erfolgen. Andererseits muss aber die Empfindlichkeit für wirkliche Fehler noch groß genug sein und eine ausreichende Prüfhäufigkeit (In-Use Monitor Performance Ratio, IUMPR) gewährleistet sein. Außerdem muss festgelegt werden, wie der Motor bei Vorliegen eines Fehlers weiterbetrieben werden darf. Schließlich wird der Fehler noch im Fehlerspeicher abgelegt, um der Service-Werkstatt ein schnelles Auffinden und Beheben des Fehlers zu ermöglichen.

Applikation unter extremen klimatischen Bedingungen

Bei Erprobungen werden Versuche unter klimatisch extremen Bedingungen durchgeführt, die in der Regel nur in Ausnahmefällen während der Lebensdauer eines Fahrzeugs auftreten. Die Bedingungen, die auf einer Erprobung auftreten, lassen sich nur begrenzt auf einem Prüfstand simulieren, da hier auch das subjektive Empfinden des Testfahrers und dessen Erfahrung eine wichtige Rolle spielen. Die Temperatur alleine wäre auf einem Prüfstand problemlos simulierbar, das Abfahrverhalten z. B. auf einem Rollenprüfstand ist aber im Vergleich zum realen Fahrbetrieb nur sehr schwer einschätzbar.

Darüber hinaus wird bei einer Erprobung zumeist eine größere Fahrstrecke mit mehreren Fahrzeugen zurückgelegt; dies ermöglicht eine Überprüfung der Applikationsparameter über die Serienstreuung der verschiedenen Versuchsfahrzeuge. Das ermöglicht es dem Applikateur, zu bewerten, wie sich verschiedene Fahrzeuge mit den eingestellten Parametern verhalten.

Ein weiterer wesentlicher Aspekt ist der Einfluss der Kraftstoffqualität in den verschiedenen Regionen der Welt. Hauptsächlich wirkt sich die unterschiedliche Kraftstoffqualität auf das Startverhalten und den Warmlauf des Motors aus. Die Fahrzeughersteller treiben einen hohen Aufwand, um sicherzustellen, dass sich ein Fahrzeug mit allen auf dem Markt befindlichen Kraftstoffen ohne Beanstandungen betreiben lässt.

Wintererprobung

Bei der Wintererprobung wird der klimatische Bereich von ca. −30 °C bis 0 °C abgedeckt. In erster Linie werden Startmessungen durchgeführt und das Abfahrverhalten (Take Off) beurteilt.

Beim Start wird jede einzelne Verbrennung ausgewertet und bei Bedarf die entsprechenden Parameter optimiert. Die korrekte Parametrierung jeder einzelnen Einspritzung ist ausschlaggebend für die Startzeit und den stetigen Hochlauf des Motors von Starterdrehzahl bis auf Leerlauf-

drehzahl. Bereits eine einzige unvollständige Verbrennung mit reduziertem Drehmomentaufbau während des Hochlaufs wird vom Endkunden als störend empfunden.

Sommererprobung

Bei der Sommererprobung wird der klimatische Bereich von ca. +15 °C bis +40 °C abgedeckt. Diese Erprobungen werden z. B. in Südfrankreich, Spanien, Italien, USA, Südafrika und Australien durchgeführt. Südafrika und Australien sind trotz der großen Entfernung und des immensen Aufwands für den Materialtransport von Interesse, da dort während unserer Wintermonate die für eine Sommererprobung notwendigen Temperaturen auftreten. Aufgrund der immer kürzeren Entwicklungszeiten muss auch auf solche Möglichkeiten zurückgegriffen werden. Bei der Sommererprobung werden z. B der Heißstart, die Tankentlüftung, die Tankleckerkennung, die Klopfregelung und viele Diagnosefunktionen überprüft.

Höhenerprobung

Bei der Höhenerprobung wird ein Bereich zwischen 0 und ca. 4 000 m abgedeckt. Es ist nicht nur die absolute Höhe ausschlaggebend, für manche Versuche ist es auch notwendig, in kurzer Zeit eine möglichst große Höhendifferenz zu erzielen. Die Höhenerprobung wird meistens in Kombination mit der Winter- oder Sommererprobung durchgeführt. Auch hier spielt wiederum der Start eine große Rolle. Untersucht werden außerdem z. B. Gemischadaption, Tankentlüftung, Klopfregelung und viele Diagnosefunktionen.

Steuergerät

Einführung, Anforderungen und Einsatzbedingungen

Das Steuergerät übernimmt die gesamte Steuerung und Regelung des Motors und vieler Aggregate in seiner Peripherie. Mit dem Einsatz der Digitaltechnik ergeben sich vielfältige Möglichkeiten, die sich über die Jahre rasant weiterentwickelt haben. Zum Beispiel wäre die Erfüllung moderner Abgasgesetze und das Erreichen niedriger Verbrauchswerte bei hoher Motorleistung ohne die elektronische Steuerung undenkbar. Viele Einflussgrößen können gleichzeitig in die Steuerung des Motors einbezogen werden, so dass ein optimaler Betrieb ermöglicht wird. Das Steuergerät empfängt die elektrischen Signale der Sensoren für physikalische Zustände sowie die Wünsche des Fahrers, wertet sie aus, berechnet die Ansteuersignale für die Stellglieder (Aktoren) und steuert diese an. Die Leistungsfähigkeit der eingesetzten elektronischen Bauteile nimmt stetig zu und ermöglicht immer komplexere Steuer- und Regelalgorithmen für das Motormanagement (Zündung, Gemischbildung usw.). Alle Bauteile eines Steuergerätes bezeichnet man als die „Hardware".

Entsprechend seiner zentralen Funktion im Fahrzeug und den teilweise extremen Einsatzbedingungen werden an das Motorsteuergerät hohe Anforderungen bezüglich Funktionalität, Qualität und Lebensdauer gestellt. Durch den Einbau der Motorsteuerung an den verschiedensten Orten im Fahrzeug, die vom Fahrgastraum über den Wasserkasten, spezielle Elektronik-Boxen, den Motorraum bis hin zum direkten Motoranbau reichen, variieren die Anforderungen an die Motorsteuerungen abhängig von Fahrzeughersteller und -typ sehr stark und erreichen teilweise, vor allem im Hinblick auf Temperatur- und Schüttelbeanspruchungen, sehr hohe Werte. Durch neue Anforderun-

gen steigt der Funktionsumfang moderner Motorsteuerungen kontinuierlich an, während die äußeren Abmessungen der Geräte in der Tendenz eher abnehmen. Die Entwicklung geht deshalb hin zu einer höheren funktionalen Integration sowie zur Miniaturisierung von elektronischen, aber auch von mechanischen Komponenten, wie z. B. Steckverbindungen.

Die elektrische Funktion muss auch unter schwierigen Bedingungen garantiert werden. So muss ein Steuergerät auch beim Start mit schwacher Batterie (z. B. Kaltstart) und bei hoher Ladespannung sicher arbeiten. Weitere Anforderungen ergeben sich aus der elektromagnetischen Verträglichkeit (EMV). So darf sich die Motorsteuerung weder durch starke elektromagnetische Störfelder beeinflussen lassen, noch darf sie durch eigene elektromagnetische Abstrahlung andere Systeme wie das Autoradio beeinträchtigen. Wesentliche Anforderungen an ein Motorsteuergerät sind in Tabelle 1 zusammengefasst.

Elektronischer Aufbau des Steuergerätes

Architektur

Im mechatronischen System der Motorsteuerung stellt das elektronische Steuergerät die Regeleinrichtung dar. Es übernimmt die Steuerung, Regelung und Überwachung von Motorfunktionen. Bild 1 zeigt dazu ein Blockschaltbild, das im Folgenden näher erläutert wird.

Das Steuergerät erfasst über Eingangsschaltungen die von Sensoren gelieferten Istwerte, wie z. B. Drehzahl oder Drosselklappenstellung. Über Endstufenschaltungen werden die als Stellglieder wirkenden Aktoren wie z. B. Einspritzventile oder Zündspule nangesteuert.

1 Typische Anforderungen an ein Motorsteuergerät		Tabelle 1
Art der Anforderung	**Wert oder typisches Beispiel**	
Lebensdauer	15 Jahre	
Aktive Betriebsstunden	6 000 h bis 8 000 h	
Kilometerleistung (Pkw)	240 000 km	
Betriebstage pro Jahr	365	
Startvorgänge pro Tag, davon Kaltstarts	6 2	
Betriebstemperatur bei Karosserieanbau oder im Rad- oder Wasserkasten	−40 °C bis 85 °C	
Betriebstemperatur bei motornahem Anbau	−40 °C bis 105 °C	
Vibrationsanforderungen bei Karosserieanbau oder am Rahmen	Rausch-Effektivwert: 27,8 m/s^2 (Frequenz 10 bis 1 000 Hz)	
Vibrationsanforderungen bei entkoppeltem Motoranbau oder Luftfilteranbau	Rausch-Effektivwert: 27,8 m/s^2 (Frequenz 10 bis 1 000 Hz) Sinusbeschleunigung: 180 m/s^2 (Frequenz 100 Hz bis 1,5 kHz)	
Wasserschutz im Motorraum	Schutzklasse typisch IP6K9K (staub-dicht, Wasserschutz auch bei Hoch-druck- oder Dampfstrahlreinigung)	
Chemische Belastungen	Salzwasser, Öle, Reiniger, Kraftstoffe, Bremsflüssigkeit	

Endstufen stellen die zur Ansteuerung des Aktors erforderliche Leistung zur Verfügung. Im Digitalteil findet die Signalverarbeitung statt. In einer zentralen Recheneinheit (Prozessor) laufen die Steuer- und Regelalgorithmen ab. Das dazu erforderliche Steuerprogramm (die Software) und die Daten sind in einem Programm- und Datenspeicher abgelegt. Wenn zentrale Recheneinheit, Speicher und weitere Module wie z. B. Timereinheit auf einem Halbleiterchip integriert sind, spricht man von einem Mikrocontroller.

Zur Kommunikation mit der Außenwelt besitzt das Steuergerät eine oder mehrere Kommunikationsschnittstellen. Darüber kann z. B. ein Datenaustausch mit dem Steuergerät eines anderen Systems (z. B. ABS) oder mit einem Diagnosetester ablaufen. Auch die Programmierung des Steuergeräts am Bandende im Werk findet über eine sol-che Schnittstelle statt. Zum Betrieb der elektronischen Schaltungen im Steuergerät ist eine Infrastruktur notwendig. Diese Infrastruktur versorgt die Schaltungen mit allen zum Betrieb erforderlichen Spannungen und Strömen. Darüber hinaus sorgt die Infrastruktur durch eine Überwachungs- und Resetschaltung für einen korrekten und sicheren Betrieb des Steuergeräts. Die Überwachungsschaltung (auch Überwachungsmodul genannt) ist ein Bestandteil des Überwachungskonzeptes. Überwachungsmodul und Mikrocontroller überwachen sich gegenseitig. Im Falle der Erkennung eines Fehlers werden entsprechende Maßnahmen eingeleitet.

Zum Schutz vor Zerstörung sind alle Eingangs- und Endstufenschaltungen kurzschlussfest gegen Batteriespannung und Masse ausgelegt. Zur Diagnose können spezielle Schaltungen an den Endstufen im Feh-

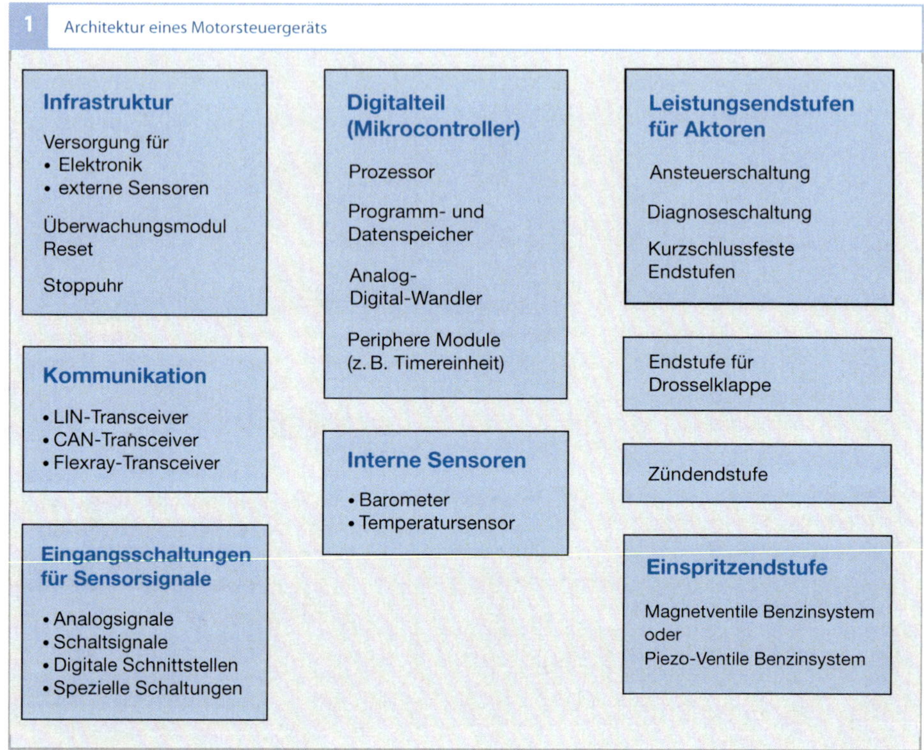

lerfall die Art des Fehlers (Kurzschluss, Leerlauf) feststellen. Über eine spezielle Schnittstelle kann das Steuerprogramm die Diagnoseinformationen aus dem Endstufenbaustein auslesen.

Aufbau

Aufgrund der Komplexität der Schaltungen und der Anforderungen an das Steuergerät bezüglich Qualität, Kosten und Bauraum ist ein Aufbau aus einzelnen elektronischen Bauteilen nicht möglich. Daher werden Schaltungen so entwickelt, dass sie anschließend auf einem Halbleiterchip integriert werden können. Dieser Halbleiterchip wird als ASIC (Application Specific Integrated Circuit) bezeichnet. In der Entwicklungsphase eines Steuergeräts wird festgelegt, welche Schaltungen sinnvollerweise gemeinsam auf einem Chip integriert werden können.

So kann es z. B. der richtige Weg sein, mehrere Endstufenschaltungen mit den dazugehörenden Diagnoseschaltungen auf einem Chip zu integrieren. Es ist sogar möglich, alle Endstufen und die Infrastruktur des Steuergerätes auf einem Chip zu integrieren. Die Chips werden nach ihrer Herstellung in einem Gehäuse verpackt, das die spätere Montage auf einer Leiterplatte und gegebenenfalls eine Kühlung aufgrund der im Betrieb entstehenden Verlustleistung ermöglicht. Die meisten Bauteile sind in SMD-Technik (Surface Mounted Device) aufgebaut, d. h., sie können ohne Bohrungen in der Leiterplatte plan auf die Oberfläche gelötet werden. Nur wenige Sonderbauteile und die Stecker sind in Durchsteckmontagetechnik ausgeführt.

Die Leiterplatte dient als Träger der elektronischen Bauelemente und zu deren elektrischen Verbindung. Sie befindet sich zum Schutz vor Umwelteinflüssen in einem Kunststoff- oder Metallgehäuse.

Rechnerkern

Anforderungen

Der Rechnerkern eines Steuergerätes wird oft mit einem Prozessor eines PC verglichen. Dies ist auf einer hohen Abstraktionsebene korrekt, da der Mikrocontroller für eine aktuelle Motorsteuerung ca. 40 Millionen Transistoren enthält (der Rechner Pentium II hatte ca. 6,7 Millionen Transistoren). Die Anforderungen an einen Rechnerkern eines Steuergerätes sind jedoch sehr viel höher als an einen PC:

- Funktion im Temperaturbereich
  −40 °C…165 °C,
- Ausfallrate von unter 1 ppm,
- Lebensdauer 40 000 h (entspricht einem PC, der 8 h am Tag eingeschaltet ist und ca. 14 Jahre funktioniert),
- Produktion über 20 Jahre – auch wenn die Technologien nicht mehr in anderen Industriebereichen eingesetzt werden.

Mikrocontroller

Der Mikrocontroller ist das zentrale Bauelement eines Steuergeräts (**Bild 2**). Er steuert dessen Funktionsablauf. Im Mikrocontroller sind außer der CPU (Central Processing Unit, zentrale Recheneinheit) noch Eingangs- und Ausgangskanäle, Timereinheiten, RAM, Flash, serielle Schnittstellen und weitere periphere Baugruppen auf einem Siliziumchip integriert.

Moderne Mikrocontroller für Anwendungen im Kraftfahrzeug haben noch weitere Peripherie wie z. B. Analog-Digital-Wandler, Safety Core (ein Core überwacht einen anderen), Tuningschutzhardware, Ethernet.

Der Mikrocontroller benötigt für die Berechnungen ein Programm – die „Software". Diese ist in einem Programmspeicher abgelegt. Die CPU liest das Programm aus, interpretiert es als Befehle und führt diese Befehle der Reihe nach aus.

Das Programm ist in einem nichtflüchtigen Speicher (Flash-EPROM) abgelegt. Zusätzlich sind variantenspezifische Daten (Einzeldaten, Kennlinien und Kennfelder) in diesem Speicher vorhanden. Diese Daten dienen zur Anpassung der Softwarefunktionen an die einzelnen Fahrzeuge (z. B. ist ein Kennfeld für die Einspritzung abhängig vom Motor des Fahrzeugherstellers).

Da es moderne Halbleitertechnologien ermöglichen, den kompletten Speicher auf dem Chip unterzubringen, ist der Programmspeicher heute in den Mikrocontrollern integriert. Dadurch sinken die Kosten für das System und die Performance steigt (kürzere Zugriffszeiten sind möglich).

Es gibt noch die Möglichkeit, RAM- und Flash-Speicher an externe Bus-Interfaces anzuschließen. Bedingt durch den großen Zeitverlust bei Zugriffen auf diese Speicher und die geringe Anzahl von Zulieferern für diese Bauelemente werden sie nur noch sehr selten eingesetzt.

Flash-EPROM

Das Flash-EPROM (FEPROM) hat aufgrund seiner Vorteile das herkömmliche EPROM als Programmspeicher weitgehend verdrängt. Deshalb wird hier auf das EPROM nicht näher eingegangen.

Das Flash-EPROM ist auf elektrischem Wege löschbar (im Gegensatz zum EPROM, das mit UV-Licht gelöscht wird). Somit kann man das Steuergerät in der Kundendienst-Werkstatt umprogrammieren, ohne es öffnen zu müssen. Das Steuergerät ist dabei

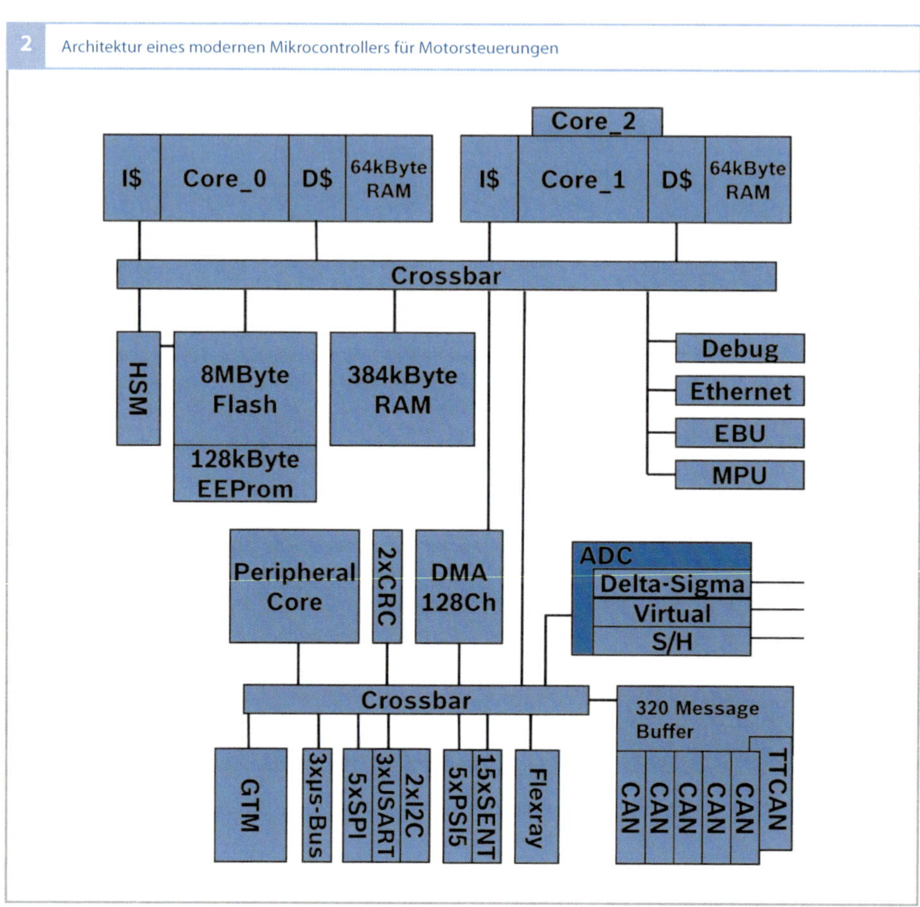

über eine serielle Schnittstelle mit der Um-
programmierstation verbunden.

Variablen- oder Arbeitsspeicher

Ein solcher Schreib-Lese-Speicher ist notwendig, um veränderliche Daten (Variablen), wie z. B. Rechen- und Signalwerte, zu
speichern.

RAM

Die Ablage aller aktuellen Werte erfolgt im
RAM (Random Access Memory, Schreib-
Lese-Speicher). Dieser Speicher ist wie das
Flash-EPROM auf dem Mikrocontroller-
Chip integriert.

Beim Trennen des Steuergeräts von der
Versorgungsspannung verliert das RAM als
flüchtiger Speicher den gesamten Datenbe-
stand. Adaptionswerte (erlernte Werte über
Motor- und Betriebszustand) müssen beim
nächsten Start aber wieder bereitstehen. Sie
dürfen beim Abschalten der Zündung nicht
gelöscht werden. Um das zu verhindern, ist
das RAM permanent mit Spannung versorgt.
Beim Abklemmen der Batterie gehen jedoch
auch diese Werte verloren.

EEPROM
Daten, die auch bei abgeklemmter Batterie nicht verloren gehen dürfen (z. B. wichtige Adaptionswerte, Codes für die Wegfahrsperre), müssen dauerhaft in einem nichtflüchtigen Dauerspeicher abgelegt werden. Das EEPROM (auch E2PROM genannt) ist ein elektrisch löschbares EPROM, bei dem im Gegensatz zum Flash-EPROM jede Speicherzelle einzeln gelöscht werden kann. Somit ist das EEPROM als nichtflüchtiger Schreib-Lese-Speicher einsetzbar. Einige Steuergeräte-Varianten nutzen auch separat löschbare Bereiche des Flash-EPROM als Dauerspeicher.

Unified-Speicher
Durch die Verwendung der unterschiedlichen Speichertypen Flash-EPROM, RAM und EEPROM gibt es im System Einschränkungen. Deshalb wird nach so genannten Unified-Speichern gesucht, die die Vorteile aller drei Typen vereinen (Datenerhalt im spannungslosen Zustand sowie schnelles Lesen und Schreiben). Ein solcher Typ könnte in Zukunft das MRAM (magnetische RAM) oder das PCM (Phase Change Memory) sein. Damit könnte dann wesentlich mehr RAM im Mikrocontroller integriert werden und es wären auch neue Softwarekonzepte (die mehr RAM benötigen) darstellbar.

ASIC
Wegen der immer größer werdenden Komplexität der Steuergerätefunktionen reichen die am Markt erhältlichen Standard-Mikrocontroller nicht immer aus. Abhilfe schaffen hier ASIC-Bausteine (Application Specific Integrated Circuit, anwendungsbezogene integrierte Schaltung). Diese IC werden nach den Vorgaben der Steuergeräteentwicklung entworfen und gefertigt. Sie enthalten beispielsweise ein zusätzliches RAM, Eingangs- und Ausgangskanäle und sie können PWM-Signale erzeugen und ausgeben.

Überwachungsmodul
Das Steuergerät verfügt über ein Überwachungsmodul. Der Mikrocontroller und das Überwachungsmodul überwachen sich gegenseitig durch ein „Frage-und-Antwort-Spiel". Wird ein Fehler erkannt, so können beide unabhängig voneinander entsprechende Ersatzfunktionen einleiten.

Ausgangssignale, Schaltsignale
Der Mikrocontroller steuert mit den Ausgangssignalen Endstufen an, die üblicherweise genügend Leistung für den direkten Anschluss der Stellglieder (Aktoren) liefern. Es ist auch möglich, dass für besonders große Stromverbraucher (z. B. Motorlüfter) bestimmte Endstufen die zugehörigen Relais ansteuern.

Die Endstufen sind gegenüber Kurzschlüssen gegen Masse oder der Batteriespannung sowie gegen Zerstörung infolge elektrischer oder thermischer Überlastung geschützt. Diese Störungen sowie aufgetrennte Leitungen werden durch den Endstufen-IC als Fehler erkannt und dem Mikrocontroller gemeldet.

PWM-Signale
Digitale Ausgangssignale können als PWM-Signale ausgegeben werden. Diese pulsweitenmodulierten Signale sind Rechtecksignale mit konstanter Frequenz und variabler Einschaltzeit. Mit diesen Signalen können verschiedene Stellglieder (Aktoren) in kontinuierlich verstellbare Arbeitsstellungen gebracht werden (z. B. Abgasrückführventil, Ladedrucksteller).

Kommunikation innerhalb des Steuergeräts
Die peripheren Bauelemente, die den Mikrocontroller in seiner Arbeit unterstützen, müssen mit diesem kommunizieren können. Dies geschieht über den Adress- und Datenbus. Der Mikrocontroller gibt

über den Adressbus z. B. die RAM-Adresse aus, deren Speicherinhalt gelesen werden soll. Über den Datenbus werden dann die der Adresse zugehörigen Daten übertragen. Frühere Entwicklungen im Kfz-Bereich kamen mit einer 8-Bit-Busstruktur aus. Das heißt, der Datenbus bestand aus acht Leitungen, über die 256 Werte übertragen werden können. Mit dem bei diesen Systemen heute üblichen 16-Bit-Adressbus können 65 536 Adressen angesprochen werden. Komplexe Systeme erfordern heutzutage 16 oder sogar 32 Bit für den Datenbus. Um an den Bauteilen Pins einzusparen, können Daten- und Adressbus in einem Multiplexsystem zusammengefasst werden. Das heißt, Adresse und Daten werden zeitlich versetzt übertragen und nutzen dieselben Leitungen. Für Daten, die nicht so schnell übertragen werden müssen (z. B. Fehlerspeicherdaten), werden serielle Schnittstellen mit nur einer Datenleitung eingesetzt.

EOL-Programmierung

Die Vielzahl von Fahrzeugvarianten, die unterschiedliche Steuerungsprogramme und Datensätze verlangen, erfordert ein Verfahren zur Reduzierung der vom Fahrzeughersteller benötigten Steuergerätetypen. Hierzu kann der komplette Speicherbereich des Flash-EPROM mit dem Programm und dem variantenspezifischen Datensatz am Ende der Fahrzeugproduktion mit der EOL-Programmierung (End of Line) geladen werden. Eine weitere Möglichkeit zur Reduzierung der Variantenvielfalt besteht darin, im Speicher mehrere Datenvarianten (z. B. Getriebevarianten) abzulegen, die dann durch Codierung am Bandende ausgewählt werden. Diese Codierung wird im EEPROM abgelegt.

Sensorik

Sensoren bilden neben den Stellgliedern (Aktoren) als Peripherie die Schnittstelle zwischen dem Fahrzeug und dem Steuergerät als Verarbeitungseinheit. Die elektrischen Signale der Sensoren werden dem Steuergerät über den Kabelbaum und den Anschlussstecker zugeführt. Diese Signale werden über unterschiedliche Schnittstellen dem Steuergerät zur Verfügung gestellt.

Sensor-Schnittstellen

Sensoren können über analoge und digitale Schnittstellen verfügen. Für die Zukunft zeichnet sich die Tendenz ab, dass Sensoren mit digitalen Schnittstellen dominieren.

Analoge Schnittstellen

Analoge Eingangssignale können jeden beliebigen Spannungswert innerhalb eines bestimmten Bereichs annehmen. Beispiele für physikalische Größen, die als analoge Messwerte bereitstehen, sind die angesaugte Luftmasse, die Batteriespannung, der Saugrohr- und der Ladedruck oder die Kühlwasser- und die Ansauglufttemperatur. Sie werden von einem Analog-Digital-Wandler im Mikrocontroller des Steuergeräts in digitale Werte umgeformt, mit denen die zentrale Recheneinheit des Mikrocontrollers rechnen kann. Eine typische Auflösung von in Mikrocontrollern integrierten Analog-Digital-Wandlern ist 10 Bit. Bei einer Referenzspannung von 5 V ergibt sich somit eine Auflösung von ca. 5 mV.

Digitale Schnittstellen

Digitale Eingangssignale besitzen zwei Zustände: „high" (logisch 1) und „low" (logisch 0). Beispiele für digitale Eingangssignale sind Schaltsignale oder digitale Sensorsignale wie Drehzahlimpulse eines Hall- oder Feldplattensensors.

In Zukunft werden immer mehr digitale Schnittstellen zum Einsatz kommen, die standardisiert sind und es erlauben, Sensoren von unterschiedlichen Herstellern an Motorsteuergeräte anzuschließen. Eine dieser Schnittstellen ist SENT (Single Edge Nibble Transmission). Je Sensor ist ein spezifischer Eingang notwendig. Solche Sensoren benötigen drei Anschlüsse. Eine weitere digitale Schnittstelle ist PSI5 (Peripheral Sensor Interface). Das PSI5 realisiert eine Stromschnittstelle. Die Übertragung der Messwerte und die Versorgung des Sensors erfolgt über dieselben zwei Leitungen (siehe Bild 3). Im Gegensatz zu SENT ist PSI5 busfähig und bidirektional, d. h., es können mehrere Sensoren an ein Leitungspaar angeschlossen werden und die Daten können in beide Richtungen ausgetauscht werden. Eine Anwendung hierfür sind Raildrucksensoren.

Sensorsignal-Aufbereitung

Die Eingangssignale werden mit Schutzbeschaltungen auf zulässige Spannungspegel begrenzt. Das Nutzsignal wird durch Filterung weitgehend von überlagerten Störsignalen befreit und gegebenenfalls durch Verstärkung an die zulässige Eingangsspannung des Mikrocontrollers angepasst (0...5 V). Je nach Integrationsstufe des Sensors kann die Signalaufbereitung teilweise oder auch ganz bereits im Sensor stattfinden.

Für manche Sensoren, wie z. B. λ-Sonden, werden spezielle Bausteine (ASIC) benötigt, welche die komplexe Ansteuerung und Auswertung dieser Sonden übernehmen. Diese ASIC steuern die Sensoren mit definierten Signalen an, werten Ströme, Spannungen und Temperaturen hochgenau aus und bereiten diese Signale für den Mikrocontroller in digitale Eingangssignale auf. Der gesamte in Bild 4 gezeigte Signalpfad wird mit einem einzigen ASIC realisiert.

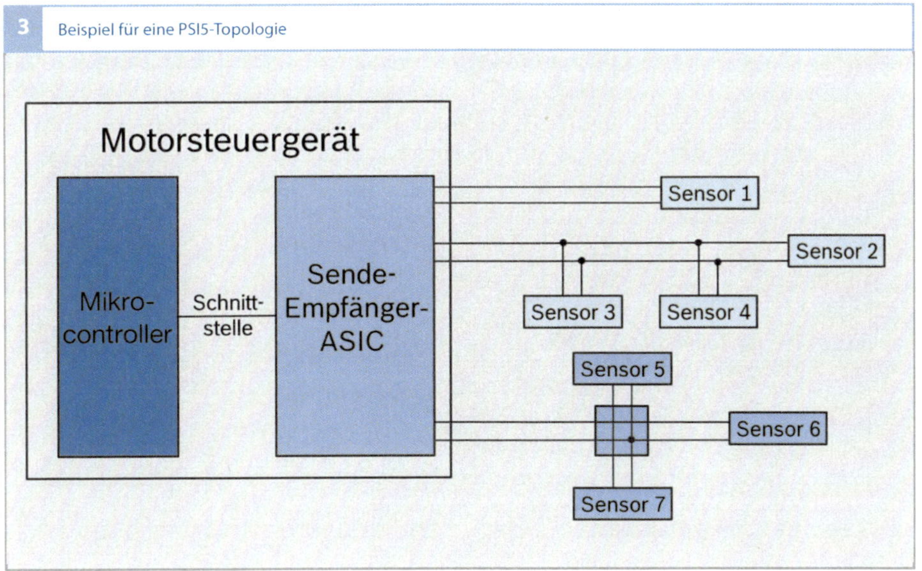

3 Beispiel für eine PSI5-Topologie

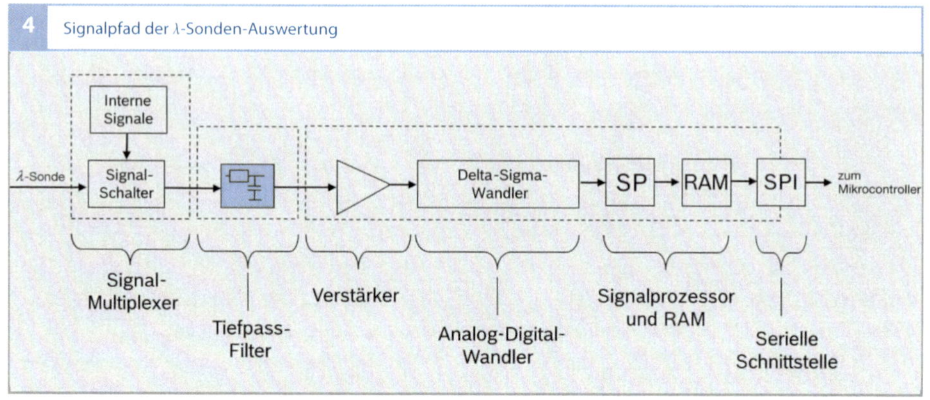

4 Signalpfad der λ-Sonden-Auswertung

Aktor-Ansteuerung

Auf Basis der im Mikroprozessor verarbeiteten Daten werden vom Motorsteuergerät über entsprechende Endstufen verschiedene Aktoren angesteuert. Diese Aktoren unterscheiden sich im Leistungsbedarf sowie in der Art der Ansteuerung, nämlich durch Schalt- oder PWM-Signale oder über anwendungsspezifische Endstufen.

Die Schaltsignale schalten Lasten im Fahrzeug, die vom Motorsteuergerät abhängig vom aktuellen Betriebspunkt ein- oder ausgeschaltet werden, z. B. Lüftergebläse. Für Lasten mit hohem Strombedarf werden Relais eingesetzt.

Mit pulsweitenmodulierten Signalen (PWM-Signalen) können Aktoren in vorgegebene Arbeitsstellungen gebracht werden (z. B. Wastegate-Ansteuerung oder Ladedrucksteller). Die genannten Signale sind Rechtecksignale mit fester Frequenz und variabler Einschaltzeit.

Anwendungsspezifische Endstufen kommen dann zum Einsatz, wenn spezielle Strom- und Spannungsverläufe zur Ansteuerung notwendig sind, die mit den oben beschriebenen Standard-Endstufen nicht realisiert werden können. Beispielhaft seien hier H-Brücken (**Bild 5**) zur Ansteuerung von Gleichstrommotoren, Zündendstufen (**Bild 6**) sowie Endstufen zur Ansteuerung

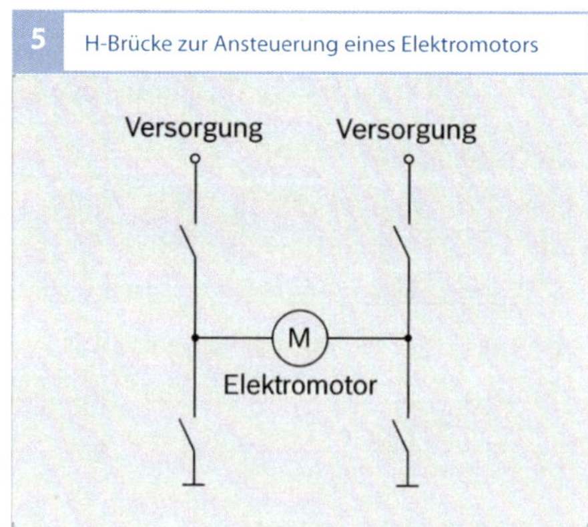

5 H-Brücke zur Ansteuerung eines Elektromotors

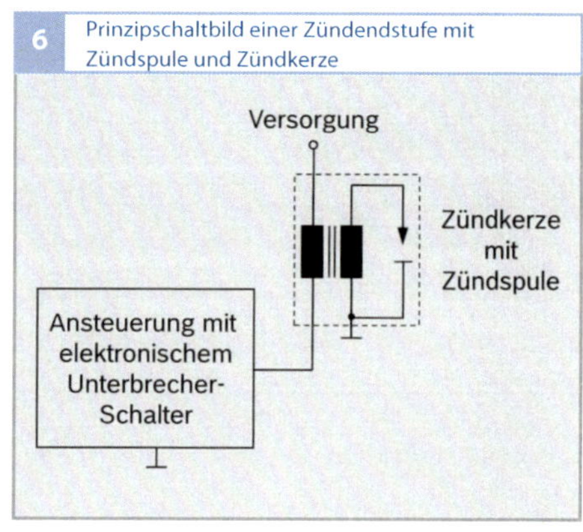

6 Prinzipschaltbild einer Zündendstufe mit Zündspule und Zündkerze

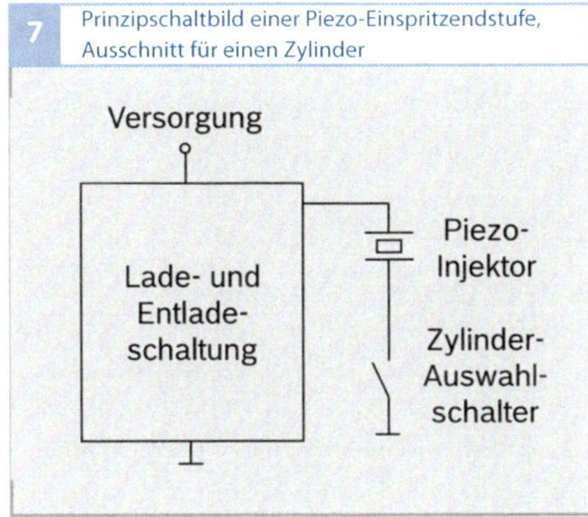

7 Prinzipschaltbild einer Piezo-Einspritzendstufe, Ausschnitt für einen Zylinder

von Hochdruck-Einspritzventilen für die Benzin- und Direkteinspritzung genannt (**Bild 7**).

Komplexe Endstufen mit hohem Leistungsbedarf, wie zum Beispiel bei der Ansteuerung von Hochdruck-Einspritzventilen, können besonders effizient realisiert werden, wenn die zugehörige Steuerlogik sowie die analoge Signalaufbereitung mittels eines anwendungsspezifischen integrierten Schaltkreises (ASIC) realisiert werden. Dabei kommen hochintegrierte Halbleiter-Mischprozesse zum Einsatz, die eine hohe Logikdichte mit genauen Analogfunktionen und hoher Spannungsfestigkeit verbinden. Die eigentliche Leistungsendstufe wird in der Regel mit diskreten Halbleitern (z. B. MOSFET, Dioden) realisiert.

Applikation von Steuergeräten in Fahrzeugprojekten

Steuergeräte sind, wie zuvor beschrieben, strukturell immer sehr ähnlich aufgebaut. Die für den jeweiligen Anwendungsfall erforderliche spezifische Steuerung wird durch das im Mikrocontroller ausgeführte Programm vorgenommen. Dieses Programm besteht aus einem ausführbaren Programmcode sowie einem Datenteil (einzelne Kenngrößen, Kennlinien und Kennfelder), so genannten Applikationsdaten. Das gesamte Programm ist im Festwertspeicher, in Steuergeräten als Flash-Speicher ausgeführt, abgelegt. Um die unterschiedlichen Anforderungen zur Steuerung eines Antriebsmotors und die gesetzlichen Vorgaben für Emission, Diagnose etc. zu erfüllen, müssen die Applikationsdaten verändert und optimiert werden. Während für die Steuergeräte der ersten Generationen 100 bis 1 000 Applikationsdaten genügten, sind heute mehrere 10 000 erforderlich. Der Vorgang des Optimierens von Applikationsdaten wird „Applikation von Steuergeräten" genannt.

Die dafür nötigen Arbeiten werden auf Prüfständen und in Erprobungsfahrzeugen vorgenommen und erfordern speziell präparierte Motorsteuergeräte. Solche Motorsteuergeräte werden auch Applikationssteuergeräte genannt und müssen vornehmlich die folgenden Aufgaben erfüllen:
- identisches Verhalten wie das Seriensteuergerät,
- Erfassen der in Variablen abgelegten Rechen- und Signalwerte (z. B. Drehzahl, Temperatur, berechneter Zündwinkel, …) synchron zu Motordrehzahl und Rechenzeitrastern (z. B. 1 ms, 10 ms), der so genannten Messdaten,
- Möglichkeit zum Verstellen von Applikationsdaten bei laufendem Motorbetrieb.

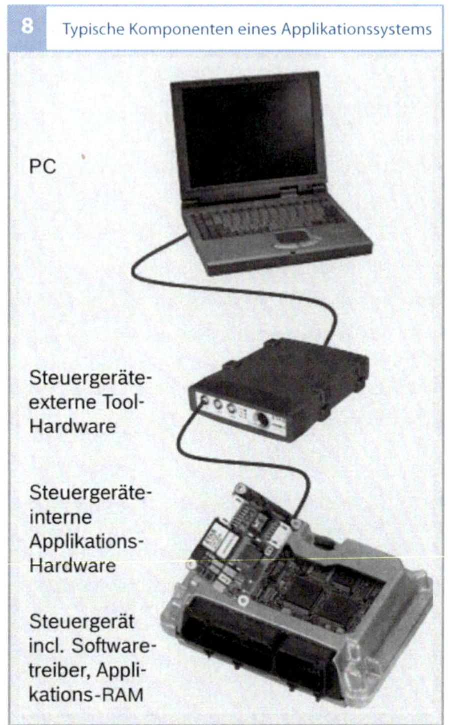

8   Typische Komponenten eines Applikationssystems

Um dieses zu erreichen, sind eine geeignete Schnittstelle sowie ein spezieller Schreib-Lese-Speicher, ein sogenanntes Applikations-RAM, erforderlich.

Die Schnittstelle wird für den Datenaustausch zwischen Steuergerät und Applikationstool benötigt und im Applikations-RAM werden Messdaten zwischengespeichert und Kopien von zu verstellenden Applikationsdaten abgelegt (**Bild 8**). Das gesamte System wiederum besteht aus zwei Teilen, wobei einer davon im oder am Steuergerät verbaut ist und der andere durch eine externen Tool-Hardware ausgeführt wird. Diese externe Tool-Hardware ist meist mit einem PC verbunden, auf welchem ein Programm ausgeführt wird, das alle für die Erfassung der Messdaten und Verstellung der Applikationsdaten nötigen Aktionen steuert.

Die verwendete Schnittstelle ist bestimmend für die Nutzdatenrate von Messdaten. So ist heute z. B. mit dem CAN (Internationaler Standard ISO 11898) bis zu rund

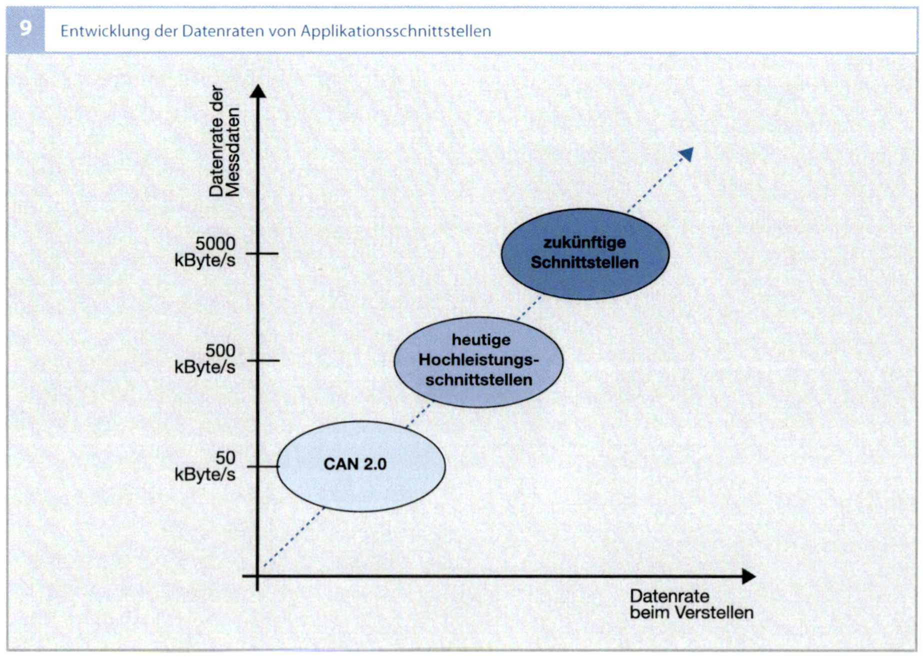

9   Entwicklung der Datenraten von Applikationsschnittstellen

50 kByte/s erzielbar und mit Hochleistungs-
schnittstellen rund 500 kByte/s. Hochleis-
tungsschnittstellen sind unter anderem Stan-
dard-Debug-Schnittstellen. Das Verstellen
der Applikationsdaten erfolgt derzeit deutlich langsamer.

Auf Grund der gestiegenen Komplexität
von Motorsteuerungen (Mehrfacheinsprit-
zungen pro Verbrennung, höhere Dynamik
von Regelkreisen, automatische Parameter-
optimierung, …) muss zukünftig eine wesentlich größere Anzahl von Messdaten erfasst werden. Deshalb wird in Steuergeräten
der nächsten Generation sich die maximal
mögliche Summendatenrate um mindestens
den Faktor 8–10 erhöhen müssen (**Bild 9**).
Das Verstellen von Applikationsdaten soll
dann auch in Echtzeit erfolgen können.

Durch solche Applikationssteuergeräte ist
man in der Lage, das Motor- und das Fahrzeugverhalten zu erfassen, zu analysieren
und zu bewerten, um in iterativen Arbeits-
schritten die für das jeweilige Projekt optimalen Parameter zu ermitteln und letztlich
die Betriebsfähigkeit beim Endkunden abzu-
sichern.

Hardware-nahe Software

Aufgrund der immer größer werdenden Anforderungen an Energieeffizienz, Energiever-
brauch und schadstoffarmer Verbrennung
nimmt die Komplexität der Steuergeräte
ständig zu. Dabei spielt eine auf die Anforderungen abgestimmte Aufteilung des Systems in Hardware und Software eine wesentliche Rolle. Neben intelligenten, vernetzten
Funktionen der Anwendersoftware kommt
der optimierten Auslegung von Hardware
und Hardware-naher Software (Basis-Software) eine immer größere Bedeutung zu.
Um eine ausreichende Flexibilität zu erreichen und kurzfristige Erweiterungen realisieren zu können, werden auch in Zukunft
vermehrt Funktionen in die Hardware-nahe
Software verlagert.

Zielsetzung der Hardware-nahen Software

Durch die Einführung einer Software-Architektur wird eine Trennung (Kapselung) zwischen Anwender-Software (ASW, Application Software) und Hardware-naher
Software (BSW, Basis-Software) definiert.
Reine ASW-Module sind auf beliebige Hard-
ware-Plattformen portierbar, Hardware-nahe BSW-Module müssen bei einem Hard-
ware-Wechsel neu entwickelt werden.

Die Hardware-nahe Software beinhaltet
Software-Treiber für Eingänge und Ausgänge, Kommunikationsprotokolle, Fehler-
speicher-Management, Werkstatttester-
Kommunikation, Betriebssystem und
Dienstebibliotheken. Die Signalflüsse innerhalb der Basis-Software sind ohne Bezug zu
physikalischen Größen, beispielsweise kann
ein Analog-Digital-Wandler-Wert sowohl
den Umgebungsdruck darstellen als auch
eine Fahrpedalposition.

Die Hardware-nahe Software abstrahiert
die Hardware, das heißt, intern standardi-

Bild 10
Die Hardware-unabhängige Software ist portierbar und besteht aus der λ-Regelung, der Momentregelung und der Diagnose (OBD II). Die Hardware-unabhängige Software beinhaltet den Mikrocontroller-Treiber, den ASIC-Treiber und das OSEK-Betriebssystem (siehe z. B. [1]).
µC Mikrocontroller

sierte Zugriffsmechanismen entkoppeln die Hardware von der Anwendungs-Software (Bild 10). Mittels intelligenter Konfigurationsmethoden kann die Basis-Software an die unterschiedlichen Kundenanforderungen angepasst werden. Die Kommunikation zwischen Basis-Software und Anwender-Software wird mittels einfacher funktionaler Schnittstellen hergestellt (Pfeile in Bild 10).

Standardisierung, Methodik AUTOSAR

Um unterschiedliche, im Wandel befindliche Elektrik- und Elektronik-Architekturen unterstützen zu können, ist eine möglichst

weitgehende Entkopplung der Anwendersoftware von der Hardware erforderlich. Die Lösung liegt in einer genormten Basis-Software (BSW) und Standard-Schnittstellen für alle elektronischen Fahrzeugfunktionen. Allgemein ist die Basis-Software als die Hardware-abhängige Software definiert, das heißt Software-Komponenten für Controller Peripherals, ECU Peripherals (ASIC), Complex Drivers, Treiber für Applikationsschnittstellen, Diagnose, Kommunikation, Betriebssystem und Systemsteuerung.

Durch die Nutzung des weltweiten AUTOSAR-Standards (Automotive Open System Architecture) wird eine hohe Wiederverwendbarkeit und die Austauschbarkeit von Software sichergestellt. AUTOSAR betrachtet das komplette Fahrzeugsystem, nicht nur ein einzelnes Steuergerät.

AUTOSAR ist ein Konsortium bestehend aus Fahrzeugherstellern, Zulieferern, Elektronik-Herstellern und Tool-Entwicklern. Das Konsortium wurde 2003 mit dem Ziel gegründet, Spezifikationen für Hardware-nahe Software, Software-Methoden und Software-Architekturen zu veröffentlichen.

Die AUTOSAR-konforme Basis-Software stellt die Software-Pakete unterhalb der

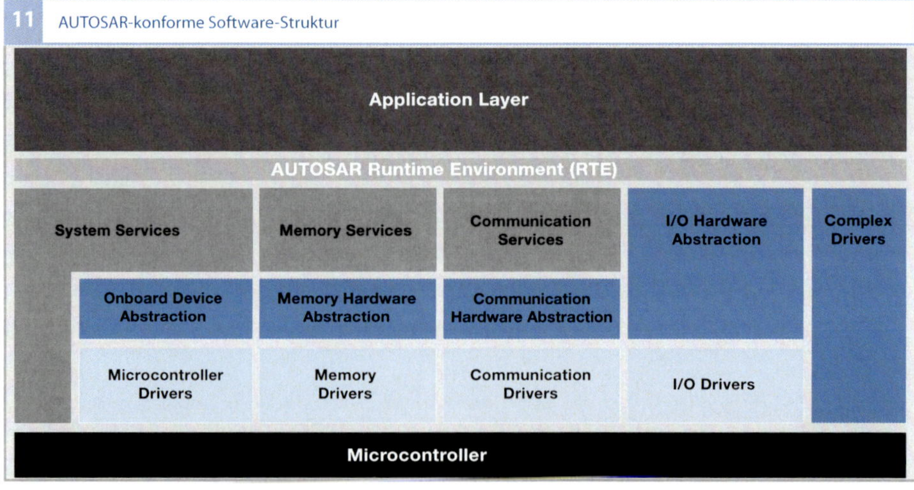

RTE-Schicht (Runtime Environment, siehe Bild 11) inklusive Complex Driver zur Verfügung. Unterschieden werden die drei Software-Schichten:
- Mikrocontroller Abstraction Layer (MCAL) zur Abstrahierung der Mikrocontroller-Peripherie), siehe hellblaue Blöcke in Bild 11,
- Hardware Abstraction Layer (ASIC-Abstrahierung), siehe dunkelblaue Blöcke in Bild 11,
- Service Layer (standardisierte Schnittstellen zur Anwendungsschicht), siehe dunkelgraue Blöcke in Bild 11.

Der Mikrocontroller Abstraction Layer ist dabei spezifisch für unterschiedliche Controller-Derivate, die I/O Hardware Abstraction ist meist für die jeweilige Anwendung spezifisch entwickelt.

Mechanik

Im Motorsteuergerät werden alle Steuer- und Regelalgorithmen des Motormanagements (Zündung, Gemischbildung usw.) ausgeführt. Dazu ist ein Stecker als Schnittstelle zur Spannungsversorgung, zu den Sensoren und zu den Stellgliedern (Aktoren) des Motormanagements notwendig (Bild 12). Von den Bauelementen der Leiterplatte werden die elektrischen Signale der Sensoren ausgewertet und die Ansteuersignale für die Stellglieder berechnet. Die dafür notwendige Software ist im Speicher abgelegt.

Einsatzbedingungen
An das Motorsteuergerät werden wie in Tabelle 1 ausgeführt die hohen Anforderungen des automobilen Umfeldes gestellt. Bild 13 stellt dies in heiterer Form dar.

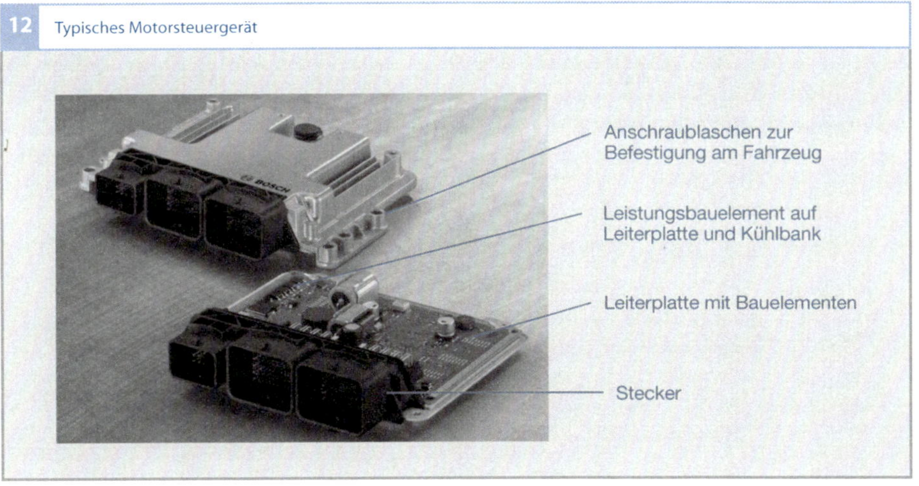

12 Typisches Motorsteuergerät

13 Umweltanforderungen an Motorsteuergeräte

Wärmeabfuhr

In Motorsteuergeräten treten je nach Anwendung Verlustleistungen bis 70 Watt auf. Eine wichtige Funktion des Motorsteuergerätes ist deshalb die Kühlung der Leistungsbauelemente. Diese wird gewährleistet, indem die Baugruppen über den Kühlbänken der metallischen Schalen angeordnet werden (siehe **Bild 14**). Darauf werden Bauelemente mit unten liegender Kühlfläche (Slug-down)

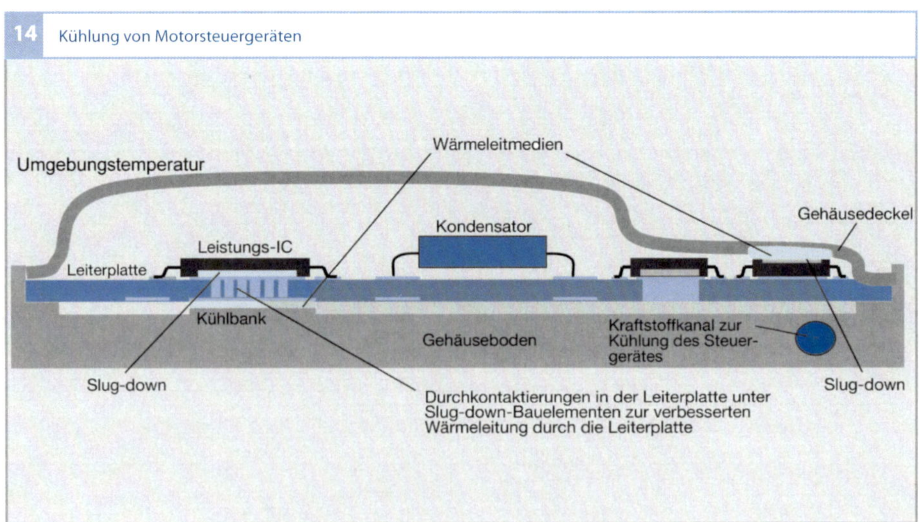

14 Kühlung von Motorsteuergeräten

angeordnet. Die Wärme wird dort über die kupferreichen und damit gut wärmeleitenden Durchkontaktierungen der Leiterplatte und ein flexibles Wärmeleitmedium an den metallischen Steuergeräteboden abgeleitet. In seltenen Fällen werden Slug-up-Bauelemente mit einer oben liegenden Kühlfläche über ein Wärmeleitmedium an dem metallischen Steuergerätedeckel gekühlt.

Literatur

[1] Konrad Reif: *Automobilelektronik – Eine Einführung für Ingenieure.* 5. überarbeitete Auflage, Springer Vieweg Verlag, Wiesbaden 2015, ISBN 978-3-658-05047-4

Diagnose

Die Zunahme der Elektronik im Kraftfahrzeug, die Nutzung von Software zur Steuerung des Fahrzeugs und die erhöhte Komplexität moderner Einspritzsysteme stellen hohe Anforderungen an das Diagnosekonzept, die Überwachung im Fahrbetrieb (On-Board-Diagnose) und die Werkstattdiagnose. Basis der Werkstattdiagnose ist die geführte Fehlersuche, die verschiedene Möglichkeiten von Onboard- und Offboard-Prüfmethoden und Prüfgeräten verknüpft. Im Zuge der Verschärfung der Abgasgesetzgebung und der Forderung nach laufender Überwachung hat auch der Gesetzgeber die On-Board-Diagnose als Hilfsmittel zur Abgasüberwachung erkannt und eine herstellerunabhängige Standardisierung geschaffen. Dieses zusätzlich installierte System wird OBD-System (On Board Diagnostic System) genannt.

Überwachung im Fahrbetrieb – On-Board-Diagnose

Übersicht

Die im Steuergerät integrierte Diagnose gehört zum Grundumfang elektronischer Motorsteuerungssysteme. Neben der Selbstprüfung des Steuergeräts werden Ein- und Ausgangssignale sowie die Kommunikation der Steuergeräte untereinander überwacht. Überwachungsalgorithmen überprüfen während des Betriebs die Eingangs- und Ausgangssignale sowie das Gesamtsystem mit allen relevanten Funktionen auf Fehlverhalten und Störung. Die dabei erkannten Fehler werden im Fehlerspeicher des Steuergeräts abgespeichert. Bei der Fahrzeuginspektion in der Kundendienstwerkstatt werden die gespeicherten Informationen über eine Schnittstelle ausgelesen und ermöglichen so eine schnelle und sichere Fehlersuche und Reparatur.

Überwachung der Eingangssignale

Die Sensoren, Steckverbinder und Verbindungsleitungen (im Signalpfad) zum Steuergerät (Bild 1) werden anhand der ausgewerteten Eingangssignale überwacht. Mit diesen Überprüfungen können neben Sensorfehlern auch Kurzschlüsse zur Batteriespannung U_B und zur Masse sowie Leitungsunterbrechungen festgestellt werden. Hierzu werden folgende Verfahren angewandt:

- Überwachung der Versorgungsspannung des Sensors (falls vorhanden),
- Überprüfung des erfassten Wertes auf den zulässigen Wertebereich (z. B. 0,5…4,5 V),
- Plausibilitätsprüfung der gemessenen Werte mit Modellwerten (Nutzung analytischer Redundanz),
- Plausibilitätsprüfung der gemessenen Werte eines Sensors durch direkten Vergleich mit Werten eines zweiten Sensors (Nutzung physikalischer Redundanz, z. B. bei wichtigen Sensoren wie dem Fahrpedalsensor).

Überwachung der Ausgangssignale

Die vom Steuergerät über Endstufen angesteuerten Aktoren (Bild 1) werden überwacht. Mit den Überwachungsfunktionen werden neben Aktorfehlern auch Leitungsunterbrechungen und Kurzschlüsse erkannt. Hierzu werden folgende Verfahren angewandt: Einerseits erfolgt die Überwachung des Stromkreises eines Ausgangssignals durch die Endstufe. Der Stromkreis wird auf Kurzschlüsse zur Batteriespannung U_B, zur Masse und auf Unterbrechung überwacht. Andererseits werden die Systemauswirkungen des Aktors direkt oder indirekt durch eine Funktions- oder Plausibilitätsüberwachung erfasst. Die Aktoren des Systems, z. B. das Abgasrückführventil, die Drosselklappe oder die Drallklappe, werden indirekt über die Regelkreise (z. B. auf permanente Regelabweichung) und teilweise zusätzlich über

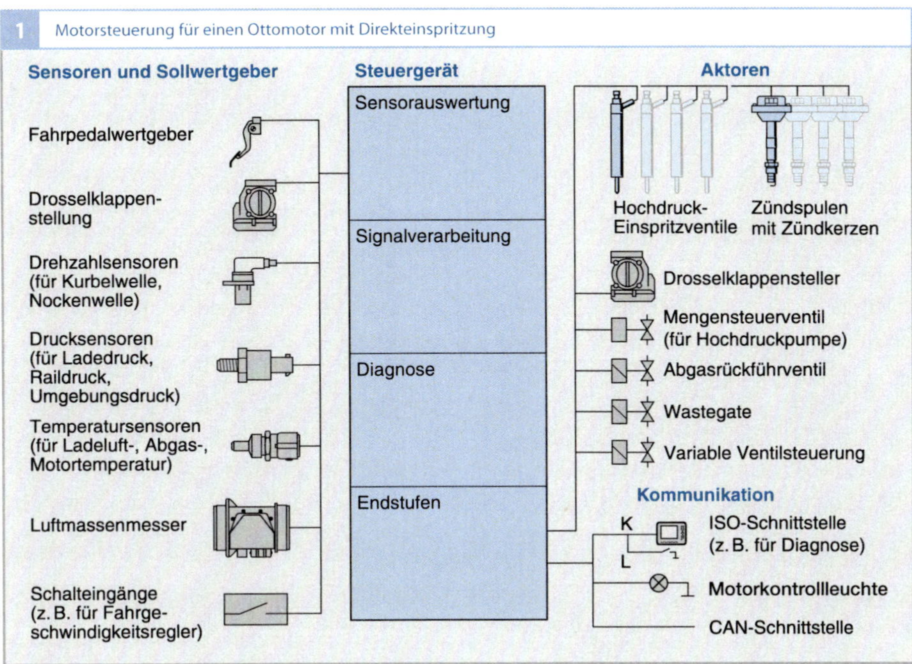

Lagesensoren (z. B. die Stellung der Drall-klappe) überwacht.

Überwachung der internen Steuergeräte-funktionen

Damit die korrekte Funktionsweise des Steuergeräts jederzeit sichergestellt ist, sind im Steuergerät Überwachungsfunktionen in Hardware (z. B. in „intelligenten" Endstufenbausteinen) und in Software realisiert. Die Überwachungsfunktionen überprüfen die einzelnen Bauteile des Steuergeräts (z. B. Mikrocontroller, Flash-EPROM, RAM). Viele Tests werden sofort nach dem Einschalten durchgeführt. Weitere Überwachungsfunktionen werden während des normalen Betriebs durchgeführt und in regelmäßigen Abständen wiederholt, damit der Ausfall eines Bauteils auch während des Betriebs erkannt wird. Testabläufe, die sehr viel Rechnerkapazität erfordern oder aus anderen Gründen nicht im Fahrbetrieb erfolgen kön-

nen, werden im Nachlauf nach „Motor aus" durchgeführt. Auf diese Weise werden die anderen Funktionen nicht beeinträchtigt. Beim Common-Rail-System für Dieselmotoren werden im Hochlauf oder im Nachlauf z. B. die Abschaltpfade der Injektoren getestet. Beim Ottomotor wird im Nachlauf z. B. das Flash-EPROM geprüft.

Überwachung der Steuergeräte-kommunikation

Die Kommunikation mit den anderen Steuergeräten findet in der Regel über den CAN-Bus statt. Im CAN-Protokoll sind Kontrollmechanismen zur Störungserkennung integriert, sodass Übertragungsfehler schon im CAN-Baustein erkannt werden können. Darüber hinaus werden im Steuergerät weitere Überprüfungen durchgeführt. Da die meisten CAN-Botschaften in regelmäßigen Abständen von den jeweiligen Steuergeräten versendet werden, kann z. B. der Ausfall eines CAN-Controllers in einem Steuergerät mit der Überprüfung dieser zeitlichen Abstände detektiert werden. Zusätzlich werden die empfangenen Signale bei Vorliegen von redundanten Informationen im Steuergerät durch entsprechenden Vergleich überprüft.

Fehlerbehandlung

Fehlererkennung

Ein Signalpfad wird als endgültig defekt eingestuft, wenn ein Fehler über eine definierte Zeit vorliegt. Bis zur Defekteinstufung wird der zuletzt als gültig erkannte Wert im System verwendet. Mit der Defekteinstufung wird in der Regel eine Ersatzfunktion eingeleitet (z. B. Motortemperatur-Ersatzwert $T =$ 90 °C). Für die meisten Fehler ist eine Intakt-Erkennung während des Fahrzeugbetriebs möglich. Hierzu muss der Signalpfad für eine definierte Zeit als intakt erkannt werden.

Fehlerspeicherung

Jeder Fehler wird im nichtflüchtigen Bereich des Datenspeichers in Form eines Fehlercodes abgespeichert. Der Fehlercode beschreibt auch die Fehlerart (z. B. Kurzschluss, Leitungsunterbrechung, Plausibilität, Wertebereichsüberschreitung). Zu jedem Fehlereintrag werden zusätzliche Informationen gespeichert, z. B. die Betriebs- und Umweltbedingungen (Freeze Frame), die bei Auftreten des Fehlers herrschten (z. B. Motordrehzahl, Motortemperatur).

Notlauffunktionen

Bei Erkennen eines Fehlers können neben Ersatzwerten auch Notlaufmaßnahmen (z. B. Begrenzung der Motorleistung oder -drehzahl) eingeleitet werden. Diese Maßnahmen dienen der Erhaltung der Fahrsicherheit, der Vermeidung von Folgeschäden oder der Begrenzung von Abgasemissionen.

OBD-System für Pkw und leichte Nfz

Damit die vom Gesetzgeber geforderten Emissionsgrenzwerte auch im Alltag eingehalten werden, müssen das Motorsystem und die Komponenten ständig überwacht werden. Deshalb wurden – beginnend in Kalifornien – Regelungen zur Überwachung der abgasrelevanten Systeme und Komponenten erlassen. Damit wird die herstellerspezifische On-Board-Diagnose (OBD) hinsichtlich der Überwachung emissionsrelevanter Komponenten und Systeme standardisiert und weiter ausgebaut.

Gesetzgebung

OBD I (CARB)

1988 trat in Kalifornien mit der OBD I die erste Stufe der CARB-Gesetzgebung (California Air Resources Board) in Kraft. Diese erste OBD-Stufe verlangt die Überwachung abgasrelevanter elektrischer Komponenten (Kurzschlüsse, Leitungsunterbrechungen) und die Abspeicherung der Fehler im Fehlerspeicher des Steuergeräts sowie eine Motorkontrollleuchte (Malfunction Indicator Lamp, MIL), die dem Fahrer erkannte Fehler anzeigt. Außerdem muss mit Onboard-Mitteln (z. B. Blinkcode über eine Kontrollleuchte) ausgelesen werden können, welche Komponente ausgefallen ist.

OBD II (CARB)

1994 wurde mit OBD II die zweite Stufe der Diagnosegesetzgebung in Kalifornien eingeführt. Für Fahrzeuge mit Dieselmotoren wurde OBD II ab 1996 Pflicht. Zusätzlich zu dem Umfang OBD I wird nun auch die Funktionalität des Systems überwacht (z. B. durch Prüfung von Sensorsignalen auf Plausibilität). Die OBD II verlangt, dass alle abgasrelevanten Systeme und Komponenten, die bei Fehlfunktion zu einer Erhöhung der schädlichen Abgasemissionen (und damit zur Überschreitung der OBD-Grenzwerte) führen können, überwacht werden. Zusätzlich sind auch alle Komponenten, die zur Überwachung emissionsrelevanter Komponenten eingesetzt werden oder die das Diagnoseergebnis beeinflussen können, zu überwachen.

Für alle zu überprüfenden Komponenten und Systeme müssen die Diagnosefunktionen in der Regel mindestens einmal im Abgas-Testzyklus (z. B. FTP 75, Federal Test Procedure) durchlaufen werden. Die OBD-II-Gesetzgebung schreibt ferner eine Normung der Fehlerspeicherinformation und des Zugriffs darauf (Stecker, Kommunikation) nach ISO-15031 und den entsprechenden SAE-Normen (Society of Automotive Engineers) vor. Dies ermöglicht das Auslesen des Fehlerspeichers über genormte, frei käufliche Tester (Scan-Tools).

Erweiterungen der OBD II

Ab Modelljahr 2004

Seit Einführung der OBD II wurde das Gesetz in mehreren Stufen (Updates) überarbeitet. Seit Modelljahr 2004 ist die Aktualisierung der CARB OBD II zu erfüllen, welche neben verschärften und zusätzlichen funktionalen Anforderungen auch die Überprüfung der Diagnosehäufigkeit ab Modelljahr 2005 im Alltag (In Use Monitor Performance Ratio, IUMPR) erfordert.

Ab Modelljahr 2007

Die letzte Überarbeitung gilt ab Modelljahr 2007. Neue Anforderungen für Ottomotoren sind im Wesentlichen die Diagnose zylinderindividueller Gemischvertrimmung (Air-Fuel-Imbalance), erweiterte Anforderungen an die Diagnose der Kaltstartstrategie sowie die permanente Fehlerspeicherung, die auch für Dieselsysteme gilt.

Ab Modelljahr 2014

Für diese erfolgt eine erneute Überarbeitung des Gesetzes (Biennial Review) durch den Gesetzgeber. Es gibt generell auch konkrete Überlegungen, die OBD-Anforderungen hinsichtlich der Erkennung von CO_2-erhöhenden Fehlern zu erweitern. Zudem ist mit einer Präzisierung der Anforderungen für Hybrid-Fahrzeuge zu rechnen. Voraussichtlich tritt diese Erweiterung ab Modelljahr 2014 oder 2015 sukzessive in Kraft.

EPA-OBD

In den übrigen US-Bundesstaaten, welche die kalifornische OBD-Gesetzgebung nicht anwenden, gelten seit 1994 die Gesetze der Bundesbehörde EPA (Environmental Protection Agency). Der Umfang dieser Diagnose entspricht im Wesentlichen der CARB-Gesetzgebung (OBD II). Ein CARB-Zertifikat wird von der EPA anerkannt.

EOBD

Die auf europäische Verhältnisse angepasste OBD wird als EOBD (europäische OBD) bezeichnet und lehnt sich an die EPA-OBD an. Die EOBD gilt seit Januar 2000 für Pkw und leichte Nfz (bis zu 3,5 t und bis zu 9 Sitzplätzen) mit Ottomotoren. Neue Anforderungen an die EOBD für Otto- und Diesel-Pkw wurden im Rahmen der Emissions- und OBD-Gesetzgebung Euro 5/6 verabschiedet (OBD-Stufen: Euro 5 ab September 2009; Euro 5+ ab September 2011, Euro 6-1 ab September 2014 und Euro 6-2 ab September 2017).

Eine generelle neue Anforderung für Otto- und Diesel-Pkw ist die Überprüfung der Diagnosehäufigkeit im Alltag (In-Use-Performance-Ratio) in Anlehnung an die CARB-OBD-Gesetzgebung (IUMPR) ab Euro 5+ (September 2011). Für Ottomotoren erfolgte mit der Einführung von Euro 5 ab September 2009 primär die Absenkung der OBD-Grenzwerte. Zudem wurde neben einem Partikelmassen-OBD-Grenzwert (nur für direkteinspritzende Motoren) auch ein NMHC-OBD-Grenzwert (Kohlenwasserstoffe außer Methan, anstelle des bisherigen HC) eingeführt. Direkte funktionale OBD-Anforderungen resultieren in der Überwachung des Dreiwegekatalysators auf NMHC. Ab September 2011 gilt die Stufe Euro 5+ mit unveränderten OBD-Grenzwerten gegenüber Euro 5. Wesentliche funktionale Anforderungen an die EOBD sind die zusätzliche Überwachung des Dreiwegekatalysators auf NO_x. Mit Euro 6-1 ab September 2014 und Euro 6-2 ab September 2017 ist eine weitere zweistufige Reduzierung einiger OBD-Grenzwerte beschlossen worden (siehe Tabelle 1), wobei für Euro 6-2 noch eine Revision der Werte bis September 2014 möglich ist.

Andere Länder
Einige andere Länder haben die EU- oder die US-OBD-Gesetzgebung bereits übernommen oder planen deren Einführung (z. B. China, Russland, Südkorea, Indien, Brasilien, Australien).

Anforderungen an das OBD-System
Alle Systeme und Komponenten im Kraftfahrzeug, deren Ausfall zu einer Verschlechterung der im Gesetz festgelegten Abgas-

prüfwerte führt, müssen vom Motorsteuergerät durch geeignete Maßnahmen überwacht werden. Führt ein vorliegender Fehler zum Überschreiten der OBD-Grenzwerte, so muss dem Fahrer das Fehlverhalten über die Motorkontrollleuchte angezeigt werden.

Grenzwerte
Die US-OBD II (CARB und EPA) sieht OBD-Schwellen vor, die relativ zu den Emissionsgrenzwerten definiert sind. Damit ergeben sich für die verschiedenen Abgaskategorien, nach denen die Fahrzeuge zertifiziert sind (z. B. LEV, ULEV, SULEV, etc.), unterschiedliche zulässige OBD-Grenzwerte. Bei der für die europäische Gesetzgebung geltenden EOBD sind absolute Grenzwerte verbindlich (Tabelle 1).

Anforderungen an die Funktionalität
Bei der On-Board-Diagnose müssen alle Eingangs- und Ausgangssignale des Steuergeräts sowie die Komponenten selbst überwacht werden. Die Gesetzgebung fordert die elektrische Überwachung (Kurzschluss, Leitungsunterbrechung) sowie eine Plausibilitätsprüfung für Sensoren und eine Funktionsüberwachung für Aktoren. Die Schadstoffkonzentration, die durch den Ausfall einer Komponente zu erwarten ist (kann im Abgaszyklus gemessen werden), sowie die teilweise im

Tabelle 1
OBD-Grenzwerte für Otto-Pkw
NMHC Kohlenwasserstoffe außer Methan,
PM   Partikelmasse,
CO   Kohlenmonoxid,
NO_x Stickoxide.

Die Grenzwerte für EU 5 gelten ab September 2009, für EU 6-1 ab September 2014 und für EU 6-2 ab September 2017. Bei EU 6-2 handelt es sich um einen EU-Kommissionsvorschlag. Die endgültige Festlegung erfolgte September 2014. Der Grenzwert bezüglich Partikelmasse ab EU 5 gilt nur für Direkteinspritzung.

OBD-Gesetz	OBD-Grenzwerte		
CARB	– Relative Grenzwerte – Meist 1,5-facher Grenzwert der jeweiligen Abgaskategorie		
EPA (US-Federal)	– Relative Grenzwerte – Meist 1,5-facher Grenzwert der jeweiligen Abgaskategorie		
EOBD	– Absolute Grenzwerte		
	EU 5	EU 6-1	EU 6-2
	CO: 1 900 mg/km	CO: 1 900 mg/km	CO: 1 900 mg/km
	NMHC: 250 mg/km	NMHC: 170 mg/km	NMHC: 170 mg/km
	NO_x: 300 mg/km	NO_x: 150 mg/km	NO_x: 90 mg/km
	PM: 50 mg/km	PM: 25 mg/km	PM: 12 mg/km

Gesetz geforderte Art der Überwachung bestimmt auch die Art der Diagnose. Ein einfacher Funktionstest (Schwarz-Weiß-Prüfung) prüft nur die Funktionsfähigkeit des Systems oder der Komponenten, z. B. ob die Drallklappe öffnet und schließt. Die umfangreiche Funktionsprüfung macht eine genauere Aussage über die Funktionsfähigkeit des Systems und bestimmt gegebenenfalls auch den quantitativen Einfluss der defekten Komponente auf die Emissionen. So muss bei der Überwachung der adaptiven Einspritzfunktionen (z. B. Nullmengenkalibrierung beim Dieselmotor oder λ-Adaption beim Ottomotor) die Grenze der Adaption überwacht werden. Die Komplexität der Diagnosen hat mit der Entwicklung der Abgasgesetzgebung ständig zugenommen.

Motorkontrollleuchte

Die Motorkontrollleuchte weist den Fahrer auf das fehlerhafte Verhalten einer Komponente hin. Bei einem erkannten Fehler wird sie im Geltungsbereich von CARB und EPA im zweiten Fahrzyklus mit diesem Fehler eingeschaltet. Im Geltungsbereich der EOBD muss sie spätestens im dritten Fahrzyklus mit erkanntem Fehler eingeschaltet werden. Verschwindet ein Fehler wieder (z. B. ein Wackelkontakt), so bleibt der Fehler im Fehlerspeicher noch 40 Fahrten (Warm up Cycles) eingetragen. Die Motorkontrollleuchte wird nach drei fehlerfreien Fahrzyklen wieder ausgeschaltet. Bei Fehlern, die beim Ottomotor zu einer Schädigung des Katalysators führen können (z. B. Verbrennungsaussetzer), blinkt die Motorkontrollleuchte.

Kommunikation mit dem Scan-Tool

Die OBD-Gesetzgebung schreibt eine Standardisierung der Fehlerspeicherinformation und des Zugriffs darauf (Stecker, Kommunikationsschnittstelle) nach der ISO-15031-

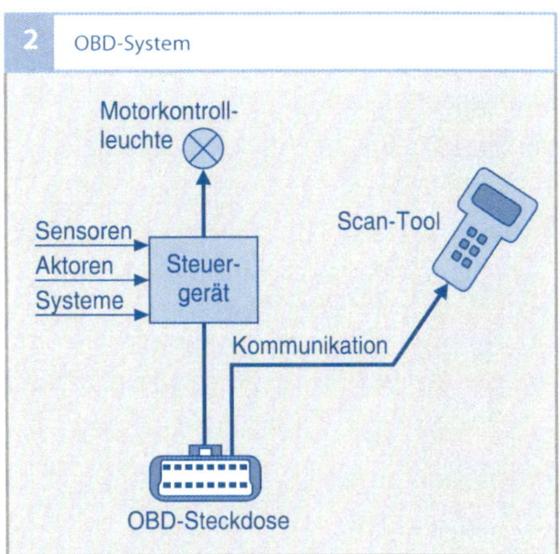

Norm und den entsprechenden SAE-Normen vor. Dies ermöglicht das Auslesen des Fehlerspeichers über genormte, frei käufliche Tester (Scan-Tools, **Bild 2**). Ab 2008 ist nach der CARB-Gesetzgebung und ab 2014 nach der EU-Gesetzgebung nur noch die Diagnose über CAN (nach der ISO-15765) erlaubt.

Fahrzeugreparatur

Mit Hilfe des Scan-Tools können die emissionsrelevanten Fehlerinformationen von jeder Werkstatt aus dem Steuergerät ausgelesen werden. So werden auch herstellerunabhängige Werkstätten in die Lage versetzt, eine Reparatur durchzuführen. Zur Sicherstellung einer fachgerechten Reparatur werden die Hersteller verpflichtet, notwendige Werkzeuge und Informationen gegen eine angemessene Bezahlung zur Verfügung zu stellen (z. B. Reparaturanleitungen im Internet).

Einschaltbedingungen

Die Diagnosefunktionen werden nur dann abgearbeitet, wenn die physikalischen Einschaltbedingungen erfüllt sind. Hierzu gehören z. B. Drehmomentschwellen, Motortemperaturschwellen und Drehzahlschwellen oder -grenzen.

Sperrbedingungen

Diagnosefunktionen und Motorfunktionen können nicht immer gleichzeitig arbeiten. Es gibt Sperrbedingungen, die die Durchführung bestimmter Funktionen unterbinden. Beispielsweise kann die Tankentlüftung (mit Kraftstoffverdunstungs-Rückhaltesystem) des Ottomotors nicht arbeiten, wenn die Katalysatordiagnose in Betrieb ist. Beim Dieselmotor kann der Luftmassenmesser nur dann hinreichend überwacht werden, wenn das Abgasrückführventil geschlossen ist.

Temporäres Abschalten von Diagnosefunktionen

Um Fehldiagnosen zu vermeiden, dürfen die Diagnosefunktionen unter bestimmten Voraussetzungen abgeschaltet werden. Beispiele hierfür sind große Höhe, niedrige Umgebungstemperatur bei Motorstart oder niedrige Batteriespannung.

Readiness-Code

Für die Überprüfung des Fehlerspeichers ist es von Bedeutung, zu wissen, dass die Diagnosefunktionen wenigstens ein Mal abgearbeitet wurden. Das kann durch Auslesen der Readiness-Codes (Bereitschaftscodes) über die Diagnoseschnittstelle überprüft werden. Diese Readiness-Codes werden für die wichtigsten überwachten Komponenten gesetzt, wenn die entsprechenden gesetzesrelevanten Diagnosen abgeschlossen sind.

Diagnose-System-Manager

Die Diagnosefunktionen für alle zu überprüfenden Komponenten und Systeme müssen im Fahrbetrieb, jedoch mindestens einmal im Abgas-Testzyklus (z. B. FTP 75, NEFZ) durchlaufen werden. Der Diagnose-System-Manager (DSM) kann die Reihenfolge für die Abarbeitung der Diagnosefunktionen je nach Fahrzustand dynamisch verändern. Ziel dabei ist, dass alle Diagnosefunktionen auch im täglichen Fahrbetrieb häufig ablaufen.

Der Diagnose-System Manager besteht aus den Komponenten Diagnose-Fehlerpfad-Management zur Speicherung von Fehlerzuständen und zugehörigen Umweltbedingungen (Freeze Frames), Diagnose-Funktions-Scheduler zur Koordination der Motor- und Diagnosefunktionen und dem Diagnose-Validator zur zentralen Entscheidung bei erkannten Fehlern über ursächlichen Fehler oder Folgefehler. Alternativ zum Diagnose-Validator gibt es auch Systeme mit dezentraler Validierung, d. h., die Validierung erfolgt in der Diagnosefunktion.

Rückruf

Erfüllen Fahrzeuge die gesetzlichen OBD-Forderungen nicht, kann der Gesetzgeber auf Kosten der Fahrzeughersteller Rückrufaktionen anordnen.

OBD-Funktionen

Übersicht

Während die EOBD nur bei einzelnen Komponenten die Überwachung im Detail vorschreibt, sind die spezifischen Anforderungen bei der CARB-OBD II wesentlich detaillierter. Die folgende Liste stellt den derzeitigen Stand der CARB-Anforderungen (ab Modelljahr 2010) für Pkw-Ottofahrzeuge dar. Mit (E) sind die Anforderungen markiert, die auch in der EOBD-Gesetzgebung detaillierter beschrieben sind:

- Katalysator (E), beheizter Katalysator,
- Verbrennungsaussetzer (E),
- Kraftstoffverdunstungs-Minderungssystem (Tankleckdiagnose, bei (E) zumindest die elektrische Prüfung des Tankentlüftungsventils),
- Sekundärlufteinblasung,
- Kraftstoffsystem,

- Abgassensoren (λ-Sonden (E), NO_x-Sensoren (E), Partikelsensor),
- Abgasrückführsystem (E),
- Kurbelgehäuseentlüftung,
- Motorkühlsystem,
- Kaltstartemissionsminderungssystem,
- Klimaanlage (bei Einfluss auf Emissionen oder OBD),
- variabler Ventiltrieb (derzeit nur bei Ottomotoren im Einsatz),
- direktes Ozonminderungssystem,
- sonstige emissionsrelevante Komponenten und Systeme (E), Comprehensive Components
- IUMPR (In-Use-Monitor-Performance-Ratio) zur Prüfung der Durchlaufhäufigkeit von Diagnosefunktionen im Alltag (E).

Sonstige emissionsrelevante Komponenten und Systeme sind die in dieser Aufzählung nicht genannten Komponenten und Systeme, deren Ausfall zur Erhöhung der Abgasemissionen (CARB OBD II), zur Überschreitung der OBD-Grenzwerte (CARB OBD II und EOBD) oder zur negativen Beeinflussung des Diagnosesystems (z. B. durch Sperrung anderer Diagnosefunktionen) führen kann. Bei der Durchlaufhäufigkeit von Diagnosefunktionen müssen Mindestwerte eingehalten werden.

Katalysatordiagnose

Der Dreiwegekatalysator hat die Aufgabe, die bei der Verbrennung des Luft-Kraftstoff-Gemischs entstehenden Schadstoffe CO, NO_x und HC zu konvertieren. Durch Alterung oder Schädigung (thermisch oder durch Vergiftung) nimmt die Konvertierungsleistung ab. Deshalb muss die Katalysatorwirkung überwacht werden.

Ein Maß für die Konvertierungsleistung des Katalysators ist seine Sauerstoff-Speicherfähigkeit (Oxygen Storage Capacity).

Bislang konnte bei allen Beschichtungen von Dreiwegekatalysatoren (Trägerschicht „Wash-Coat" mit Ceroxiden als sauerstoffspeichernde Komponenten und Edelmetallen als eigentlichem Katalysatormaterial) eine Korrelation dieser Speicherfähigkeit zur Konvertierungsleistung nachgewiesen werden.

Die primäre Gemischregelung erfolgt mithilfe einer λ-Sonde vor dem Katalysator nach dem Motor. Bei heutigen Motorkonzepten ist eine weitere λ-Sonde hinter dem Katalysator angebracht, die zum einen der Nachregelung der primären λ-Sonde dient, zum anderen für die OBD genutzt wird. Das Grundprinzip der Katalysatordiagnose ist dabei der Vergleich der Sondensignale vor und hinter dem betrachteten Katalysator.

Diagnose von Katalysatoren mit geringer Sauerstoff-Speicherfähigkeit
Die Diagnose von Katalysatoren mit geringer Sauerstoff-Speicherfähigkeit erfolgt vorwiegend mit dem „passiven Amplituden-Modellierungs-Verfahren" (siehe Bild 3). Das Diagnoseverfahren beruht auf der Bewertung der Sauerstoffspeicherfähigkeit des Katalysators. Der Sollwert der λ-Regelung wird mit definierter Frequenz und Amplitude moduliert. Es wird die Sauerstoffmenge berechnet, die durch mageres ($\lambda > 1$) oder fettes Gemisch ($\lambda < 1$) in den Sauerstoffspeicher eines Katalysators aufgenommen oder diesem entnommen wird. Die Amplitude der λ-Sonde hinter dem Katalysator ist stark abhängig von der Sauerstoff-Wechselbelastung (abwechselnd Mangel und Überschuss) des Katalysators. Angewandt wird diese Berechnung auf den Sauerstoffspeicher (OSC, Oxygen Storage Component) des Grenzkatalysators. Die Änderung der Sauerstoffkonzentration im Abgas hinter dem Katalysator wird modelliert. Dem liegt die Annahme zugrunde, dass der den Katalysator

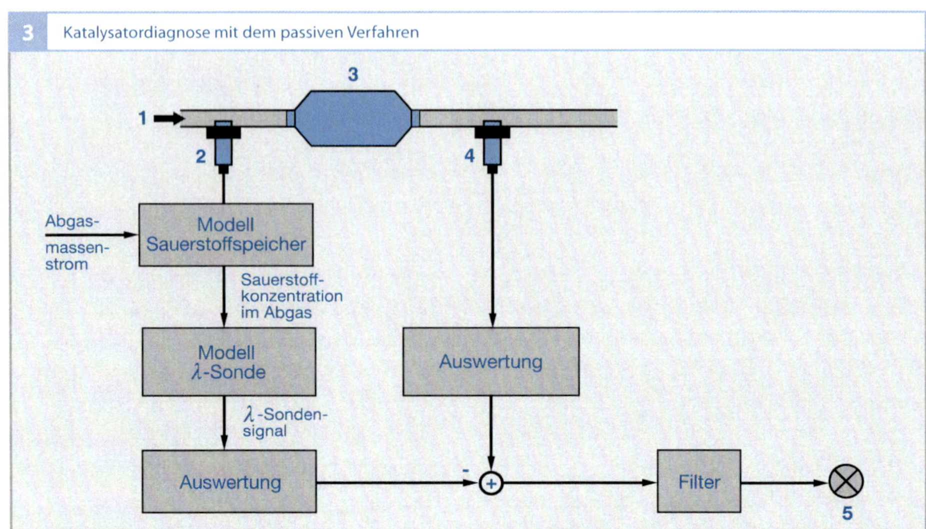

verlassenden Sauerstoff proportional zum Füllstand des Sauerstoffspeichers ist.

Durch diese Berechnung ist es möglich, das aufgrund der Änderung der Sauerstoffkonzentration resultierende Sondensignal nachzubilden. Die Schwankungshöhe dieses nachgebildeten Sondensignals wird nun mit der Schwankungshöhe des tatsächlichen Sondensignals verglichen. Solange das gemessene Sondensignal eine geringere Schwankungshöhe aufweist als das nachgebildete, besitzt der Katalysator eine höhere Sauerstoffspeicherfähigkeit als der nachgebildete Grenzkatalysator. Übersteigt die Schwankungshöhe des gemessenen Sondensignals diejenige des nachgebildeten Grenzkatalysators, so ist der Katalysator als defekt anzuzeigen.

Diagnose von Katalysatoren mit hoher Sauerstoff-Speicherfähigkeit
Zur Diagnose von Katalysatoren mit hoher Sauerstoffspeicherfähigkeit wird vorwiegend das „aktive Verfahren" bevorzugt (siehe Bild 4). Infolge der hohen Sauerstoffspeicherfähigkeit wird die Modulation des Re-

gelsollwerts auch bei geschädigtem Katalysator noch sehr stark gedämpft. Deshalb ist die Änderung der Sauerstoffkonzentration hinter dem Katalysator für eine passive Auswertung, wie bei dem zuvor beschriebenen passiven Verfahren, zu gering, sodass ein Diagnoseverfahren mit einem aktiven Eingriff in die λ-Regelung erforderlich ist.

Die Katalysator-Diagnose beruht auf der direkten Messung der Sauerstoff-Speicherung beim Übergang von fettem zu magerem Gemisch. Vor dem Katalysator ist eine stetige Breitband-λ-Sonde eingebaut, die den Sauerstoffgehalt im Abgas misst. Hinter dem Katalysator befindet sich eine Zweipunkt-λ-Sonde, die den Zustand des Sauerstoffspeichers detektiert. Die Messung wird in einem stationären Betriebspunkt im unteren Teillastbereich durchgeführt.

In einem ersten Schritt wird der Sauerstoffspeicher durch fettes Abgas ($\lambda < 1$) vollständig entleert. Das Sondensignal der hinteren Sonde zeigt dies durch eine entsprechend hohe Spannung (ca. 650 mV) an. Im nächsten Schritt wird auf mageres Abgas ($\lambda > 1$) umgeschaltet und die eingetragene

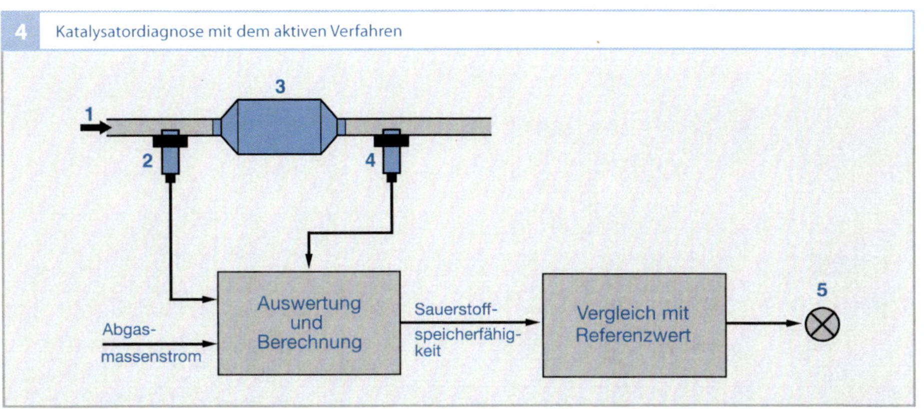

Sauerstoffmasse bis zum Überlauf des Sauerstoffspeichers mithilfe des Luftmassenstroms und des Signals der Breitband-λ-Sonde vor dem Katalysator berechnet. Der Überlauf ist durch das Absinken der Sondenspannung hinter dem Katalysator auf Werte unter 200 mV gekennzeichnet. Der berechnete Integralwert der Sauerstoffmasse gibt die Sauerstoffspeicherfähigkeit an. Dieser Wert muss einen Referenzwert überschreiten, sonst wird der Katalysator als defekt eingestuft.

Prinzipiell wäre die Auswertung auch mit der Messung der Regeneration des Sauerstoff-Speichers bei einem Übergang vom mageren zum fetten Betrieb möglich. Mit der Messung der Sauerstoff-Einspeicherung beim Fett-Mager-Übergang ergibt sich aber eine geringere Temperaturabhängigkeit und eine geringere Abhängigkeit von der Verschwefelung, sodass mit dieser Methode eine genauere Bestimmung der Sauerstoff-Speicherfähigkeit möglich ist.

Diagnose von NO$_x$-Speicherkatalysatoren
Neben der Funktion als Dreiwegekatalysator hat der für die Benzin-Direkteinspritzung erforderliche NO$_x$-Speicherkatalysator die Aufgabe, die im Magerbetrieb (bei $\lambda > 1$) nicht konvertierbaren Stickoxide zwischen-

zuspeichern, um sie später bei einem homogen verteilten Luft-Kraftstoff-Gemisch mit $\lambda < 1$ zu konvertieren. Die NO$_x$-Speicherfähigkeit dieses Katalysators – gekennzeichnet durch den Katalysator-Gütefaktor – nimmt durch Alterung und Vergiftung (z. B. Schwefeleinlagerung) ab. Deshalb ist eine Überwachung der Funktionsfähigkeit erforderlich. Hierfür können je eine λ-Sonde vor und hinter dem Katalysator verwendet werden. Zur Bestimmung des Katalysator-Gütefaktors wird der tatsächliche NO$_x$-Speicherinhalt mit dem Erwartungswert des NO$_x$-Speicherinhalts für einen neuen NO$_x$-Katalysator (aus einem Neukatalysator-Modell) verglichen. Der tatsächliche NO$_x$-Speicherinhalt entspricht dem gemessenen Reduktionsmittelverbrauch (HC und CO) während der Regenerierung des Katalysators. Die Menge an Reduktionsmitteln wird durch Integration des Reduktionsmittel-Massenstroms während der Regenerierphase bei $\lambda < 1$ ermittelt. Das Ende der Regenerierungsphase wird durch einen Spannungssprung der λ-Sonde hinter dem Katalysator erkannt. Alternativ kann über einen NO$_x$-Sensor der tatsächliche NO$_x$-Speicherinhalt bestimmt werden.

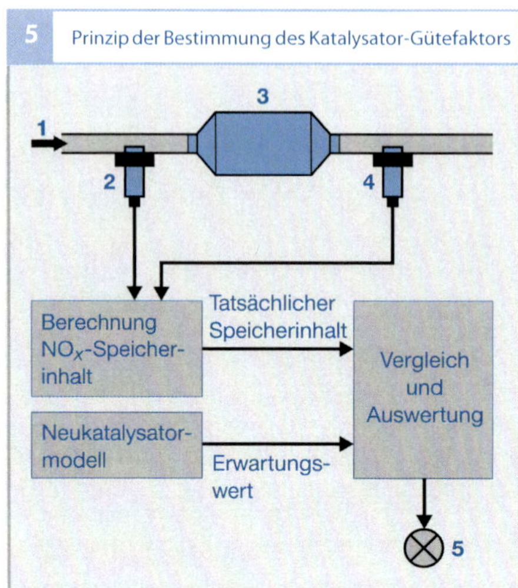

Bild 5
1   Abgasmassenstrom vom Motor
2   Breitband-λ-Sonde
3   NOx-Speicherkataly-sators
4   Zweipunkt-λ-Sonde oder NOx-Sensor
5   Motorkontroll-leuchte

Verbrennungsaussetzererkennung

Der Gesetzgeber fordert die Erkennung von Verbrennungsaussetzern, die z. B. durch abgenutzte Zündkerzen auftreten können. Ein Zündaussetzer verhindert das Entflammen des Luft-Kraftstoff-Gemischs im Motor, es kommt zu einem Verbrennungsaussetzer, und unverbranntes Gemisch wird in den Abgastrakt ausgestoßen. Die Aussetzer verursachen daher eine Nachverbrennung des unverbrannten Gemischs im Katalysator und führen dadurch zu einem Temperaturanstieg. Dies kann eine schnellere Alterung oder sogar eine völlige Zerstörung des Katalysators zur Folge haben. Weiterhin führen Zündaussetzer zu einer Erhöhung der Abgasemissionen, insbesondere von HC und CO, sodass eine Überwachung auf Zündaussetzer notwendig ist.

Die Aussetzererkennung wertet für jeden Zylinder die von einer Verbrennung bis zur nächsten verstrichene Zeit – die Segmentzeit – aus. Diese Zeit wird aus dem Signal des Drehzahlsensors abgeleitet. Gemessen wird die Zeit, die verstreicht, wenn sich das Kurbelwellen-Geberrad eine bestimmte Anzahl von Zähnen weiterdreht. Bei einem Verbren-

nungsaussetzer fehlt dem Motor das durch die Verbrennung erzeugte Drehmoment, was zu einer Verlangsamung führt. Eine signifikante Verlängerung der daraus resultierenden Segmentzeit deutet auf einen Zündaussetzer hin (**Bild 6**). Bei hohen Drehzahlen und niedriger Motorlast beträgt die Verlängerung der Segmentzeit durch Aussetzer nur etwa 0,2 %. Deshalb ist eine genaue Überwachung der Drehbewegung und ein aufwendiges Rechenverfahren notwendig, um Verbrennungsaussetzer von Störgrößen (z. B. Erschütterungen aufgrund einer schlechten Fahrbahn) unterscheiden zu können. Die Geberradadaption kompensiert Abweichungen, die auf Fertigungstoleranzen am Geberrad zurückzuführen sind. Diese Funktion ist im Teillast-Bereich und Schubbetrieb aktiv, da in diesem Betriebszustand nur ein geringes oder kein beschleunigendes Drehmoment aufgebaut wird. Die Geberradadaption liefert Korrekturwerte für die Segmentzeiten. Bei unzulässig hohen Aussetzerraten kann an dem betroffenen Zylinder die Einspritzung ausgeblendet werden, um den Katalysator zu schützen.

Tankleckdiagnose

Nicht nur die Abgasemissionen beeinträchtigen die Umwelt, sondern auch die aus dem Kraftstoff führenden System – insbesondere aus der Tankanlage – entweichenden Kraftstoffdämpfe (Verdunstungsemissionen), sodass auch hierfür Emissionsgrenzwerte gelten. Zur Begrenzung der Verdunstungsemissionen werden die Kraftstoffdämpfe im Aktivkohlebehälter des Kraftstoffverdunstungs-Rückhaltesystems (**Bild 7**) bei geschlossenem Absperrventil (4) gespeichert und später wieder über das Tankentlüftungsventil und das Saugrohr der Verbrennung im Motor zugeführt. Das Regenerieren des Aktivkohlebehälters erfolgt durch Luftzufuhr bei geöffnetem Absperrventil (4) und bei ge-

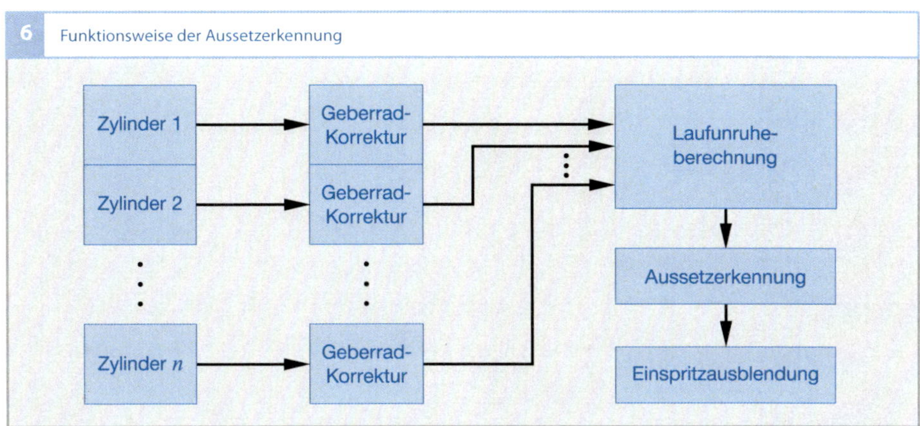

öffnetem Tankentlüftungsventil (2). Im normalen Motorbetrieb (d. h. keine Regenerierung oder Diagnose) bleibt das Absperrventil geschlossen, um ein Ausgasen der Kraftstoffdämpfe aus dem Tank in die Umwelt zu verhindern. Die Überwachung des Tanksystems gehört zum Diagnoseumfang.

Für den europäischen Markt beschränkt sich der Gesetzgeber zunächst auf eine einfache Überprüfung des elektrischen Schaltkreises des Tankdrucksensors und des Tankentlüftungsventils. In den USA wird hingegen das Erkennen von Lecks im Kraftstoffsystem gefordert. Hierfür gibt es die folgenden zwei unterschiedlichen Diagnoseverfahren, mit welchen ein Grobleck bis zu 1,0 mm Durchmesser und ein Feinleck bis zu 0,5 mm Durchmesser erkannt werden kann. Die folgenden Ausführungen beschreiben die prinzipielle Funktionsweise der Leckerkennung ohne die Einzelheiten bei der Realisierung.

Diagnoseverfahren mit Unterdruckabbau
Bei stehendem Fahrzeug wird im Leerlauf das Tankentlüftungsventil (Bild 7, Pos. 2) geschlossen. Daraufhin wird im Tanksystem, infolge der durch das offene Absperrventil (4) hereinströmenden Luft, der Unterdruck verringert, d. h., der Druck im Tanksystem

steigt. Wenn der Druck, der mit dem Drucksensor (6) gemessen wird, in einer bestimmten Zeit nicht den Umgebungsdruck erreicht, wird auf ein fehlerhaftes Absperrventil geschlossen, da sich dieses nicht genügend oder gar nicht geöffnet hat.

Liegt kein Defekt am Absperrventil vor, wird dieses geschlossen. Durch Ausgasung (Kraftstoffverdunstung) kann nun ein Druckanstieg erfolgen. Der sich einstellende Druck darf einen bestimmten Bereich weder überüber- noch unterschreiten. Liegt der gemessene Druck unterhalb des vorgeschriebenen Bereichs, so liegt eine Fehlfunktion im Tankentlüftungsventil vor. Das heißt, die Ursache für den zu niedrigen Druck ist ein

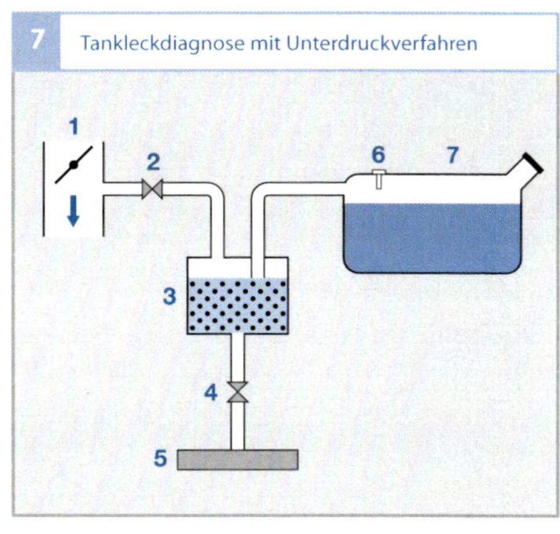

Bild 7
1 Saugrohr mit Drosselklappe
2 Tankentlüftungsventil (Regenerierventil)
3 Aktivkohlebehälter
4 Absperrventil
5 Luftfilter
6 Tankdrucksensor
7 Kraftstoffbehälter

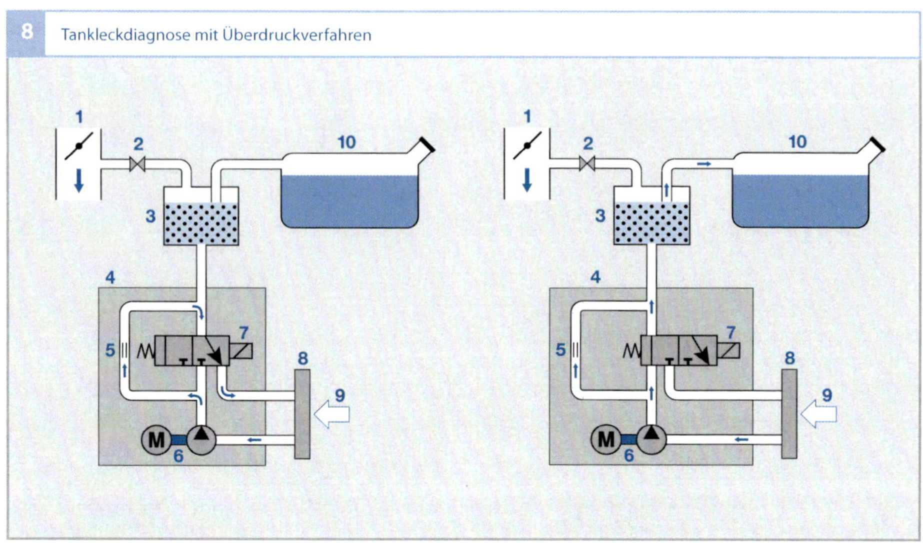

undichtes Tankentlüftungsventil, sodass durch den Unterdruck im Saugrohr Dampf aus dem Tanksystem gesaugt wird. Liegt der gemessene Druck oberhalb des vorgeschriebenen Bereichs, so verdampft zu viel Kraftstoff (z. B. wegen zu hoher Umgebungstemperatur), um eine Diagnose durchführen zu können. Ist der durch die Ausgasung entstehende Druck im erlaubten Bereich, so wird dieser Druckanstieg als Kompensationsgradient für die Feinleckdiagnose gespeichert. Erst nach der Prüfung von Absperr- und Tankentlüftungsventil kann die Tankleckdiagnose fortgesetzt werden.

Zunächst wird eine Grobleckerkennung durchgeführt. Im Leerlauf des Motors wird das Tankentlüftungsventil (**Bild 7**, Pos. 2) geöffnet, wobei sich der Unterdruck des Saugrohrs (1) im Tanksystem „fortsetzt". Nimmt der Tankdrucksensor (6) eine zu geringe Druckänderung auf, da Luft durch ein Leck wieder nachströmt und so den induzierten Druckabfall wieder ausgleicht, wird ein Fehler durch ein Grobleck erkannt und die Diagnose abgebrochen.

Die Feinleckdiagnose kann beginnen, sobald kein Grobleck erkannt wurde. Hierzu wird das Tankentlüftungsventil (2) wieder geschlossen. Der Druck sollte anschließend nur um die zuvor gespeicherte Ausgasung (Kompensationsgradient) ansteigen, da das Absperrventil (4) immer noch geschlossen ist. Steigt der Druck jedoch stärker an, so muss ein Feinleck vorhanden sein, durch welches Luft einströmen kann.

Überdruckverfahren

Bei erfüllten Diagnose-Einschaltbedingungen und nach abgeschalteter Zündung wird im Steuergerätenachlauf das Überdruckverfahren gestartet. Bei der Referenzleck-Strommessung pumpt die im Diagnosemodul (**Bild 8a**, Pos. 4) integrierte elektrisch angetriebene Flügelzellenpumpe (6) Luft durch ein „Referenzleck" (5) von 0,5 mm Durchmesser. Durch den an dieser Verengung entstehenden Staudruck steigt die Belastung der Pumpe, was zu einer Drehzahlverminderung und einer Stromerhöhung führt. Der sich bei dieser Referenzmessung einstellende Strom (**Bild 9**) wird gemessen und gespeichert.

Anschließend (Bild 8b) pumpt die Pumpe nach Umschalten des Magnetventils (7) Luft in den Kraftstoffbehälter. Ist der Tank dicht, so baut sich ein Druck und somit ein Pumpenstrom auf (Bild 9), der über dem Referenzstrom liegt (3). Im Fall eines Feinlecks erreicht der Pumpstrom den Referenzstrom, dieser wird allerdings nicht überschritten (2). Wird der Referenzstrom auch nach längerem Pumpen nicht erreicht, so liegt ein Grobleck vor (1).

Diagnose des Sekundärluftsystems

Der Betrieb des Motors mit einem fetten Gemisch (bei $\lambda < 1$) – wie es z. B. bei niedrigen Temperaturen notwendig sein kann – führt zu hohen Kohlenwasserstoff- und Kohlenmonoxidkonzentrationen im Abgas. Diese Schadstoffe müssen im Abgastrakt nachoxidiert, d. h. nachverbrannt werden. Direkt nach den Auslassventilen befindet sich deshalb bei vielen Fahrzeugen eine Sekundärlufteinblasung, die den für die katalytische Nachverbrennung notwendigen Sauerstoff in das Abgas einbläst (Bild 10).

Bei Ausfall dieses Systems steigen die Abgasemissionen beim Kaltstart oder bei einem kalten Katalysator an. Deshalb ist eine Diagnose notwendig. Die Diagnose der Sekundärlufteinblasung ist eine funktionale Prüfung, bei der getestet wird, ob die Pumpe einwandfrei läuft oder ob Störungen in der Zuleitung zum Abgastrakt vorliegen. Neben der funktionalen Prüfung ist für den CARB-Markt die Erkennung einer reduzierten Einleitung von Sekundärluft (Flow-Check), die zu einem Überschreiten des OBD-Grenzwerts führt, erforderlich.

Die Sekundärluft wird direkt nach dem Motorstart und während der Katalysatoraufheizung eingeblasen. Die eingeblasene Sekundärluftmasse wird aus den Messwerten der λ-Sonde berechnet und mit einem Referenzwert verglichen. Weicht die berechnete

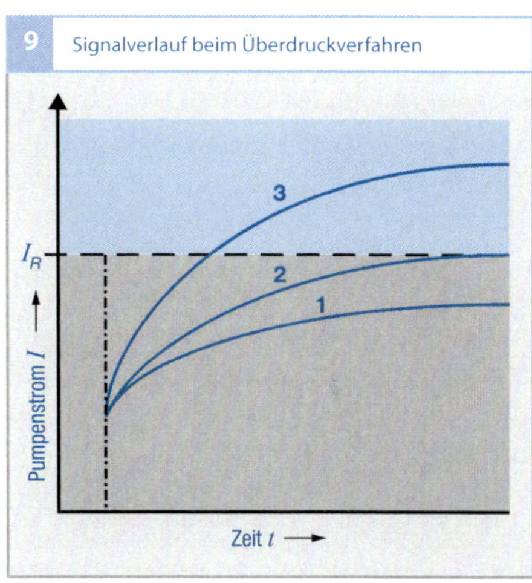

Bild 9
I_R Referenzstrom
1 Stromverlauf bei einem Leck über 0,5 mm Durchmesser
2 Stromverlauf bei einem Leck mit 0,5 mm Durchmesser
3 Stromverlauf bei dichtem Tank

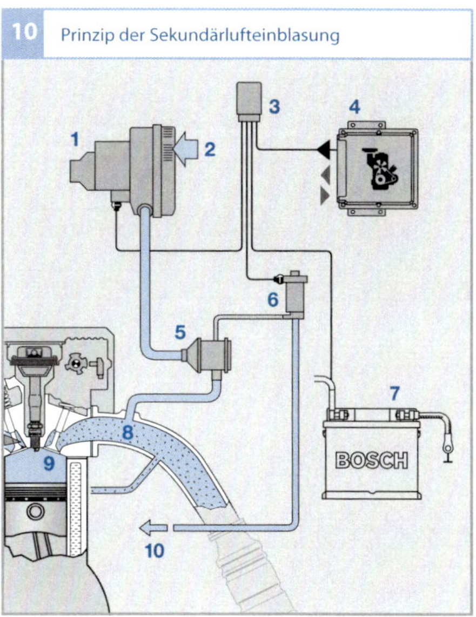

Bild 10
1 Sekundärluftpumpe
2 angesaugte Luft
3 Relais
4 Motorsteuergerät
5 Sekundärluftventil
6 Steuerventil
7 Batterie
8 Einleitstelle ins Abgasrohr
9 Auslassventil
10 zum Saugrohranschluss

Sekundärluftmasse vom Referenzwert ab, wird damit ein Fehler erkannt.

Für den CARB-Markt ist es aus gesetzlichen Gründen notwendig, die Diagnose während der regulären Sekundärluftzuschaltung durchzuführen. Da die Betriebsbereitschaft der λ-Sonde fahrzeugspezifisch zu unterschiedlichen Zeiten nach dem Motorstart erreicht wird, kann es sein, dass die Diagnoseablaufhäufigkeit (IUMPR) mit dem beschriebenen Diagnoseverfahren nicht erreicht wird und ein anderes Diagnoseverfahren verwendet werden muss. Das alternativ zum Einsatz kommende Verfahren beruht auf einem druckbasierten Ansatz. Das Verfahren benötigt einen Sekundärluft-Drucksensor, der direkt im Sekundärluftventil oder in der Rohrverbindung zwischen Sekundärluftpumpe und Sekundärluftventil verbaut ist. Gegenüber dem bisherigen direkten λ-Sonden-basierten Verfahren basiert das Diagnoseprinzip auf einer indirekten quantitativen Bestimmung des Sekundärluftmassenstroms aus dem Druck vor dem Sekundärluftventil.

Diagnose des Kraftstoffsystems

Fehler im Kraftstoffsystem (z. B. defektes Kraftstoffventil, Loch im Saugrohr) können eine optimale Gemischbildung verhindern. Deshalb wird eine Überwachung dieses Systems durch die OBD verlangt. Dazu werden u. a. die angesaugte Luftmasse (aus dem Signal des Luftmassenmessers), die Drosselklappenstellung, das Luft-Kraftstoff-Verhältnis (aus dem Signal der λ-Sonde vor dem Katalysator) sowie Informationen zum Betriebszustand im Steuergerät verarbeitet, und dann gemessene Werte mit den Modellrechnungen verglichen.

Ab Modelljahr 2011 wird zudem die Überwachung von Fehlern (z. B. Injektorfehler) gefordert, die zylinderindividuelle Gemischunterschiede hervorrufen. Das Diagnoseprinzip basiert auf einer Auswertung des Drehzahlsignals (Laufunruhesignals) und nutzt die Abhängigkeit der Laufunruhe vom Luftverhältnis aus. Zum Zweck der Diagnose wird sukzessive jeweils ein Zylinder abgemagert, während die verbleibenden Zylinder angefettet werden, so dass ein stöchiometrisches Luft-Kraftstoff-Verhältnis erhalten bleibt. Die Diagnose verarbeitet dabei

die erforderlichen Änderung der Kraftstoffmenge, um eine applizierte Laufunruhedifferenz zu erreichen. Diese Änderung ist ein Maß für die Vertrimmung eines Zylinders hinsichtlich des Luft-Kraftstoff-Verhältnisses.

Diagnose der λ-Sonden

Das λ-Sonden-System besteht in der Regel aus zwei Sonden (eine vor und eine hinter dem Katalysator) und dem λ-Regelkreis. Vor dem Katalysator befindet sich meist eine Breitband-λ-Sonde, die kontinuierlich den λ-Wert, d. h. das Luftverhältnis über den gesamten Bereich von fett nach mager, misst und als Spannungsverlauf ausgibt (Bild 11a). In Abhängigkeit von den Marktanforderungen kann auch eine Zweipunkt-λ-Sonde (Sprungsonde) vor dem Katalysator verwendet werden. Diese zeigt durch einen Spannungssprung (Bild 11b) an, ob ein mageres ($\lambda > 1$) oder ein fettes Gemisch ($\lambda < 1$) vorliegt.

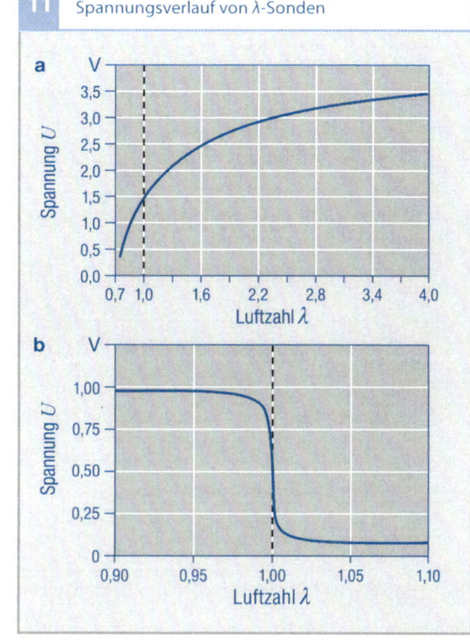

Bei heutigen Konzepten ist eine sekundäre λ-Sonde – meist eine Zweipunkt-Sonde – hinter dem Vor- oder dem Hauptkatalysator angebracht, die zum einen der Nachregelung der primären λ-Sonde dient, zum anderen für die OBD genutzt wird. Die λ-Sonden kontrollieren nicht nur das Luft-Kraftstoff-Gemisch im Abgas für die Motorsteuerung, sondern prüfen auch die Funktionsfähigkeit des Katalysators.

Mögliche Fehler der Sonden sind Unterbrechungen oder Kurzschlüsse im Stromkreis, Alterung der Sonde (thermisch, durch Vergiftung) – führt zu einer verringerten Dynamik des Sondensignals – oder verfälschte Werte durch eine kalte Sonde, wenn Betriebstemperatur nicht erreicht ist.

Primäre λ-Sonde
Die Sonde vor dem Katalysator wird als primäre λ-Sonde oder Upstream-Sonde bezeichnet. Sie wird bezüglich Plausibilität (von Innenwiderstand, Ausgangsspannung – das eigentliche Signal – und anderen Parametern) sowie Dynamik geprüft. Bezüglich der Dynamik wird die symmetrische und die asymmetrische Signalanstiegsgeschwindigkeit (Transition Time) und die Totzeit (Delay) jeweils beim Wechsel von „fett" zu „mager" und von „mager" zu „fett" (sechs Fehlerfälle, Six Patterns – gemäß CARB-OBD-II-Gesetzgebung) sowie die Periodendauer geprüft. Besitzt die Sonde eine Heizung, so muss auch diese in ihrer Funktion überprüft werden. Die Prüfungen erfolgen während der Fahrt bei relativ konstanten Betriebsbedingungen. Die Breitband-λ-Sonde benötigt andere Diagnoseverfahren als die Zweipunkt-λ-Sonde, da für sie auch von $\lambda = 1$ abweichende Vorgaben möglich sind.

Sekundäre λ-Sonde
Eine sekundäre λ-Sonde oder Downstream-Sonde ist u. a. für die Kontrolle des Katalysators zuständig. Sie überprüft die Konvertierung des Katalysators und gibt damit die für die Diagnose des Katalysators wichtigsten Werte ab. Man kann durch ihre Signale auch die Werte der primären λ-Sonde überprüfen. Darüber hinaus kann durch die sekundäre λ-Sonde die Langzeitstabilität der Emissionen sichergestellt werden. Mit Ausnahme der Periodendauer werden alle für die primären λ-Sonden genannten Eigenschaften und Parameter auch bei den sekundären λ-Sonden geprüft. Für die Erkennung von Dynamikfehlern ist die Diagnose der Signalanstiegsgeschwindigkeit und der Totzeit erforderlich.

Diagnose des Abgasrückführungssystems
Die Abgasrückführung (AGR) ist ein wirksames Mittel zur Absenkung der Stickoxidemission im Magerbetrieb. Durch Zumischen von Abgas zum Luft-Kraftstoff-Gemisch wird die Verbrennungs-Spitzentemperatur gesenkt und damit die Bildung von Stickoxiden reduziert. Die Funktionsfähigkeit des Abgasrückführungssystems muss deshalb überwacht werden. Hierzu kommen zwei alternative Verfahren zum Einsatz.

Zur Diagnose des AGR-Systems wird ein Vergleich zweier Bestimmungsmethoden für den AGR-Massenstrom herangezogen. Bei Methode 1 wird aus der Differenz zwischen zufließendem Frischluftmassenstrom über die Drosselklappe (gemessen über den Heißfilm-Luftmassenmesser) und dem abfließenden Massenstrom in die Zylinder (berechnet mit dem Saugrohrmodell und dem Signale des Saugrohrdrucksensors) der AGR-Massenstrom bestimmt. Bei Methode 2 wird über das Druckverhältnis und die Lagerückmeldung des AGR-Ventils der AGR-Massenstrom berechnet. Die Ergebnisse aus Methode 1 und Methode 2 werden kontinuierlich verglichen und ein Adaptionsfaktor gebildet. Der Adaptionsfaktor wird auf eine Über- oder Unterschreitung eines Bereichs überwacht und schließlich wird das Diagnoseergebnis gebildet.

Eine weitere Diagnose des AGR-Systems ist die Schubdiagnose, wobei im Schubbetrieb das AGR-Ventil gezielt geöffnet und der sich einstellende Saugrohrdruck beobachtet wird. Mit einem modellierten AGR-Massenstrom wird ein modellierter Saugrohrdruck ermittelt und dieser mit dem gemessenen Saugrohrdruck verglichen. Über diesen Vergleich kann das AGR-System bewertet werden.

Diagnose der Kurbelgehäuseentlüftung

Das so genannte „Blow-by-Gas", welches durch Leckageströme zwischen Kolben, Kolbenringen und Zylinder in das Kurbelgehäuse einströmt, muss aus dem Kurbelgehäuse abgeführt werden. Dies ist die Aufgabe der Kurbelgehäuseentlüftung (PCV, Positive Crankcase Ventilation). Die mit Abgasen angereicherte Luft wird in einem Zyklonabscheider von Ruß gereinigt und über ein PCV-Ventil in das Saugrohr geleitet, sodass die Kohlenwasserstoffe wieder der Verbrennung zugeführt werden. Die Diagnose muss Fehler infolge von Schlauchabfall zwischen dem Kurbelgehäuse und dem PCV-Ventil oder zwischen dem PCV-Ventil und dem Saugrohr erkennen.

Ein mögliches Diagnoseprinzip beruht auf der Messung der Leerlaufdrehzahl, die bei Öffnung des PCV-Ventils ein bestimmtes Verhalten zeigen sollte, das mit einem Modell gerechnet wird. Bei einer zu großen Abweichung der beobachteten Leerlaufdrehzahländerung vom modellierten Verhalten wird auf ein Leck geschlossen. Auf Antrag bei der Behörde kann auf eine Diagnose verzichtet werden, wenn der Nachweis erbracht

wird, dass ein Schlauchabfall durch geeignete konstruktive Maßnahmen ausgeschlossen werden kann.

Diagnose des Motorkühlungssystems

Das Motorkühlsystem besteht aus einem kleinen und einem großen Kreislauf, die durch ein Thermostatventil verbunden sind. Der kleine Kreislauf wird in der Startphase zur schnellen Aufheizung des Motors verwendet und durch Schließen des Thermostatventils geschaltet. Bei einem defekten oder offen festsitzenden Thermostaten wird der Kühlmitteltemperaturanstieg verzögert – besonders bei niedrigen Umgebungstemperaturen – und führt zu erhöhten Emissionen. Die Thermostatüberwachung soll daher eine Verzögerung in der Aufwärmung der Motorkühlflüssigkeit detektieren. Dazu wird zuerst der Temperatursensor des Systems und darauf basierend das Thermostatventil getestet.

Diagnose zur Überwachung der Aufheizmaßnahmen

Um eine hohe Konvertierungsrate zu erreichen, benötigt der Katalysator eine Betriebstemperatur von 400...800 °C. Noch höhere Temperaturen können allerdings seine Beschichtung zerstören. Ein Katalysator mit optimaler Betriebstemperatur reduziert die Motorabgasemissionen um mehr als 99 %. Bei niedrigeren Temperaturen sinkt der Wirkungsgrad, sodass ein kalter Katalysator fast keine Konvertierung zeigt. Zur Einhaltung der Abgasemissionsvorschriften ist darum eine schnelle Aufwärmung des Katalysators mittels einer speziellen Katalysatorheizstrategie notwendig. Bei einer Katalysatortemperatur von 200...250 °C (Light-Off-Temperatur, ungefähr 50 % Konvertierungsgrad) wird diese Aufwärmphase beendet. Der Katalysator wird jetzt durch die exothermen Konvertierungsreaktionen von selbst aufgeheizt.

Beim Start des Motors kann der Katalysator durch zwei Vorgänge schneller aufgeheizt werden: Durch eine spätere Zündung des Kraftstoffgemischs wird ein heißeres Abgas erzeugt. Außerdem heizt sich durch die katalytischen Reaktionen des unvollständig verbrannten Kraftstoffs im Abgaskrümmer oder im Katalysator dieser selbst auf. Weitere unterstützende Maßnahmen sind z. B. die Erhöhung der Leerlauf-Drehzahl oder ein veränderter Nockenwellenwinkel. Diese Aufheizung hat zur Folge, dass der Katalysator schneller seine Betriebstemperatur erreicht und die Abgasemissionen früher absinken.

Das Gesetz (CARB OBD II) verlangt für einen einwandfreien Ablauf der Konvertierung eine Überwachung der Aufheizphase. Die Aufheizung kann durch eine Überwachung und Auswertung von Aufwärmparametern wie z. B. Zündwinkel, Drehzahl oder Frischluftmasse kontrolliert werden. Weiterhin werden die für die Aufheizmaßnahmen wichtigen Komponenten gezielt in dieser Zeit überwacht (z. B. die Nockenwellen-Position).

Diagnose des variablen Ventiltriebs

Zur Senkung des Kraftstoffverbrauchs und der Abgasemissionen wird teilweise der variable Ventiltrieb eingesetzt. Der Ventiltrieb ist bezüglich Systemfehler zu überwachen. Hierzu wird die Position der Nockenwelle anhand des Phasengebers gemessen und ein Soll-Ist-Vergleich durchgeführt. Für den CARB-Markt ist die Erkennung eines verzögerten Einregelns des Stellglieds auf den Sollwert („Slow Response") sowie die Überwachung auf eine bleiben Abweichung vom Sollwert („Target Error") vorgeschrieben. Zusätzlich sind alle elektrischen Komponenten (z. B. der Phasengeber) gemäß der Anforderungen an Comprehensive Components zu diagnostizieren.

Comprehensive Components: Diagnose von Sensoren

Neben den zuvor aufgeführten spezifischen Diagnosen, die in der kalifornischen Gesetzgebung explizit gefordert und in eigenen Abschnitten separat beschrieben werden, müssen auch sämtliche Sensoren und Aktoren (wie z. B. die Drosselklappe oder die Hochdruckpumpe) überwacht werden, wenn ein Fehler dieser Bauteile entweder Einfluss auf die Emissionen hat oder aber andere Diagnosen negativ beeinflusst. Sensoren müssen überwacht werden auf:

- elektrische Fehler, d. h. Kurzschlüsse und Leitungsunterbrechungen (Signal Range Check),
- Bereichsfehler (Out of Range Check), d. h. Über- oder Unterschreitung der vom physikalischem Messbereich des Sensors festgelegten Spannungsgrenzen,
- Plausibilitätsfehler (Rationality Check); dies sind Fehler, die in der Komponente selbst liegen (z. B. Drift) oder z. B. durch Nebenschlüsse hervorgerufen werden können. Zur Überwachung werden die Sensorsignale entweder mit einem Modell oder direkt mit anderen Sensoren plausibilisiert.

Elektrische Fehler

Der Gesetzgeber versteht unter elektrischen Fehlern Kurzschluss nach Masse, Kurzschluss gegen Versorgungsspannung oder Leitungsunterbrechung.

Überprüfung auf Bereichsfehler

Üblicherweise haben Sensoren eine festgelegte Ausgangskennlinie, oft mit einer unteren und oberen Begrenzung; d. h. der physikalische Messbereich des Sensors wird auf eine Ausgangsspannung, z. B. im Bereich von 0,5…4,5 V, abgebildet. Ist die vom Sensor abgegebene Ausgangsspannung außerhalb dieses Bereichs, so liegt ein Bereichsfehler vor.

Das heißt, die Grenzen für diese Prüfung („Range Check") sind für jeden Sensor spezifische, feste Grenzen, die nicht vom aktuellen Betriebszustand des Motors abhängen. Sind bei einem Sensor elektrische Fehler von Bereichsfehlern nicht unterscheidbar, so wird dies vom Gesetzgeber akzeptiert.

Plausibilitätsfehler

Als Erweiterung im Sinne einer erhöhten Sensibilität der Sensor-Diagnose fordert der Gesetzgeber über den Bereichsfehler hinaus die Durchführung von Plausibilitätsprüfungen (sogenannte „Rationality Checks"). Kennzeichen einer solchen Plausibilitätsprüfung ist, dass die momentane Ausgangsspannung des Sensors nicht – wie bei der Bereichsprüfung – mit festen Grenzen verglichen wird, sondern mit Grenzen, die aufgrund des momentanen Betriebszustands des Motors eingeengt sind. Dies bedeutet, dass für diese Prüfung aktuelle Informationen aus der Motorsteuerung herangezogen werden müssen. Solche Prüfungen können z. B. durch Vergleich der Sensorausgangsspannung mit einem Modell oder aber durch Quervergleich mit einem anderen Sensor realisiert sein. Das Modell gibt dabei für jeden Betriebszustand des Motors einen bestimmten Erwartungsbereich für die modellierte Größe an.

Um bei Vorliegen eines Fehlers die Reparatur so zielführend und einfach wie möglich zu gestalten, soll zunächst die schadhafte Komponente so eindeutig wie möglich identifiziert werden. Darüber hinaus sollen die genannten Fehlerarten untereinander und – bei Bereichs- und Plausibilitätsprüfung – auch nach Überschreitungen der unteren bzw. oberen Grenze getrennt unterschieden werden. Bei elektrischen Fehlern oder Bereichsfehlern kann meist auf ein Verkabelungsproblem geschlossen werden, während das Vorliegen eines Plausibilitätsfehlers eher auf einen Fehler der Komponente selbst deutet.

Während die Prüfung auf elektrische Fehler und Bereichsfehler kontinuierlich erfolgen muss, müssen die Plausibilitätsfehler mit einer bestimmten Mindesthäufigkeit im Alltag ablaufen. Zu den solchermaßen zu überwachenden Sensoren gehören:
- der Luftmassenmesser,
- diverse Drucksensoren (Saugrohrdruck, Umgebungsdruck, Tankdruck),
- der Drehzahlsensor für die Kurbelwelle,
- der Phasensensor,
- der Ansauglufttemperatursensor,
- der Abgastemperatursensor.

Diagnose des Heißfilm-Luftmassenmessers
Nachfolgend wird am Beispiel des Heißfilm-Luftmassenmessers (HFM) die Diagnose beschrieben. Der Heißfilm-Luftmassenmesser, der zur Erfassung der vom Motor angesaugten Luft und damit zur Berechnung der einzuspritzenden Kraftstoffmenge dient, misst die angesaugte Luftmasse und gibt diese als Ausgangsspannung an die Motorsteuerung weiter. Die Luftmassen verändern sich durch unterschiedliche Drosseleinstellung oder Motordrehzahl. Die Diagnose überwacht nun, ob die Ausgangsspannung des Sensors bestimmte (applizierbare, feste) untere oder obere Grenzen überschreitet und gibt in diesem Fall einen Bereichsfehler aus. Durch Vergleich des aktuellen Werts der vom Heißfilm-Luftmassenmesser angegebenen Luftmasse mit der Stellung der Drosselklappe kann – abhängig vom aktuellen Betriebszustand des Motors – auf einen Plausibilitätsfehler geschlossen werden, wenn der Unterschied der beiden Signale größer als eine bestimmte Toleranz ist. Ist beispielweise die Drosselklappe ganz geöffnet, aber der Heißfilm-Luftmassenmesser zeigt die bei Leerlauf angesaugte Luftmasse an, so ist dies ein Plausibilitätsfehler.

Comprehensive Components: Diagnose von Aktoren

Aktoren müssen auf elektrische Fehler und – falls technisch machbar – funktional überwacht werden. Funktionale Überwachung bedeutet hier, dass die Umsetzung eines gegebenen Stellbefehls (Sollwert) überwacht wird, indem die Systemreaktion (der Istwert) in geeigneter Weise durch Informationen aus dem System überprüft wird, z. B. durch einen Lagesensor. Das heißt, es werden – vergleichbar mit der Plausibilitätsdiagnose bei Sensoren – weitere Informationen aus dem System zur Beurteilung herangezogen.
Zu den Aktoren gehören u. a.:

- sämtliche Endstufen,
- die elektrisch angesteuerte Drosselklappe,
- das Tankentlüftungsventil,
- das Aktivkohleabsperrventil.

Diagnose der elektrisch angesteuerten Drosselklappe
Für die Diagnose der Drosselklappe wird geprüft, ob eine Abweichung zwischen dem zu setzenden und dem tatsächlichen Winkel besteht. Ist diese Abweichung zu groß, wird ein Drosselklappenantriebsfehler festgestellt.

Diagnose in der Werkstatt

Aufgabe der Diagnose in der Werkstatt ist die schnelle und sichere Lokalisierung der kleinsten austauschbaren Einheit. Bei den heutigen modernen Motoren ist dabei der Einsatz eines im allgemeinen PC-basierten Diagnosetesters in der Werkstatt unumgänglich. Generell nutzt die Werkstatt-Diagnose hierbei die Ergebnisse der Diagnose im Fahrbetrieb (Fehlerspeichereinträge der On-Board-Diagnose). Da jedoch nicht jedes spürbare Symptom am Fahrzeug zu einem Fehlerspeichereintrag führt und nicht alle Fehlerspeichereintrage eindeutig auf eine ursächliche Komponente zeigen, werden weitere spezielle Werkstattdiagnosemodule und zusätzliche Prüf- und Messgeräte in der Werkstatt eingesetzt. Werkstattdiagnosefunktionen werden durch den Werkstatttester gestartet und unterscheiden sich hinsichtlich ihrer Komplexität, Diagnosetiefe und Eindeutigkeit. In aufsteigender Reihenfolge sind dies:

- Ist-Werte-Auslesen und Interpretation durch den Werkstattmitarbeiter,
- Aktoren-Stellen und subjektive Bewertung der jeweiligen Auswirkung durch den Werkstattmitarbeiter,
- automatisierte Komponententests mit Auswertung durch das Steuergerät oder den Diagnosetester,
- komplexe Subsystemtests mit Auswertung durch das Steuergerät oder den Diagnosetester.

Beispiele für diese Komponenten- und Subsystemtests werden im Folgenden beschrieben. Alle für ein Fahrzeugprojekt vorhandenen Diagnosemodule werden im Diagnosetester in eine geführte Fehlersuche integriert.

Geführte Fehlersuche

Wesentliches Element der Werkstattdiagnose ist die geführte Fehlersuche. Der Werkstattmitarbeiter wird ausgehend vom Symptom (fehlerhaftes Fahrzeugverhalten, welches vom Fahrer wahrgenommen wird) oder vom Fehlerspeichereintrag mit Hilfe eines ergebnisgesteuerten Ablaufs durch die Fehlerdiagnose geführt. Die geführte Fehlersuche verknüpft hierbei alle vorhandenen Diagnosemöglichkeiten zu einem zielgerichteten Fehlersuchablauf. Hierzu gehören Symptombeschreibungen des Fahrzeughalters, Fehlerspeichereinträge der On-Board-Diagnose, Werkstattdiagnosemodule im Steuergerät und im Diagnosetester sowie externe Prüfgeräte und Zusatzsensorik. Alle Werkstattdiagnosemodule können nur bei verbundenem Diagnosetester und im Allgemeinen nur bei stehendem Fahrzeug genutzt werden. Die Überwachung der Betriebsbedingungen erfolgt im Steuergerät.

Auslesen und Löschen der Fehlerspeichereinträge

Alle während des Fahrbetriebs auftretenden Fehler werden gemeinsam mit vorab definierten und zum Zeitpunkt des Auftretens herrschenden Umgebungsbedingungen im Steuergerät gespeichert. Diese Fehlerspeicherinformationen können über eine Diagnosesteckdose (gut zugänglich vom Fahrersitz aus erreichbar) von frei verkäuflichen Scan-Tools oder Diagnosetestern ausgelesen und gelöscht werden. Die Diagnosesteckdose und die auslesbaren Parameter sind standardisiert. Es existieren aber unterschiedliche Übertragungsprotokolle (SAE J1850 VPM und PWM, ISO 1941-2, ISO 14230-4) die jedoch durch unterschiedliche Pinbelegung im Diagnosestecker (siehe Bild 12) codiert sind. Seit 2008 ist nach der CARB-Gesetzgebung und ab 2014 nach der EU-Gesetzgebung nur noch die Diagnose über CAN (ISO-15765) erlaubt.

Neben dem Auslesen und Löschen des Fehlerspeichers existieren weitere Betriebsarten in der Kommunikation zwischen Diagnosetester und Steuergerät, die in Tabelle 2 aufgezählt werden.

Werkstattdiagnosemodule

Im Steuergerät integrierte Diagnosemodule laufen nach dem Start durch den Diagnosetester autark im Steuergerät ab und melden nach Beendigung das Ergebnis an den Diagnosetester zurück. Gemeinsam für alle Module ist, dass sie das zu diagnostizierende Fahrzeug in der Werkstatt in vorbestimmte lastlose Betriebspunkte versetzen, verschiedenen Aktorenanregungen aufprägen und Ergebnisse von Sensoren eigenständig mit einer vorgegebenen Auswertelogik auswerten können. Ein Beispiel für einen Subsystemtest ist der BDE-Systemtest (Benzin-Direkt-Einspritzung). Als Komponententests werden im Folgenden der Kompressionstest, die Separierung zwischen Gemisch und λ-Sonden-Fehlern sowie von Zündungs- und Mengenfehlern vorgestellt.

BDE-Systemtest

Der BDE-Systemtest dient der Überprüfung des gesamten Kraftstoffsystems bei Motoren mit Benzin-Direkt-Einspritzung und wird bei den Symptomen „Motorkontrollleuchte an", „verminderte Leistung" und „unrunder Motorlauf" angewendet. Erkennbare Fehler

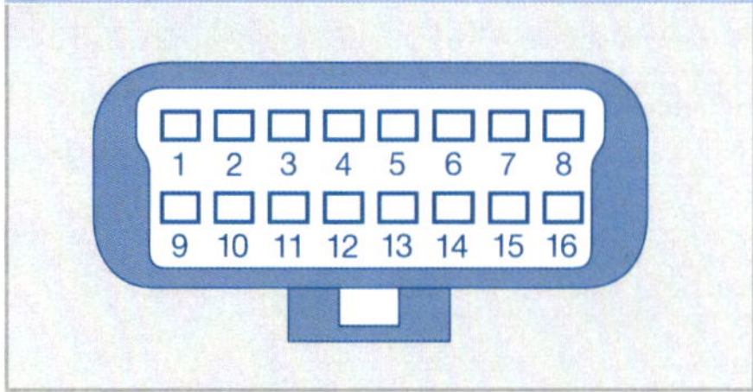

Bild 12
2, 10 Datenübertragung nach SAE J 1850,
7, 15 Datenübertragung nach DIN ISO 9141-2 oder 14 230-4,
4   Fahrzeugmasse,
5   Signalmasse,
6   CAN-High-Leitung,
14   CAN-Low-Leitung,
14   Batterie-Plus,
1, 3, 8, 9, 11, 12, 13 nicht von OBD belegt

Service-Nummer	Funktion
$01	Auslesen der aktuellen Istwerte des Systems (z. B. Messwerte der Drehzahl und der Temperatur)
$02	Auslesen der Umweltbedingungen (Freeze Frame), die während des Auftretens des Fehlers vorgeherrscht haben
$03	Fehlerspeicher auslesen. Es werden die abgasrelevanten und bestätigten Fehlercodes ausgelesen
$04	Löschen des Fehlercodes im Fehlerspeicher und Zurücksetzen der begleitenden Information
$05	Anzeigen von Messwerten und Schwellen der λ-Sonden
$06	Anzeigen von Messwerten von nicht kontinuierlich überwachten Systemen (z. B. Katalysator)
$07	Fehlerspeicher auslesen. Hier werden die noch nicht bestätigten Fehlercodes ausgelesen
$08	Testfunktionen anstoßen (fahrzeughersteller-spezifisch)
$09	Auslesen von Fahrzeuginformationen
$0A	Auslesen von permanent gespeicherten Fehlerspeichereinträgen

Tabelle 2
Betriebsarten des Diagnosetesters (CARB-Umfang).
Service $05 gemäß SAE J1979 ist bei Fahrzeugen mit CAN-Protokoll nicht verfügbar: der Ausgabeumfang von Service $05 ist bei Fahrzeugen mit CAN-Protokoll z. T. im Service $06 enthalten.

im Niederdrucksystem sind Leckagen und defekte Kraftstoffpumpen. Im Hochdrucksystem werden Defekte an der Hochdruckpumpe, am Injektor und am Hochdrucksensor erkannt. Zur Bestimmung der defekten Komponente werden während des Tests bestimmte Merkmale extrahiert und die Über- oder Unterschreitung von Sollwerten in eine Matrix eingetragen. Der Mustervergleich mit bekannten Fehlern führt dann zur eindeutigen Identifizierung. Verschiedene auszuwertende Merkmale sind in Bild 13 gezeigt. Der Test bietet die Vorteile, dass ohne Öffnen des Kraftstoffsystems und ohne zusätzliche Messtechnik in sehr kurzer Zeit Ergebnisse vorliegen. Da der Vergleich der Merkmale in der Matrix im Tester durchgeführt wird, können Anpassungen im Fahrzeug-Projekt auch nach Serieneinführungen erfolgen.

Kompressionstest

Der Kompressionstest wird zur Beurteilung der Kompression einzelner Zylinder bei den Symptomen „Leistungsmangel" und „unrunder Motorlauf im Leerlauf" angewendet. Der Test erkennt eine reduzierte Kompression durch mechanische Defekte am Zylinder, wie z. B. undichte Kompressionsringe. Das physikalische Wirkprinzip ist ein relativer Vergleich der Zahnzeiten (Intervall von 6° des Kurbelwellengeberrades) der einzelnen Zylinder vor und nach dem oberen Totpunkt (OT). Während des Tests wird der Motor ausschließlich durch den elektrischen Starter gedreht, um Auswirkungen durch einen eventuell unterschiedlichen Momentenbeitrag der einzelnen Zylinder durch die Verbrennung auszuschließen.

Die Vorteile dieses Tests liegen in einer sehr kurzen Messzeit ohne Adaption von externen Messmitteln. Er funktioniert jedoch nur bei Motoren mit mehr als zwei Zylindern, da sonst die Möglichkeit eines relativen Vergleichs der Zylinderdrehzahlen nicht mehr gegeben ist. Bei dem Symptom „unrunder Motorlauf, Motor schüttelt" wird der Kompressionstest oft vor spezifischen Tests des Einspritzsystems durchgeführt, um ne-

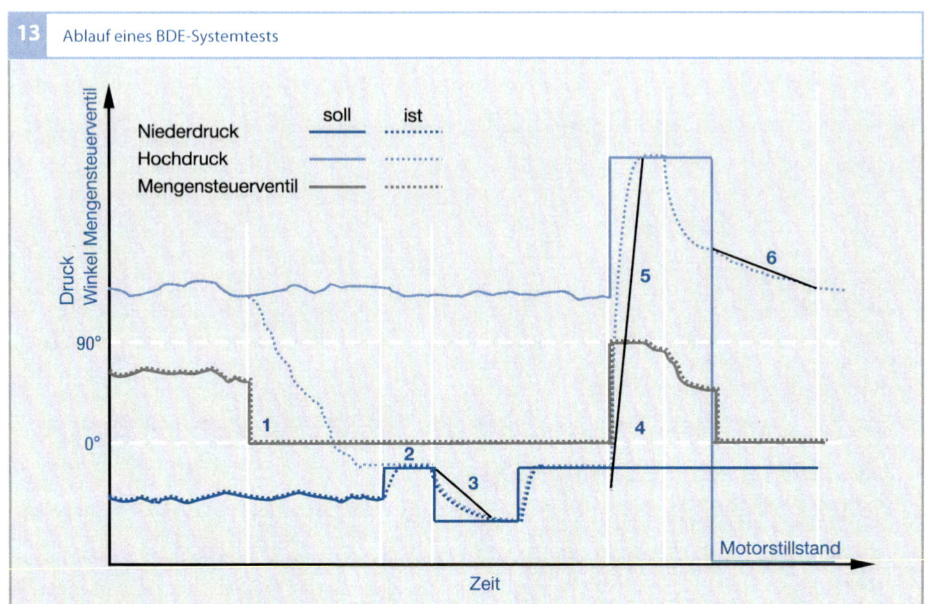

Bild 13
1   Mengensteuerventil geöffnet
2   Maximaler Niederdruck
3   Niederdruckabbaugradient
4   Mengensteuerventil im Regelmodus
5   Hochdruck-Druckaufbaugradient
6   Hochdruck-Druckabbaugradient

gative Auswirkungen durch die Motormechanik ausschließen zu können.

Separierung von Zündungs- und Mengenfehlern

Der Test „Separierung von Zündungs- und Mengenfehlern" wird zur Unterscheidung von Fehlern im Zündsystem oder bei den Einspritzventilen (Ventil klemmt, Mehr- oder Mindermenge) bei dem Symptom „Motoraussetzer" und „unrunder Motorlauf" angewendet. In einem ersten Testschritt wird bewusst die Einspritzung auf einem Zylinder unterdrückt und die Auswirkung auf das λ-Sonden-Signal bewertet. In einem zweiten Schritt wird die Einspritzmenge auf einem Zylinder in Abhängigkeit vom λ-Wert rampenförmig erhöht oder vermindert. Während des zweiten Schritts werden die Laufunruhewerte beurteilt. Durch die Kombination der Ergebnisse des λ-Sonden-Signals und der Laufunruhe kann eine eindeutige Unterscheidung zwischen Fehlern im Zündsystem und Fehlern bei den Einspritzventilen getä-

tigt werden. In **Bild 14** ist beispielhaft der zeitliche Verlauf bei einem Mehrmengenfehler an einem Einspritzventil dargestellt. Die Vorteile dieses Tests liegen in einer sehr kurzen Messzeit ohne aufwendigen Teiletausch bei Aussetzerfehlern auf einzelnen Zylindern.

Separierung von Gemisch- und λ-Sonden-Fehlern

Der Test „Separierung von Gemisch- und λ-Sonden-Fehlern" wird zur Unterscheidung von Gemischfehlern und Offset-Fehlern der λ-Sonde bei den Symptomen „Motorkontrollleuchte an" genutzt. Während des Tests wird das Luft-Kraftstoff-Gemisch zuerst in der Nähe des Luftverhältnisses $\lambda = 1$ eingestellt, danach wird das Gemisch abhängig vom Kraftstoffkorrekturfaktor leicht angefettet oder abgemagert. Durch parallele Messung der beiden λ-Sonden-Signale und gegenseitige Plausibilisierung kann zwischen Gemischfehlern und Fehlern der λ-Sonde vor dem Katalysator unter-

schieden werden. Die Vorteile dieses Tests
liegen in einer sehr kurzen Messzeit ohne die
Notwendigkeit zum Sondenausbau.

Stellglied-Diagnose

Um in den Kundendienstwerkstätten einzelne Stellglieder (Aktoren) aktivieren und deren Funktionalität prüfen zu können, ist im
Steuergerät eine Stellglied-Diagnose enthalten. Über den Diagnosetester kann hiermit
die Position von vordefinierten Aktoren verändert werden. Der Werkstattmitarbeiter
kann dann die entsprechenden Auswirkungen akustisch (z. B. Klicken des Ventils), op-
tisch (z. B. Bewegung einer Klappe) oder
durch andere Methoden, wie die Messung
von elektrischen Signalen, überprüfen.

Externe Prüfgeräte und Sensorik

Die Diagnosemöglichkeiten in der Werkstatt
werden durch Nutzung von Zusatzsensorik
(z. B. Strommesszange, Klemmdruckgeber)
oder Prüfgeräte (z. B. Bosch-Fahrzeugsys-
temanalyse) erweitert. Die Geräte werden im
Fehlerfall in der Werkstatt an das Fahrzeug
adaptiert. Die Bewertung der Messergebnis-

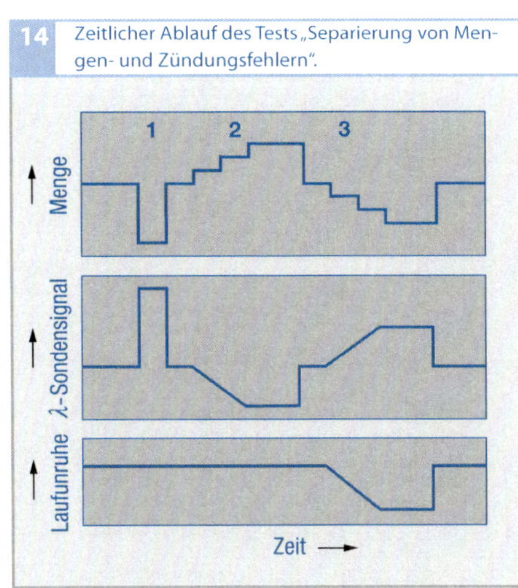

14   Zeitlicher Ablauf des Tests „Separierung von Men-
gen- und Zündungsfehlern".

Bild 14
1   Einspritzung deakti-
    viert
2   positive Mengenram-
    pe
3   negative Mengen-
    rampe

Die Laufunruhe betrifft
den systematischen
Verlauf bei einer Mehr-
menge.

se erfolgt im Allgemeinen über den Diagnosetester. Mit evtl. vorhandenen Multimeter-
funktionen des Diagnosetesters können
elektrische Ströme, Spannungen und Widerstände gemessen werden. Ein integriertes
Oszilloskop erlaubt darüber hinaus, die Signalverläufe der Ansteuersignale für die Aktoren zu überprüfen. Dies ist insbesondere
für Aktoren relevant, die in der Stellglied-
Diagnose nicht überprüft werden.

Abkürzungsverzeichnis

A

ABB	Air System Brake Booster, Bremskraftverstärkersteuerung
ABC	Air System Boost Control, Ladedrucksteuerung
ABS	Antiblockiersystem
AC	Accessory Control, Nebenaggregatesteuerung
ACA	Accessory Control Air Condition, Klimasteuerung
ACC	Adaptive Cruise Control, Adaptive Fahrgeschwindigkeitsregelung
ACE	Accessory Control Electrical Machines, Steuerung elektrische Aggregate
ACF	Accessory Control Fan Control, Lüftersteuerung
ACS	Accessory Control Steering, Ansteuerung Lenkhilfepumpe
ACT	Accessory Control Thermal Management, Thermomanagement
ADC	Air System Determination of Charge, Luftfüllungsberechnung
ADC	Analog Digital Converter, Analog-Digital-Wandler
AEC	Air System Exhaust Gas Recirculation, Abgasrückführungssteuerung
AGR	Abgasrückführung
AIC	Air System Intake Manifold Control, Saugrohrsteuerung
AKB	Aktivkohlebehälter
AKF	Aktivkohlefalle (activated carbon canister)
AKF	Aktivkohlefilter
A_K	Lichte Kolbenfläche
α	Drosselklappenwinkel
Al_2O_3	Aluminiumoxid
AMR	Anisotrop Magneto Resistive
AÖ	Auslassventil Öffnen
APE	Äußere-Pumpen-Elektrode

AS	Air System, Luftsystem
AS	Auslassventil Schließen
ASAM	Association of Standardization of Automation and Measuring, Verein zur Förderung der internationalen Standardisierung von Automatisierungs- und Messsystemen
ASIC	Application Specific Integrated Circuit, anwendungsspezifische integrierte Schaltung
ASR	Antriebsschlupfregelung
ASV	Application Supervisor, Anwendungssupervisor
ASW	Application Software, Anwendungssoftware
ATC	Air System Throttle Control, Drosselklappensteuerung
ATL	Abgasturbolader
AUTOSAR	Automotive Open System Architecture, Entwicklungspartnerschaft zur Standardisierung der Software Architektur im Fahrzeug
AVC	Air System Valve Control, Ventilsteuerung

B

BDE	Benzin Direkteinspritzung
b_e	spezifischer Kraftstoffverbrauch
BMD	Bag Mini Diluter
BSW	Basic Software, Basissoftware

C

C/H	Verhältnis Kohlenstoff zu Wasserstoff im Molekül
C_2	Sekundärkapazität
C_6H_{14}	Hexan
CAFE	Corporate Average Fuel Economy
CAN	Controller Area Network
CARB	California Air Resources Board
CCP	CAN Calibration Protocol, CAN-Kalibrierprotokoll

CDrv	Complex Driver, Treibersoftware mit exklusivem Hardware Zugriff
CE	Coordination Engine, Koordination Motorbetriebszustände und -arten
CEM	Coordination Engine Operation, Koordination Motorbetriebsarten
CES	Coordination Engine States, Koordination Motorbetriebszustände
CFD	Computational Fluid Dynamics
CFV	Critical Flow Venturi
CH_4	Methan
CIFI	Zylinderindividuelle Einspritzung, Cylinder Individual Fuel Injection
CLD	Chemilumineszenz-Detektor
CNG	Compressed Natural Gas, Erdgas
CO	Communication, Kommunikation
CO	Kohlenmonoxid
CO_2	Kohlendioxid
COP	Coil On Plug
COS	Communication Security Access, Kommunikation Wegfahrsperre
COU	Communication User Interface, Kommunikationsschnittstelle
COV	Communication Vehicle Interface, Datenbuskommunikation
cov	Variationskoeffizient
CPC	Condensation Particulate Counter
CPU	Central Processing Unit, Zentraleinheit
CTL	Coal to Liquid
CVS	Constant Volume Sampling
CVT	Continuously Variable Transmission

D

DB	Diffusionsbarriere
DC	direct current, Gleichstrom
DE	Device Encapsulation, Treibersoftware für Sensoren und Aktoren
DFV	Dampf-Flüssigkeits-Verhältnis
DI	Direct Injection, Direkteinspritzung
DMS	Differential Mobility Spectrometer
DoE	Design of Experiments, statistische Versuchsplanung
DR	Druckregler
3D	dreidimensional
DS	Diagnostic System, Diagnosesystem
DSM	Diagnostic System Manager, Diagnosesystemmanager
DV, E	Drosselvorrichtung, elektrisch

E

E0	Benzin ohne Ethanol-Beimischung
E10	Benzin mit bis zu 10 % Ethanol-Beimischung
E100	reines Ethanol mit ca. 93 % Ethanol und 7 % Wasser
E24	Benzin mit ca. 24 % Ethanol-Beimischung
E5	Benzin mit bis zu 5 % Ethanol-Beimischung
E85	Benzin mit bis zu 85 % Ethanol-Beimischung
EA	Elektrodenabstand
EAF	Exhaust System Air Fuel Control, λ-Regelung
ECE	Economic Commission for Europe
ECT	Exhaust System Control of Temperature, Abgastemperaturregelung
ECU	Electronic Control Unit, elektronisches Steuergerät

ECU	Electronic Control Unit, Motorsteuergerät
eCVT	electrical Continuously Variable Transmission
EDM	Exhaust System Description and Modeling, Beschreibung und Modellierung Abgassystem
EEPROM	Electrically Erasable Programmable Read Only Memory, löschbarer programmierbarer Nur-Lese-Speicher
E_F	Funkenenergie
EFU	Einschaltfunkenunterdrückung
EGAS	Elektronisches Gaspedal
1D	eindimensional
EKP	Elektrische Kraftstoffpumpe
ELPI	Electrical Low Pressure Impactor
EMV	Elektromagnetische Verträglichkeit
ENM	Exhaust System NO_x Main Catalyst, Regelung NO_x-Speicherkatalysator
EÖ	Einlassventil Öffnen
EOBD	European On Board Diagnosis – Europäische On-Board-Diagnose
EOL	End of Line, Bandende
EPA	US Environmental Protection Agency
EPC	Electronic Pump Controller, Pumpensteuergerät
EPROM	Erasable Programmable Read Only Memory, löschbarer und programmierbarer Festwertspeicher
ε	Verdichtungsverhältnis
ES	Exhaust System, Abgassystem
ES	Einlass Schließen
ESP	Elektronisches Stabilitäts-Programm
η_{th}	Thermischer Wirkungsgrad
ETBE	Ethyltertiärbutylether
ETF	Exhaust System Three Way Front Catalyst, Regelung Drei-Wege-Vorkatalysator
ETK	Emulator Tastkopf
ETM	Exhaust System Main Catalyst, Regelung Drei-Wege-Hauptkatalysator
EU	Europäische Union
(E)UDC	(extra) Urban Driving Cycle
EV	Einspritzventil
Exy	Ethanolhaltiger Ottokraftstoff mit xy % Ethanol
EZ	Elektronische Zündung
F	
FEL	Fuel System Evaporative Leak Detection, Tankleckerkennung
FEM	Finite Elemente Methode
FF	Flexfuel
FFC	Fuel System Feed Forward Control, Kraftstoff-Vorsteuerung
FFV	Flexible Fuel Vehicles
FGR	Fahrgeschwindigkeitsregelung
FID	Flammenionisations-Detektor
FIT	Fuel System Injection Timing, Einspritzausgabe
FLO	Fast-Light-Off
FMA	Fuel System Mixture Adaptation, Gemischadaption
FPC	Fuel Purge Control, Tankentlüftung
FS	Fuel System, Kraftstoffsystem
FSS	Fuel Supply System, Kraftstoffversorgungssystem
FT	Resultierende Kraft
FTIR	Fourier-Transform-Infrarot
FTP	Federal Test Procedure
FTP	US Federal Test Procedure
F_z	Kolbenkraft des Zylinders

G

GC	Gaschromatographie
g/kWh	Gramm pro Kilowattstunde
°KW	Grad Kurbelwelle

H

H_2O	Wasser, Wasserdampf
HC	Hydrocarbons, Kohlenwasserstoffe
HCCI	Homogeneous Charge Compression Ignition
HD	Hochdruck
HDEV	Hochdruck Einspritzventil
HDP	Hochdruckpumpe
HEV	Hybrid Electric Vehicle
HFM	Heißfilm-Luftmassenmesser
HIL	Hardware in the Loop, Hardware-Simulator
HLM	Hitzdraht-Luftmassenmesser
H_o	spezifischer Brennwert
H_u	spezifischer Heizwert
HV	high voltage
HVO	Hydro-treated-vegetable oil
HWE	Hardware Encapsulation, Hardware Kapselung

I

i_1	Primärstrom
IC	Integrated Circuit, integrierter Schaltkreis
i_F	Funken(anfangs)strom
IGC	Ignition Control, Zündungssteuerung
IKC	Ignition Knock Control, Klopfregelung
i_N	Nennstrom
IPE	Innere Pumpen Elektrode
IR	Infrarot
IS	Ignition System, Zündsystem
ISO	International Organisation for Standardization, Internationale Organisation für Normung

IUMPR	In Use Monitor Performance Ratio, Diagnosequote im Fahrzeugbetrieb
IUPR	In Use Performance Ratio
IZP	Innenzahnradpumpe

J

JC08	Japan Cycle 2008

K

κ	Polytropenexponent
Kfz	Kraftfahrzeug
kW	Kilowatt

L

λ	Luftzahl oder Luftverhältnis
L_1	Primärinduktivität
L_2	Sekundärinduktivität
LDT	Light Duty Truck, leichtes Nfz
LDV	Light Duty Vehicle, Pkw
LEV	Low Emission Vehicle
LIN	Local Interconnect Network
l_1	Schubstangenverhältnis (Verhältnis von Kurbelradius r zu Pleuellänge l)
LPG	Liquified Petroleum Gas, Flüssiggas
LPV	Low Price Vehicle
LSF	λ-Sonde flach
LSH	λ-Sonde mit Heizung
LSU	Breitband-λ-Sonde
LV	Low Voltage

M

(M)NEFZ	(modifizierter) Neuer Europäischer Fahrzyklus
M100	Reines Methanol
M15	Benzin mit Methanolgehalt von max. 15 %
MCAL	Microcontroller Abstraction Layer
M_d	Das effektive Drehmoment an der Kurbelwelle

ME	Motronic mit integriertem EGAS
Mi	Innerer Drehmoment
Mk	Kupplungsmoment
m_K	Kraftstoffmasse
m_L	Luftmasse
MMT	Methylcyclopentadienyl-Mangan-Tricarbonyl
MO	Monitoring, Überwachung
MOC	Microcontroller Monitoring, Rechnerüberwachung
MOF	Function Monitoring, Funktionsüberwachung
MOM	Monitoring Module, Überwachungsmodul
MOSFET	Metal Oxide Semiconductor Field Effect Transistor, Metall-Oxid-Halbleiter, Feldeffekttransistor
MOX	Extended Monitoring, Erweiterte Funktionsüberwachung
MOZ	Motor-Oktanzahl
MPI	Multiple Point Injection
MRAM	Magnetic Random Access Memory, magnetischer Schreib-Lese-Speicher mit wahlfreiem Zugriff
MSV	Mengensteuerventil
MTBE	Methyltertiärbutylether

N

n	Motordrehzahl
N_2	Stickstoff
N_2O	Lachgas
ND	Niederdruck
NDIR	Nicht-dispersives Infrarot
NE	Nernst-Elektrode
NEFZ	Neuer europäischer Fahrzyklus
Nfz	Nutzfahrzeug
NGI	Natural Gas Injector
NHTSA	US National Transport and Highway Safety Administration
NMHC	Kohlenwasserstoffe außer Methan

NMOG	Nonmethane Organic Gas, Kohlenwasserstoffe außer Methan
NO	Stickstoffmonoxid
NO_2	Stickstoffdioxid
NOCE	NO_x-Gegenelektrode
NOE	NO_x-Pumpelektrode
NO_x	Sammelbegriff für Stickoxide
NSC	NO_x Storage Catalyst
NTC	Temperatursensor mit negativem Temperaturkoeffizient
NYCC	New York City Cycle
NZ	Nernstzelle

O

OBD	On-Board-Diagnose
OBV	Operating Data Battery Voltage, Batteriespannungserfassung
OD	Operating Data, Betriebsdaten
OEP	Operating Data Engine Position Management, Erfassung Drehzahl und Winkel
OMI	Misfire Detection, Aussetzererkennung
ORVR	On Board Refueling Vapor Recovery
OS	Operating System, Betriebssystem
OSC	Oxygen Storage Capacity
OT	oberer Totpunkt des Kolbens
OTM	Operating Data Temperature Measurement, Temperaturerfassung
OVS	Operating Data Vehicle Speed Control, Fahrgeschwindigkeitserfassung

P

p	Die effektiv vom Motor abgegebene Leistung
p-V-Diagram	Druck-Volumen-Diagramm, auch Arbeitsdiagramm
PC	Passenger Car, Pkw
PC	Personal Computer

PCM   Phase Change Memory, Phasen-
wechselspeicher

PDP   Positive Displacement Pump

PFI   Port Fuel Injection

Pkw   Personenkraftwagen

PM   Partikelmasse

PMD   Paramagnetischer Detektor

p_{me} Effektiver Mitteldruck

p_{mi} mittlerer indizierter Druck

PN   Partikelanzahl (Particle
Number)

PP   Peripheralpumpe

ppm   parts per million, Teile pro Million

PRV   Pressure Relief Valve

PSI   Peripheral Sensor Interface,
Schnittstelle zu peripheren Sensoren

Pt   Platin

PWM   Puls-Weiten-Modulation

PZ   Pumpzelle

P_Z Leistung am Zylinder

R

r Hebelarm (Kurbelradius)

R_1 Primärwiderstand

R_2 Sekundärwiderstand

RAM   Random Access Memory,
Schreib-Lese-Speicher mit
wahlfreiem Zugriff

RDE   Real Driving Emission

RE   Referenz Electrode

RLFS   Returnless Fuel System

ROM   Read Only Memory, Nur-Lese-
Speicher

ROZ   Research-Oktanzahl

RTE   Runtime Environment, Lauf-
zeitumgebung

RZP   Rollenzellenpumpe

S

s Hubfunktion

σ Standardabweichung

SC   System Control, Systemsteuerung

SCR   selektive katalytische Reduktion

SCU   Sensor Control Unit

SD   System Documentation, Systembeschreibung

SDE   System Documentation Engine
Vehicle ECU, Systemdokumentation Motor, Fahrzeug, Motorsteuerung

SDL   System Documentation Libra-
ries, Systemdokumentation
Funktionsbibliotheken

SEFI   Sequential Fuel Injection,
Sequentielle Kraftstoff-
einspritzung

SENT   Single Edge Nibble Transmission, digitale Schnittstelle für
die Kommunikation von Sensoren und Steuergeräten

SFTP   US Supplemental Federal Test
Procedures

SHED   Sealed Housing for Evaporative
Emissions Determination

SMD   Surface Mounted Device, ober-
flächenmontiertes Bauelement

SMPS   Scanning Mobility Particle Sizer

SO_2 Schwefeldioxid

SO_3 Schwefeltrioxid

SRE   Saugrohreinspritzung

SULEV   Super Ultra Low Emission
Vehicle

SWC   Software Component, Software
Komponente

SYC   System Control ECU, Systemsteuerung Motorsteuerung

SZ   Spulenzündung

T

TCD	Torque Coordination, Momentenkoordination
TCV	Torque Conversion, Momentenumsetzung
TD	Torque Demand, Momentenanforderung
TDA	Torque Demand Auxiliary Functions, Momentenanforderung Zusatzfunktionen
TDC	Torque Demand Cruise Control, Fahrgeschwindigkeitsregler
TDD	Torque Demand Driver, Fahrerwunschmoment
TDI	Torque Demand Idle Speed Control, Leerlaufdrehzahlregelung
TDS	Torque Demand Signal Conditioning, Momentenanforderung Signalaufbereitung
TE	Tankentlüftung
TEV	Tankentlüftungsventil
t_F	Funkendauer
THG	Treibhausgase, u. a. CO_2, CH_4, N_2O
t_i	Einspritzzeit
TIM	Twist Intensive Mounting
TMO	Torque Modeling, Motordrehmoment-Modell
TPO	True Power On
TS	Torque Structure, Drehmomentstruktur
t_s	Schließzeit
TSP	Thermal Shock Protection
TSZ	Transistorzündung
TSZ, h	Transistorzündung mit Hallgeber
TSZ, i	Transistorzündung mit Induktionsgeber
TSZ, k	kontaktgesteuerte Transistorzündung

U

U/min	Umdrehungen pro Minute
U_F	Brennspannung
ULEV	Ultra Low Emission Vehicle
UN ECE	Vereinte Nationen Economic Commission for Europe
U_P	Pumpspannung
UT	Unterer Totpunkt
UV	Ultraviolett
U_Z	Zündspannung

V

V_c	Kompressionsvolumen
VFB	Virtual Function Bus, Virtuelles Funktionsbussystem
V_h	Hubvolumen
VLI	Vapour Lock Index
VST	Variable Schieberturbine
VT	Ventiltrieb
VTG	Variable Turbinengeometrie
VZ	Vollelektronische Zündung

W

W_F	Funkenenergie
WLTC	Worldwide Harmonized Light Vehicles Test Cycle
WLTP	Worldwide Harmonized Light Vehicles Test Procedure

X

| XCP | Universal Measurement and Calibration Protocol – universelles Mess- und Kalibrierprotokoll |

Z

ZEV	Zero Emission Vehicle
ZOT	Oberer Totpunkt, an dem die Zündung erfolgt
ZrO_2	Zirconiumoxid
ZZP	Zündzeitpunkt

Stichwortverzeichnis

M

N

Vorentflammung 18
Vorentflammungsereignis 19
Vorfilter 33
Vorförderpumpe 29
Vorkatalysator 123, 129

W
Wandfilm 75, 91
Wandfilmmasse 76
Wärmeabfuhr 212
Wärmeleitmedium 213
Wärmestromanforderung 124
Wärmewechselbelastung 88
Warmlauf 70
– phase 71
Warm up Cycles 219
Washcoattechnologie 122
Wasserstoff 47
Wassertropfen 151
Wastegate 57, 59
Werkstatt, Diagnose in der 233
Werkstattdiagnosemodule 234
Wertebereich 214
Wirkungsgradsteigerung 9

Z
Zahngeometrie 136
Zelldichte 123
zentrale Recheneinheit 199
Zerstäubung 78, 96
ZrO_2 148
Zumessung
– der angesaugten Luftmasse 160
– des Kraftstoffs 66
Zündanlage, Induktive 106
Zündauslösung mit Hallgebern 105
Zündaussetzer 117, 224
Zündendstufen 206

Zündenergie 6
Zündenergiebedarf 111
Zündfunke 109
Zündfunkenbrenndauer 93
Zündkerze 106, 158
Zündkreis 106
– mit Einzelfunkenspulen 107
Zündspannung 109
Zündspannungsbedarf 111
Zündspule 106 f., 110, 158
Zündsystem 158
Zündung(s) 6, 91, 93, 104
– , Energiebilanz einer 111
– endstufe 106
– , vollelektronische 105
Zündwinkel 115, 120
Zündwinkelbereich 7
Zündwinkelverstellung 124
Zündzeitpunkt 19, 109, 116, 117, 118, 120
zweiflutige Turbine 59
Zweifunkenzündspule 105
Zweipunkt-Regelung 126
Zweipunkt-
– λ-Regelung 126
– λ-Sonde 149, 151
– λ-Sonde, Ausführungsformen 152
– λ-Sonde, Beschaltung einer 151
Zweisonden-Regelung 126, 128
Zweistrahl 80, 82
Zweizellensensor 154
Zweizeller 153 f.
Zylinderbank 62
Zylinderfüllung 7
Zylinderindividuelle Einspritzung 73
Zylinderladung 8 f.
Zylindervolumen 21